# 水华蓝藻生物学

# The Biology of Water-blooms Blue-green Algae

胡鸿钧　编著

科学出版社
北京

## 内 容 简 介

本书较系统地论述了水华蓝藻的形态、细胞结构、分类、生态、毒素种类、毒性、毒理、分子生物学研究概况及蓝藻水华发生机理等，共 9 章。全书收录国内外已报道的水华蓝藻 26 属 89 种，根据国外蓝藻新分类系统进行分类，其中种类最多的属是鱼腥藻属，根据 2009 年最新研究将其分为 3 属：长孢藻属、大孢藻属和鱼腥藻属。束丝藻属也根据最新观点对过去的分类作了相应的调整，使本书的分类与国外系统一致。所有的目、科、属、种均有形态特征描述和检索表，每个物种附一至几幅线条图，多数种还附有黑白或彩色照片，以及国内外分布状况。本书还收录了全球所有已知水华蓝藻产生的毒素及生物活性物质的化学结构、毒理，介绍了水华蓝藻产生的有潜在应用价值的生物活性物质和某些脂肪酸（二元酸等），并对已经开发成保健品的某些水华蓝藻作了简要的讨论。同时，本书较系统地论述了相关的分子遗传学基础，深入地分析了国内外有关水华蓝藻发生较流行的观点，提出了微囊藻水华发生的信号假说，供专家学者讨论。

本书可供高等院校生命科学学院、环境科学学院从事相关研究工作的教学科研人员，以及环境科研、监测单位科技人员参考。

**图书在版编目（CIP）数据**

水华蓝藻生物学/胡鸿钧编著．—北京：科学出版社，2011
ISBN 978-7-03-030730-9
Ⅰ．①水…　Ⅱ．①胡…　Ⅲ．①蓝藻纲-藻类水华　Ⅳ．①Q949.22

中国版本图书馆 CIP 数据核字（2011）第 059730 号

责任编辑：莫结胜　夏　梁　刘　晶　王　好/责任校对：桂伟利
责任印制：赵　博/封面设计：耕者设计工作室

科学出版社 出版
北京东黄城根北街 16 号
邮政编码：100717
http://www.sciencep.com
北京华宇信诺印刷有限公司印刷
科学出版社发行　各地新华书店经销
*
2011 年 4 月第　一　版　　开本：787×1092　1/16
2025 年 3 月第二次印刷　　印张：18　插页：10
字数：427 000

**定价：128.00 元**
（如有印装质量问题，我社负责调换）

本书蒙丽江程海保尔生物开发有限公司资助

# 自 序

2005年仲夏的一天，同行好友不期而至，我正在沏茶以待，他却还是那种急性子，劈头盖脸地说开了："……你还在这里坐得住，……蓝藻水华横行湖泊、水库，沿湖老百姓苦不堪言，行管部门焦头烂额，中央有关领导亲临现场，亲自过问……我们从事藻类学研究的人不能袖手旁观，我们应为民分忧!"说得慷慨激昂！其实这位老友虽是同行，多年来与我研究的领域却大异其趣，对我的工作了解得并不全面，他的这番话我当然理解，也很感激。是的，近20年来，我没有置身于研究水华大军之中，然而我所研究的领域却离不开水体，水质的变化很早就引起我的关注，老友的一席话勾起一段与"水华"有关的经历。1959年的夏天，我和另一位同志奉所领导（当时我大学毕业不久刚分配到中国科学院水生生物研究所工作）之命去安徽巢湖"看看"那里的"湖靛"（当时称"水华"为"湖靛"）情况。那时从武汉到巢湖先乘船到芜湖，过江转火车到合肥，从合肥去巢湖的路崎岖不平，在车上颠簸2～3h才到湖边，下车后只见湖面上漂浮着一层厚厚的、绿油油的"湖靛"，当地一位农民正用瓢将"湖靛"舀入一个土坑里，我问他有什么用，农民不假思索地回答：肥田！原来滔入土坑里的湖靛很快被沙土过滤浓缩后再加些野草或烂菜叶使其腐烂，就可以移到地里作肥料！当我们询问什么时候开始出现湖靛时，农民说他小时候就有，后来又问了几位年长的农民，都异口同声地回答很早以前就有，不知何时开始出现的。这些回答引起我们的好奇，为此我们还特地去县有关单位查阅过县志，结果如何现在已经完全遗忘了。这次经历是我第一次接触"水华"——说来已是51年前的往事了！第二次接触"水华"是1984年，我和学生一起去云南省永胜县程海湖调查，据说每年4月初湖面上漂浮一种当地人称之为"香面水"的蓝藻水华。程海湖是云南省8个高原湖泊之一，湖面平均长25km，平均宽5km，面积约125km$^2$，这么大的湖面，即使只有1/10长"香面水"，其资源也是十分可观的！抱着开发利用这种天然资源的良好愿望，我带着学生们在艰苦条件下，开始探索开发藻类资源的道路。然而我们遇到了极大的困难："香面水"并不是每年出现，而且出现的面积也不那么大，产量不是那么多，更重要的是"香面水"几乎全由阿氏拟鱼腥藻（*Anabaenopsis arnolodii*）组成，藻体含有大量胶质，用各种办法都无法与水完全分离，用现有技术无法得到干品。利用天然藻类资源的愿望就这样彻底破灭了。但由于程海湖是一个碱水湖，位于金沙江河谷半干旱地区，阳光充沛，降雨稀少，是人工养殖螺旋藻的良好地区，为贯彻科技体制改革——科学研究必须面向经济建设主战场方针，我们于是一改初衷，开始了在程海湖养殖螺旋藻的实验研究，在短短4年多时间里完成了小试和中试。从此开始了我们螺旋藻产业化生产的生涯。这一经历验证了中国一句古话：有心栽花花不成，无心插柳柳成荫。即使如此，我从未放弃过藻类资源的调查研究，足迹踏遍了祖国的山山水水；与此同时，为了我国螺旋藻产业化的发展，我奔走于过去曾经是经济发展滞后地区的滇西北和内蒙古的鄂尔多斯高原，无论在哪里，我都是在与水、与藻打交道，正因为如此，近20多年来我亲眼目睹了水体水质的巨变，昔日明净清澈、水草繁茂、藻类物种丰富的大小湖泊、池塘等各种水体逐渐被水华特别是蓝藻水华所“霸占”，我们不得不到远离城市、人烟稀少的山乡野岭去寻找未被污染的水体采集！当然我们也会专门去那些污秽不堪的田野粪坑采集，因为那里生长着一类特殊的藻类。野外采集是我一辈子主要的科研活动，正如我在一次水华蓝藻学术研讨会上说过的，我是这方面研究的一个“游击兵”。近10多年来藻类学界、社会各界以及相关的学科领域，无论自然科学还是人文社会科学的学者都将目光投向环境保护，特别是水环境这一与国民经济建设和人民身体健康息息相关的问题，我怎么能置身度外、漠不关心呢？实际上多年前我就开始收集整理国内外相关的图书、资料，直到现在从未停止。在我整理国内这方面的资料过程中，使我十分震惊的是，20多年来国家为治理蓝藻水华污染问题投入数百亿元，直接投入科学研究的达数亿元之多。许多科研人员长年奋战在水体被污染的地方，异常艰辛，发表调查报告，论文数百篇，但治理效果甚微！仔细想来并不意外，“冰冻三尺，非一日之寒”，数十年的污物日积月累沉积在水体底层，不是10年、20年可以清除的，何况即使现在沿湖绝大部分排污工矿企业被关停和迁移，但沿岸大量农田、村舍的面源污染仍在继续，彻底根治水华发生任重而道远。当我翻阅国外有关水华污染的图书资料并与国内已发表的大量资料比较时，感触良多！国外水质污染的研究比我国大约早20年，我国水质污染研究始于20世纪90年代初，迄今近20年，投入经费之多、参与调查研究的科技人员之多、历年来发表的论文和调查报告之多，位居全球榜首，然而与国外研究水平相比总体差距甚大，一些环保、环监单位的技术人员很少甚至没有受过藻类学专业知识的训练，而一些高校、科研院所具有藻类学专业基础的相关研究人员所做的许多工作也很肤浅，特别是基础性研究十分薄弱，如一些污染严重的湖泊90年代初列入国家攻关计划至今近20年，然而直到近几年才有少数几篇论文论述水华蓝藻的物种组成。长期以来，从事水环境监测、保护和蓝藻水华治理的科技人员普遍忽视“形成的水华是由哪些藻类组成的”这一基本问题，因此，时至今日我国水华蓝藻到底有多少种，没有人能准确回答。重视水华蓝藻毒素种类、毒性及其理化性质等是理所当然的，因为它们直接与饮水安全相关。但不是所有水华蓝藻都产毒；即使是产毒的同种蓝藻，有的品系产毒，有的则不产毒，且生长的不同时期产毒量有多有少。不深入研究它们的生长繁殖过程及相关的环境条件，怎么谈得上科学防治呢？翻阅国内有关水华蓝藻毒素、毒性、毒理等相关资料，感到很意外，竟没有一篇像样的综合性文章，诸如水华蓝藻毒素有多少种、它们的化学性质如何、哪些蓝藻产生什么种类的毒素等。至于水华蓝藻发生机理的探讨，老实说，基本上仍在国外早已提出的几种理论框架内做文章！有关水华蓝藻生态学的研究报道（包括调查报告）可以说是汗牛充栋，而有价值的、较高水平的报道却寥寥无几，像与水华蓝藻生态学至关重要的野外水华蓝藻原位生长率的测定只有一篇文章，关于室内模拟试验的文章也只有一篇，有关分子生物学方面的研究更是才刚刚起步。有鉴于此，我萌生了写一本水华蓝藻综合性参考书的想法。在编写过程中进一步收集国外新资料时查到的最近2～3年发表的许多新研究成果，不仅引起我极大兴趣，而且使我感到有尽快介绍这些成果的必要，增强了我编写的信心。为了进一步亲身了解水华蓝藻泛滥的实际情况，2007～2010年，我先后又去几个污染严重的湖泊、水库调查。2007年应邀去太湖梅梁湾实地考察，同年10月在岑竞仪、陆昌燕同学陪同下到巢湖采样，2009年与贵阳师范大学陈椽付教授及其学生一起到红枫湖（水库）调查、采样。1961 年第一次去滇池是观光游玩，1984 年后去过多次，2006 年秋去实地观察那里秋季水华情况；2010 年 1 月在浙江省环境监测中心安排组织下我们到浙江一大型水库考察采样。

本书力图成为较系统地介绍水华蓝藻生物学各个方面新成果的综合性的参考书，这样的书不仅国内没有，国外也无！编撰的难度可想而知。回顾这大半年的时光，紧张而又不时享有“每有会意”的愉悦。大半年来张华、梁芳、温小斌同学在繁重的学习、科研、工作之余，承担了全部文稿打字工作。张华同学除挤出时间负责大部分文稿的打字外，还协助搜集新文献，付出了大量的辛劳。书稿编辑排版工作由温小斌和张华同学承担，他们熟练的编辑技巧和耐心细致的工作态度使书稿能顺利完成。我的学生陈珊趁去加拿大访问期间为我查到了 2008～2009 年有关的最新的重要文献。2009 年，我的老朋友、国际著名藻类分类学家、斯洛伐克的 Hindák 教授寄来他的新著 *Atlas of Cyanobacteria*（2008），书中汇集了作者几十年间拍摄的精美蓝藻显微彩色照片 805 幅。本书第二章许多彩色照片引自该书。暨南大学水生生物研究所王朝晖教授将 Cronberg 和 Annadotter 所著 *Manual on aquatic Cyanobacteria, A photo guide and a synopsis of Their Toxicology* 全书扫描传给我，为本书编写提供了宝贵资料。此外，厦门大学生命科学学院陈长平博士、暨南大学赤潮及水质监测研究中心欧林坚博士多次协助查寻、传送相关文献。本书的编写还得到同行老友及家人的热情支持和帮助，在此一并致以衷心的感谢！当然书中出现的问题和错误由作者负责并恳请读者斧正。

胡鸿钧

2010 年 10 月 6 日于武汉市磨山中国科学院武汉植物园

[illegible]

[illegible]

[illegible] 2008 [illegible]

[illegible]由作者负责，并恳请读者批评指正。

[illegible]

# 目　录

# 第一章 绪　论

蓝藻是地球上最原始的光合自养生物。化石资料证明它们至少在 35 亿年前的前寒武纪就已经出现，在以后长达 10 亿年的时间里蓝藻几乎统治了整个地球表面。它们利用太阳光能吸收 $CO_2$ 和水合成自身生长繁殖所需要的有机物，同时释放 $O_2$，从而使前寒武纪时代地球表面充满 $CO_2$ 的还原型环境，成为现在地球大气中 21%为 $O_2$ 的氧化环境，大气环境的这种变化为地球上需氧生物的形成与演化创造了优越条件。蓝藻虽历经 35 亿多年的沧桑巨变，但它们在现代地球上存在的物种并不多，已定名的大约 3000 种，有学者估计可能有 5000 种，即使如此，在地球上数百万纷繁多样的生命世界里也只能算一个小的类群，但它们在地球上的分布却是最广的类群之一。无论池塘、河流、水库、潮湿土壤、冰雪表面，还是海洋、盐池、温泉，甚至荒漠等，只要有水、有光的地方都有它们的踪迹。蓝藻为什么有这样顽强的生命力？它们如何传播？在复杂的严酷的生存条件中怎样争得生存的一席之地？原始的蓝藻是如何分门别类的？这些问题与本书讨论水华蓝藻生物学息息相关。

## 第一节　什么是蓝藻

这个看似简单的问题——是藻还是菌？在学术界争论了近半个世纪，迄今仍各执一词。“藻”（algae）一词最早是林奈（Linnaeus）于 1754 年提出来的，当时他将植物界（Kingdom）分成 25 纲，其中隐花植物纲（Cryptogamia）包括 4 类（group）：藻类、真菌（Fungi）、藓类（Musci）和蕨类（Filices）。所谓隐花植物，是指隐蔽了生殖器官的植物，包括所有无花和种子的植物。这可能是“藻类”最早的界定。经 100 多年的研究，学者对藻类的认识逐步深入，它们作为一个类群包括形形色色的形态，有复杂的光合色素系统，进行着与有花植物相同的放氧光合作用，成为植物界名符其实的一员。蓝藻也有上述特征，很早就将它们归入藻类。菌的发现和命名则比藻晚得多，18 世纪末 O. Miiller 首先对细菌进行了分类，当初他只建立了 2 个属：点状的 Monas 和杆状的 Vibrio。19 世纪初 C. Ehrenberg 增加了螺旋状形态的细菌。早在 19 世纪 70 年代 F. Cohn 首先认识到蓝（藻）细菌和细菌的相似性，并将二者合并建立裂殖植物门（Schizophyta），这一名称一直沿用到 20 世纪 50 年代。细菌学研究史上两项突破性的成果从根本上促进了本学科的发展，同时扩展了学者对地球上生命的起源和演化的认识：首先是 Schroeter（1872）第一次成功地培养出产色素的细菌纯菌株，从此学者可从细菌细胞中直接获得各种信息和对其表观特征进行描述；其次，Woese 和 Fox（1977）发现甲烷菌及嗜盐菌、嗜热菌与细菌间的 16S rRNA 序列的相似性并不比真核生物更高，认为这是地球上的第三生命形式，称之为古菌（Archaea）。古菌生活环境和地球上出现生命初期的环境（厌氧、高温等）相似，在细胞大小、结构及基因组结构方面与细菌基本一致，而在遗传信息传递相关的物质及过程等方面却类似于真核生物，因而认为“古菌是细菌的形式、真核生物的内涵”（陶天申等，2007）。在此基础上 Woese 和 Fox（1977）提出三域（界）生命学说，即细菌域（界）、古菌域（界）和真核生物域（界）。表 1.1 是这三类生命细胞特征的比较。直到当代，Woese 的三域生命学说仍是研究地球上生命多样性及其演化关注的焦点。

虽然很早就有学者将蓝藻与细菌放在一起作为单独一门——裂殖植物门，但学者们并没有将蓝藻作为细菌类看待。最明确、最系统地提出蓝藻是“菌”不是“藻”的是 Stanie（1962），“一石激起千层浪”，蓝藻是藻还是菌的争论至今没有定论，争论也许还会持续！Stanier 主张蓝藻是菌的理由如下：①和细菌一样，蓝藻没有真正的细胞核，染色体（DNA）位于细胞中央区，无核膜包裹，无具膜结构的其他细胞器，如线粒体、色素体、内质网系统等；②蓝藻的细胞壁主要由胞壁质（murein）组成，与革兰氏阴性菌相似而与其他藻类显然不同；③蓝藻和细菌的核糖体均为 70S 型，而真核生物（藻类）则为 80S 型。以后的研究还增加了许多新的特征，如蓝藻与细菌和古菌一样具有多顺反子 mRNA，而真核生物（藻类）则无等（表 1.1）。

然而蓝藻具有光合系统Ⅱ，与所有光自养植物一样进行着放氧的光合作用，而且真核生物色素体起源于原始蓝藻的内共生理论得到广泛的支持，表明蓝藻与植物有千丝万缕的内在联系，这种“剪不断，理还乱”的关系费尽了学者们的心思，如何称呼这类生物呢？蓝藻（blue green algae，Cyanophytes）、蓝菌（Cyanobacteria）、放氧光合菌（Oxyphotobacteria）或蓝原核门（Cyanoprocaryota），最后的名称显然是为了避开是菌是藻的敏感话题。其实“非此即彼”、“乙是乙，甲是甲”的形式逻辑的思维模式束缚了许多学者的头脑，如果换一种思维方式，“你中有我，我中有你”是地球上万千生命世界较为普遍的现象，蓝藻既像藻又有菌的特征，Komárek 给了一个“中性”的名称——蓝原核门。但是现在已按植物命名法规命名的蓝藻近 3000 种，是菌就要根据《国际细菌命名法规》重新命名！菌和藻各有一套命名法规。《伯杰氏细菌学手册》（第二版）（2001 年出版）将蓝细菌作为一独立于革兰氏阴性菌和阳性菌的一个分支，下分 4 目。《国际植物命名法》曾将蓝藻排除在外，但《国际维也纳法规》（2005）又将蓝藻列入该法规。人类认识事物首先要给予一个恰当的、可以区分的“名字”，所谓“名不正言不顺”。实践表明，按细菌分类学方法给蓝藻命名是非常困难的，实际上至少目前是不可行的。基于上述理由，我们认为蓝藻是具有原核特征的光合放氧的原始生命，生物多样性丰富，分布极广，按《国际植物命名法规》命名的植物界的一大类群。简而言之，蓝藻是植物的本质、原核的形式。至今国外学者仍沿用蓝藻，蓝藻门（blue green algae，Cyanophyta）名称的虽不多见，但仍有学者如 Van Den Hoek 等（1995）编写的《藻类学导论》一书曾被广泛流传推崇，他们就没有使用蓝菌，而直截了当地用“蓝藻门”，有意思的是许多用“蓝菌”名称的学者仍将它们列入所编写的《藻类学》著作中（Graham and Wilcox，2000，2009；Lee et al.，1998，2008）作为藻类的一个类群，不知他们心目中的“Cyanobacteria”是“菌”还是“藻”?！有鉴如此，本书将蓝藻作为藻类一个类群处理。

**表 1.1　细菌、古菌和真核生物的细胞特性比较**(仿陶天申等,2007)

| 特性 | 细菌 | 古菌 | 真核生物 |
|---|---|---|---|
| 有核膜的细胞核 | 无 | 无 | 有 |
| 内膜细胞器 | 无 | 无 | 有 |
| 细胞壁组分 | 含胞壁酸的肽聚糖 | 类型不同,无胞壁酸 | 无胞壁酸 |
| 细胞膜结构 | 酯键相连的磷酸类脂 | 醚键相连的磷酸类脂 | 长链脂肪酸类脂 |
| 气囊* | 有(蓝藻等) | 有 | 无 |
| tRNA | 多出现胸腺核苷,起始 RNA 携带 *N*-甲酰甲硫氨酸 | tRNA 的 T 或 TΨC 臂上无胸腺核苷,起始 tRNA 携带甲硫氨酸 | 出现胸腺核苷,携带起始 tRNA 甲硫氨酸 |
| 多顺反子 mRNA | 有 | 有 | 无 |
| mRNA 内含子 | 无 | 无 | 有 |
| mRNA 剪切及 5′端"帽子"和多聚 A 尾 | 无 | 无 | 有 |
| 核糖体大小 | 70S | 70S | 80S |
| 核糖体延长因子 2 | 与白喉毒素不反应 | 与白喉毒素反应 | 与白喉毒素反应 |
| 核糖体对氯霉素和卡拉霉素的反应 | 不敏感 | 敏感 | 敏感 |
| 依赖于 DNA 的 RNA 聚合酶数目 | 1 种 | 多个 | 3 种 |
| 依赖于 DNA 的 RNA 聚合酶结构 | 单一亚单位类型(4 个亚单位) | 类似真核酶的复合亚单位类型(8～12 个亚单位) | 复合亚单位类型(12～14 个亚单位) |
| 对利福霉素敏感性 | 敏感 | 不敏感 | 不敏感 |
| RNA 多聚酶Ⅱ启动子 | 无 | 有 | 有 |
| 产甲烷 | 无 | 有 | 无 |
| 以叶绿体光系统Ⅱ进行光合作用 | 有(蓝藻)* | 无 | 有 |
| 固氮作用 | 有 | 有 | 无 |
| 无机化能营养 | 有 | 有 | 无 |

* 为本书作者增加的。

## 第二节　起源、演化及分类

### 一、起　　源

古老的蓝藻化石出现在前寒武纪，距今约 35 亿年前，现在尚无直接证据证明蓝藻是如何起源的，只有某资料表明它们与古菌有较亲密的关系：蓝藻细胞壁的主要化学成分是胞壁质，即肽聚糖（peptidoglycan），与革兰氏阴性菌的细胞壁组成类似，主张蓝藻是菌的学者将它们作为细菌门的 1 纲——蓝菌纲（Cyanophyceae）。根据 Woese 三域生命学说，全面分析蓝藻与古菌特征的异同就不难发现，蓝藻与古菌有更多的相似特征（表 1.1）。

许多蓝藻细胞具气囊（gas vesicle），无论形态还是分子结构都与古菌相同。许多蓝藻生活在极端环境（高温、高盐等）中，与古菌生活的环境极为相似。真核生物细胞器起源于内共生已得到大量的分子生物学研究支持。古菌是细菌的形式，真核生物的内涵，除蓝藻经内共生形成色素体外，线粒体乃至细胞核也可能是某些古菌经内共生而形成，这从侧面表明蓝藻与古菌在演化上关系更为亲密。

在讨论地球上任何生物的起源问题时，人们总是自然而然地期待古生物的资料。蓝藻作为地球上最原始的生命形式之一当然也不例外，但是蓝藻这种古老而又简单的生物在古老岩石中保存并被古生物学工作者发掘出来是有许多偶然性的。所幸的是，经过古生物学者近 40 多年艰苦卓绝的探索，发现了几乎与现代蓝藻所有形态相似的化石蓝藻。在前寒武纪中期（17 亿～25 亿年前）发现了具胶被或不具胶被的少数群体的化石蓝藻，相当于现代的色球藻科（Chroococcaceae）（图 1.1）。

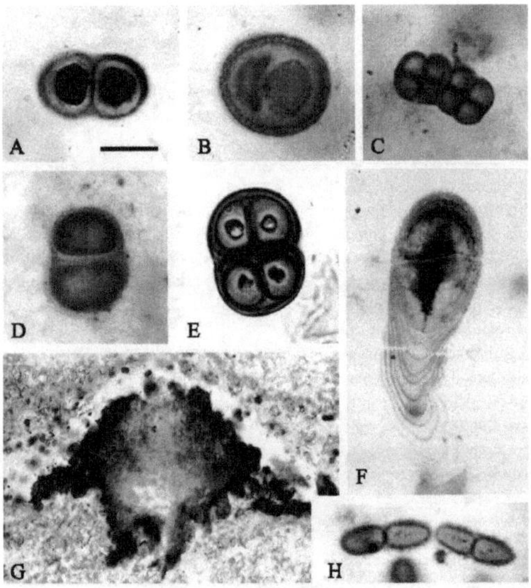


图 1.1　元古代化石（proterozoi fossil）蓝藻群Ⅰ（group Ⅰ cyanobacteria）与部分腐烂的现代标本比较。A 和 C 为 *Sphaerophycus medium*. 700～800Ma Draken 群系，Spitsckerger；B 为 *Gloeodiniopsis lamellosa*. 约 800Ma，苦泉群系，澳大利亚；D 为 *Gloeodiniopsis* sp. 1500Ma，Bilyakh 群，西伯利亚；E 为现代膨胀色球藻（*Chroococcus turgidus*）的四联球菌，显示细胞内含物当细胞死后腐烂的皱缩，而细胞外的鞘还保持其原样；F 为 *Polybescurus bipartitus*，Draken 群系；G 为 *Eoentorphysalis*，Bilyakh 群；H 为 *Eosynechococcus medius*（原始间聚球藻），Draken 系。图 A 中标尺对于 A 和 H＝5μm；对于 B～E＝10μm；对于 F＝20μm；对于 G＝50μm。（仿 Knoll，2008）

16 亿～17 亿年前的前寒武纪晚期的地层中发现了类似于现代的立方藻属（*Eucap-*

sis)。距今 10 亿年前左右的地层中发现了石囊藻科（Entophysalidaceae）和宽球藻科（Pleurocapsaceae[①]）（图 1.2），直到前寒武纪晚期的地层中才有类似颤藻和念珠藻类型的化石出现（图 1.3）。有趣的是类似念珠藻化石的出现略早于颤藻型的，类似真枝藻（*Stigonema*）的蓝藻化石仅在距今 4 亿年左右的泥盆纪（Devonion）地层中才出现。

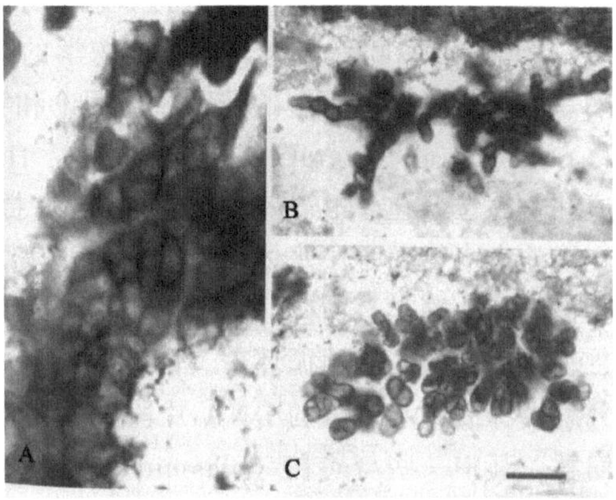


*图* 1.2　元古代化石，被认为是蓝藻群 II。A 为 *Palaeopleurocap sawopfnerii*，约 8 亿年前 Skillogalee，澳大利亚；B 与 C 为 *Eohyella* spp. 7 亿～8 亿年前 Eleonore 海湾群，英格兰。图 C 中标尺对于 A=15μm，对于 B 和 C=50μm。（仿 Knoll，2008）

## 二、演　　化

蓝藻在地球上生存了至少 35 亿年，现在已鉴定的物种有近 3000 种，种类虽不多，但分布极广，江、河、湖、海、潮湿土壤、树皮上，从寒冷的冰川到水温度达 60～70℃（甚至更高）的温泉，只要有水、有阳光的地方都有它们的踪迹。蓝藻适应多种多样的生态环境的能力是怎样获得的？由于蓝藻没有有性生殖，虽发现过所谓的“准有性生殖过程”（parasexual processes），但只是个别情况，没有普遍性。因此，长期以来，学者们对蓝藻存在诸多

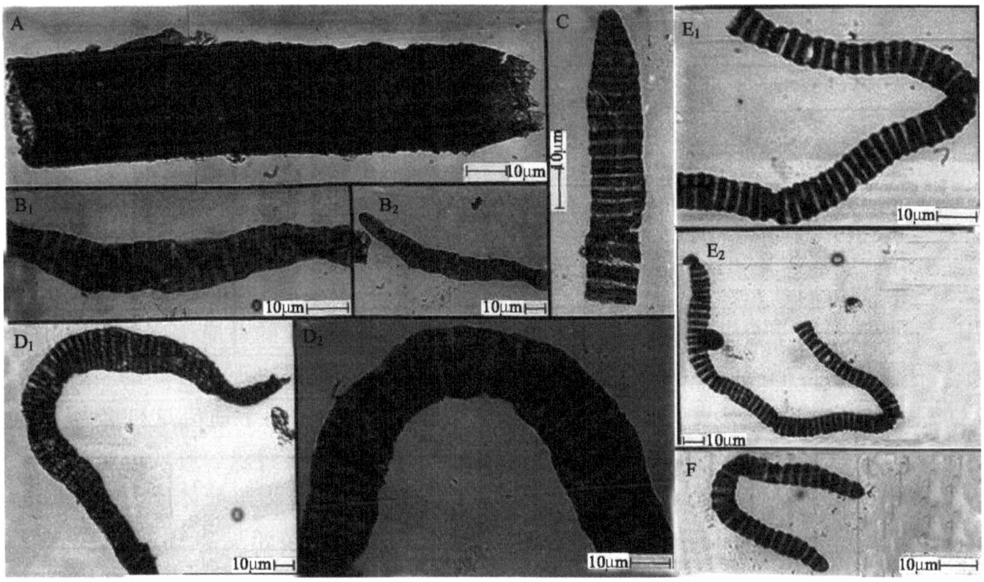


图 1.3　9 亿年前俄罗斯 Bashkiria 南部 Shtandin 系沉积岩中具管鞘化石蓝藻（A）和具细胞的藻丝（B～F）。A. *Siphonophycus costatus*；B 和 D. *Tortunema* sp. 颤藻科；C. *Calyptothrixge minata*，颤藻科；E 和 F. C*alyptothrixalternata*，颤藻科。（Schopf，2002）

① 在 Komárek 等系统中无此科。

疑惑：物种是如何形成的？蓝藻的形态十分简单，为什么能在许多其他极端环境里生长繁殖？20 世纪 80 年代以来，分子生物学的理论与技术在蓝藻生物学中得到广泛应用，长期令藻类学者迷惑不解的问题才从理论和实践上得到较好的解释。水平（侧面）基因转移［horizontal（lateral）gene transfer，H（L）GT］的发现与深入研究为蓝藻物种形成和生态位分化（niche differentiation）提供了理论依据和实验证明。

无论大水体还是小水体，甚至潮湿土表，其中不仅有各种不同的藻类（原核的蓝藻或真核的其他藻类），毫无例外地还有多种细菌，各种生境内的各种生物都在生长、繁殖、衰亡，周而复始地循环着。因此，生境中不仅有形形色色的生物，而且还有由于细胞分解而释放到水体中的 DNA 片段，这些游离的 dsDNA 片段由于外源核酸酶的作用而崩解，其中一些与质粒（plasmid）或噬藻体（phycophage）黏合进入同种或异种细菌细胞或蓝藻细胞，然后外源 DNA 片段整合到受体细胞的染色体上，实现基因重组。这一过程见图 1.4。

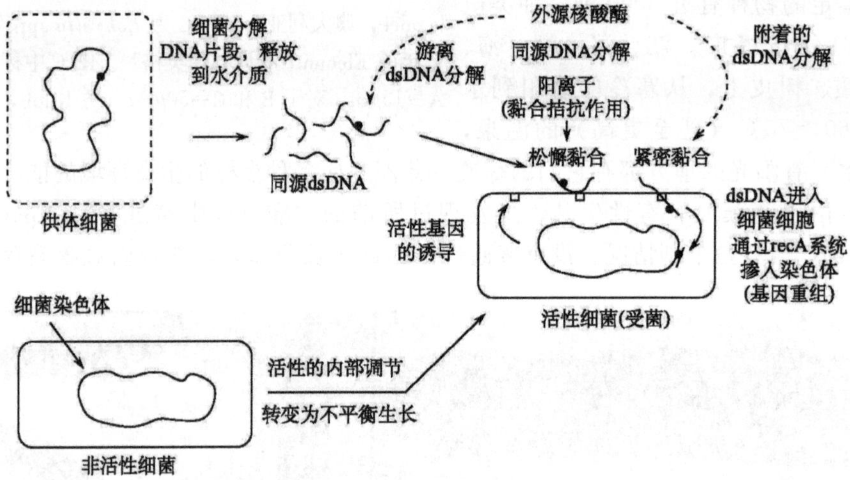


图 1.4　水平（侧面）基因转移。(仿 Sigee，2005)

对细菌种群而言，外源 DNA 在受体细胞所有基因座（loci）上自由重组。水平转移引入的基因可以使有机体具有不同于其亲体的、新的、有效的适应生态位，因此通过水平转移受体获得额外的基因有利于适应新的生态位，同时失去那些在新的生态位中不适合的基因，也就是说，点突变（point mutation）的出现有利于适应这种新环境而不利于旧环境。通过 H（L）GT 整合宿主细胞的重组 DNA，其转录、翻译的过程完全不同于常规的中心法则（central dogma），而是通过一种特殊的非核糖体肽合成酶（non-ribosomal peptide synthetasis，NRPS）过程合成各种产物（详见本书第七、八章）。现在一般认为 H（L）GT 是原核生物演化的主要推动力（图 1.4）。种内基因组比较表明 20％～30％的基因突变是由这个过程贡献的（Bapteste et al.，2004）。而在蓝藻基因组中含有通过 HGT 获得的非典型的核苷酸为 9.5％～16.6％（Zhaxybayeva et al.，2006）。HGT 不仅使受体获得适应新环境的外源基因，在不断获得外源基因的过程中使其形成种群多样性（diversity）及谱系（lineages）多样化（diversification）。种间系统发育分析还表明 HGT 通过非常规重组（illegitimate recombination）对功能基因还能够进行“种间置换”（orthologous replacement），从而形成新的物种（Bapteste et al.，2004）（图 1.5）。

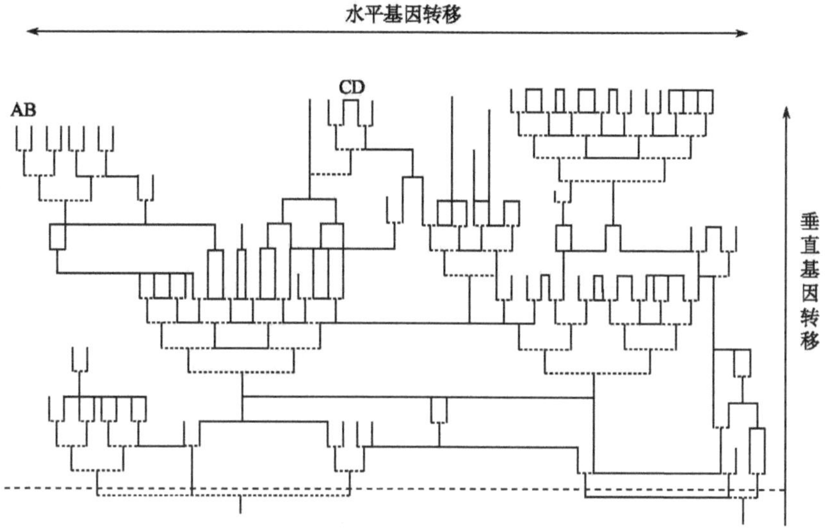


图 1.5　涉及物种间（A、B、C 及 D）垂直和水平遗传没有假定它们的相对强度的生命追溯综合图。（仿 Lawrence，2002）

水平基因转移不仅在原核生物之间进行，有实验证明还可以在原核生物与真核生物之间转移。甘油醛-3-磷酸脱氢酶（GAPDH）在原核生物和真核生物细胞中都存在，有学者将大肠杆菌中 GAPDH 序列与其他原核生物和真核生物序列进行比较，发现前者与真核生物的序列更相似。他们得出结论：大肠杆菌的序列事实上与真核生物异乎寻常地紧密相关，是“一种古老的未知的真核宿主 GAPDH mRNA 反转录的后裔”（Doolittle et al.，1990）。

以苏氨酸 myl tRNA 合成酶序列作系统发育分析（图 1.6）表示蓝藻 HGT 在演化中的意义。在此树里 3 个原绿藻（*Prochlorococcus* spp.）. 在 γ-proteobacteria 内得到高的自展率支持。tRNA 合成酶已知具有复杂的含有多个 HGT 偶然事件的演化史。3 个原绿藻为单系起源群。黑体的为蓝藻。自展率 100 次。图中表示的是超过 80%以上的类群。这些基因虽没有改变该种功能基因的功能但使宿主获得适应新环境的能力。由于蓝藻具有 HGT，蓝藻的演化显得更为复杂、多样。

## 三、分　　类

当代蓝藻分类有两个系统，一个系统是 Komárek 和 Anagnostidis 以藻体显微形态结合超微结构特别是类囊体排列方式以及某些分子系统分析资料拟定的 1 门 1 纲（蓝藻纲）4 目系统。另一个系统是基本上以细菌学分类规则拟定的 5 类群（group）[相当于“目”（order）] 系统，这个系统由 Rippka 等（1979）提出，除类群 Ⅱ（宽球藻类群）外，其他 4 个类群与 Komárek 等系统的 4 个目名称一样。主张蓝藻是菌的学者多采用 Rippka 等的系统。图 1.7 为蓝藻及其他真细菌和古菌 GltS 蛋白质系统发育分析，表示

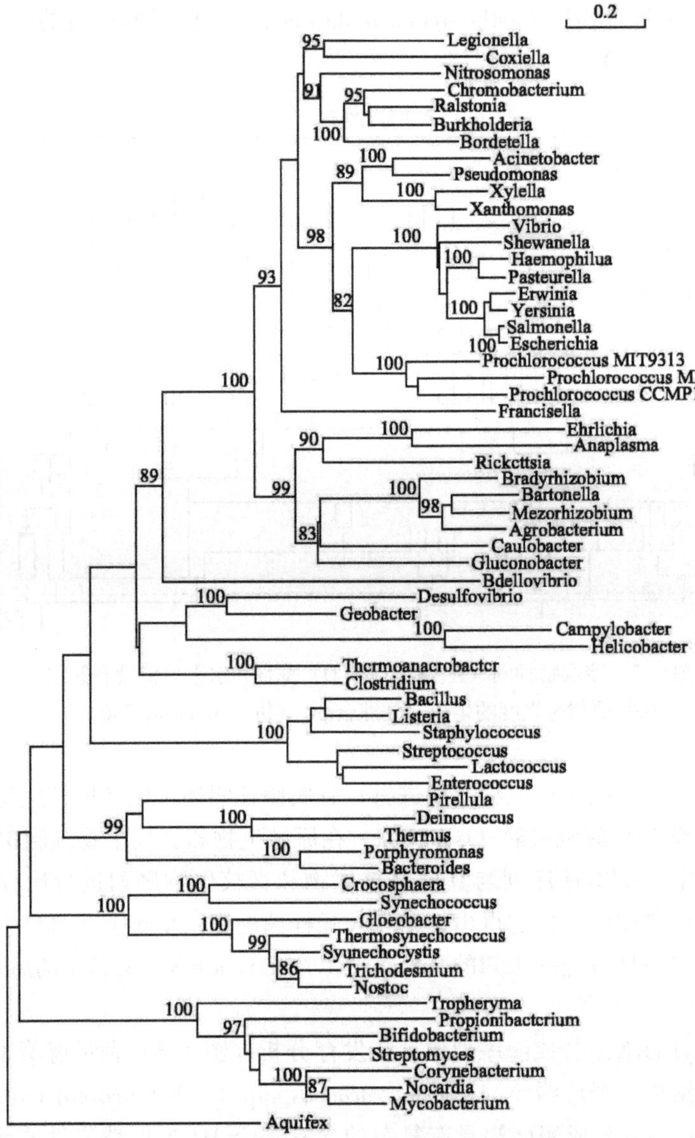


图 1.6　蓝藻水华水平基因转移（HGT）举例：苏氨酸 myl tRNA 合成酶。
（仿 Zhaxybayeva et al.，2006）

基于 Clustal×(1.8) 比对邻接树；自展率支持超过 99%（?）或 86%（?）。大小标记每个氨基酸残基置换 0.1。用 *E. coli* 相关的蛋白质 Ydf（图中未表示）作为树根。＊为聚孢藻 sp. PCC6803 次级 GltS 蛋白质。无论是 Komárek 系统还是 Rippka 系统，从 1988 年 Giovanonni 等开始到 Sanchez-Baracaldo 等（2005）和 Tomitant 等（2006）用 16S rRNA、*hetR* 和 *rbcL* 基因对 Rippka 系统进行分子系统分析表明，只有某些类群的划分得到支持而另一些特别是单细胞类群没有得到支持。

图 1.8 为基于分子序列比较的蓝藻内系统发育亲缘关系，特别依据 Sanchez-Baracaldo 等（2005）和 Tomitant 等（2006）报道的资料。罗马数字表示根据形态学分类的类群Ⅰ～Ⅴ，＊表示报道的 2000～1500Ma 化石集合物的形态型（morphotype）。

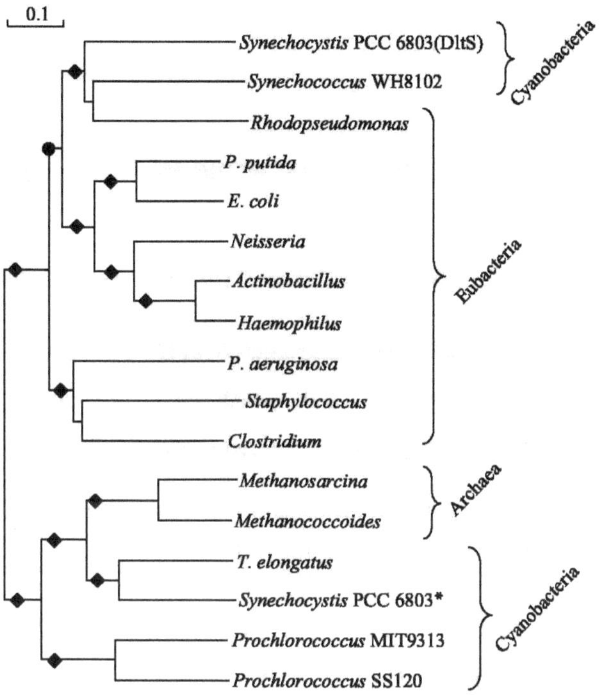


图 1.7　蓝藻及其他真细菌和古菌 GltS 蛋白质系统发育分析。(仿 Flores et al.，2008)

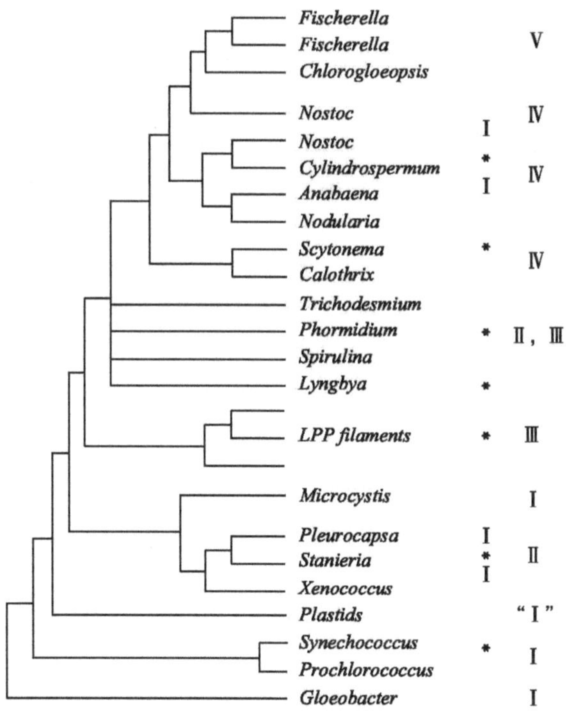


图 1.8　基于分子序列比较的蓝藻内系统发育的亲缘关系。(仿 Tomitant et al.，2006)

太古代、元古代海洋地层中存在大量蓝藻化石（图 1.9）。

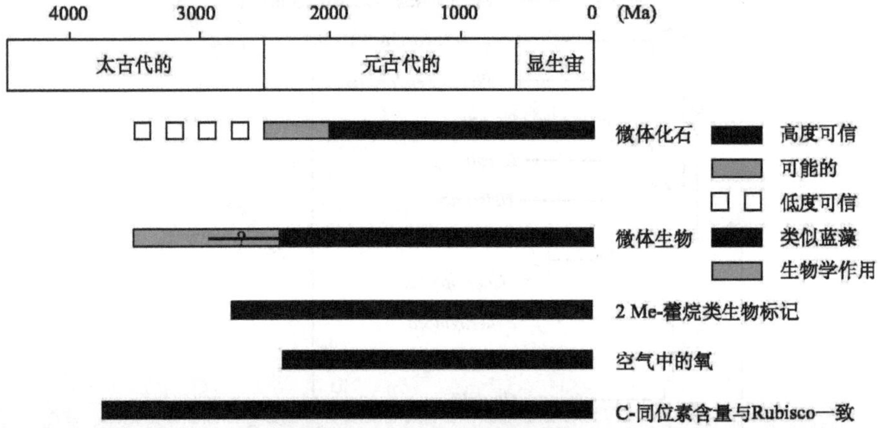


图 1.9　太古代和元古代海洋中蓝藻化石和其他地质生物学特性的分布底层摘要。蓝藻在元古代生态系统中大量存在，它们在太古代海洋中存在的范围不能确定。(仿 Knoll，2008)

Schopf（2002）根据蛋白质氨基酸序列与已知前寒武纪古生物化石记录比较作出的生命史期限图，比较全面系统地表示了当代蓝藻与古菌、蓝藻各类群间的起源和亲缘关系（图 1.10）。

现代蓝藻分类在 20 世纪 90 年代前基本上以藻体显微形态为主要依据，分类主要是根据 Geitler L 系统（1930～1932 年），他将蓝藻纲（Cyanophyceae）分为 3 目：色球藻目（Chroococcales）、管胞藻目（Chamaesiphonales）、藻殖段目（Hormogonales）；Drouct 研究比较了他所收集或观察的标本，提出了一个非常简化的分类系统（1981 年），但很少被使用；Bourrelly 的系统（1985 年）基本上是“Geitler”系统的修订，而且只到“属”，没有属下分类单元，不能作为蓝藻学分类使用；Starmach 主编的《波兰藻类志》（1966 年）卷 2 将蓝藻归为蓝藻门，分类系统仍以 Geitler 显微形态特征为依据，对若干分类单元作了调整，应该说他收录的物种较全，融入了他本人的看法，可惜的是，该著作用波兰文撰写，能阅读波兰文的学者不多，流传不广。从 20 世纪 80 年代开始，Anagnostidis 和 Komárek 对蓝藻显微形态特征、超微结构、繁殖方式、生态特征以及分子系统学等的新资料进行综合分析，提出了蓝藻门新系统，虽然他们用“蓝原核门”替代蓝藻门，对以往所发表的分类单元进行了全面整理，但仍采用《国际植物学命名法规》命名，并将蓝藻分成 4 目：① 色球藻目（Chrooccocales）；② 颤藻目（Oscillatoriales）；③ 念珠藻目（Nostocales）；④ 真枝藻目（Stigonematales）。这个新系统得到了广泛的认同和应用（Lee，2008；胡鸿钧，魏印心，2006）。

## 第三节　水华、蓝藻水华

“水华”是从英文翻译的名词，国外第一个使用“水华”（water bloom）一词的是 Reynolds 和 Walsby（1975），过去（20 世纪 50 年代）我国常用“湖靛”一词。“水华”通常描述为浮游植物生物量显著高于湖泊等水体的平均生物量。“水华”常仅由 1 或 2

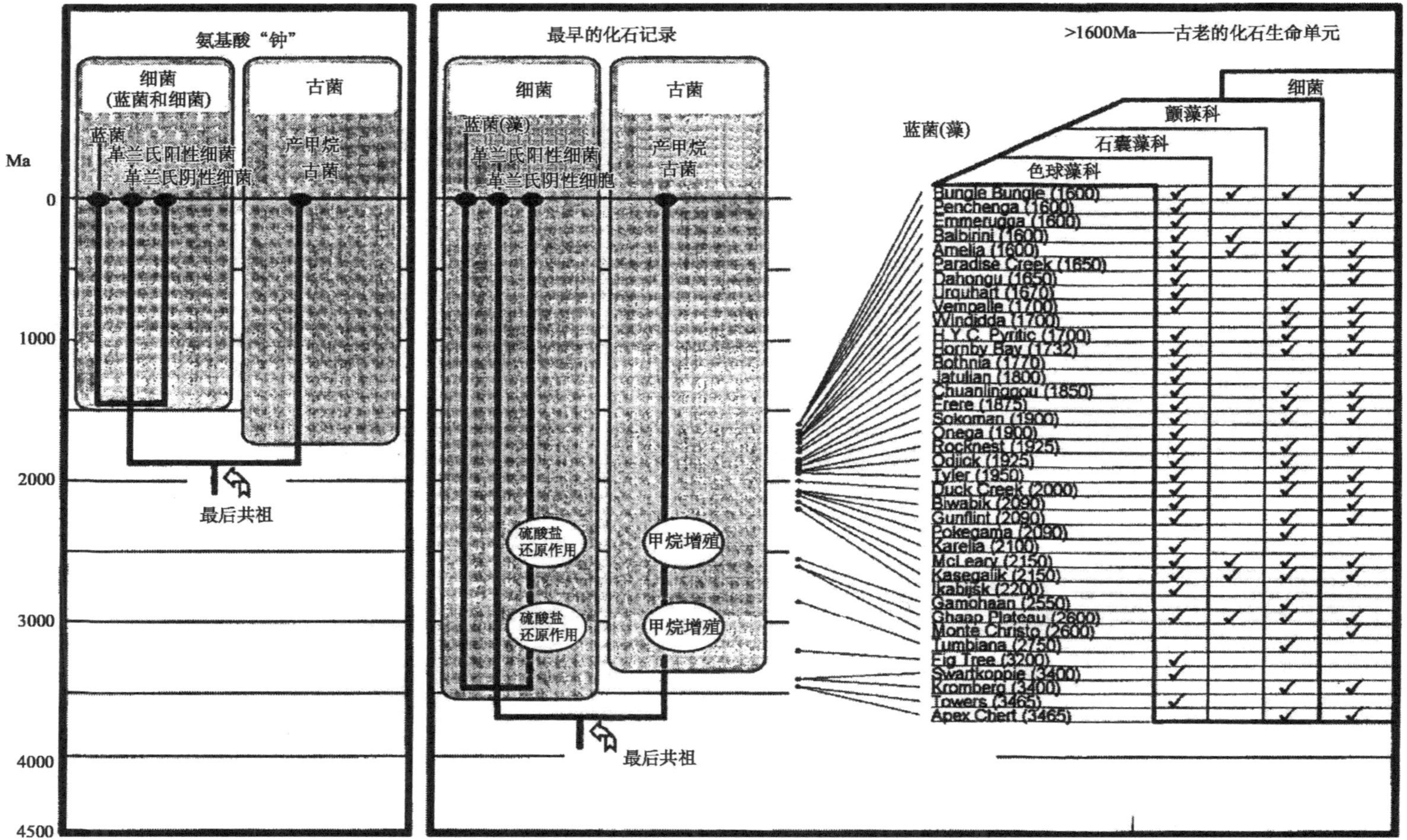


图 1.10 原核生物历史期限。(仿 Schopf, 2002)图左仿 Doolttle et al., 1996;图右资料引自 Schopf and Walker, 1983; Hofmann and Schopf, 1983; Schopf et al., 1983; Schopf, 1992。(转引自 Whitton and Potts, 2002)

**表 1.2　淡水环境营养状况：从寡营养型的到富营养型的系统**(Sigee, 2005)

| | 营养类目(阶元) | | | | |
|---|---|---|---|---|---|
| 营养的浓度/($\mu g \cdot L^{-1}$) | 超寡营养的 | 寡营养的 | 中营养的 | 富营养的 | 超富营养的 |
| 总磷(平均值) | <4 | 4～10 | 10～35 | 35～100 | >100 |
| 正磷酸* | <2 | <2 | 2～5 | 5～100 | >100 |
| DIN* | <10 | <10 | 10～30 | 30～100 | >100 |
| Chl.a 浓度/($\mu g \cdot L^{-1}$) | | | | | |
| 表层水平均浓度 | <1 | 1～2.5 | 2.5～8 | 8～25 | >25 |
| 表层水最大浓度 | <2.5 | 2.5～8 | 8～25 | 25～75 | >75 |
| 透明度(赛克板深度)/m | | | | | |
| 平均值 | >12 | 12～6 | 6～3 | 3～1.5 | <1.5 |
| 年最小值 | >6 | >3.0 | 3～1.5 | 1.5～0.7 | <0.7 |

注：湖泊分类根据营养浓度均值和浮游植物生产力(灰色框)。

* 正磷酸和可溶性无机氮(DIN)是测定的夏季静水期表层水平均浓度。

**表 1.3　温带永久性淡水水体随营养物增加而发生生物学变化的情况**(Sigee, 2005)

| 性状 | 超寡营养型 | 寡营养型 | 中营养型 | 富营养型 | 超富营养型 |
|---|---|---|---|---|---|
| 水的清澈程度 | 清澈的 | 清澈的 | 清澈的 | 常混浊的 | 混浊的 |
| $O_2$ 饱和度 | 整个水柱都饱和 | 整个水柱都饱和 | 饱和度可变 | 超饱和到厌氧的 | 极不稳定，常无 $O_2$ |
| 次级生产力的 C 源 | 主要是外源的 | 主要是外源的 | 外源的和本地的 | 主要是本地的 | 主要是本地的 |
| 可溶的有机 C(DIC)含量 | 极低 | 低 | 可变 | 高 | 极高 |
| 总生物量 | 极低 | 低 | 中等 | 高 | 极高 |
| 大型水生植物量 | 低 | 低 | 可变 | 高或低 | 低 |
| 沿岸带底栖藻类 | 高 | 高 | 中等 | 低 | 极低 |
| 浮游植物初级生产力 | 极低 | 低 | 中等 | 高 | 高，不稳定 |
| 浮游植物标准大小 | 小，单细胞 | 小，单细胞 | 混合型 | 大，单细胞和群体水华 | 小，单细胞 |
| 竞争对策 | r-选择 | r-选择 | r-选择和 K-选择 | K-选择 | r-选择 |
| 微生物的生产率(力) | 极低 | 低 | 中等 | 高 | 高 |
| 浮游动物和鱼类* | 极低 | 低 | 高 | 高到低 | 高到低 |

* 浅水湖泊水体全湖盆均有水生附着生物。

个种群占优势的浮游类群组成，优势种群有硅藻、裸藻、甲藻、绿藻、黄藻和蓝藻。水华又用种群细胞密度来定义，其低水平叶绿素 a 含量约为 10 $mg \cdot m^{-3}$，约相当于 20 000个细胞 · $ml^{-1}$。此外还有多种定义：①浮游藻类种群密集水体表面形成肉眼可见的表观（apperant）（Bold and Wynne，1985）；②在营养丰富的淡水水域表层浮游生物（常为藻类）大量增殖集聚于水面的现象（王孟本和毋月莲，2004）；③水体系统中单纯的浮游藻类种群密集在湖泊、水库、池塘、河流甚至浅水洼、冰山等表面，在许多生态系统中是季节性出现的常见的现象等，所有这些水华的生成与消失可看成是其种群的增加和失去的平衡（Sigee，2005）；④蓝藻大量繁殖，在夏、秋季节形成蓝藻“水华”现象，湖水变得混浊，透明度下降，藻类腐败时产生难闻的腥臭味，湖水质量显著下降（张水元和刘衢霞，1990）等。

大多数学者将水华与水体富营养化联系在一起，认为水华是由于水体富营养化引发的，多数情况下确是如此。水体富营养化是湖泊自然的演化过程，尤其是我国长江中下游浅水湖泊 20 世纪六七十年代前大都是草型湖，如果没有人为干扰，这些湖泊将会逐渐富营养化而变成“藻型”湖，但是由于人口的剧增，社会经济的快速发展，大量未经处理的各种废水、污水排入各种水体，大大加速了水体富营养化过程。任何水体都含有一定量的营养物质，处于某种营养状态级别。我国各种内陆水体都有不同程度的富营养化，甚至超富营养化，表 1.2 是温带地区湖泊营养级别分类。

随着营养物质的增加，水体的生物组成和数量发生变化，表 1.3 是温带永久性淡水水体随营养物增加生物学的变化情况。

近年来，国内外水体富营养化在江河一些特殊水体中也时有发生，然而高营养水平对这些水体的影响是很难与静止水体进行比较的，因为这些水体是流动的，悬浮物连续移动（存留时间短），不太可能在任何区域浮游植物都能形成一定的生物量。江河的湍流和垂直循环也阻止了水体分层，由于循环周期内减少了光照时间以及悬浮颗粒物质遮光的影响，限制了藻类的生长。尽管如此，水华还是在一些河流持续出现，英国环境署（1998 年）发布的江河系统富营养化分类可作为参考（表 1.4）。

**表 1.4　江河系统富营养化分类**（转引自 Sigee，2005）

| | 营养类目 | | | | | |
|---|---|---|---|---|---|---|
| | 极低（1） | 低（2） | 中等（3） | 高（4） | 很高（5） | 过高（6） |
| 磷酸盐/($\mu g \cdot L^{-1}$) | <20 | 20～60 | 60～100 | 100～200 | 200～1000 | >1000 |
| 硝酸盐/($mg \cdot L^{-1}$) | <5 | 5～10 | 10～20 | 20～30 | 30～40 | >40 |
| 溶解氧/(%饱和) | 80 | 70 | 60 | 50 | 20 | <20 |
| BOD*/($mg \cdot L^{-1}$) | 2.5 | 4 | 6 | 8 | 15 | N/A |
| 氨 | 0.25 | 0.6 | 1.3 | 2.5 | 9 | N/A |

* 生物需氧量。

无论是贫营养型还是富营养型水体，一年四季浮游植物种类组成都会出现有规律的变化-演替现象。Raynolds（1990）根据英国湖泊和捷克施肥的鱼池的不同营养状况将水体浮游植物演替归纳为下列模式（表 1.5）。

**表 1.5　不同营养状况水体浮游植物演替**（Reynold et al.，1990）

| 湖泊类型 | 春季 | | 夏季 | | 秋季 |
|---|---|---|---|---|---|
| 寡营养型 | 硅藻 ——————————————————→<br>小环藻属 ————→ | | | DIN<br>角甲藻属<br>BG<br>束球藻属 | |
| 中营养型 | 硅藻 ——→ | 金藻 ——→<br>鱼鳞藻属 | | 甲藻 ——→<br>角甲藻属<br>BG<br>束球藻属 | 硅藻 |
| 富营养型 | 硅藻 ——→ | 绿藻 ——→<br>空球藻 | BG ——→<br>鱼腥藻属<br>束丝藻属 | DIN ——→<br>角甲藻属<br>BG<br>微囊藻属 | 硅藻<br>冠盘藻 |
| 超富营养型 | 小的硅藻 ——→<br>冠盘藻 | 绿藻 ——→<br>栅藻属 | | 绿藻 ——→<br>盘星藻属 | BG<br>隐球藻属 |

注：DIN，甲藻；BG，蓝藻。

我国学者对武昌东湖浮游植物种类、数量及其变动规律进行了长期（1956～1986年）的定点研究，大量水化学、浮游植物种类、数量变动的研究结果有力地证明东湖这个长江中游中型浅水湖泊富营养化的过程。20世纪50年代，东湖水质清澈，水生高等植物茂盛，棕鞭藻、锥囊藻、单鞭金藻、窗纹藻、异极藻、直链硅藻、小环藻等大量出现；60年代，微囊藻、鱼腥藻、栅藻等数量逐渐上升；70年代，平裂藻出现率由35.4%上升到61.1%（1973～1975年），浮游植物数量年变幅为500～5000个·$ml^{-1}$，优势种数明显增加；80年代中期开始，微囊藻、鱼腥藻数量明显下降，小环藻、放射硅藻丰度增加，小型颤藻、中华尖头藻等逐年增加，到1986年成为优势种群。30年的观察表明东湖浮游植物不仅个体变小，而且数量大幅增加，1956～1957年为1000个·$ml^{-1}$，到1986年增加至2500个·$ml^{-1}$，增幅几乎达1倍。

图1.11表明，1986年Ⅰ站和Ⅱ站蓝藻数量大幅增长。春季Ⅰ、Ⅱ站绿藻与隐藻为优势种群，占总数的24%～95%；夏季铜绿微囊藻、水华微囊藻和颗粒直链藻占优势，硅藻和蓝藻种数相加占总数的52%～83%。蓝藻数量增加，而生物量逐年减少，反映了富营养化进行过程中浮游植物种类组成结构的变化。

深水的水库，特别是南方（广东等省）的中、大型水库也频繁出现水华，这些水库并不是全部水体都富营养化，水华发生的主要原因是由于居民区集中的库岸或入库水系带入的大量营养物质致使库区局部水域水体富营养化，如近年来三峡局部库区发生甲藻、实球藻水华就是例证。还有汉江武汉段也出现过小面积的硅藻水华等。大多数水华发生与水体富营养化过程息息相关，但不是所有富营养化水体都形成水华。

所谓“富营养化”是指湖泊等水体接纳过多N、P等营养性物质，使藻类及其他水生生物过量繁殖，水体透明度下降，溶解氧降低，造成湖泊水质恶化，从而使湖泊生态系统和水功能受到损害及破坏，严重的甚至发生“水华”（黄祥飞，1990）。

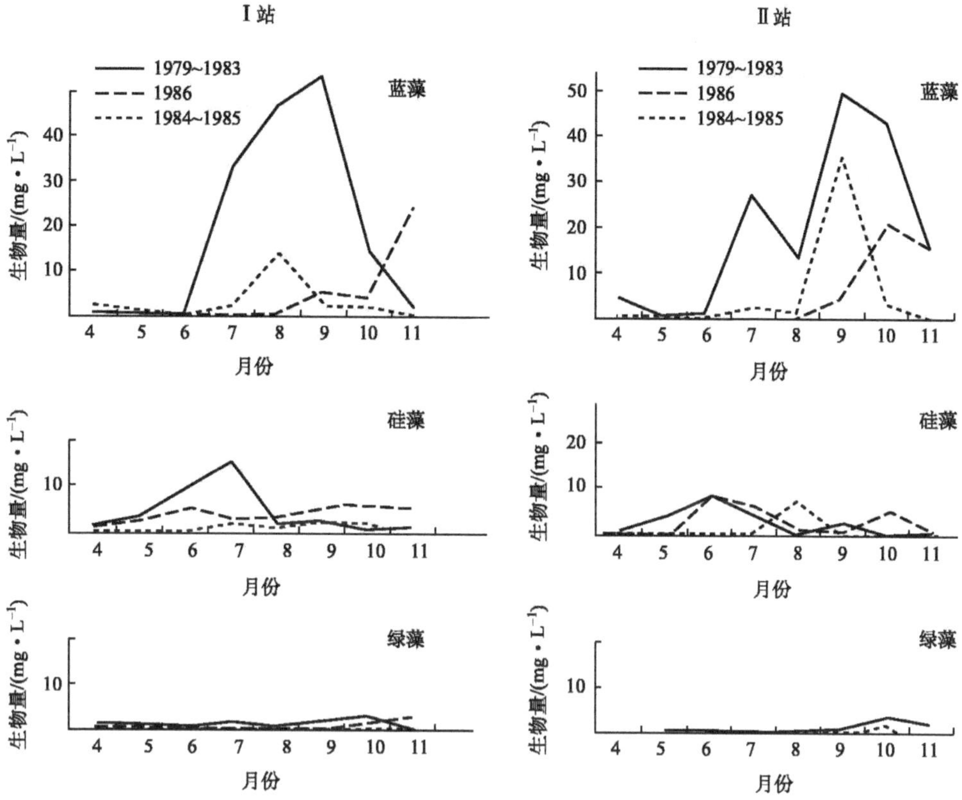


图 1.11　东湖浮游植物各大类生物量。(仿王建，1990)

某些特殊蓝藻水华的发生，如节旋藻（螺旋藻）[*Arthrospira*（*Spirulina*）]、水华束丝藻（*Aphanizomenon flos-aquae*）等并不与水体富营养相关，而是由于特殊水质——苏打湖、碱水湖及其独特的环境条件（温度、光照等）形成的。在特殊的水质（pH）环境条件下，水生生物的种群组成是不同的。

上述有关“水华”的界定不仅与水体富营养化紧密相关，而且常常将水华描述成“浮游植物种群密集在水体表层的现象”，如有些裸藻（*Euglena*）、硅藻（*Diatom*）、漂球藻（*Nautococcus*）、衣藻（*Chlamydomonas*）、蓝藻等（表 1.6）。

蓝藻水华［water-bloom of blue-green algae（Cyanobacteria）］顾名思义，构成水华的优势种群是蓝藻。蓝藻水华不仅有别于其他水华优势种群，而且还有 3 个显著特点。①构成蓝藻水华的蓝藻细胞都具有“气囊”（gas vesicle）或“气囊群”（aerotopes），因此具有较强的漂浮力，根据外界环境条件（如温度、光强、风力以及水体中的 N、P 浓度等）上浮或下沉。②大量聚集水表层的蓝藻细胞常形成“浮膜”（scum）。在夏季，气温适宜时在风力作用下，水体中的某些局部水表“浮膜”厚度可达 10cm，甚至更厚，在强光和高温下表面藻细胞大量死亡，藻蓝蛋白（pyhcocyanin）渗出，死亡的细胞呈白色，使“浮膜”表面呈蓝白色；死亡的细胞迅速腐烂，散发出难闻的气体。③许多水华蓝藻能分泌各种化学性质不同的有毒物质，如微囊藻毒素（microcystin）等，此外还分泌一些虽不是有毒物质（如 GSM、MIB 等），但是有挥发性很强的臭味、异味，加上细胞腐烂的气体混在一起，所以蓝藻水华暴发时湖边甚至离岸较远的

**表 1.6　内陆水体水环境中 pH 的变化与微生物种群组成**（Sigee，2005）

| pH | | | | |
|---|---|---|---|---|
| 0 | 嗜酸性生物 | | 酸性矿物质水 | *Ferroplasma acidarmanus*[1], *Acontium* sp.[6] |
| 1 | | | | *Picrophilus oshimae*[1], *Klebsomidum*[4] |
| 2 | | | 温泉 | *Cyanidium caldarium*[4] |
| 3 | | | | *Thiobacillus thiooxidans*[2] |
| 4 | | | | *Sulfolobus acidocaldarius*[1] |
| 5 | 嗜中性生物 | | 大多数淡水生境 | *Nowakowskiella ramosa*[6] |
| 6 | | | | *Pseudomonas aeruginosa*[2] |
| 7 | | 嗜中性 | | *Euglena gracilis*[5]*, *Anabaena flos-aquae*[3] |
| 8 | | | | *Paramecium bursaria*[5] |
| 9 | | | 藻类水华期间高pH | *Microcystis aerugerusa*[3] |
| 10 | 嗜碱性生物 | | | *Spirulina platensis*[3]** |
| 11 | | | 苏打湖 | *Bacillus alcalophilus*[2] |
| 12 | | | | *Natronobacterium* sp.[1] |
| 13 | | | | |
| 14 | | | | |

注：1. 古菌；2. 细菌；3. 蓝藻；4. 真核藻类；5. 原生动物；6. 真菌。

＊原注有误，应为 4 而不是 5。＊＊现在的正式学名为：*Arthrospira plateasis*。

地方都可以闻到五味杂陈的极其难闻的气味！水体富营养化引起的蓝藻水华的确是败坏水质的一大公害，但是，在 pH 较高（9～11）的特殊水体，特别是一些苏打湖中形成的螺旋藻（*Spirulina*，即节旋藻 *Arthrospira*）（胡鸿钧，2003）或束丝藻（*Aphanizomenon*）水华都是营养价值很高的保健品。在美国及非洲一些国家和地区从湖泊中采收这些自然资源或者进行规模化养殖已形成一定规模的产量，开发成多种产品，不仅如此，有些水华蓝藻生长过程中产生的一些化学物质（如二元酸等）有可能作为治疗某些疑难病症的药物或化学试剂（详见本书第七章）。因此我们要全面认识、深入研究水华蓝藻，有害的要采取有效措施根除，有用的要深入研究、重视开发利用。

## 参 考 文 献


毕列爵．1990．是细菌还是藻类？湖北大学学报（自然科学版），12：1～5．

胡鸿钧，魏印心．2006．中国淡水藻类——系统、分类及生态．北京：科学出版社．

胡鸿钧．2003．螺旋藻的生物学及生物技术原理．北京：科学出版社．

陶天申，杨瑞馥，东秀珠．2007．原核生物系统学．北京：化学工业出版社．

何家菀，何振荣，俞敏娟．1990．蓝藻有毒“水华”种类组成及其毒素的分离提纯和鉴定．见：刘建康．东湖生态学研究（一）．北京：科学出版社．
张水元，刘衢霞．1990．水体富营养化问题．见：刘建康．东湖生态学研究（一）．北京：科学出版社．
黄祥飞．1990．东湖富营养化程度的综合评价．见：刘建康．东湖生态学研究（一）．北京：科学出版社．
王建．1990．浮游植物．见：刘建康．东湖生态学研究（一）．北京：科学出版社．
王孟木，毋月莲．2004．英汉生态学词典．北京：科学出版社．
朱浩然．1982．蓝藻类分类系统的探讨．南京大学学报（藻类专辑），6：1～23．
朱浩然．1991．中国淡水藻志第二卷色球藻纲．北京：科学出版社．
Anagnostidis K，Komárek J．1988．Modern approach to the classification system of *Cyanophytes* 1-Introduction．Archiv für Hydrobiological/Algalogical Studies，38/39：291～302．
Bold H C，Wynne M J．1985．Introduction to the Algae．Prentice-Hall，Inc．，Englewood Cliffs，N．J．07632．34～35．
Brown J R．2003．Ancient horizontal gene transfer．Nat Rev Genet，4：121～132．
Doolittle W F，et al．2003．How big is the iceberg of which organellar genes in nuclear genomes are but the tip? Philos Trans R Soc Lond B Biol Sci，358：39～58．
Flores E，et al．2008．Gene transfer to Cyanobacteria in the laboratory and in nature．In：Herrero A，Flores E．The Cyanobacteria，molecular biology，genomics and evolution．45～57．
Graham L E，Wilcox L W．2000．Algae．London：Benjamin Cummings Prentioe-Hall．
Herrero A and Flores E．2008．The Cyanobacteria，Molecular Biology，Genomics and Evolution．Norflk：Caister Academic Press．
Knoll A H．2008．Cyanobacteria and earth history．In：Herrero A，Flores E．The Cyanobacteria，molecular biology，genomics and evolution．1～19．
Lee R E．2008．Phycology．4th ed．Cambridge，U K：Cambridge University Press．
Ochman H et al．，2000．Lateral gene transfer and the nature of bacterial innovation．Nature，405：299～304．
Olsen G J．2001．The history of life．Nat Great，28：197～198
Reynolds C B，Walsby A E．1975．Water-Blooms．Biol Rev，50：437～482．
Reynolds C．1990．The ecology of freshwater phytoplankton．Cambridge，UK：Cambridge University Press．
Rippka R，Ddrueeles J，Waterbuyr J B，et al．1979．Generic assignments，strain histories and properties of pure culture of Cyanobacteria．J Gen Microbiol，111：1～61．
Sanchez-Baracaldo P，Hayes P K，Blank C E．2005．Morphological and habitat evolution in the Cyanobacteria using a compartmentalization approach．Geobiology，3：145～166．
Schopf J W．2002．The fossil record：tracing the roots of the Cyanobacterial lineage．In：Whitton B，Potts M．The ecology of Cyanobacteria，their diversity in time and space．New York：KAP．13～35．
Sigee D C．2005．Freshwater Microbiology．John Wiley & Sons Ltd．England．
Stainer R Y，et al．1962．The Concept of Bacterium．Arch Microbiol，42：17～35．
Starmach K．1966．Cyanophyta-sinice，Glaucophyta-glaukofity．Flora slodkow．Polski，2：1～808．
Tomitant A，Knoll A H，Cavanaugh C M，et al．2006．The evolutionary diversification of cyanobacteria：molecular phylogenetic and paleontolological perspectives．Proc Natl Acad Sci USA，103：5442～5447．
Van Den Hoek，et al．1995．Algae：An Introduction to Phycology．Cambridge：Cambridge University Press．
Whitton B A，Potts M．2002．The Ecology of Cyanobacteria，Their Diversity in Time and Space．New York：Klumer Academic Publishers．
Woese C R，Fox G E．1977．Phylogenetic structure of the prokaryotic domain：the primary kingdoms．Proceedings of National Academy of Sciences of USA，74：5088～5090．
Zhaxybayeva O，Gogarten J P，Charlebois R L，et al．2006．Phylogenetic analyses of cyanobacterial genomes：Quantification of horizontal gene transfer events．Genome Research，16（9）：1099～1108．

# 第二章　水华蓝藻的形态、结构及分类[①]

现在生活在地球上的蓝藻是地球上最原始的光合放氧生物的后裔，已有 35 亿年的历史。它们的细胞结构很原始，没有任何具膜的细胞器，遗传物质 DNA 位于细胞中央一核区，光合作用片层（类囊体）单条分散分布在原生质体中；无线粒体、高尔基体、内质网、液泡等细胞器；细胞壁的组成和结构与革兰氏阴性菌相似，但蓝藻的胞壁质（肽聚糖）较厚，且细胞常分泌胶质（主要成分是多糖和多肽），将多个细胞束合形成群体。有些蓝藻在细胞壁外形成胶鞘。

蓝藻形态多样，大体上可分为 4 种类型：①单细胞和胶群体结构；②不分枝不具异形胞的丝状体结构；③不分枝或具伪分枝具异形胞结构；④具真分枝具异形胞结构。

蓝藻在植物界被作为一个“门”，门下只有 1 纲——蓝藻纲（Cyanophyceae，Cyanobacteria）。纲以下的分类主要根据藻体形态分为 4 目（Anagnostidis and Komárek. 1988；胡鸿钧，魏印心，2006）：①色球藻目（Chroococcales）；②颤藻目（Oscillatoriales）；③念珠藻目（Nostocales）；④真枝藻目（Stigonematales）。

水华蓝藻到底有多少种，没有准确的统计，我国有关的报道很少，据作者统计发表的论文不到 10 篇，其中微囊藻 10 种，鱼腥藻约 12 种，拟鱼腥藻 1 种，束丝藻 1 种，浮丝藻及拟浮丝藻各 1 种。国外记载了约 89 种。作者近年来的调查发现不少国内尚未报道的属、种，表明长期以来国内水华蓝藻分类学研究未得到应有的重视，这方面的研究尚待加强。已出版的两卷《中国淡水藻志》（朱浩然等，1991；朱浩然，2007）基本上根据 Geilter 系统编写，早已过时。现在 Anagnostidis 和 Komárek（1988～1989）的新系统在国外广泛被采用，为了便于与国外交流，本书采用他们的系统。胡鸿钧和魏印心（2006）虽基本上采纳了他们的系统，但该书并未讨论及收录国内已报道的所有的水华蓝藻。考虑到许多水华蓝藻广布的性质，本章收录了国外分布很广而国内尚未报道的种类，以便读者查阅参考。应该指出的是，朱浩然主编的两卷《中国淡水藻志》在物种的形态描述及国内分布等方面还是有价值的参考书。

蓝藻藻体形态虽不很复杂，但有其特殊性。

## 第一节　单细胞和胶群体结构

色球藻目许多群体类群的形成与其细胞分裂方式密切相关，所有蓝藻细胞的分裂方式本质上都是相同的，都是细胞壁向内呈同心圆式凹入，将原生质体分成两部分的双分式（binary fission）。

---

① 本章许多属、种名称是依据国外最新文献列出的，其他各章许多属、种名称可能有所不同，请读者注意查对本章属、种名称下的同种异名。

双分式又可分成三种方式。

**1. 简单双分式**

简单双分式即分裂的母细胞分成两个相等的部分。这种分裂方式又有 3 种形式：①具 1 个与细胞主轴成直角的分裂面；②具两个相互垂直的分裂面；③具 3 个相互垂直的分裂面（图 2.1）。

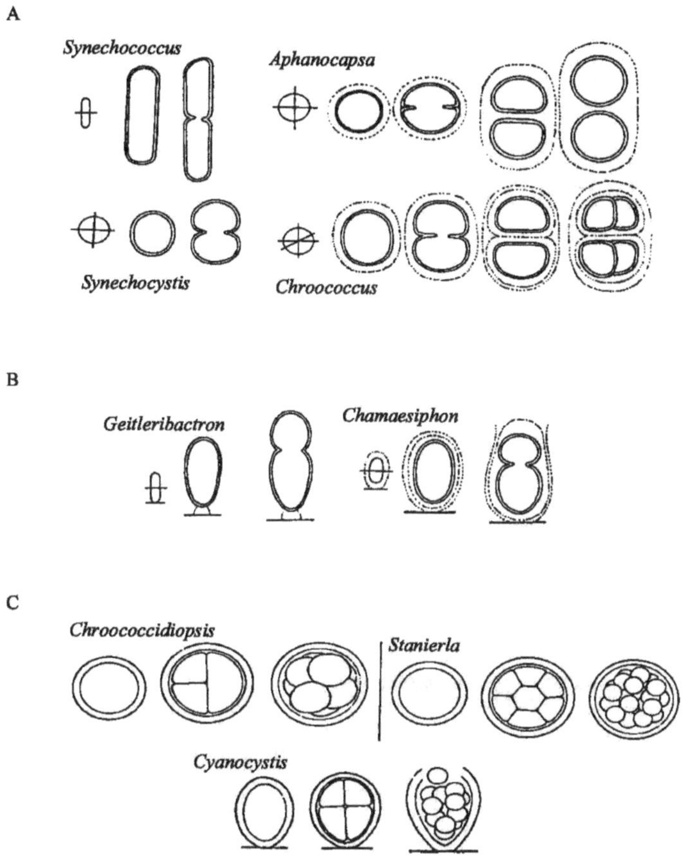


图 2.1 色球藻的不同类型的细胞分裂方式 。(Komárek and Anagnostidis，1998)

**2. 不对称双分式**

不对称双分式即分裂面远离细胞中部，在具极性的类群中，分裂面通常出现在管状细胞上端，分裂形成的子细胞（外生孢子 exocytes）与基部分离，子细胞形态与其他对称双分式形成的小的子细胞略有不同。

**3. 不规则双分式**

不规则双分式即其分裂面对细胞主轴而言是无规则的，子细胞长成接近母细胞大小前就开始下一次细胞分裂。这种分裂方式常在群体类型中出现。

## 第二节　不分枝不具异形胞的丝状体结构

**1. 颤藻目藻细胞的主要类型（图 2.2）**

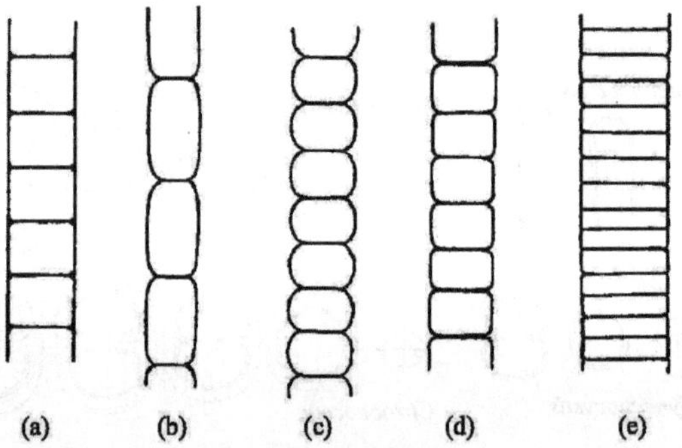


图 2.2　颤藻目藻细胞的主要类型。(仿 Anagnostidis et al.，1988)

**2. 颤藻类和藻殖段细胞分裂（图 2.3）**

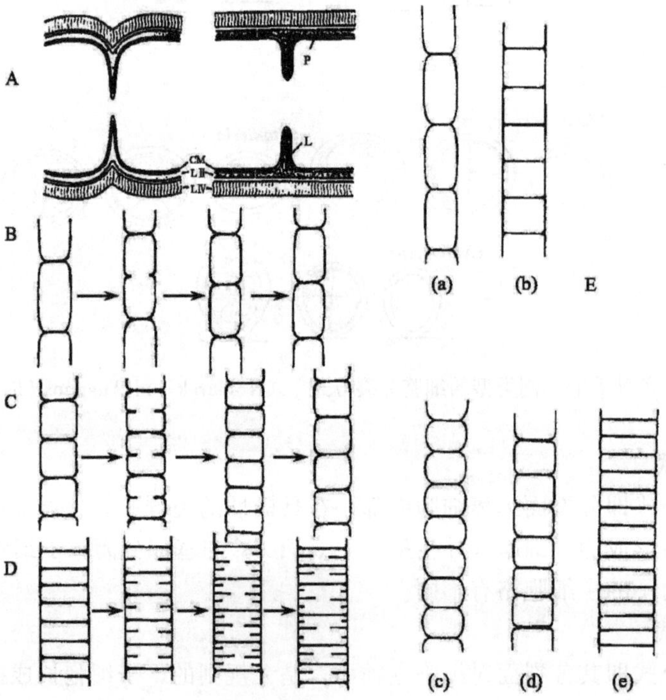


图 2.3　颤藻类和藻殖段细胞分裂。(Anagnostidis and Komárek.，1988)

### 3. 颤藻目藻丝分裂（图 2.4）

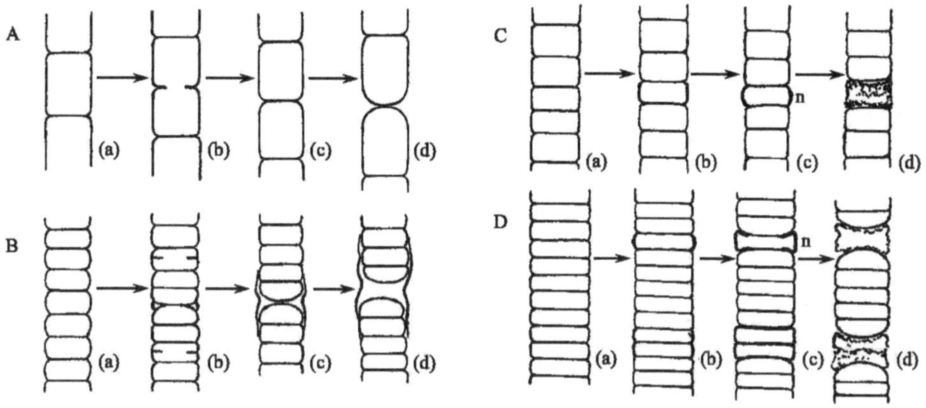


图 2.4 颤藻目藻丝分裂。(仿 Anagnostidis and Komárek，1988)

### 4. 颤藻目分生带（图 2.5）

所谓分生带（meristematic zone）是指藻丝中细胞分裂活跃的小段细胞。

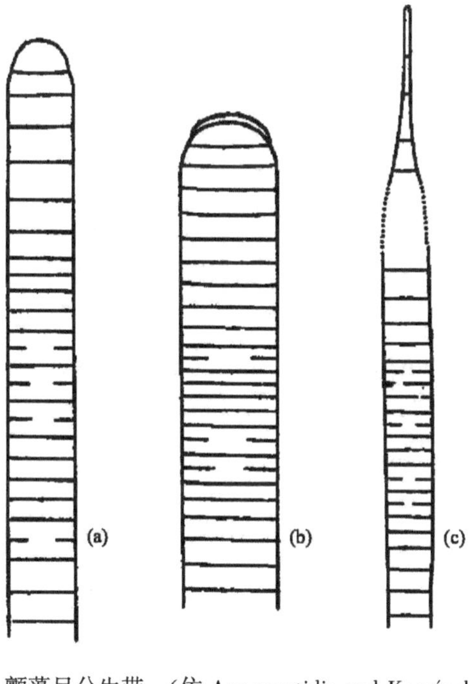


图 2.5 颤藻目分生带。(仿 Anagnostidis and Komárek，1988)

### 5. 颤藻目藻丝断裂方式（图 2.6）

藻丝断裂是一种繁殖方式，也是形成藻殖段或藻殖孢的方式。

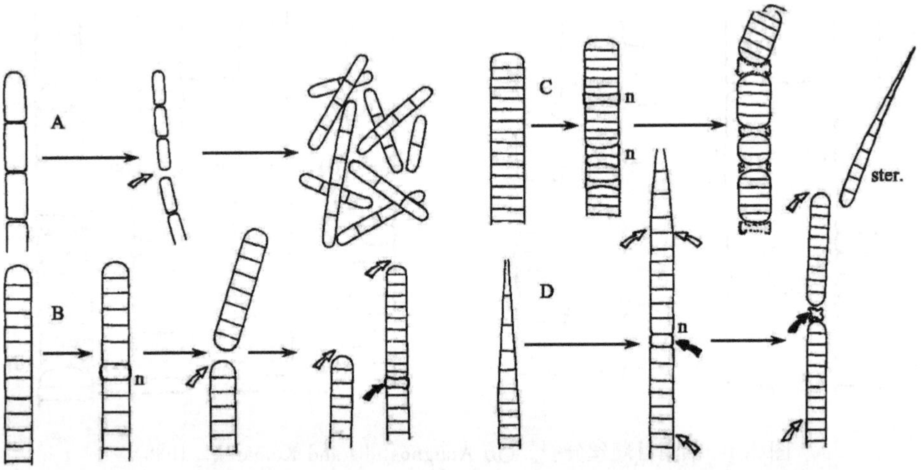


图 2.6　颤藻目藻丝断裂方式。(仿 Anagnostidis and Komárek，1988)

**6. 席藻科、颤藻科、须藻科藻丝顶端形态主要类型（图 2.7）**

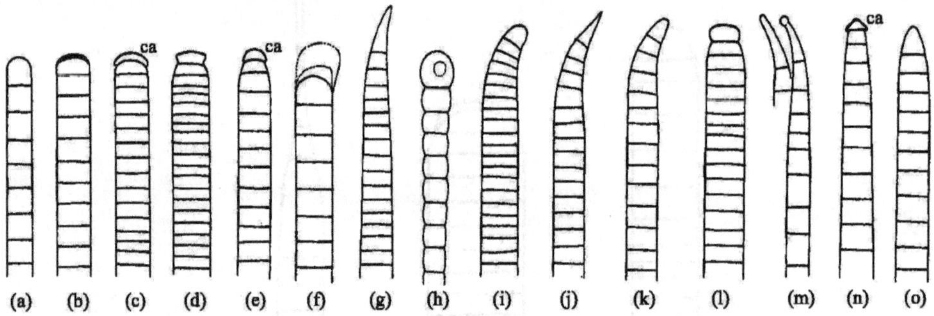


图 2.7　席藻科、颤藻科、须藻科藻丝顶端形态主要类型。
(仿 Anagnostidis and Komárek，1988)

## 第三节　不分枝具异形胞的丝状体结构

**1. 藻丝形态和结构**

根据藻丝两端的形态及异形胞和厚壁孢子在藻丝中的位置，藻丝可分为：等极的、等极分节的、等极对称的、等极近对称的、异极的。

念珠藻科藻丝结构主要类型如图 2.8 所示。

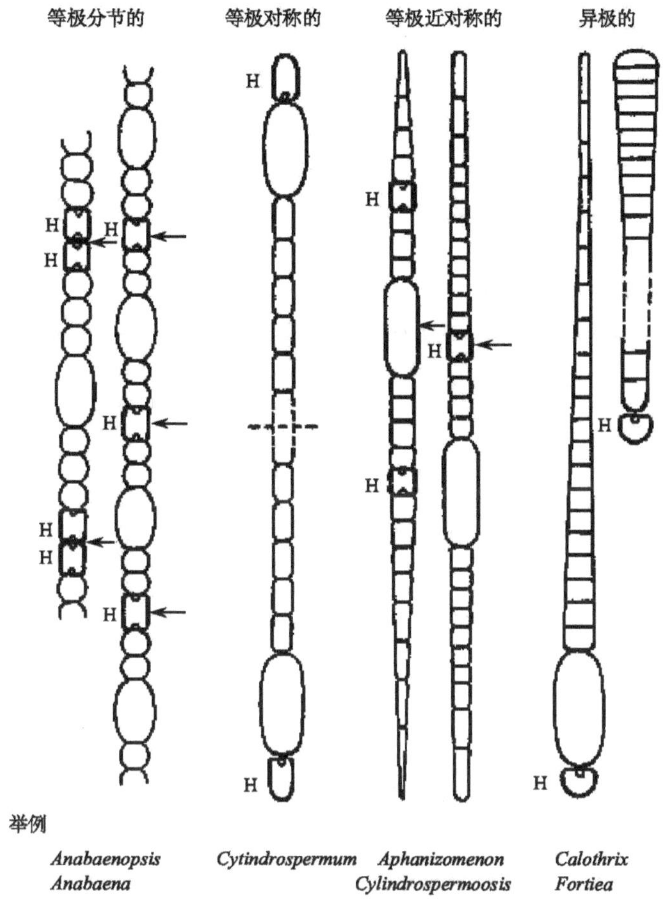


图 2.8　念珠藻科藻丝结构主要类型。(仿 Komárek and Anagnostidis，1998)

**2. 念珠藻科厚壁孢子的发育形成有两种主要类型（图 2.9）**

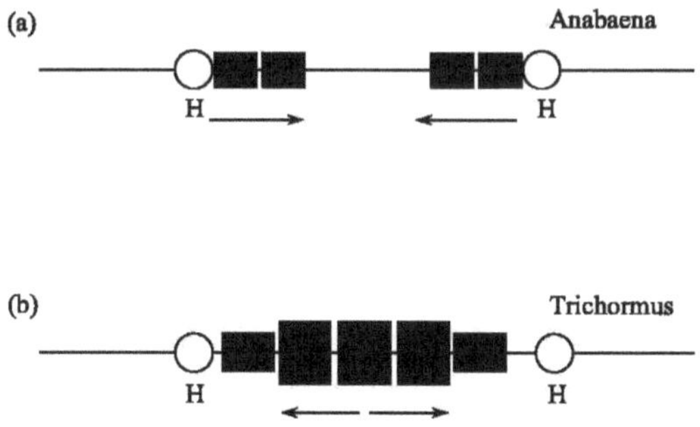


图 2.9　念珠藻类典型的厚壁孢子副异形胞的发育类型（a）和离异形胞的发育类型（b）图解。(仿 Komárek and Anagnostidis，1998)

(1) 副异形胞的 (paraheterocytic) 发育类型

这种类型即厚壁孢子从靠近（紧贴）异形胞开始形成，然后向藻丝中部再依次发育形成第二个。这种类型是鱼腥藻属藻丝两个异形胞之间厚壁孢子向藻丝中间发育的方式。

(2) 离异形胞的 (apoheterocytic) 发育类型

这种类型形成的厚壁孢子是从藻丝两异形胞中间开始，然后向异形胞的方向依次发育第二个、第三个厚壁孢子。

大孢藻属 (*Macrospermum*)

大孢藻属藻丝结构与其他厚壁孢子具副异形胞起源的念珠藻类略有差异，比较图解见图 2.10。

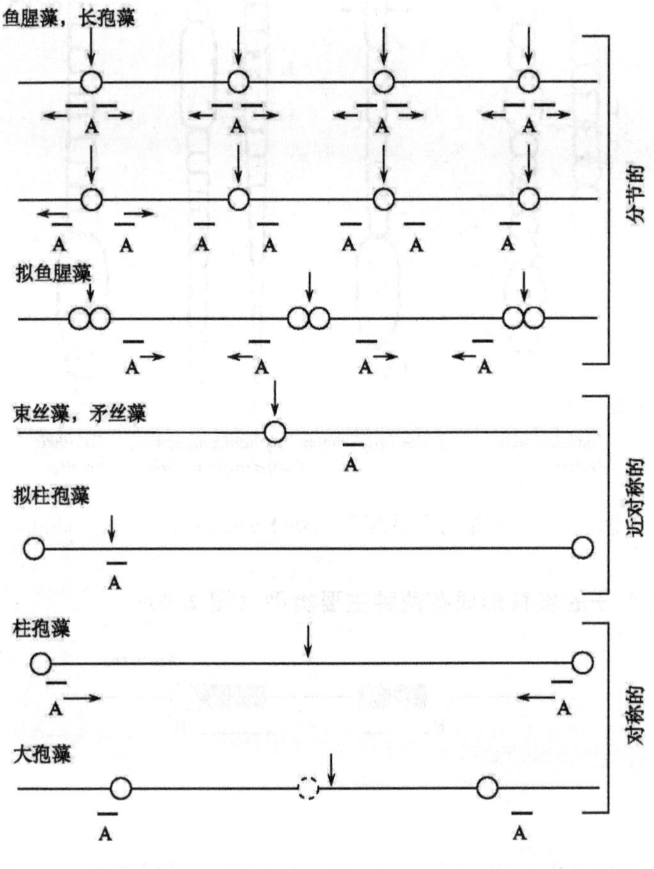


图 2.10 大孢藻属 (*Macrospermum*) 藻丝结构与其他厚壁孢子具副异形胞起源的念珠藻比较图解。(仿 Komárek.，2008)

## 第四节 水华蓝藻的分类

国内外报道的水华蓝藻分别隶属于色球藻目、颤藻目及念珠藻目。

### 分目检索表

1. 单细胞或群体，不形成真正的丝状体；复杂群体类型具极性或分化细胞 ………………………………………………………………………………………………………………………… Ⅰ. 色球藻目 Chroococcales
1. 真正的丝状体，组成丝状体的细胞彼此相连 ………………………………………………………… 2
  2. 无异形胞，不形成厚壁孢子 ……………………………………………… Ⅱ. 颤藻目 Oscillatoriales
  2. 具异形胞，形成厚壁孢子 ……………………………………………………………………………… 3
3. 丝状体不分枝或仅具假分枝 ………………………………………………………… Ⅲ. 念珠藻目 Nostocales
3. 丝状体具真分枝，或同时具假分枝 …………………………………… Ⅳ. 真枝藻目 Stigonematales①

## 一、色球藻目（Chroococcales）

单细胞或胶群体，不形成真正的丝状体，但有的细胞具极性或在复杂的群体中有细胞分化；细胞球形、卵形、杆状、不规则形状，罕见纺锤形的。非极性的和极性的特征可作为分“科”的标准，细胞分裂方式也可作为分“科”的标准，二者是一致的。

该目蓝藻的细胞壁与其他蓝藻一样由 3 层组成，但有时有些类群出现附加层——晶体 S 一层；有的类群为六角形结构，如集胞藻（*Synechocystis*)、隐球藻（*Aphanocapsa*)、微囊藻（*Microcystis*)；而拟色球藻（*Chroococidiopsis*）则为方形。细胞壁外包裹的胶质包被是有用的分类特征，其形态结构、分层与否、稳定性及沉淀物是“种”或“属”的特征。

球形蓝藻细胞的超微结构，如类囊体的排列方式、气囊或气囊群（aerotopes）的有无与在细胞内的分布等是分类学上的特征，而后者更是具有生态学上的重要意义。球形或单细胞的类囊体有 3 种排列方式（胡鸿钧等，2006）。

所有蓝藻生长（增殖）均为双分式（binary fission)，有简单双分式、对称双分式、不规则双分式 3 种。此外还产生几种孢子进行繁殖：①分生孢子和内生孢子；②微孢子（nannocytes）和小孢子（baeocytes)。

该目包括 11 科，涉及水华的种类隶属于 4 科。

### 分科检索表

1. 由少数细胞组成圆球形群体 ………………………………………… （二）色球藻科 Chroococcaceae
1. 群体由多数细胞组成 ………………………………………………………………………………… 2
  2. 群体为扁平状 ………………………………………………… （三）平裂藻科 Merismopediaceae
  2. 群体不为扁平状 ……………………………………………………………………………………… 3
3. 群体细胞仅具 1 个分裂面，呈不规则排列的群体 ………………… （一）聚球藻科 Synechococcaceae
3. 群体细胞具 3 个分裂面 ………………………………………………… （四）微囊藻科 Microcystaceae

### （一）聚球藻科（Synechococcaceae）

细胞单生或为不规则排列的胶群体，或者多少在胶群体中向一个方向排列的假丝

① 尚未发现形成水华的类群。

状，群体胶质无结构，不定形；但有的属为球形群体，细胞分布在胶被的周边或位于胶质柄的外侧或末端；有的属每个细胞具特殊的胶被；细胞罕见圆球形的，常明显长形、宽卵形、卵形、椭圆形、圆柱形（似杆状）到几乎呈“丝状”。

细胞常为一个分裂面，垂直于细胞纵轴。

已记载的 3 属均有水华蓝藻。

**分属检索表**

1. 胶群体细胞小于 1μm ………………………………………………… **1. 蓝网藻属 *Cyanodictyon***
1. 胶群体细胞大于 1μm ………………………………………………………………… **2**
   2. 群体细胞在中央呈簇形成短行，有时为不明显的成行，从中央向周边辐射排列 ………………… **2. 辐囊藻属 *Radiocystis***
   2. 群体细胞位于群体中央，但不呈辐射状排列 …………………… **3. 隐杆藻属 *Aphanothece***

**1. 蓝网藻属 *Cyanodictyon* Pascher，1914.**

胶群体自由漂浮，幼藻体或多或少为球形，长成后为规则的网状，扁平的或立体的，常延长，由不规则分叉和复杂的单列胶质线交织组成，成熟老年时期的细胞为多列的，胶质无色，无结构，边沿通常不明显，易溶解。细胞球形，或略延长，无明显的内含物。

该属已报道 8 种，我国尚无报道，但国外记载有 1 种水华蓝藻。

不完全蓝网藻 *Cyanodictyon imperfectum* Cronberg et Weibull，1981（图 2.11，图版Ⅰ：A、B）

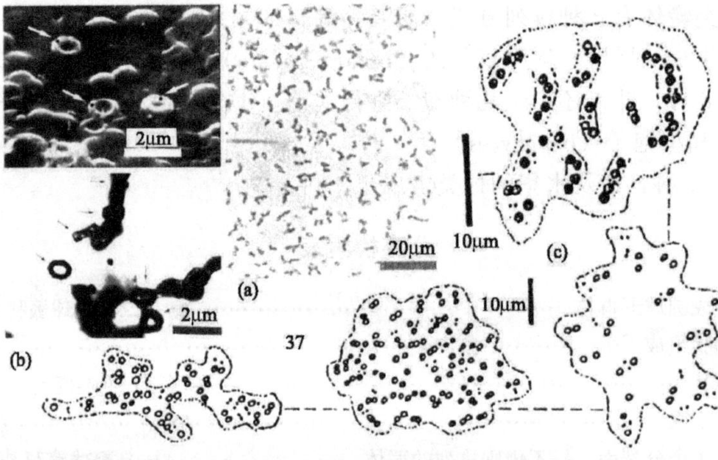


图 2.11 不完全蓝网藻 *Cyanodictyon imperfectum*。（仿 Komárek and Anagnostidis，1998）

胶群体自由漂浮，微观，幼藻体由短的 2～8 个细胞组成的不规则行，成长后，特别是大量生长后成为小的、松懈的网状，老群体细胞排列不规则，形成片段“行”，单条“行”长 5～10μm；分裂后的细胞成对排列，以后二者之间具小的空间；胶鞘薄，无色不明显，细胞极小，不规则球形或细胞分裂前略延长，灰蓝绿色，直径 0.4～0.8～1μm。细胞能使氧化铁沉淀，在一对细胞间形成双点或环。

每个细胞仅具1条周边位的类囊体。

生境：淡水、中营养型或稍富营养型的湖泊，有时形成浅的绿色团块。

国外分布：德国，希腊，瑞典及东非洲大湖区，是广泛分布的种。

**2. 辐囊藻属 *Radiocystis* Skuja，1948.**

胶群体自由漂浮，近球形到不规则形，微观的，具薄的、无色的、水溶性的胶被，细胞或多或少不规则地在群体中央聚集，同时向所有方向形成或多或少单列的辐射排状，成排的细胞彼此相隔一定的距离或者呈对排列（分裂后），细胞宽卵形或几乎球形，具或不具气囊。

细胞分裂为一个面，连续世代横分裂，后期纵分裂形成辐射状的排（列）。以胶群体解聚进行繁殖。

此属共记载5种，我国浙江记载1种。

双生辐囊藻 *Radiocystis geminata* Skuja，1948（图2.12，图版Ⅰ：C）

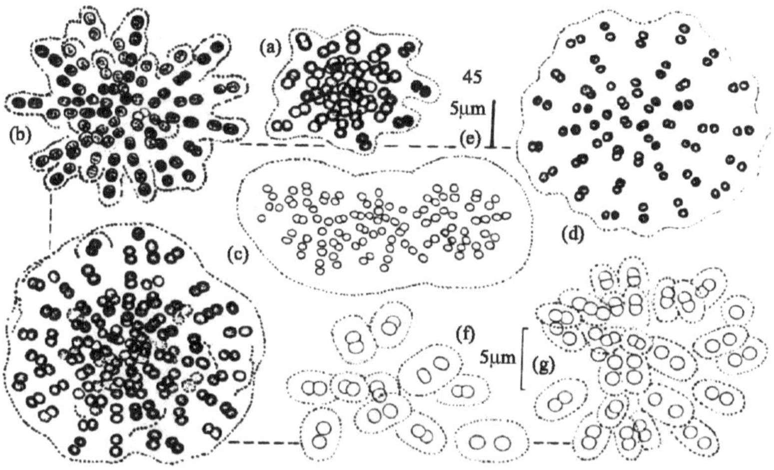


图2.12 双生辐囊藻 *Radiocystis geminata*。（仿 Komárek and Anagnostidis，1998）

漂浮的微观群体，近球形，略延长或由小群体组成，直径可达70（350）μm；胶被薄，无色，具不规则的水溶性边缘；细胞球形到卵形，灰色或亮蓝绿色，具或不具气囊，长2.5（3）～4.8（5）μm，宽2.7～3.6（4.8）μm。

生境：淡水，漂浮，中营养型和略富营养型的湖泊。

国内分布：浙江湖州南太湖、温州俪水水库。

国外分布：南北两半球温带，希腊火山湖泊。

**3. 隐杆藻属 *Aphanothece* Nägeli，1849.**

多细胞的胶群体，微观到大型肉眼可见，宽可达几厘米，细胞在共同胶被中不规则排列，或松懈或密集，胶被球形或通常为不定形，浅绿色、蓝绿色或褐色；群体胶被薄，无色，均质和水溶性，或明显的、界线分明的，表面或多或少是平整的、无结构的，或在边缘部分分层，浅黄色或黄褐色，罕见带红色的。群体细胞具不明显或明显的分层的个体胶被，细胞宽卵形到两端钝圆的圆柱状（杆状），罕见卵形纺锤形，直出或略弯曲，有时清晰可见色素质；少数漂浮种类兼性地出现单个气囊群。

细胞营横分裂或纵分裂；有报道几个种兼性地形成微孢子进行繁殖。通常繁殖方式是胶群体断裂，有时甚至形成单个细胞。

此属种类很多，全球已报道的近 50 种。

已知有 2 种为水华蓝藻。

**分种检索表**

群体细胞宽卵形或短杆状，1～1.5～2（2.8）μm × 0.8～1（1.6）μm …………………………………… 1. 极小隐杆藻 *A. minutissima*

群体细胞常为杆状或略为纺锤形，长为宽的 2～4 倍，（0.8）1.5～3.5（4.5）μm×0.4～1（2）μm …………………………………… 2. 窗格隐杆藻 *A. clathrata*

（1）极小隐杆藻（图 2.13，图版Ⅰ：D）

*Aphanothece minutissima*（W. West）Komárková Legnerová et Cronberg，1994.

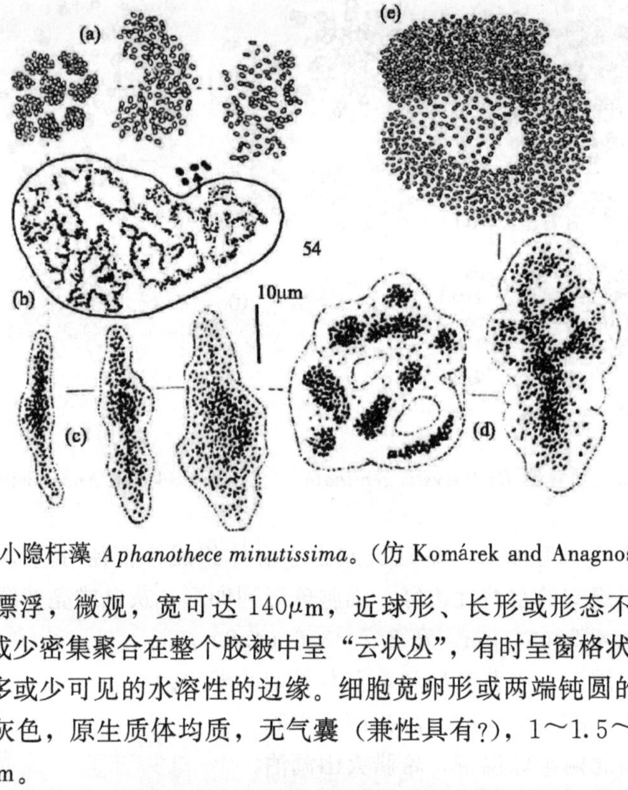


图 2.13　极小隐杆藻 *Aphanothece minutissima*。（仿 Komárek and Anagnostidis，1998）

胶群体自由漂浮，微观，宽可达 140μm，近球形、长形或形态不规则，胶被内细胞不规则，或多或少密集聚合在整个胶被中呈“云状丛”，有时呈窗格状；胶被稀，常宽，无色，均质具或多或少可见的水溶性的边缘。细胞宽卵形或两端钝圆的短杆状，浅蓝绿色、浅黄绿色或灰色，原生质体均质，无气囊（兼性具有?），1～1.5～2（? 2.8）μm×0.8～1（1.6）μm。

生境：淡水，漂浮，从寡营养型、营养障碍型或中营养型到富营养型湖泊、池塘都有报道。

分布：温带中部到近极地地区，温带富营养化水体常见。

我国尚未见报道。

（2）窗格隐杆藻 *Aphanothece clathrata* W. et G. S. West.，1906.（图 2.14，图版Ⅰ：E）

胶群体自由漂浮，微观，宽可达 400μm，幼群体不规则球形或透镜形，长成后为

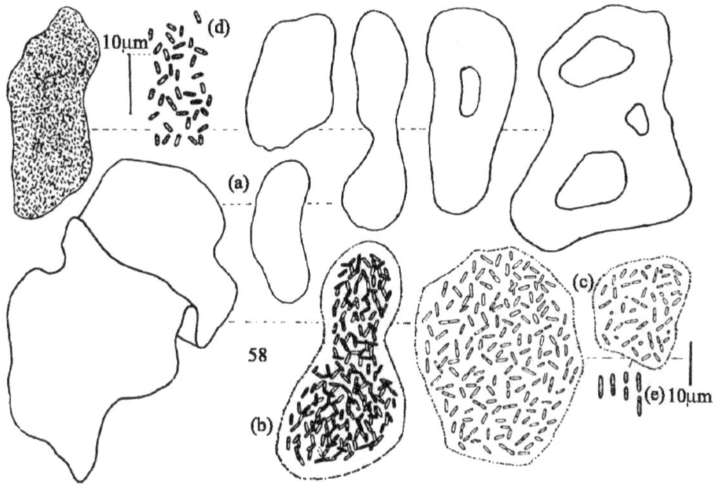


图 2.14 窗格隐杆藻 *Aphanothece clathrata*。(仿 Komárek and Anagnostidis, 1998)

不规则或长形，或多或少扁平状，有时为窗格状，具大量不规则的、或多或少密集的聚合细胞；胶被稀、均质，无色或不明显地带些黄色，边缘水溶性，细胞小，常为杆状或略微纺锤形，罕见略弯曲的，长为宽的 2～4 倍，淡蓝色或灰绿色，无气囊，(0.8) 1.5～3.5 (4.5) μm×0.4～1 (2) μm。

生境：淡水，漂浮，中营养型或富营养型的湖泊、池塘和河流，夏季有时使水体略带绿色。

国内分布：江苏南京，云南永宁。

国外分布：缅甸，原苏联，德国，爱尔兰，瑞士，拉脱维亚及北美等整个温带常见。

## (二) 色球藻科 (Chroococcaceae)

小球形群体，罕见单个细胞，细胞不规则连接，或者或多或少类似于叠集的胶质，常为微观的，少数细胞，罕见多细胞的，不规则的圆球形群体或群丛，罕见排成短的列，彼此密集呈纵向或细胞彼此远离。群体有时聚集呈肉眼可见的垫状或层，胶被稀薄，水溶性的或硬的、分层的胶状，形成明显界线的被膜或鞘。细胞呈球形、卵形、半球形、钝的多角形或不规则形。

细胞分裂具 3 或更多的分裂面，不同的连续世代分裂后形成小的似叠集的群体。

该科有 8 属，形成水华的仅 1 属——色球藻属。

**色球藻属 *Chroococcus* Nägeli, 1849.**

几个细胞或细胞群被胶状包膜环绕，罕见单细胞（幼年时期），更常见为微观的、不规则的或多或少圆球的胶状群体，常具少数细胞（2～16 个），罕见形成复合的多细胞的黏结，不排列成行或规则排列。几个细胞形成多细胞群体，有时形成类似叠集 2～8 个细胞群。胶被无色或带黄色。常具同心圆的层理，常具明显的边缘。幼年细胞为近圆球形、宽卵形或圆球形，长成后半球形或为球状的裂片。细胞灰色、灰绿色、蓝绿色、橄榄绿色，带黄色的、橙色的、红色的或紫色的均质，具颗粒，仅少数漂浮种类具气囊。在淡水水体自由漂浮或附生。

细胞具 3 个分裂面。以细胞分裂或者从群体中释放出的细胞进行繁殖。罕见形成微孢子。

仅 1 种形成水华。

湖生色球藻 *Chroococcus limneticus* Lemmermann，1898（图 2.15，图版Ⅰ：F～I）

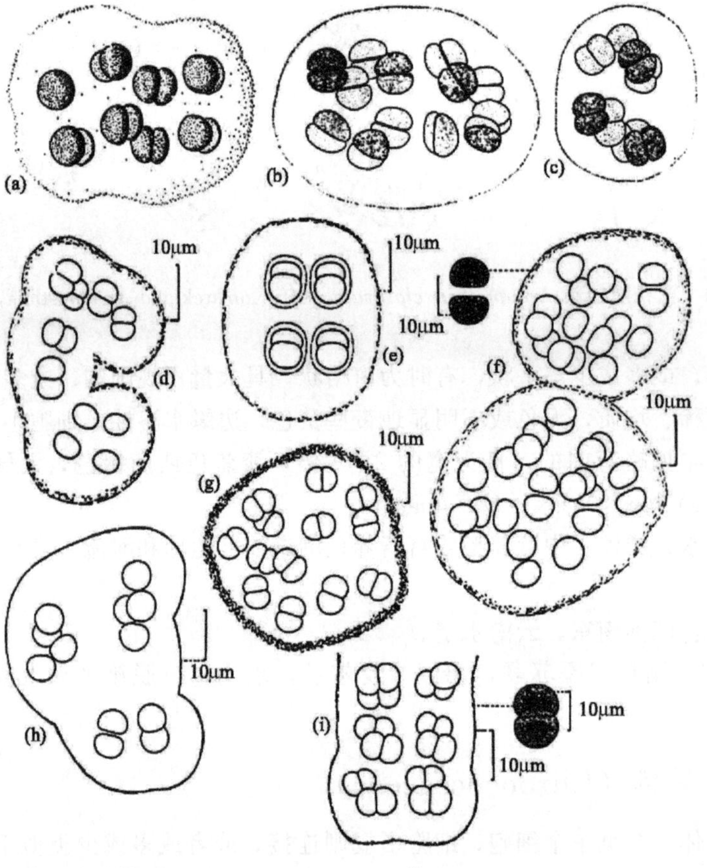


图 2.15 湖生色球藻 *Chroococcus limneticus*。（仿 Komárek and Anagnostidis，1998）

群体具宽的胶质，自由漂浮，卵形，罕见几乎圆球形的，或不规则形和浅裂状的，由 4～40 个细胞组成，群体内细胞彼此略分离，排列不规则或呈不明显的 2～4 个细胞的群。群体胶质无色，无结构，均质边缘清晰可见或呈水溶性、不明显状。个体胶被无色，无结构，窄，有时为水溶性，不明显。细胞圆球形或半球形，原生质体灰蓝绿色、亮蓝绿色、带黄色等，具细的颗粒，无气囊群，宽 6～12.2～22μm。

生境：漂浮于湖泊、池塘、大水库、沼泽、江河，全年均可出现，通常夏、秋季生物量较大。

分布：世界性广布种，在我国广泛分布于多个省、自治区和直辖市。

## （三）平裂藻科（Merismopediaceae）

藻体为不规则扁平或圆球形胶群体，胶被常无色，无结构，但有时在圆球形胶群体中有特殊的中央胶质柄状系统；圆形细胞有时或常具薄的个体胶被；细胞圆球形、倒卵形、卵形或杆状；细胞分裂为双分式，常具 2 个互相垂直的分裂面，罕见单细胞的，非常罕见产生微孢子的。以群体断裂作用进行繁殖。

该科分 2 亚科。

**分亚科检索表**

单细胞或一层扁平状的细胞组成的群体 ………………………………… A. 平裂藻亚科 Merismopedioideae
圆球形群体，细胞呈辐射状或多或少沿周边排列；有时群体中央具胶柄系统 ………………………
………………………………………………………………… B. 束球藻亚科 Gomphosphaerioideae

## A. 平裂藻亚科 Merismopedioideae Komárek et Anagnostidis，1998

单细胞或一层规则扁平状群体或多或少为管状层，细胞不规则排列；细胞圆球形，罕见倒卵形、卵形或长形到杆状；双分的细胞分裂面相互垂直；以群体断裂进行繁殖。

该亚科包括 8 属，我国记载 4 属，水华蓝藻分属于 2 属。

**分属检索表**

由一层细胞组成的平板状群体 ………………………………………………… 1. 平裂藻属 *Merismopedia*
由多层细胞聚集而成的球状团块 ……………………………………… 2. 隐球藻属 *Aphanocapsa*

### 1. 平裂藻属 *Merismopedia* Meyen，1893.

群体由一层细胞组成平板状；群体胶被无色、透明、柔软；群体中细胞排列整齐，常两个细胞为一对，两对为一组，四个小组为一群，许多小群体集合成大群体，群体中细胞数目不定，细胞浅蓝绿色、亮绿色，少数为玫瑰红色到紫蓝色；原生质体均匀，有的种类具气囊群，细胞有两个相互垂直的分裂面；群体以细胞分裂和群体断裂进行繁殖。

该属多为漂浮性种类。

我国记载 11 种，有 1 种在水华中出现。

马氏平裂藻 *Merismopedia marssonii* Lemm，1900（图 2.16，图版Ⅱ：A）

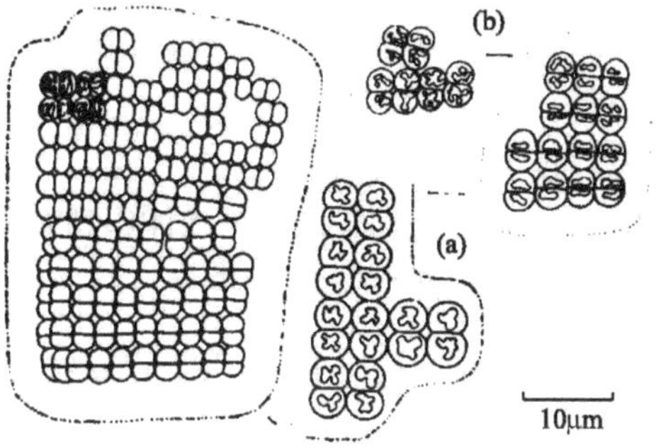


图 2.16　马氏平裂藻 *Merismopedia marssonii*。(仿 Komárek and Anagnostidis，1998)

群体常由 16～32～64 个细胞组成，平板状，方形；群体中的细胞互相密贴，4 个细胞成一组；胶被厚 1～2μm，无色透明。细胞球形、半球形，宽 2～2.5（1.6～2×0.8～1.5）μm。原生质体均匀，蓝色或紫红色，具气囊。

生境：湖泊、池塘中常见种类。

国内分布：安徽巢湖，福建福州，贵州贵阳。

国外分布：广泛分布于欧洲各国静止水体。

**2. 隐球藻属 *Aphanocapsa* Nägeli，1849.**

群体由 2 个到多个细胞组成，球形、卵形、椭圆形或不规则形，微观或肉眼可见，群体胶被厚，柔软、无色、黄色、棕色或蓝绿色；细胞球形，常 2 个或 4 个一组分布于群体中，每组间有一定距离；个体胶被不明显或仅有痕迹；原生质体均匀，无气囊，浅蓝色、亮蓝色或灰色。细胞有 3 个分裂面。

此属种类很多，我国记载 16 种 3 变种，水华蓝藻仅报道 1 种。

微小隐球藻 *Aphanocapsa delicatissima* W. et G. S. West，1912（图 2.17，图版Ⅱ：C）

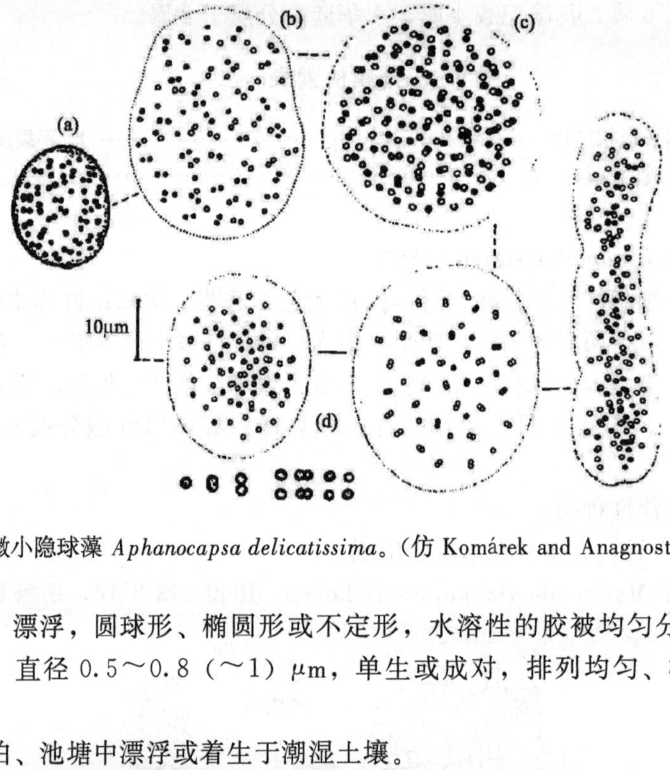


图 2.17　微小隐球藻 *Aphanocapsa delicatissima*。（仿 Komárek and Anagnostidis，1998）

藻体很小，漂浮，圆球形、椭圆形或不定形，水溶性的胶被均匀分布，无色或黄色，细胞球形，直径 0.5～0.8（～1）μm，单生或成对，排列均匀、松散，蓝绿色，无气囊。

生境：湖泊、池塘中漂浮或着生于潮湿土壤。

国内分布：全国许多省、自治区和直辖市静止水体中都有分布。

国外分布：广泛分布于国外许多富营养化水体。

## B. 束球藻亚科 Gomphosphaerioideae（Elenkin）Komárek et Hindak，1988.

胶群体近圆球形、卵形或不规则圆球形，自由漂浮，罕见着生的，通常一层或两层辐射状排列，群体微小，罕见大型的，胶被常由明显或不明显的无色胶质组成。细胞位于群体胶被周边，或着生于细胞的假双叉分枝的末端，胶柄从群体中央辐射状伸出；双分的细胞分裂具 2 个相互垂直的分裂面。繁殖时群体断裂，有的属从群体中释放单个细胞。

包括 7 属，我国记载 4 属，水华蓝藻中报道 3 属。

**分属检索表**

1. 细胞常位于群体胶被的周边，一层，罕见两层的 ………………………… **1. 腔球藻属 *Coelosphaerium***
1. 细胞着生于细的、假双叉分枝的胶柄末端，胶柄从群体中央辐射状伸出 ………………………… **2**
  2. 假双叉式的柄常清晰可见（不染色） ………………………………………… **2. 小雪藻属 *Snowella***
  2. 假双叉式的柄常不可见（不染色） ………………………………… **3. 欧氏藻属 *Woronichinia***

**1. 腔球藻属 *Coelosphaerium* Näg. , 1849.**

群体微小，略为圆球形或卵形，自由漂浮；胶被薄，无色，常无明显界线，群体中央无胶质柄；细胞一层，位于群体胶被周边，圆形，刚分裂的为半球形，常彼此分离，有或无气囊。细胞分裂方式为两个彼此垂直面连续分裂，以群体解聚进行繁殖。

我国记载 4 种，我们调查有 1 种在水华蓝藻中出现。

铜绿腔球藻 *Coelosphaerium aerugineum* Lemm，1939（图 2.18）

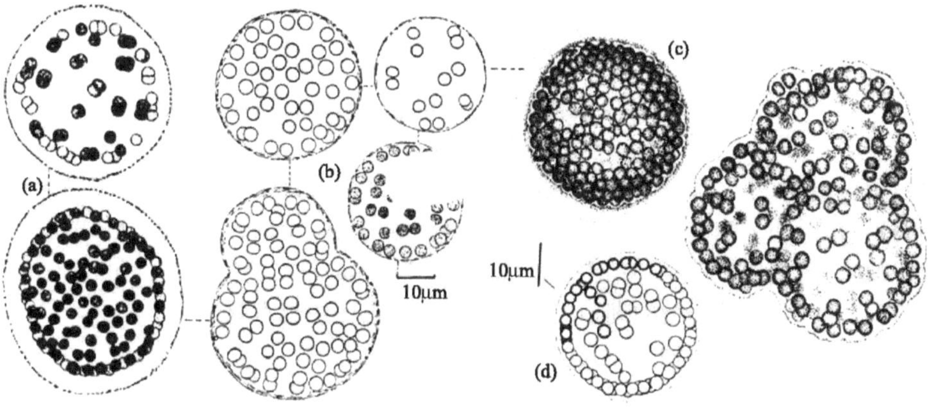


图 2.18　铜绿腔球藻 *Coelosphaerium aerugineum*。(仿 Komárek and Anagnostidis，1998)

胶群体球形、长圆形或椭圆形，直径 148～153μm；群体胶被坚实，厚可达 4～5μm，无色，不分层，细胞球形或半球形，直径（2）2.5～4（5.5）μm，在群体胶被表层不规则地排列成一层；原生质体亮蓝绿色，具颗粒，具气囊。

生境：漂浮，中营养型到稍富营养型的水体，但不形成团块。

国内分布：江苏太湖，云南滇池，广东广州、乳源县水库，安徽巢湖。

**2. 小雪藻属 *Snowella* Elenkin. 1938.**

胶群体圆球形或不规则卵形，具明显或不明显的、均质无色的宽胶被；丝状胶质柄从群体中央辐射状伸出，柄略为假双叉分枝，有时呈簇状；细胞圆球形或略呈长形，彼此分离，位于柄的末端；细胞仅 2 个分裂面，连续分裂的群体解聚甚至成单细胞进行繁殖。

我国记载的 2 种 2 变种在束球藻属（*Gomphosphaeria*）（朱浩然等，1991）。

其中 1 种和国外报道的另 1 种在水华蓝藻中出现。

**分种检索表**

群体细胞圆球形 ………………………………………………………… **1. 海滨小雪藻 *S. litoralis***

群体细胞倒卵形 ………………………………………………………… **2. 湖生小雪藻 *S. lacustris***

（1）海滨小雪藻 *Snowella litoralis*（Häyrén）Kom & Hind. 1988（图 2.19，图版Ⅱ：B）

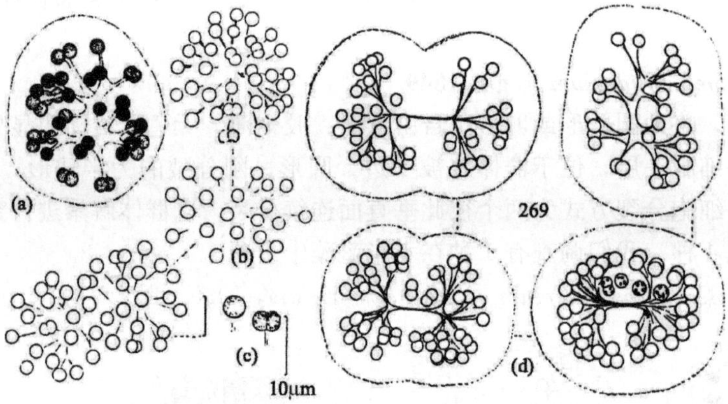


图 2.19　海滨小雪藻 *Snowella litoralis*。（仿 Komárek and Anagnostidis，1998）

胶群体漂浮，小，圆球形，直径 20～40μm。细胞圆球形，刚分裂的细胞半球形，成对保持一段时间。细胞位于从群体中央辐射状伸出的、细的、假双叉分枝的胶柄末端至群体周边，胶柄明显可见。细胞直径 1.5～2.3～4μm。

生境：漂浮，中营养型的湖泊、池塘，在半碱水体中也有报道。

分布：世界性的广布种，但我国尚未见正式报道。

我们在广东广州水体中发现。

（2）湖生小雪藻 *Snowella lacustris*（chodat）Kom. & Hin. 1988（图 2.20）

胶群体小，近圆球形，直径约 80μm，有时有小群体聚集；细胞倒卵形，长 2～4μm，宽 1.5～3.5μm，灰蓝绿色，无气囊，多数细胞彼此分离，位于从中央辐射状分枝胶柄的末端。

生境：中营养型到富营养型的静止水体；湖泊、池塘中常见，在波罗的海中也发现过，但不会生长繁殖成大的团块。

国内分布：非常广，如江苏太湖、安徽巢湖等，北到黑龙江，南到广东，西达云南、贵州甚至西藏。

国外分布：很广，此种可能是世界性的广布种。

小鼠生物测试表明此种产生肝毒素性质的毒素。

**3. 欧氏藻属 *Woronichinia* Elenkin，1933.**

胶群体自由漂浮，圆球形到不规则卵圆形，常由小群体组成复合群体，具窄的、无

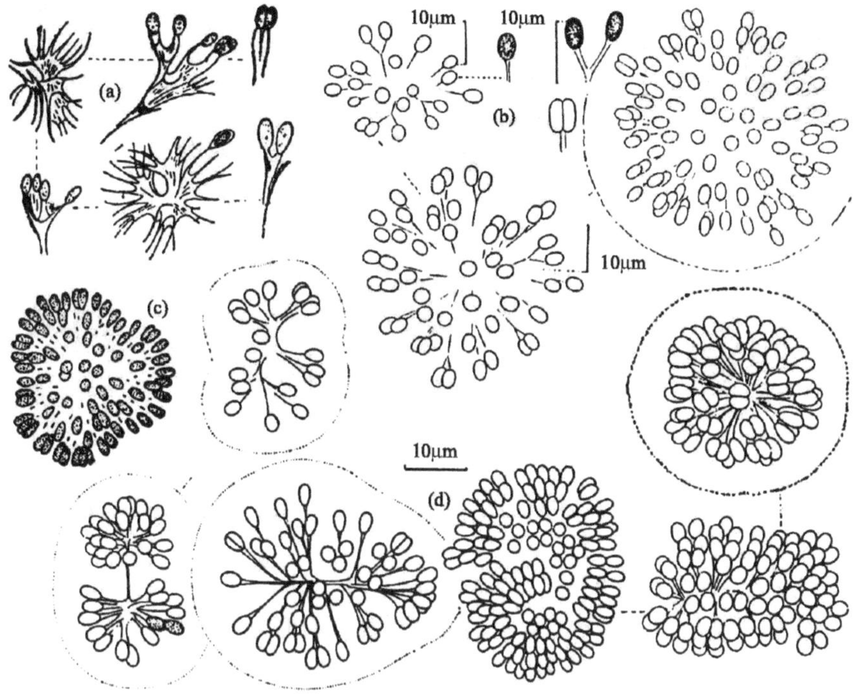


图 2.20 湖生小雪藻 *Snowella lacustris*。(仿 Komárek and Anagnostidis, 1998)

色的胶质包被，自由漂浮；群体中央具辐射状或略为平行的分枝或不分枝的胶质柄，柄与细胞宽相等，排列紧密；老群体中柄有时融合；细胞略为长形、宽卵形、卵形或倒卵形，罕见圆球形的；蓝绿色、绿色或紫色，无或具多数气囊；细胞分裂后彼此分离，而在老群体中则非常密集，于群体周边辐射状聚合。细胞分裂为在群体周边的为互相垂直的两个面连续分裂，以群体解聚和群体中释放单个细胞进行繁殖。

此属藻类许多种过去放在束球藻属（*Gomphosphaeria* Kütz，1836）（朱浩然等，1991）。

此属国外报道的水华蓝藻有 3 种，这 3 种在我国都没有正式记载。

## 分种检索表

1. 胶群体常为卵形，有时由小群体组成复合群体 ………………………………………… **2**
1. 胶群体为圆球形到肾形，有时具浅的裂隙……………………………… **1. 纳格欧氏藻 *W. näegeliana***
    2. 细胞卵形或倒卵形 ………………………………………………… **2. 卵形欧氏藻 *W. elorantae***
    2. 细胞长倒卵形 ……………………………………………………… **3. 卡里欧氏藻 *W. karelica***

（1）纳格欧氏藻 *Woronichinia näegliana*（Unger）Elenk. 1933（图 2.21，图版Ⅱ：D～F）

胶群体小，球形、椭圆形，肾形或球形具不规则浅的裂隙，宽可达 180（～275?）μm；不分枝的胶柄从群体中央辐射状伸出，细胞椭圆形到卵形，蓝绿色，具多数气囊；位于

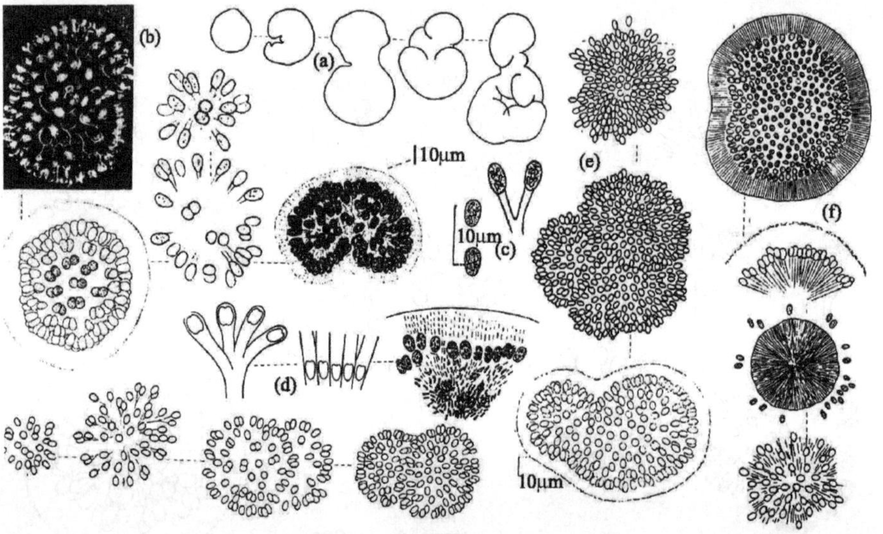


图 2.21　纳格欧氏藻 *Woronichinia näegliana*。(仿 Komárek and Anagnostidis，1998)

柄的末端，大小为 5～7μm×2.5～3.5（5）μm。

生境：富营养型的湖泊和水库常见的漂浮种类，有时形成水华。

分布：欧洲，北美直到北半球。

小鼠生物测试表明此种产神经毒素和肝毒素性质的毒素。

(2) 卵形欧氏藻 *Woronichinia elorantae* Kom. & Kom-Legn. 1992（图 2.22A，图版Ⅱ：G）

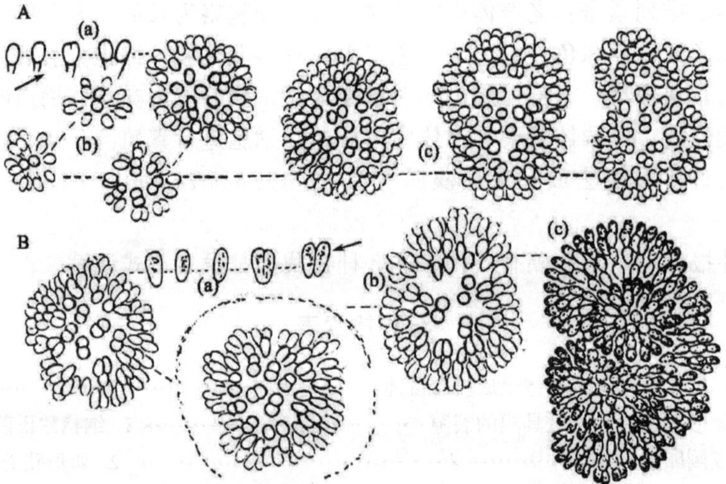


图 2.22　A. 卵形欧氏藻 *Woronichinia elorantae*；B. 卡里欧氏藻 *Woronichinia karelica*。(仿 Komárek and Anagnostidis，1998)

胶群体漂浮，单个群体常为卵形或不规则卵形，有时由小群体组成复合群体，群体周边一层具密集的细胞，群体中央具辐射状胶柄，细胞卵形或宽倒卵形，原生质体均质，蓝绿色，无气囊，大小为2.5～3μm×1.6～2μm。

生境：小水体和湖泊沿岸带水生植物中漂浮和阶段性漂浮。

分布：温带北部地区，芬兰，加拿大，日本的Hokkaido，可能在波罗的海沿岸带和湾区也有分布。

(3) 卡里欧氏藻 *Woronichinia karelica* Kom. & Kom-Legn. 1992（图2.22B，图版Ⅱ：H，I）

此种藻体形态结构与卵形欧氏藻很相似，但细胞形态与大小有明显的区别。

此种的细胞为长倒卵形，大小为3～6μm×1.5～2μm。

生境：是小的中营养型到略富营养型的水体和水生植物中常见的漂浮种类。

分布：温带北部地区。

## （四）微囊藻科（Microcystaceae）

球状群体；细胞排列不规则或在胶状群体中三维相互垂直排列，细胞具或不具个体胶被；细胞圆球形，分裂后为半球形，具或不具气囊；胶质均匀或形成特殊胶质形态，环绕细胞的被膜常分层。

细胞以规则的、互相垂直的3个面连续分裂，以群体解聚进行繁殖。有时产生微生微孢子。

该科包括4属，我国报道3属，微囊藻属是我国危害最大、最常见的水华蓝藻。

**微囊藻属 *Microcystis* Kützing ex Lemmermann. 1907.**

胶群体团块由许多小群体联合组成，微观或目力可见；自由漂浮水中或附生于水中其他基物上；群体球形、椭圆形或不规则形，有时群体中有穿孔，形成网状或窗格状团块；群体胶被无色、透明，少数种类具有颜色；细胞球形、椭圆形或卵形，无个体胶被；群体中细胞极多，排列紧密；原生质体浅蓝绿色、亮蓝绿色、橄榄绿色；细胞常具气囊。以细胞分裂进行繁殖，有3个分裂面。

此属绝大多数物种为淡水蓝藻水华的主要优势种群，其中许多种类产生毒素，受到蓝藻分类学者、水生态学者、毒素和毒理学者、水环境学者及水质管理科技人员的高度重视和广泛深入研究。

我国记载17种4变种（朱浩然等，1991）。Komárek和Komárková（2002）深入研究了欧洲各国水华蓝藻，认定为10种。我国学者研究我国淡水蓝藻水华，共报道11种（李仁辉等，1993；何家菀等，1996；虞功亮等，2007；李扬等，2009；晁爱敏，2010），与欧洲的水华蓝藻种类绝大多数相同。文献上记载的国内外此属藻类约30余种，由于形态、结构简单，不同的水质环境形态易于变化，已报道的不少种类尚需深入观察、研究。本节选择12个物种，多数种类我国已记载，个别的物种我国目前尚未报道，由于为产毒素的物种，我们也收入本节之中。

**分种检索表**

1. 群体胶被不明显，细胞中央具1个气囊 ………………………………… **1. 布纹微囊藻 *M. natans***
1. 群体胶被明显，细胞具多个气囊群 ……………………………………………………… **2**

2. 成熟群体扁平块状 …………………………………………………… **12. 块状微囊藻 *M. panniformis***

2. 成熟群体不为扁平块状 ………………………………………………………………… 3

3. 细胞直径小于 3.5μm ……………………………………………………………………… 4

3. 细胞直径大于 3.5μm ……………………………………………………………………… 5

4. 细胞直径 2.0～3.5μm，群体紧密结实，边缘平整；胶被不密贴群体细胞边缘 ……………… **2. 坚实微囊藻 *M. firma***

4. 细胞直径 1.7～3.3μm，群体疏松，由近圆球形的具宽胶被、边缘不清晰的小群体组成 ……… **3. 鱼害微囊藻 *M. ichthyoblabe***

5. 群体胶被明显，边界清晰，坚固，有折光 ………………………………………………… 6

5. 群体胶被可见，边界模糊，坚固，无折光 ………………………………………………… 7

6. 幼群体中空，长成后充满胶被，胶被边缘与群体细胞间距离 3～6μm，细胞直径 4～7（8.5～10?）μm ……………………………………………… **4. 惠氏微囊藻 *M. wesenbergii***

6. 群体细胞排列较紧密；群体胶被宽，明显，具辐射状透明的管状或条纹状结构 ……………… **5. 放射微囊藻 *M. botrys***

7. 群体常由小群体组成 ……………………………………………………………………… 8

7. 群体常无小群体组成 ……………………………………………………………………… 9

8. 小群体常为细胞排列紧密的立方形或近球形，具独立胶被 ………… **6. 绿色微囊藻 *M. viridis***

8. 小群体常为细胞排列不紧密的球形或近球形，少数细胞散离群体 … **7. 挪氏微囊藻 *M. novacekii***

9. 群体不形成穿孔，不分枝 ………………………………………………………………… 10

9. 群体常形成穿孔，甚至形成网格状或树枝状 …………………………………………… 11

10. 群体椭圆形或形态不规则，细胞排列紧密；胶被密贴细胞群体边缘…… **8. 水华微囊藻 *M. flos-aquae***

10. 群体球形；细胞排列稀疏，间距远大于细胞直径 ……………………… **9. 史密斯微囊藻 *M. smithii***

11. 群体不定形，球形、椭圆形或树枝状等，细胞分布均匀……………… **10. 铜绿微囊藻 *M. aeruginosa***

11. 群体细长，有间隔收缢，细胞分布不均匀，收缢处较稀疏 … **11. 假丝微囊藻 *M. pseudofilamentosa***

（1）布纹微囊藻 *Microcystis natans* Lemmermann ex Skuja. 1934（图 2.23A，图版Ⅱ：J、K，图版Ⅴ：A、B）

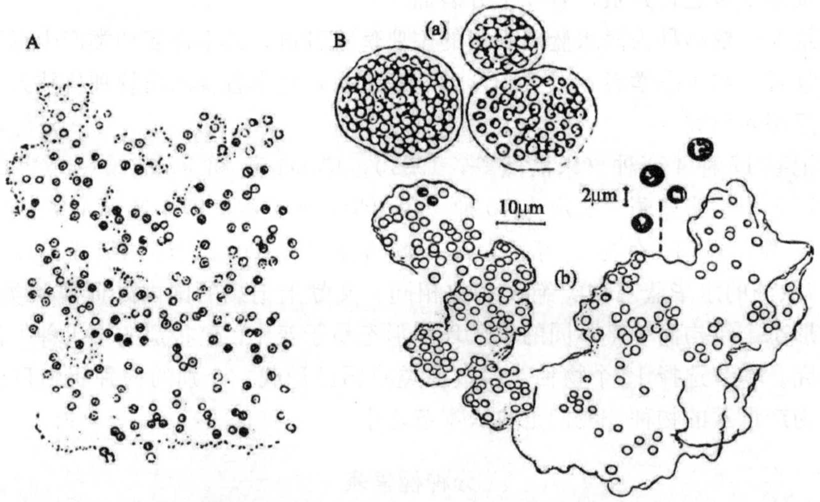


图 2.23　A. 布纹微囊藻 *Microcystis natans*；B. 坚实微囊藻 *Microcystis firma*。
（仿 Komárek and Anagnostidis，1998）

群体微观，圆球形、长形，后期形态不规则，常无窗格或多数具不明显窗格，宽40～200μm，细胞不规则的均匀分布，而不是密集的，或更多的聚集在近群体表层；胶被无色，均质，稀薄，染色可见，细胞距胶被边缘约4μm；细胞球形或略长形（细胞分裂前为宽卵形），具气囊（通常具1个中央位气囊群），直径约1.5μm（可达3μm?）。

生境：淡水，湖泊和大型水体，漂浮。

国外分布：欧洲北部，但可能是偶然分布于整个温带寒冷地区。从阿根廷鉴定的种群具窗格；细胞宽达2.4μm。

国内尚未见报道。

(2) 坚实微囊藻 *Microcystis firma* (Kützing) Schmidle，1902（图2.23B）

群体微小，球形或不规则球形，不具穿孔，有时几个小群体聚合；自由漂浮，群体中部细胞排列紧密，胶被无色，不明显，无折光；细胞球形，具气囊，直径(0.8) 2～3.7 (4.8) μm。

生境：常出现在富营养化水体中，但未见单独形成水华。

国内分布：黑龙江哈尔滨，陕西西安，云南滇池，广东广州。

(3) 鱼害微囊藻 *Microcystis ichthyoblabe* Kützing，1843（图2.24）

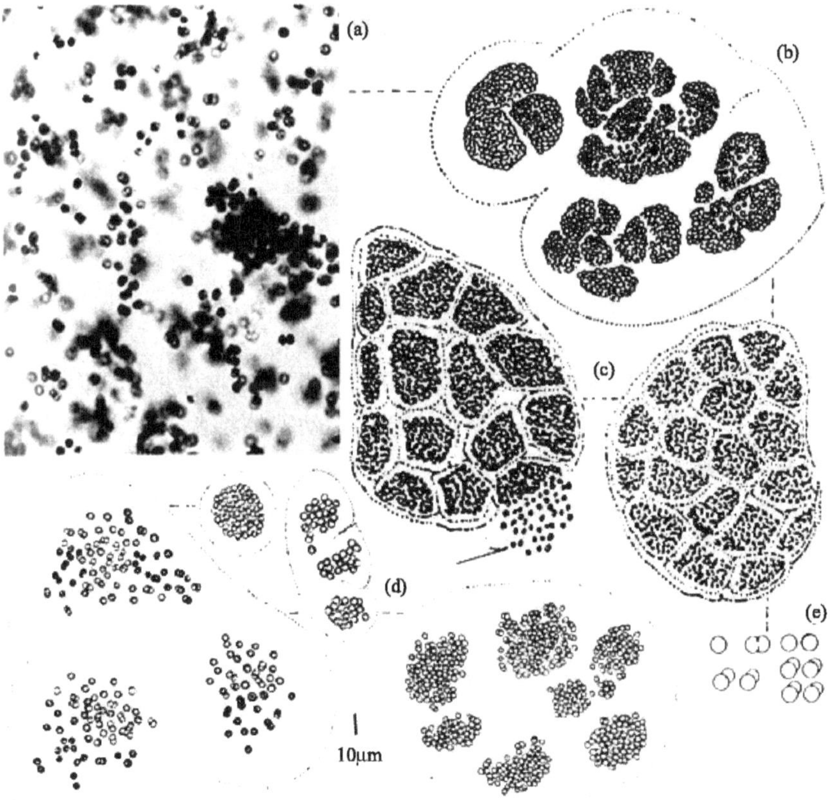


图2.24 鱼害微囊藻 *Microcystis ichthyoblabe*。（仿 Komárek and Anagnostidis，1998）

群体为或多或少不规则的球形，常由小群体聚合组成肉眼可见的小群体，具宽的、稀薄均质无色的、无结构的、水溶性的胶被，老年时期小群体融解成均质的、无定形的细胞团块，有时保留小群集合细胞；细胞球形，直径 1.7～3.6μm，原生质体蓝绿色或棕黄色，具气囊。为有毒种类。

生境：淡水，自由漂浮，中营养型或略富营养型水体中生长，能形成水华。温带地区北部地区更常见。

国内分布：吉林长春，广东广州，海南乐昌，陕西固城，云南滇池等许多省市。

国外分布：原苏联，美国。

（4）惠氏微囊藻 *Microcystis wesenbergii*（Komárek）Komárek in Kondrat.，1968（图 2.25，图版Ⅲ：A、B、C）

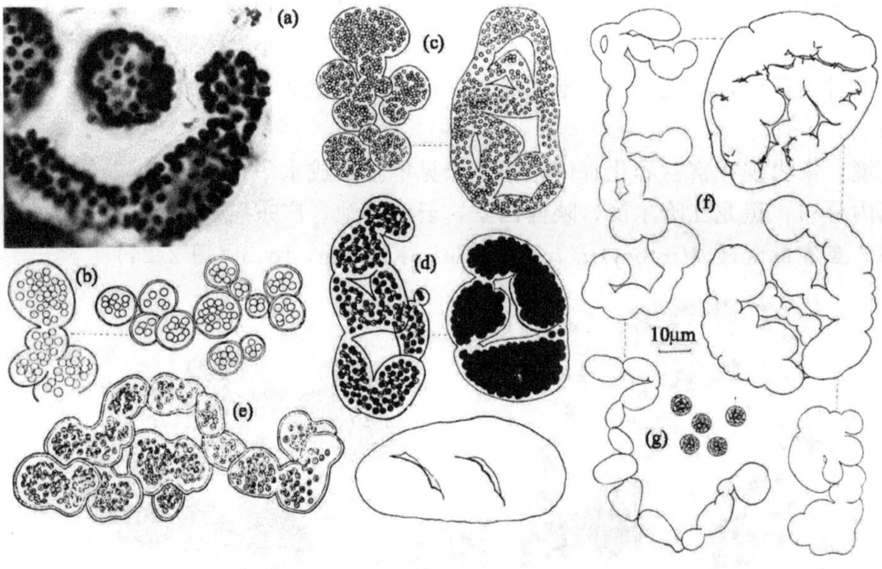


图 2.25 惠氏微囊藻 *Microcystis wesenbergii*。（仿 Komárek and Anagnostidis，1998）

幼群体球形，后延长具众多裂隙和格状具孔，有时由小群体聚合成肉眼可见的大群体，长可达 6mm；细胞不规则排列，罕见密集的，幼群体细胞靠近群体表面，但其他部位也有分布。胶被无色，无结构，坚硬，边界清晰、明显，平整，折光；胶被边缘与集聚的细胞相距 3～6μm；细胞球形，分裂前稍延长，具明显的气囊，直径 4～7（8.5～10）μm，原生质体深蓝绿色或深褐色。

生境：淡水富营养化水体常见，常与其他浮游蓝藻混生。罕见成为水华优势种群。

国内分布：云南滇池，广东广州，江苏太湖，安徽巢湖。

国外分布：广泛分布于欧洲各国及日本等。可能是世界性的广布种。

此种有的品系分泌毒素，有的品系则无毒。

（5）放射微囊藻 *Microcystis botrys* Teiling，1942（图 2.26，图版Ⅱ：L）

群体自由漂浮，或多或少为球形，细胞不规则的、非常密集地位于胶质中；环绕群体的胶质宽（大于 1μm），稀薄，无色，但具辐射状的、半球形或管状的胶状突起，这种结构有时不明显（染色或用相差显微镜可见）；群体直径常在 50～100μm 以上；细胞球形具气囊，直径 5～6μm。

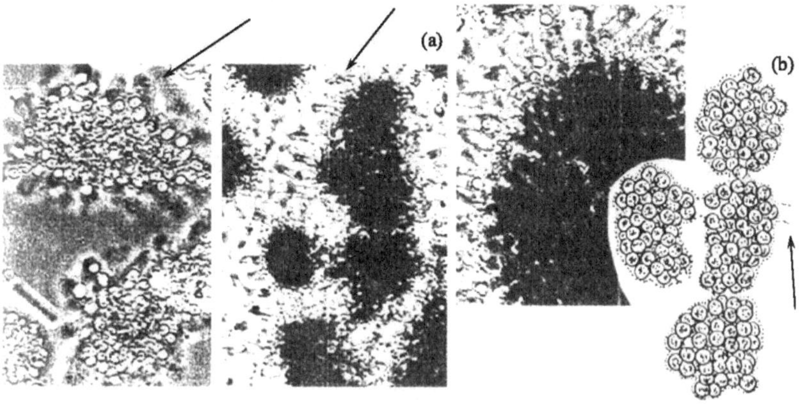


图 2.26 放射微囊藻 *Microcystis botrys*。(仿 Komárek and Anagnostidis，1998)

生境：富营养化湖泊和带碱的淡水中漂浮。在波罗的海地区（瑞士）也有报道。

国内分布：浙江。

国外分布：很广，可能是世界性广布种。

此种为常见的水华种类，可能为产毒物种。

(6) 绿色微囊藻 *Microcystis viridis*（A. Braum in Rabenbost）Lemm.，1903（图 2.27，图版Ⅲ：C、D）

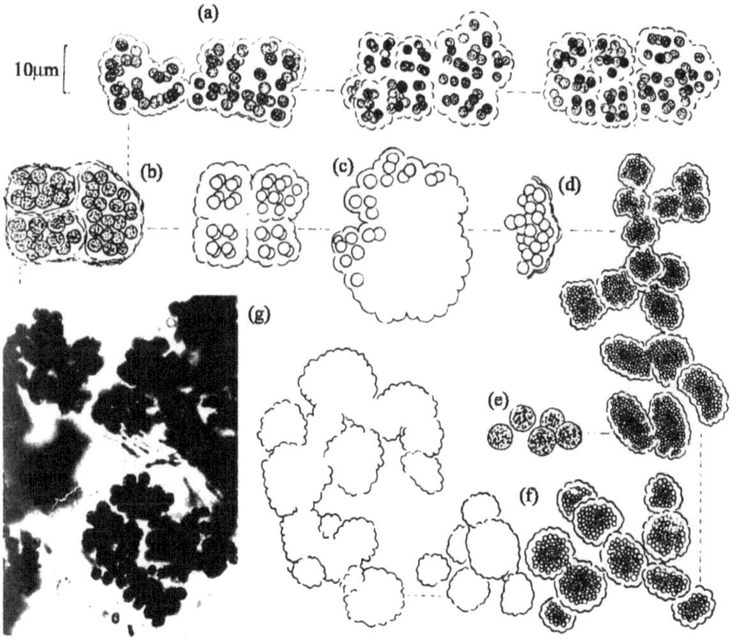


图 2.27 绿色微囊藻 *Microcystis viridis*。(仿 Komárek and Anagnostidis，1998)

群体自由漂浮，幼群体微观，细胞叠集成球形的或立方形的（滇池的标本为通常由上下两层 8 个细胞对称排列组成的小型立方形亚单位），长成后肉眼可见，长可达

3100$\mu$m，细胞叠集的小群体组成复合群体，不规则圆球形或长形，细胞密集聚合；胶被无色，略窄，小群体间稍分离，边缘略具清晰折光，常宽 5～10$\mu$m；细胞球形，具气囊，直径（3）3.5～7（7.9～8.4）$\mu$m。产毒素种类。

生境：淡水，稍富营养化湖泊、池塘的漂浮种类，有时形成水华。

国内分布：云南滇池，广东广州等许多湖泊、池塘中都有分布。

国外分布：日本，韩国。世界性分布，主要在温带地区。

（7）挪氏微囊藻 *Microcystis novacekii*（Komárek）Compère，1974（图 2.28，图版Ⅲ：E～I）

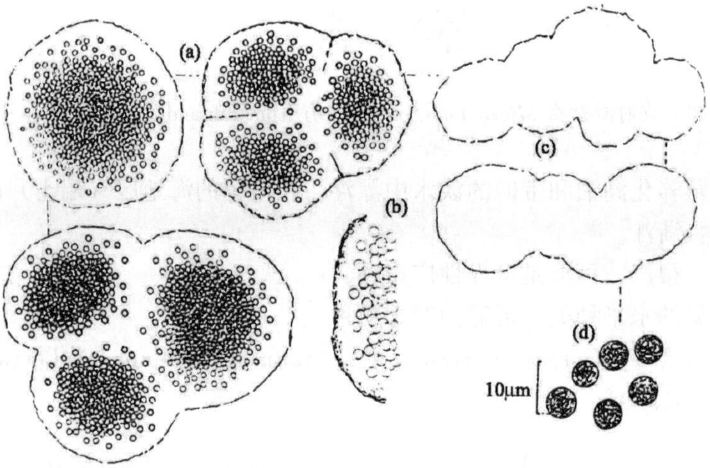


图 2.28　挪氏微囊藻 *Microcystis novacekii*。（仿 Komárek and Anagnostidis，1998）

群体小，长成后有不少能达到肉眼可见，透镜形或几乎球形，不规则球形或略长形，外形波状，细胞密集，无孔、无裂隙，老年时期由一些呈簇状的小群体组成，具大量密集的细胞；胶被无色或灰黄色，有时具不规则的和同心圆的分层，边缘清晰，无水溶性，但不折光，细胞丛到边缘宽达 15$\mu$m；少数细胞散离群体，细胞圆球形，具气囊，直径（2.4）3～5.5（6）$\mu$m。

生境：淡水，中营养型和富营养型湖泊、池塘、水库中的漂浮种类，有时形成水华或成为水华物种的种类之一。

国内分布：湖北武昌，云南滇池，浙江杭州，广东广州，上海等。

国外分布：Komárek 认为在整个热带地区常见，偶然（在夏季）在温带地区发生，这一说法值得商榷。

（8）水华微囊藻 *Microcystis flos-aquae*（Wittrock）Kircher. 1898（图 2.29，图版Ⅳ：A～C）

群体微小，罕见大型的、粉末状的，即不规则的复合体，致密，近球形轮廓不规则，无裂隙，细胞密集聚合，仅老群体中罕见不明显的孔。胶被稀薄，距细胞丛仅 1$\mu$m，透明，无色，水溶性；细胞球形，具气囊，直径（2.5）3.5～4.8（5.6?）$\mu$m，具异丙基硫代（isopropylthio）化合物。

生境：淡水，漂浮，常于中营养型和略富营养型水体中与其他水华蓝藻混生。

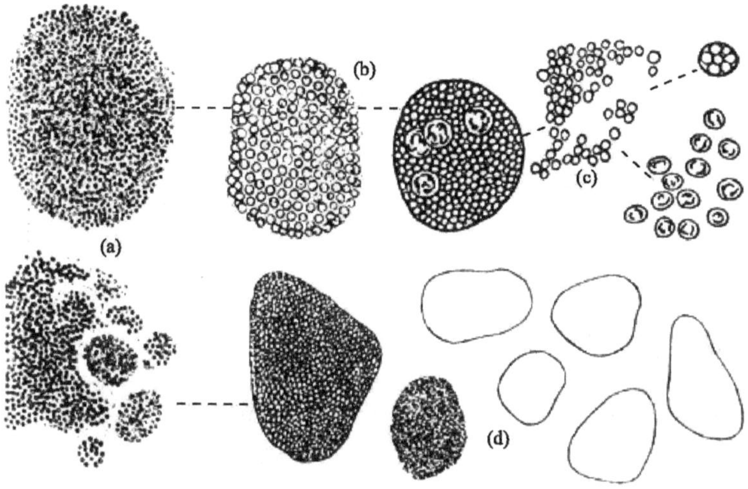


图 2.29　水华微囊藻 *Microcystis flos-aquae*。(仿 Komárek and Anagnostidis，1998)

国内分布：云南滇池，广东广州，安徽巢湖，江苏太湖等地区广泛分布。

国外分布：整个温带地区，特别是北温带。

(9) 史密斯微囊藻 *Microcystis smithii* Kom. et Anag. 1995 (图 2.30)

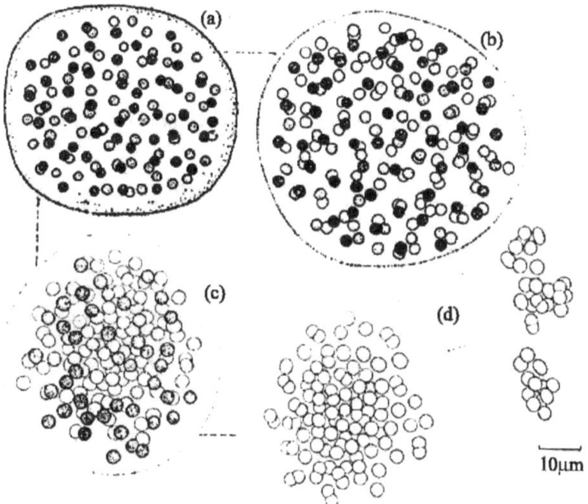


图 2.30　史密斯微囊藻 *Microcystis smithii*。(仿 Komárek and Anagnostidis，1998)

群体自由漂浮，幼体近球形或略不规则，成长后胶化，但从不具孔，细胞疏松排列在群体内，不密集，胶被稀薄、无色，边缘略明显，均质，无色，无折光；细胞球形，蓝绿色、亮蓝绿色或橄榄绿色，每个细胞具 1 至几个带褐色的气囊，直径 3.2～5.6μm。

生境：淡水，漂浮，常与其他藻类或蓝藻混生，有时为中营养型和稍富营养型水体中水华的部分物种。

国内分布：云南滇池，湖北武昌，广东广州。

国外分布：整个温带地区，特别是北温带，可能是世界性的广布种。

(10) 铜绿微囊藻 *Microcystis aeruginosa* (Kützing) Kützing 1846 (图 2.31，图版Ⅳ：D、E、G)

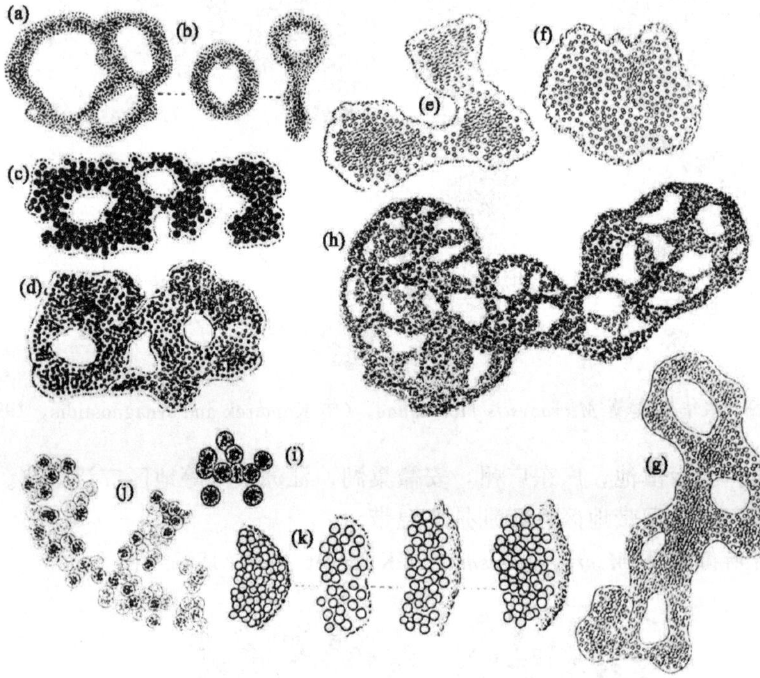


图 2.31 铜绿微囊藻 *Microcystis aeruginosa*。(仿 Komárek and Anagnostidis, 1998)

幼群体胶质，小型，近球形、透镜形，或稍为延长，长成后肉眼可见，不规则、具裂隙，明显长形的，常长 (40) 600～900 (1000) μm，很少达到 8mm，常具网状的窗格，具明显的孔，或由小群体组成，外形不规则，具大量不规则排列的密集细胞；胶被无色，无结构，水溶性，有时形成明显但不非常宽的边缘；细胞圆球形，分裂前略延长，灰蓝绿色，具多个气囊，直径 (3?) 4～6 (9.4) μm，有形成微孢子 (nanocyte) 进行繁殖的报道。

此种是一种多形性的物种 (polymorphic specie)，在不同地区和季节形态有所变化。

有毒种类。

生境：淡水，碱淡水，漂浮于富营养化水体，为主要的水华蓝藻物种。

分布：除极地、近极地外，国内、外广泛分布。

(11) 假丝微囊藻 *Microcystis pseudofilamentosa* Crow, 1923 (图 2.32A)

群体茶青色、蓝绿色，长形，假丝状、带状，一般宽 17～35μm，长可达 1mm，每隔一定距离有一收缢，使整个藻体成一串分节的串联体；由小群体组成，具水溶性，胶被不明显，细胞不均匀分布，有的密集成群，漂浮于水面；细胞球形，直径 3～7μm。原生质体淡蓝绿色或亮蓝绿色，具气囊。

生境：湖泊、池塘、稻田、洼地等淡水静止水体。

国内分布：安徽巢湖，云南滇池、星云湖、杞麓湖，湖北武昌，山东微山湖，四川

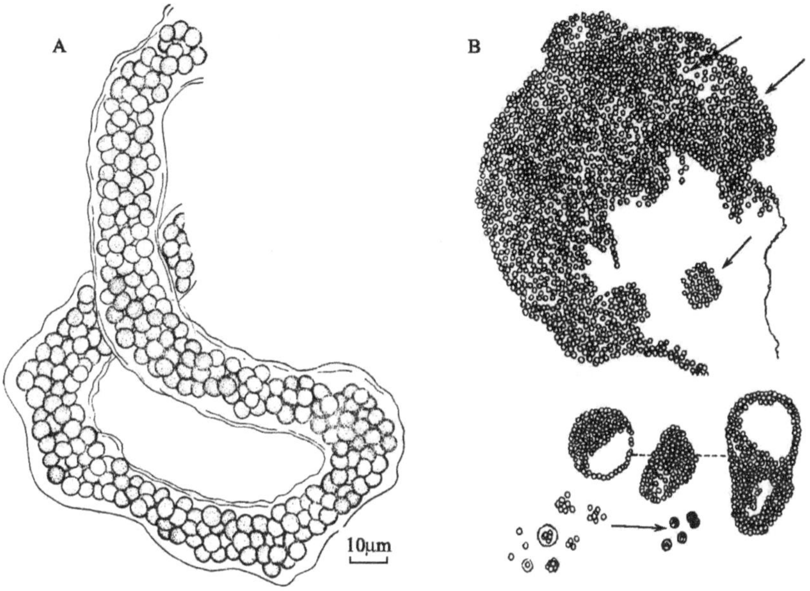


图 2.32　A. 假丝微囊藻 *Microcystis pseudofilamentosa*；B. 块状微囊藻 *Microcysits panniformis*。(仿 Komárek and Anagnostidis, 1998)

成都，西藏波密。

国外分布：斯里兰卡，原苏联、阿根廷也有报道。

(12) 块状微囊藻 *Microcysits panniformis* Komárek et al. 2002 (图 2.32B，图版Ⅳ：I)

胶群体微小或大型肉眼可见，自由漂浮，幼藻体不规则，紧密聚合成立体簇，长成后呈扁平状；细胞密集，呈均匀的分布，主要在群体表面，淡黄色、蓝绿色、橄榄绿色到暗黑色，群体有时中空，群体边缘不规则，无明显的边缘或重叠的细胞；细胞球形，直径 (2.5) 3～4.6 (4.8) μm，具气囊。产微囊藻毒素 (MIC)。

国内未见报道。

国外在热带美洲常见。

## 二、颤藻目 (Oscillatoriales)

藻体为多细胞单列丝状体，不分枝或具假分枝；藻丝具鞘或不具鞘；藻丝线形或念珠状，直或螺旋弯曲；细胞圆柱形、方形或盘状；细胞横壁收缢或不收缢；原生质体或具颗粒或仅横壁处具颗粒；细胞两端或仅一端具气囊或缺乏；无异形胞，不形成孢子，以形成藻殖段 (hormogonium) 进行繁殖。

该目包括 6 科，与水华相关的种类分别属于 3 科。

### 分科检索表

1. 藻丝细，无鞘；细胞圆柱形 ……………………………… **1. 伪鱼腥藻科 Pseudanabaenaceae**
1. 藻丝粗，常具鞘或不具鞘 ……………………………………………… **2**

2. 藻丝细胞方形或圆柱形，宽（2）4～14（18）μm ………………………… **2. 席藻科 Phormidiaceae**

2. 藻丝细胞盘状，常长比宽小，细胞宽 6～35（～80）μm ……………… **3. 颤藻科 Oscillatoriaceae**

## （一）伪鱼腥藻科（Pseudanabaenaceae）

单条细的不分枝的藻丝，缺乏坚硬的鞘，有时具薄的鞘，罕见具薄的水溶性的胶被；细胞圆柱形或方形，横壁处明显收缢或不收缢；顶端细胞有的渐尖或具帽状结构，有的则无；具气囊或无，具气囊时，常位于细胞末端或中央。每个细胞都能进行分裂；无异形胞，不形成孢子，以藻丝断裂进行繁殖或形成能运动的藻殖段，或不能运动的藻殖囊（hormocytes）。

涉及该科的水华蓝藻分属于 4 个属。

### 分属检索表

1. 藻丝具薄的鞘 ………………………………………………………… **4. 浮鞘丝藻属 *Planktolyngbya***

1. 藻丝不具薄的鞘 ………………………………………………………………………………… **2**

2. 藻丝短，由少数细胞组成；细胞不具气囊 ………………………………… **1. 罗马藻属 *Romeria***

2. 藻丝长，细胞有时具气囊 ……………………………………………………………………… **3**

3. 藻丝单生或形成薄垫状，细胞有时具气囊；细胞横壁处常收缢 …… **2. 伪鱼腥藻属 *Pseudanabaena***

3. 藻丝单生，细胞常具气囊，细胞横壁处常不收缢 ……………………… **3. 泽丝藻属 *Limnothrix***

### 1. 罗马藻属 *Romeria Koczwára* in Geilter，1932.

藻丝单生，自由漂浮，或少数藻丝位于呈簇不规则胶质中，常短或不规则，易断，1～8（～18～32）个细胞，罕见 60 个细胞的，常弯曲或半弯曲，或不规则螺旋卷曲，具 1 到 2 或更多（8）个螺旋；细胞宽 0.6～3μm，横壁处收缢，无明显的鞘，但常具或厚或薄的、无色的胶被；细胞不具气囊。

水华蓝藻中记载 1 种。

简单罗马藻 *Romeria simplet*（Hindák）Hindák，1988（图 2.33，图版Ⅳ：H）

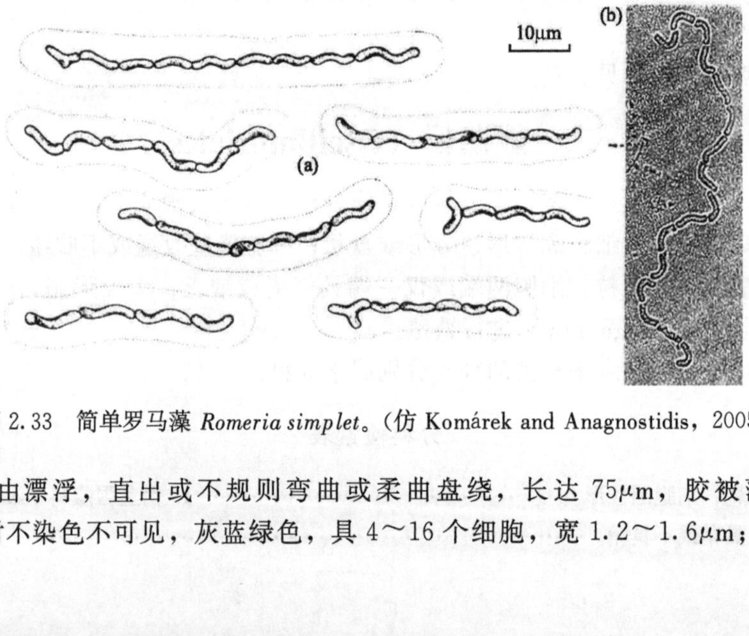


图 2.33　简单罗马藻 *Romeria simplet*。（仿 Komárek and Anagnostidis，2005）

藻丝自由漂浮，直出或不规则弯曲或柔曲盘绕，长达 75μm，胶被薄，宽可达 12μm，有时不染色不可见，灰蓝绿色，具 4～16 个细胞，宽 1.2～1.6μm；横壁收缢，细胞长形，杆状，略为 S 形或弯曲，从不直出，罕见 Y 形分叉的，末端钝圆，原生质体均匀，长 4～12μm。

生境：富营养化的水体和乡间池塘，自由漂浮。

国外分布：斯洛伐克。

我国分布：安徽巢湖。

**2. 伪鱼腥藻属 *Pseudanabaena*，Lauterborn 1915.**

藻丝单生，自由漂浮或为薄的垫状，通常直出或弓形，少为波状，由很少到几个圆柱形的或长或短的细胞组成，细胞横壁常明显收缢；藻丝无薄而硬的鞘，但常具宽的、稀的、水溶性的胶被，顶端细胞无分化。细胞常为两端钝圆的圆柱状，有时几乎呈桶形，长大于宽，罕见方形，具或不具顶端位气囊。细胞分裂为垂直于纵轴的双分式，有时分裂不对称。以藻殖段或藻丝断裂的方式进行繁殖。

此属种类很多，近 40 种，报道的水华蓝藻有 2 种。

**分种检索表**

藻丝长，由 80 个细胞组成……………………………………………… **1. 项圈形伪鱼腥藻 *P. moniliformis***
藻丝短，由 2～8 个细胞组成 ……………………………………………… **2. 沃龙伪鱼腥藻 *P. voronichinii***

(1) 项圈形伪鱼腥藻 *Pseudanabaena moniliformis* Kom. et Kling，1991（图 2.34A，图版Ⅴ：D）

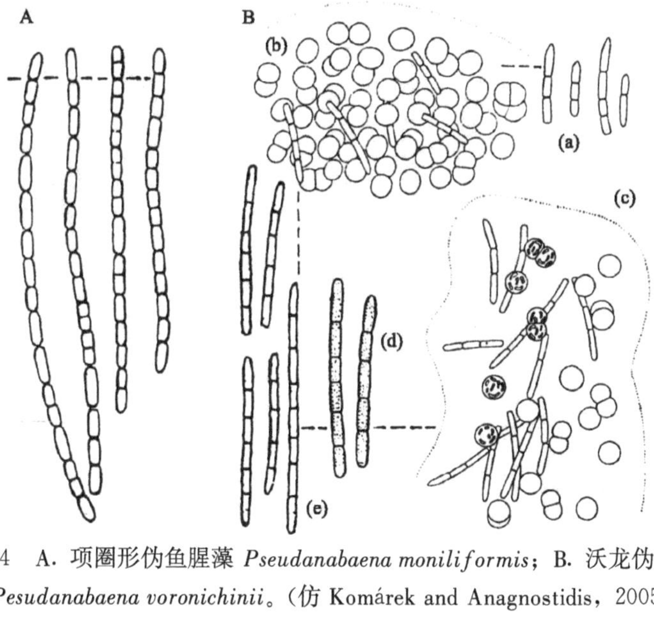


图 2.34 A. 项圈形伪鱼腥藻 *Pseudanabaena moniliformis*；B. 沃龙伪鱼腥藻 *Pesudanabaena voronichinii*。(仿 Komárek and Anagnostidis，2005)

自由漂浮，藻丝单生，直或略呈弓形，无鞘，可由 80 个细胞组成；细胞圆柱形，两端钝圆，长常大于宽，但常不等长，细胞一端常具气囊，横壁收缢，长 4～6.9μm，宽 1.5～2.5μm，灰蓝色。

该种在热带、亚热带可能分布很广，生长于略为富营养化的水体。

我国目前尚未见报道。

（2）沃龙伪鱼腥藻 *Pesudanabaena voronichinii* Anagnostidis，2001（图 2.34-B，图版Ⅴ：C）

藻丝单生，短，仅由 2～8 个细胞组成，直或略弯，几乎无鞘，有时平行排列于宿主胶被中；细胞圆柱形，无气囊，有时具 1 或 2（或更多）个折光颗粒，末端钝圆、锥状或尖细，藻丝长 6（20）～50（67）μm，宽 1～2μm。细胞长大于宽，长 2.5～8（9.4）μm。

生境：淡水，生长于其他藻类胶质内，池塘、湖泊漂浮。

国外分布：北欧，俄罗斯，瑞士，捷克，希腊北部。

我国尚未见报道。

**3. 泽丝藻属 *Limnothrix* Meffert，1988.**

藻丝单生或小的不规则的丛或簇，藻丝等极，常自由漂浮，直或略弯，由许多圆柱形或长形细胞组成，细胞横壁不明显、薄，不收缩或很弱收缩，末端不渐尖，细胞宽 1～6μm，灰蓝绿色、蓝灰色、浅红色或粉红色；气囊位于细胞顶端或中央。顶端细胞圆柱形，末端钝圆或圆平。细胞分裂面垂直于藻丝纵轴，以藻丝裂解或形成藻殖段进行繁殖。

水华蓝藻中国外仅报道 1 种。

赖氏泽丝藻 *Limnothrix redekei*（Van Goor）Meffert，1988（图 2.35，图版Ⅵ：A、B）

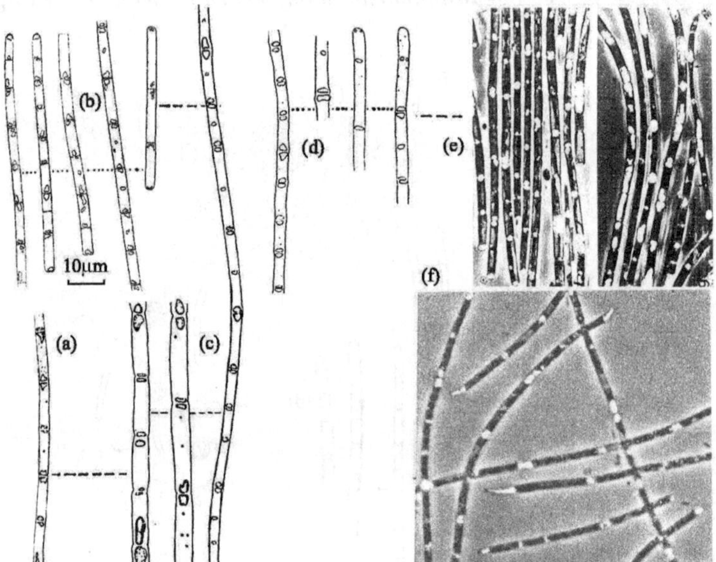


图 2.35　赖氏泽丝藻 *Limnothrix redekei*。（仿 Komárek and Anagnostidis，2005）

藻丝单生，直或略弯，灰蓝绿色或黄绿色，宽（1）1.2～2.5（3.5）μm，多数为 1.2～2.2μm，细胞横壁无或略收缢，末端不渐尖，无帽状结构，无鞘，细胞长大于宽，罕见方形的，长 8～14μm，具 2 个小的或 1 个大的顶端位气囊，小的中央位气囊偶尔出现，顶端细胞钝圆，无帽状结构。产微囊藻毒素的种类。

生境：淡水，湖泊（跃变层到底层）、水渠和沼泽漂浮，常与阿氏浮丝藻（*Planktothrix agardii*）一起混生。

分布很广，在温带地区全年都能生长，冬季常出现特殊的种群，在欧洲中部、北部常见。中营养型和富营养型的池塘和湖泊常见。

我国未见报道。

**4. 浮鞘丝藻属 *Planktolyngbya* Anagnostidis et Komárek，1988.**

藻丝自由漂浮，单生，直，柔软，波状、螺旋卷曲或不规则卷曲，具硬的、薄而无色的鞘，非常罕见具伪分枝，藻丝圆柱形，等极，单列细胞，细胞横壁不收缢或略收缢，末端不渐尖，顶端细胞钝圆，无帽状结构，细胞圆柱形，宽可达 3（5）μm，通常长大于宽，罕见正方形，无气囊或细胞一端具单个气囊，末端细胞钝圆。形成藻殖段进行繁殖。

此属约有 20 种，水华蓝藻中出现的有 2 种。

**分种检索表**

藻丝环形曲卷或不规则螺旋卷曲 ………………………………………… **1. 环离浮鞘丝藻 *P. circumcreta***
藻丝直或略弯曲 ……………………………………………………… **2. 湖泊浮鞘丝藻 *P. limnetica***

（1）环离浮鞘丝藻 *Planktolyngbya circumcreta*（G. S. West）Anagnostidis et Komárek，1988.（图 2.36，图版Ⅴ：E）

＝*Lynbya circumcreta* G. S. West 1907（朱浩然，2007）

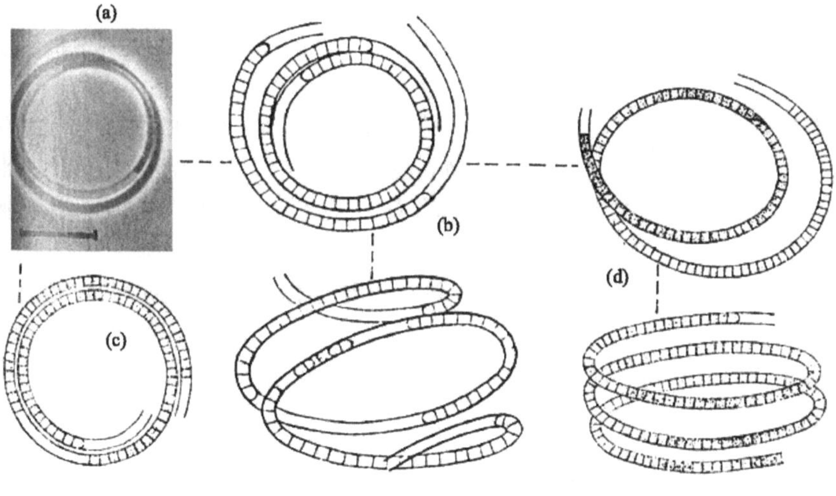


图 2.36　环离浮鞘丝藻 *Planktolyngbya circumcreta*。（仿 Komárek and Anagnostidis，2005）

藻丝单生，灰蓝绿色，漂浮，短，不规则螺旋形到有限的螺旋盘绕，2～7（多数 2～2.5）圈；鞘薄、坚韧、无色；细胞横壁不收缢，两侧不具颗粒，顶端细胞钝圆，无帽状结构；细胞方形或长略小于宽，宽 1.8～2.1μm，长 1～2（4?）μm。

生境：自由漂浮，湖泊及其他水体以及热带和亚热带国家的碱性水体，直到温带温暖地区。中营养型到富营养型水体。

国内分布：安徽巢湖，广东广州，西藏类乌齐。

国外分布：希腊，印度，德国，斯里兰卡。

(2) 湖泊浮鞘丝藻 *Planktolyngbya limnetica* (Lemm.) Kom.-Legn. &Crontb. 1992. (图 2.37，图版Ⅵ：H)

＝*Lyngbya limnetica* Lemm. 1898. (朱浩然，2007)

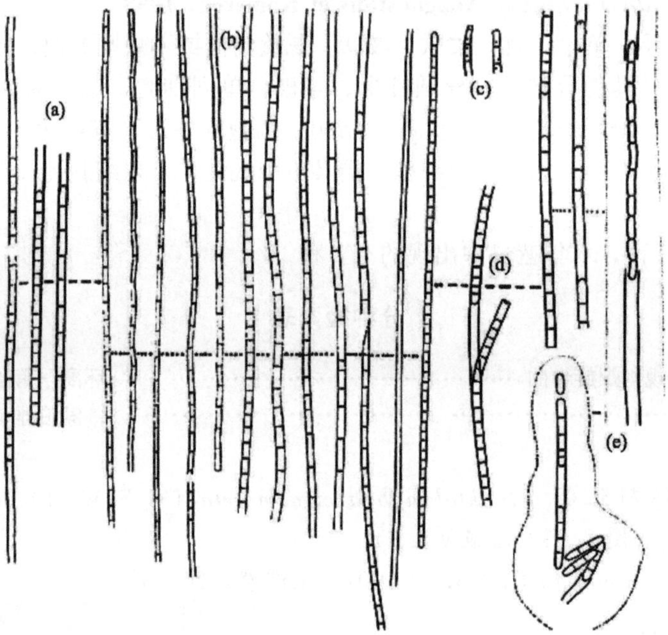


图 2.37 湖泊浮鞘丝藻 *Planktolyngbya limnetica*。(仿 Komárek and Anagnostidis，2005)

藻丝单生，自由漂浮，直或略弯曲，宽 1～2 (3?) μm，长可达 100 (～600) μm，鞘薄而窄、无色，但灰蓝绿色藻丝常清晰，宽 0.5～1～1.8 (2.5?) μm，细胞横壁有时可见，无收缢，细胞圆柱形，原生质体均质，灰蓝绿色，无气囊，顶端细胞钝圆或钝尖。

生境：淡水湖泊、水库等静止水体，与其藻类混生，漂浮。在中营养型的到营养型水体中常见。

国内分布：江苏太湖，江西鄱阳湖，云南洱海，新疆黄官湖，西藏当雄、察隅，黑龙江哈尔滨。

国外分布：印度，斯里兰卡，缅甸，非洲，德国。

## (二) 席藻科 (Phormidiaceae)

藻丝等极，单生、垫状或匍匐，卷曲一起或成丛；鞘缺乏或存在，柔弱或坚硬，薄或厚，均质或分层，通常末端开口，透明或具色，鞘内具 1、2 条或多条藻丝，几个具鞘的属有伪分枝；藻丝主要是圆柱形的、直的或各种卷曲，横壁收缢或不收缢，宽 (2) 4～14 (18) μm；细胞略为方形或长大于或小于宽，顶端有时具帽状结构，几个漂浮的属具气囊，分散于整个原生质体，以藻丝断裂和形成藻殖段、藻殖囊进行繁殖。

此科的属种很多，水华蓝藻中出现的较少，主要隶属于5个属。

## 分属检索表

1. 细胞不具气囊 …………………………………………………………………… **1. 常丝藻属 *Tychonema***
1. 细胞具气囊 ………………………………………………………………………………………… **2**
  2. 藻丝常为微观的成束或簇，罕见解离为单条藻丝的 ………………… **2. 束毛藻属 *Trichodesmium***
  2. 藻丝常单生 ……………………………………………………………………………………… **3**
3. 气囊分散在整个细胞；藻丝圆柱状或末端为短的狭窄，有时末端细胞具帽状结构或细胞壁增厚 …………………………………………………………………………… **3. 浮丝藻属 *Planktothrix***
3. 许多小气囊分散位于细胞周边；藻线末端常明显狭窄；常不具帽状结构或细胞壁增厚 ……………………………………………………………………… **4. 拟浮丝藻属 *Planktothricoides***

### 1. 常丝藻属 *Tychonema* Anagn. et Kom. 1988.

藻丝单生或呈薄层，垫状，底栖，附生，偶然漂浮，圆柱状，灰粉红色、紫色、浅红色或暗的橄榄绿色，长可达5mm，宽2～16μm，无鞘或兼具薄的胶鞘，横壁通常不收缢，常直出，或偶尔略为不规则螺旋卷曲或弯曲，末端不渐尖；细胞圆柱形、近方形，无气囊，但常具颗粒，呈灰色时具“蜂窝状窝”(alveolar)的内含物；以藻丝解聚进行繁殖。

水华蓝藻仅报道1种。

博里常丝藻 *Tychonema bornetii* (Zuka) Anagn. et Kom. 1988. (图2.38)

=*Oscillatoria bornetii* (Zuka) Forti 1907. (朱浩然，2007)

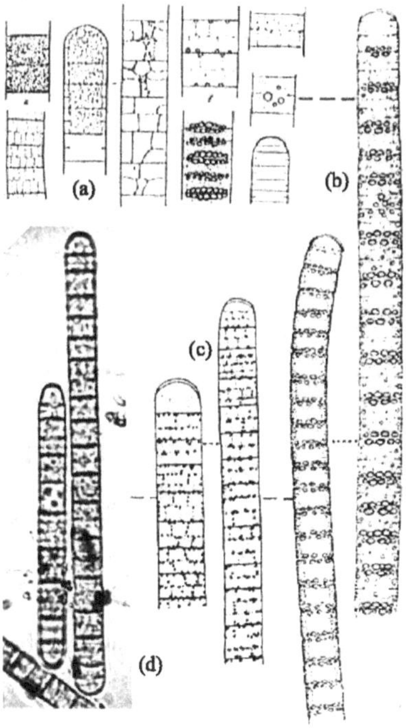


图2.38 博里常丝藻 *Tychonema bornetii*。(仿 Komárek and Anagnostidis，2005)

藻丝红褐色到褐紫色，罕见绿色的，在水生植物中形成黏状的束（簇）；藻丝直或略弯，圆柱形，末端不渐窄，罕见具薄的鞘；宽（9.5）12～16μm，横壁不收缢，两侧具颗粒或不具颗粒；细胞近方形，罕见长比宽略大，大多数长（3.7）6.1～10.9μm，多数长为宽的1/3～2/3；顶端细胞宽钝圆、半球形或扁平钝圆，具不明显的帽状，外壁略增厚。

生境：冷的湖泊、池塘和河流，水生植物、木头或岩石附生。

国内分布：浙江泰安、乐清，江西景德镇，云南蒙自，西藏当雄、普兰。

国外分布：德国，拉脱维亚，挪威，瑞典，捷克，奥地利，主要分布于北温带。

**2. 束毛藻属 *Trichodesmium* Ehreberg ex Gomont 1893。**[①]

藻丝自由漂浮，常为平行或辐射排列的簇状或絮状群体，被水溶性胶质粘连，罕见单生的，群体丛状和纺锤形，或鳞片状或圆盘状；藻丝无鞘，直或弯曲，罕见螺旋缠绕的，宽6～22μm，具圆柱形或略尖细的末端；细胞近方形或长略长于（或略短于）宽，内含物均质或具细颗粒，具气囊，不规则排列于整个细胞，蓝绿色或带红色，顶端细胞近直、钝圆或略为头状。以藻丝断裂作用进行繁殖，藻丝中间具分生组织带（meristemnatic zone）。

此属是典型的海生类型，常在海洋形成大范围的水华，也有几种淡水种类。

本书收录2种。

**分种检索表**

藻丝顶端渐狭；细胞宽7～16μm ………… 1. 铁氏束毛藻 *T. thiebautii*

藻丝顶端不渐狭；细胞宽5～7μm ………… 2. 湖泊束毛藻 *T. lacustre*

（1）铁氏束毛藻 *Trichodesmium thiebautii* Gomnt ex Gomont，1892（图2.39A）

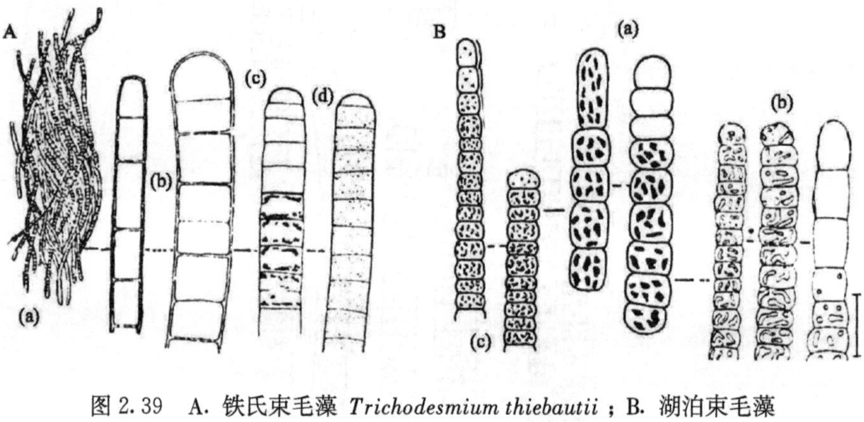


图2.39 A. 铁氏束毛藻 *Trichodesmium thiebautii*；B. 湖泊束毛藻 *Trichodesmium lacustre*。（仿 Komárek and Anagnostidis，2005）

① 此属与浮丝藻属在脂肪酸组成上也有区别（Watanabe，1974）。

藻丝自由漂浮的簇状，略直，部分似绳索状卷曲或辐射状排列（似星状），蓝绿色或当干燥时为褐绿色，宽 7～16μm，横壁不收缢，末端渐狭；细胞近方形，长 8～26μm，顶端细胞钝圆，具增厚的细胞壁（狭的帽状结构?）或略宽圆。

生境：海洋生，漂浮，在热带和亚热带海洋形成水华。

国内分布：据朱浩然（2007）记载此种在我国分布在江苏连云港，山东微山湖，云南洱海、滇池。

国外分布：欧洲，地中海（意大利、那不勒斯海峡），夏威夷，红海，非洲东南海岸，加勒比海，印度 pininsular 沿岸，斯里兰卡及其邻近海岛。

（2）湖泊束毛藻 *Trichodesmium lacustre* klebahn，1895.（图 2.39B，图版Ⅵ：D～G）

＝*Oscillatoria lacustris*（Klebahn）Geilter 1925（朱浩然，2007）

藻丝直，平行排列，连接成絮状似尘土，自由漂浮，有时直，扁平束状，罕见单生，藻丝宽 5～（8）10μm，横壁明显收缢，末端渐狭或几个细胞狭窄，略长的细胞无气囊。藻丝具稀薄的黏液包被；细胞短桶状近方形，长 3～6μm。细胞具许多气囊，顶端细胞有时延长，近圆柱形，长可达 12μm，略渐狭，钝圆，几乎成半球形。

生境：淡水和碱淡水静止水体典型的漂浮种类。

国内分布：北京，江苏太湖，广东苏家湾，黑龙江五大连池、镜泊湖，上海淀山湖，新疆呼伦古湖。

国外分布：丹麦，拉脱维亚，波兰，瑞典，巴西，缅甸，印度，日本，美国。

**3. 浮丝藻属**[①] ***Planktothrix* Anagnostidis et Komárek，1988.**

藻丝单生，自由漂浮，略直或略不规则波状或弯曲，等极，圆柱状，横壁不收缢或收缢，形成水华时常团块状聚合成不规则的簇或扩散成紧密的丛，长可达 4mm，宽（2）3～12（15）μm，末端略渐细或不渐细，有时末端细胞具帽状结构，无鞘也无胶质包被，偶尔（在特别不良条件下或培养时）具稀的可见的鞘，有 1 种在自然条件下出现鞘，无伪分枝；细胞圆柱形，罕见略为桶形，常长较宽小或达到近方形，罕见长大于宽的；顶端细胞为宽圆钝状或狭的锥状，有时具帽状结构或外壁增厚。

该属的特征是有时在藻丝中出现一段（节）（几个细胞）细胞无气囊，它们比其他细胞透亮。可能是固氮的。细胞分裂面垂直于藻丝纵轴；以藻丝解裂形成藻殖囊进行繁殖。

此属约 13 种，本节收录 4 种。

**分种检索表**

1. 藻丝圆柱形的，蓝绿色；顶端细胞圆柱形，顶端宽圆 ························ **1. 等丝浮丝藻 *P. isothrix***
1. 藻丝形成水华时蓝绿色、带红色或粉红色；顶端细胞不为宽圆形 ································· **2**
    2. 水华蓝绿色；藻丝顶端细胞常为凸出 ·································· **2. 阿氏浮丝藻 *P. agardhii***
    2. 水华时藻丝红色或粉红色；顶端细胞为其他形态 ······································ **3**
3. 顶端细胞钝圆，渐尖，钝锥形 ··········································· **3. 红色浮丝藻 *P. rubescens***
3. 顶端细胞钝圆锥形，具帽状结构 ········································ **4. 多育浮丝藻 *P. prolifica***

---

① 此属的种类以往分别放在 *Oscillatoria* 或 *Lyngbya* 中，Komárek 和 Komarkova（2004）根据超微结构特征和分子系统学认为此种应独立成为一个属，而且此属的许多种类为形成水华蓝藻的优势种或在水华中出现。

(1) 等丝浮丝藻 *Planktothrix isothrix* (Skuja) Komárek et Komárkova, 2004 (图 2.40A)

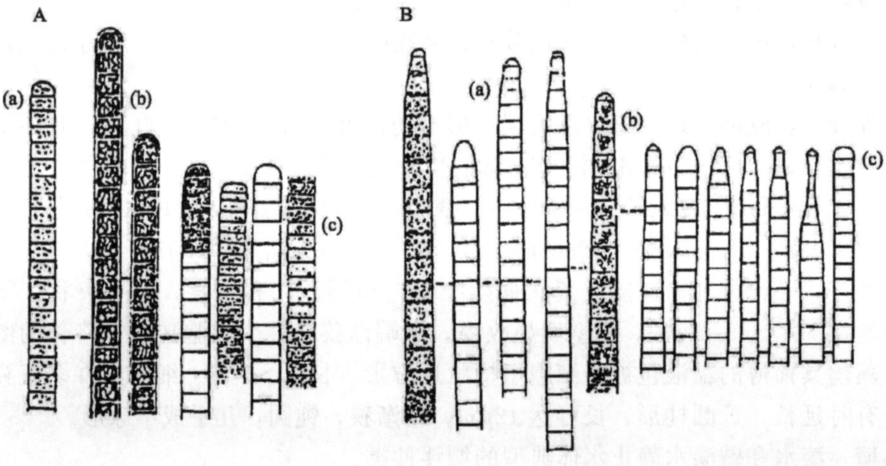


图 2.40　A. 等丝浮丝藻 *Planktothrix isothrix*；B. 阿氏浮丝藻 *Planktothrix agardhii*。
(仿 Komárek and Anagnostidis, 2005)

幼藻丝底栖，着生，长成后自由漂浮，成团块时藻丝呈蓝绿色，单生，常形成水华，常为直出，或有时略弯曲，罕见成小的丛状，无明显排列方式，通常非常长（可达 3.5mm），蓝绿色或灰绿色，宽（5）5.5～9.7（10）$\mu$m，横壁无或有，非常不明显的收缢，横壁常不明显，但在其两侧具一排显著的颗粒，末端圆柱形，不渐尖（或不明显渐尖），直出；细胞长略短于宽或近方形，长（1.5）2～5.5（9.5）$\mu$m，具丰富的不规则气囊，使藻丝呈褐色或褐黑色；顶端细胞圆柱形、宽圆或平圆，罕见略为圆锥形的，无帽状结构或细胞外壁增厚。

生境：淡水，幼体底栖，附生在泥土上，后漂浮形成水华；广泛分布于富营养化到超富营养化的静止湖泊。

国外分布：捷克，希腊，挪威，俄罗斯，瑞典，巴西，乍得，古巴，印度，以色列，日本，摩洛哥，莫桑比克，美国等。

国内尚未见报道。

(2) 阿氏浮丝藻 *Planktothrix agardhii* (Gomont) Anagnostidis et Komárek, 1988.（图 2.40B，图版Ⅵ：I、J）

＝*Oscillatoria agardhii* Gomont 1892（朱浩然[①]，2007）

藻丝多为单生，自由漂浮，长可达 300$\mu$m，直出或有些弯，有时连成蓝绿色或橄榄绿色的微小的、疏松的簇，偶尔形成底栖的膜状覆盖物，无鞘或非常罕见，特别是幼年时期，具薄的鞘；藻丝宽（2.3）4～6（9.8）$\mu$m，横壁处具颗粒，不收缢或很微弱

① 朱浩然等未记载此种的原变种，只报道此种的两个“变型”。笔者认为这两个变型是可疑的，可能是原变种的形态变异，本文记载的国内分布系将它们作为原变种或原种处理。

收缢，顶端渐尖细；细胞长常比宽小或常为方形；细胞内含物蓝绿色，具多数气囊，无藻红素；顶端细胞凸状，有时为钝圆锥形或有点尖，有时具凸的帽状，罕见帽状结构。

生境：淡水、湖泊、池塘漂浮，常形成水华，在温带分布很广。

国外分布：奥地利，捷克，丹麦，芬兰，法国，德国，匈牙利，荷兰，波兰，俄罗斯，斯洛伐克，西班牙等。

国内分布：江苏南京、太湖，北京，吉林长春，黑龙江哈尔滨、五大连池，安徽合肥、淮南，福建上杭、福州等，湖北武昌，广东，四川，云南，西藏，陕西，青海，宁夏，新疆。

(3) 红色浮丝藻 *Planktothrix rubescens* (De Candolle ex Gonont) Anagnostidis et Komárek 1988.（图 2.41A，图版Ⅵ：K、L）

= *Oscillatoria rubescens* DeCandolle ex G omont 1892（朱浩然，2007）

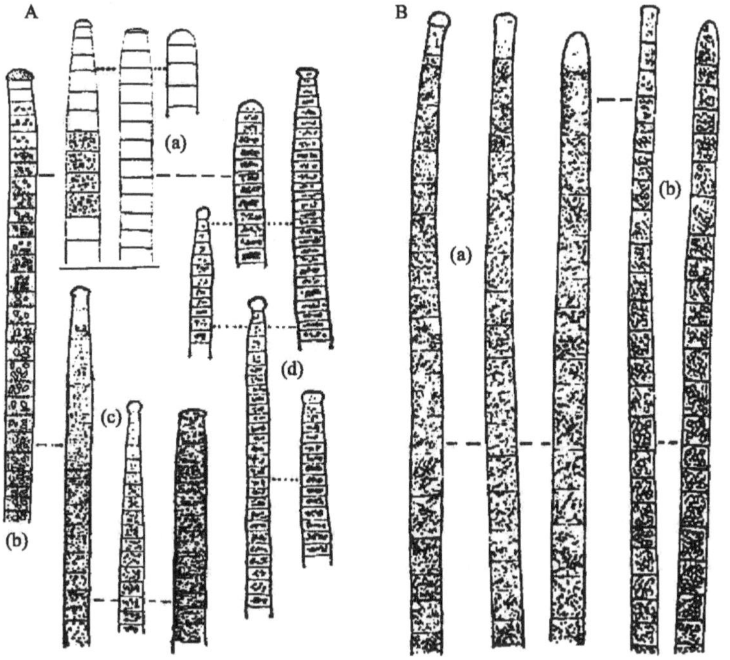


图 2.41　A. 红色浮丝藻 *Planktothrix rubescens*；B. 多育浮丝藻 *Planktothrix prolifica*。
（仿 Komárek and Anagnostidis，2005）

藻丝直或略弯曲，单生，自由漂浮，有时形成紫红色（干燥时呈紫色）不规则的丛，形成水华，无鞘（仅在培养中出现很薄的鞘），灰紫红色，宽（3.9）6～8（9.4）μm；横壁处有时具颗粒，不收缢，末端渐尖，细胞近方形或长较横壁略长或短，长2～4（5）μm，具许多气囊，含大量藻红素，顶端细胞钝圆、尖细、钝圆锥形，罕见头状，具凸的帽状结构。

生境：淡水，中营养型和富营养型的大型湖泊和静止水体，形成红色的水华；冷水类型，常在冬季使水在冰下呈红色。

国外分布：常在北温带一些地区出现，奥地利（湖泊），法国东南部，德国，瑞士，意大利北部等。

国内分布：湖北武昌，湖南慈利，甘肃平凉。

(4) 多育浮丝藻 *Planktothrix prolifica* ([Greville] Gomont) Anagnostidis et Komárek，1988. (图 2.41B)

= *Oscillatoria prolifica* Gomont 1892 (朱浩然，2007)

藻丝直或弯曲，宽 2～5 (5.8) μm，宽常小于 6μm，稀少单生，多数形成紫红色、乌紫色（干燥时呈紫色）、不规则和疏松的薄片状或束状，横壁处常具颗粒但不收缢，末端渐尖；细胞浅红色或粉红紫色，近方形，罕见较宽长或短形，长 4～6μm，具气囊；顶端细胞头状，钝圆锥形，常具帽状结构。

生境：淡水，在较冷的湖泊和静止水体中漂浮，形成红色水华。

国内分布：黑龙江五大连池、镜泊湖，浙江泰顺、杭州，江西景德镇，陕西宁陕，甘肃康乐。

国外分布：丹麦，英国，德国，匈牙利，挪威南部，瑞典，北美。

**4. 拟浮丝藻属[①] *Planktothricoides* Suda et Watanabe in Sude et al. 2002.**

藻丝单生，自由漂浮，一般直出，末端渐细，藻丝近顶端略弯，等极，横壁略收缢或不收缢，宽 (3.5) 6～11μm，偶尔具很薄的、无色的鞘，许多小的气囊分散在细胞周边，气囊易于破裂；无藻红素，不能进行色素适应性的互补。DNA 碱基组成 GC 含量约 44%。细胞分裂面垂直于藻丝纵轴；以形成藻殖段进行繁殖。

**分种检索表**

藻丝较细，宽 6～6.8μm …………………………………………… **2. 渐细拟浮丝藻 *Ps. attenuata***
藻丝宽，宽 8～9.5μm ……………………………………………… **1. 拉氏拟浮丝藻 *Ps. raciborskii***

(1) 拉氏拟浮丝藻 *Planktothricoides raciborskii* (Woloszyńska) Suda et Watanabe in Suda et al. 2002 (图 2.42A，图版Ⅶ：A)

= *Oscillatoria raciborskii* Woloszyńska 1912 (朱浩然，2007)

藻丝单生，黄绿色或橄榄绿色，宽 (5.4) 8～9.5 (16) μm，长可达 1cm 以上，有时可互相缠绕形成块状，横壁无或很浅的收缢，末端短的区段渐细同时弯曲，偶尔具鞘；细胞长 3～8μm，顶端细胞锥状或钝尖到钝圆，无帽状结构。

生境：淡水，湖泊中漂浮。常与其他水华蓝藻混生。

国外分布：广泛分布于热带、亚热带地区，如印度，印度尼西亚，日本，斯里兰卡，泰国，津巴布韦等。

国内分布：北京，河北，福建，广东，江苏，江西，湖北，云南，浙江，台湾等。

---

① 此属系 Suda 等建立的 1 个单种属 (Komárek and Anagnostidis，2005)。模式种原属浮丝藻，其形态最显著的区别在于拟浮丝藻藻丝末端渐细，且略弯曲，经 16S rDNA 分析证明它在系统发育树上是一独立的分支。

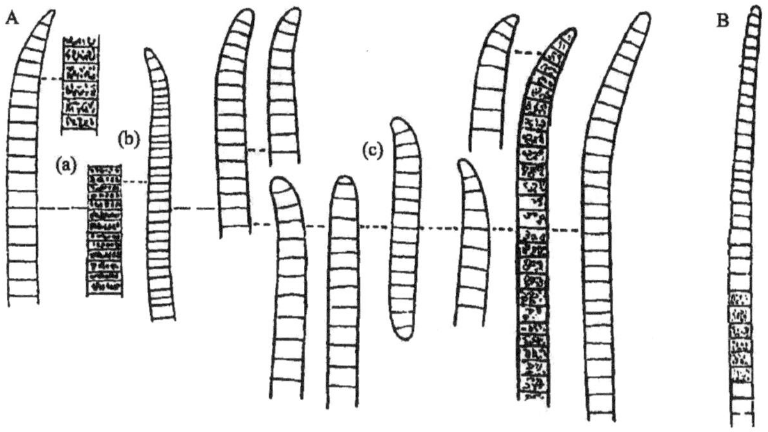


图 2.42 A. 拉氏拟浮丝藻 *Planktothricoides raciborskii*；B. 渐细拟浮丝藻 *Planktothricoides attenuata*。（仿 Komárek and Anagnostidis，2005）

（2）渐细拟浮丝藻 *Planktothricoides attenuata* Komárek et Komárkova-Legnerová, 2005（图 2.42B）

藻丝单生，自由漂浮或在湖泊沿岸聚集，宽（3.5）6～6.8μm，灰蓝绿色或橄榄绿色，细胞具很多小的气囊，横壁无或仅很弱的收缢，向末端逐渐细尖，有时末端略弯曲；细胞近方形，末端细胞宽 3.5～4μm，顶端细胞锥状钝圆或钝圆，无帽状结构。

生境：水库。

国外分布：巴西，秘鲁。

国内尚未见报道。

## （三）颤藻科（Oscillatoriaceae）

藻丝等极或异极，垫状或层聚，有时紧密和成层状匍匐，罕见成簇的、单生藻丝或丛状，缺乏鞘，兼性、专性或仅在亚适宜条件下出现，鞘坚硬，前端开口，由 1 条或更多条藻丝组成，无或罕见伪分枝，藻丝圆柱形，直或略呈波状或规则螺旋卷曲，横壁无或略收缢，宽6～35（～80）μm；细胞圆盘状，长常比宽短，常短于宽的几倍，非常罕见方形的，气囊缺乏或罕见，充分发育的藻丝顶端细胞外壁常增厚或具帽状结构；类囊体短，波状，分布于整个细胞或更多集中在细胞周边，有时宽，形成的类囊体内空间；无色质的适应性（?）；细胞分裂为垂直于纵轴的横壁分裂，有时具分生带，以藻丝解离和从藻丝顶端部分形成藻殖段或藻殖囊进行繁殖。

此科是 1 个大科，包括很多属，但大部分的属未经分子分析方法确证。

此科分 2 亚科，水华蓝藻仅有 3 属。

**分属检索表**

1. 藻丝规律螺旋卷曲 …………………………………………………… **1. 节旋藻属 *Arthrospira***
1. 藻丝直或弯曲 ………………………………………………………………………… **2**
  2. 藻丝无鞘…………………………………………………………………… **2. 颤藻属 *Oscillatoria***

2. 藻丝具鞘 ………………………………………………………………………… 3. 鞘丝藻属 *Lyngbya*

**1. 节旋藻属[①] *Arthrospira* Stizenberger ex Gomont, 1892.**

藻丝单生，自由漂浮或联结成丝，多为黏质（具水溶性边沿），蓝绿色、橄榄绿色或带红褐色藻体。藻丝圆柱形，规则的，罕见有些不规则的、疏松的螺旋卷曲，长或短，宽 2.5～16μm，通常螺旋宽度相当大，末端有时渐细，螺旋宽度是可变的，横壁不或略为收缢，无鞘或罕见薄的、无色的鞘（?）。细胞近方形或短于宽，横壁可见，有时（几个种）具气囊；胞壁上具特殊的孔（电镜下）；顶端细胞钝圆或圆锥形，偶尔具帽状结构或外壁增厚；藻丝断裂形成藻殖段或藻殖囊进行繁殖，有时由于死细胞（necridic cell）地产生而形成。

此属已经分子分析确认，但种的分类是不清楚的。

**分种检索表**

细胞长 5～7μm ………………………………………………………………… 1. 极大节旋藻 *A. maxima*
细胞长 2～3μm ………………………………………………………………… 2. 钝顶节旋藻 *A. platensis*

(1) 极大节旋藻 *Arthrospira maxima* Setchell et Gardmer in Gardmer, 1917（图 2.43A）

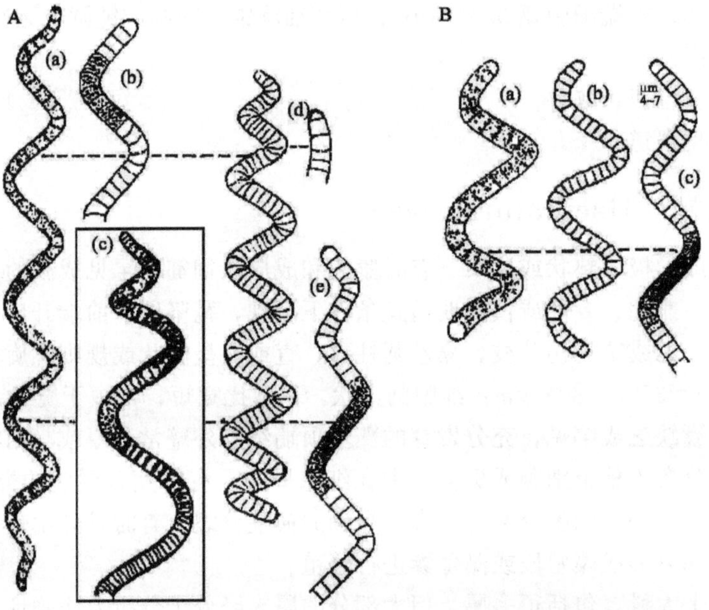


图 2.43 A. 极大节旋藻 *Arthrospira maxima*; B. 钝顶节旋藻 *Arthrospira platensis*。(仿 Komárek and Anagnostidis, 2005)

① Komárek 和 Anagnostidis 将此属放在鞘丝藻科（Phormidiaceae），作者认为不太合理，应将其移到该科。

藻丝单生，自由漂浮，灰绿色，宽（6.5）7～9（10）μm，规则的疏松螺旋卷曲，具3～8个螺旋，横壁无或略收缢，向末端逐渐略细；左旋的螺径宽40～60μm，螺距70～80μm；细胞长5～7μm，具许多气囊；顶端细胞钝圆，外壁增厚。

生境：嗜盐的，内陆盐水体中漂浮。

国外分布：常分布于火山口形成的湖泊中，温暖的盐水池，在美国加州沿岸其蓝藻中漂浮混生。广泛分布于热带美洲，西非、欧洲南部都有报道。

国内分布：在我国一些螺旋工厂生产使用的这个种都是从国外引进的。

（2）钝顶节旋藻 *Arthrospira platensis*（Nordstedt）Gomont seusu Rich，1931.（图2.43B，图版Ⅶ：B）

＝*Arthtospira fusiformis*（Voronichin）Komárek et Lund，1990.

藻线蓝绿色，宽（3.4）5～9（11?）μm，规则的螺旋状卷曲，横壁无或略收缢，螺径宽15～50μm，向藻丝末端或狭或宽，螺距0～80μm；细胞长2～3μm，较宽短，具多数气囊，顶端细胞钝圆。

生境：淡水[①]，漂浮形成水华。

国外分布：常分布于热带亚洲和热带非洲湖泊，印度、以色列，泰国，乍得，肯尼亚，埃塞俄比亚，苏丹等（表2.1）。

**表2.1　节旋藻主要种群的地理分布**（Vonshak et al.，2002）

| 国家 | 环境 | 物种 | 参考文献 |
|---|---|---|---|
| 非洲 | | | |
| 乍得 | 含苏打的湖泊（Bodou，Mombolo，Rombou，Yoan）和池塘（Latir，Iseirom，Liva），Kanem地区 | *A. platensis*<br>*A. platensis* *f. minor* | Léonard and Compère，1967<br>Iltis，1972<br>Rich，1931 |
| | 含苏打的湖泊（Crater，Bogoria，Nakuru，Elmenteita）、峡谷 | *A. platensis* | *Rich*，1931<br>Vareschi，1982 |
| 肯尼亚 | Bogoria湖 | *A. platensis*<br>*A. platensis* *f. minor*<br>*A. fusiformis* | Tuite，1981<br>Hindák，1985 |
| | Simbi湖 | *A. platensis*<br>*A. platensis* ＝*A. fusiformis* | Melak，1979；Kebede and Ahlgren，1996 |
| 埃塞俄比亚 | Aranguadi湖，Chitu湖，绿湖 | *A. platensis*<br>*A. platensis* ＝*A. fusiformis* | Melak，1979；Kebede and Ahlgren，1996 |

① 可能是Komárek和Anagnostidis（2005）的笔误，这个种均产自盐碱湖。在我国江南一带池塘中分布一种与此种形态类似的物种，但在碱水中培养不能存活。这个种最初从国外引进，在我国许多螺旋藻工厂养殖，筛选、培养许多品系。我们从我国内蒙古盐碱湖泊采到一种形态与此种相似，但特征有明显的不同：1. 最适生长温度24℃；2. 含很丰富的不饱和脂肪酸，特别是第一次在节旋藻中发现22碳-六烯酸——脑黄金；3. 漂浮但不形成水华。因此我们将其定名为：钝顶节旋藻新品系——武植SP（NS）2001。

续表

| 国家 | 环境 | 物种 | 参考文献 |
|---|---|---|---|
| 埃及 | Maryut 湖 | *A. platensis* | El-Bestawy et al., 1996 |
| 苏丹 | Dariba 湖，Jebel Marra | *A. geitler* | Fott and Karim, 1973 |
| 阿尔吉尼亚 | Tomanrasset 池塘 | *A. platensis* | Fox, 1966 |
| 刚果 | Mougounga 湖 | *Arthrospira* sp. | Fox, 1966 |
| 札伊尔 | Kiru 湖 | *Arthrospira* sp. | Fox, 1966 |
| 赞比亚 | Bangweolou | *Arthrospira* sp. | Fox, 1966 |
| **亚洲** | | | |
| 印度 | 池塘 | *A. maxima* | Desikachary & Jeeji Bai, 1996 |
| | Lonar 湖；池塘；储水池（Madurai，MCRC 分离） | *A. indica* | Jeeji Bai, 1992 |
| Myanmar | 火山口湖 | *Arthrospira* sp. | Min Thein, 1993 |
| 巴基斯坦 | 鱼池，拉合尔 | *Arthrospira* sp. | Fox, 1996 |
| 斯里兰卡 | Beria 湖 | *Arthrospira* sp. | Fox, 1996 |
| 中国 | 鱼池，南京 | *A. platensis* * | Tsen and Chang, 1990 |
| | 苏打湖，内蒙古、察汗卓尔 | *A. platensis* WH2001 | Hu et al., 2002 |
| 泰国 | 木薯淀粉厂排水湖，曼谷 | *Arthrospira* sp. | Fox, 1996 |
| 俄罗斯 | Tunatan 湖，西伯利亚草原 | *A. fusiformis* | Voronichin, 1934 |
| **美洲** | | | |
| 墨西哥 | Texcoco 太阳蒸发湖 | *A. maxima* | Busson, 1971 |
| 美国加州 | 池塘，奥克兰；沿岸潟湖，Del Mar | *A. maxima*, *A. platensis* ** | Gardner, 1917 Lewin, 1980 |
| 秘鲁 | Huachachina 湖 | *A. platensis*, *A. maxima* | Busson, 1971 Desikachary and Jeeji Bai, 1992, 1996 |
| 乌拉圭 | Montevideo | *A. platensis* *** | Gomont, 1892 |
| **欧洲** | | | |
| 西班牙 | Santa Olalla 湖 | *Arthrospira* sp. | Rippka and Herdman, 1992 |
| 法国 | 小湖，Camargue | *Arthrospira* sp. | Fox, 1996 |
| 匈牙利 | Adasztevel-Oroshaz | *Arthrospira* sp. | Busson, 1971 |
| 阿塞拜疆 | 水坑，Khumbasha | *Arthrospira* sp. | Fox, 1996 |

* 在中国分布很广，但不能在咸水中生长，是另一品系；** 参考品系 PCC7345；*** 正模（holotype）

螺旋藻在实验室适宜生长温度为 30～38℃，不过品系不同是有区别的，如图 2.44 所示，SPL-2 适宜生长的温度较低而宽（24～40℃），EY-5 品系适宜的生长温度高达 40～42℃。DA 品系具有相当宽的适宜生长温度范围（28～36℃）。

察汗卓尔产钝顶节旋藻品系 WH2002-1 为中温品系，最适生长温度为 20～24℃。

**2. 颤藻属 *Oscillatoria* Vaucher ex Gomont，1892.**

藻体常肉眼可见，平滑，层状，罕见革质的垫状和单生藻丝；藻丝圆柱形，直或略

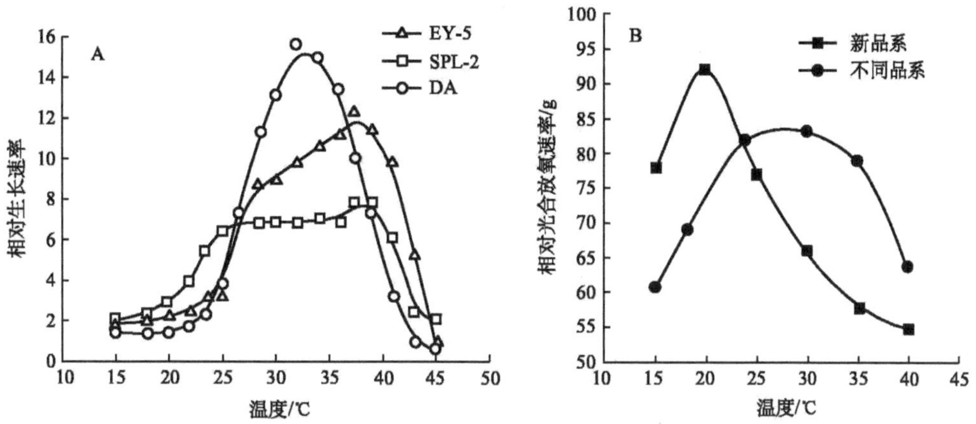


图 2.44　A. 三个螺旋藻品系对温度的响应；B. 武植 SP（NS）2001 与普通钝顶螺旋藻的光合放氧-温度曲线。（仿胡鸿钧等，2002）

为波状，有时在末端有小的似螺旋曲卷，多数宽为 6.8μm，最宽可达 70μm，横壁无或有收缢，常无鞘，仅在胁迫条件下出现；细胞短圆盘状，一般长比宽小 2 倍，常小 3～11 倍。细胞内含物均质或有时具大的颗粒，无气囊；细胞分裂面垂直于藻丝纵轴，以形成死细胞，使藻丝裂解产生藻殖段进行繁殖。

记载有 3 种形成水华或在中和富营养化水体中出现。

## 分种检索表

1. 细胞具 3 或 4 个大的红褐色气囊 …………………………………… **1. 卡瓦颤藻 *O. kawamurae***
1. 细胞不具 3 或 4 个大的红褐色气囊 ……………………………………………………………… **2**
  2. 细胞宽 13～16μm ……………………………………………………… **2. 泥泞颤藻 *O. limosa***
  2. 细胞宽 16～60μm ……………………………………………………… **3. 巨颤藻 *O. princeps***

（1）卡瓦颤藻 *Oscillatoria kawamurae* Negoro. 1943（图 2.45A，图版Ⅴ：F、G）

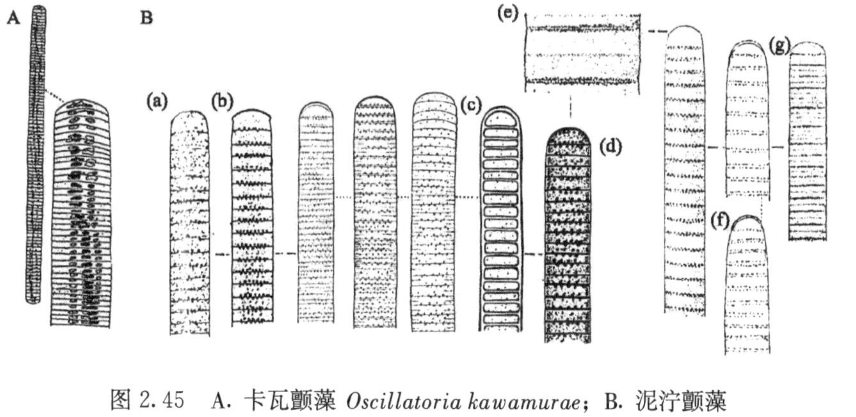


图 2.45　A. 卡瓦颤藻 *Oscillatoria kawamurae*；B. 泥泞颤藻 *Oscillatoria limosa*。（仿 Komárek and Anagnostidis，2005）

藻丝直，很粗，紫色、褐色、橄榄绿色到蓝绿色，宽 60～70 (78) μm，横壁不收缢，顶端细胞扁平钝圆，略成帽状，但无帽状结构；细胞中具 1～3 (4) 个扁平、黑色的颗粒（气囊?）沿藻丝似螺旋状排列成行。细胞长 5～12μm。

生境：漂浮于矿物质水体。有时形成水华。

国外分布：日本，澳大利亚中部，越南南部，老挝。

国内分布：这个种最初是从黑龙江省北部采到并报道，但朱浩然等（2007）未记载。

（2）泥泞颤藻 *Oscillatoria limosa* Agardh ex Gomont，1892（图 2.45B，图版Ⅶ：C～E）

藻体黑蓝绿色、橄榄绿色到褐色，扩展的，厚，常成层状附着在基质上，偶尔成束漂浮水面，或单条藻丝混杂在蓝藻或其他藻类之中。藻丝黑色到亮蓝绿色、褐色到褐紫色或橄榄绿色，宽（6? ～9）10～20μm；常很长，达 4mm，略直，很弱的弯曲，偶尔具细的、不分层的、无色的鞘（在不太适宜的条件下，特别在培养时），横壁不收缢，但两侧常具颗粒，末端不渐细或很短处略细，不成帽状；细胞长为宽的 1/3～1/6，长 1.5～5 (6) μm；细胞多数具细颗粒；顶端细胞平钝圆或钝圆，凸出，多数外壁增厚，无帽状结构。

生境：淡水、沙质或污泥底部各种基质上底栖，或（以后）在淡水静止水体或缓流中以垫状形成漂浮，直径可达数米。常在污染水体和半咸水体表面漂浮。

此种是小型富营养水库（欧洲）典型的“漂浮颤藻”优势种。

国外分布：欧洲，整个非洲，阿根廷、加勒比、印度、日本、马来西亚、斯里兰卡、泰国和美国。

国内分布：江苏太湖，安徽巢湖，云南滇池，广东广州，青海，西藏，黑龙江五大连池，湖南洞庭湖，湖北武昌等地。

（3）巨颤藻 *Oscillatoria princeps* Vancher ex Gomont，1892（图 2.46，图版Ⅶ：F）

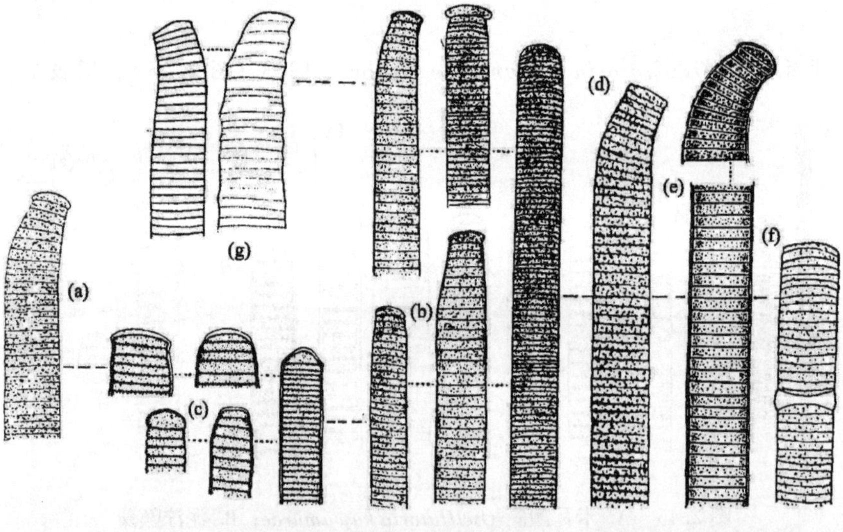


图 2.46　巨颤藻 *Oscillatoria princeps*。（仿 Komárek and Anagnostidis，2005）

藻体黑蓝绿色、浅黑蓝绿色到黑绿色，略细，有时扩展，着生，形成分层的垫状或漂浮，罕见单生的或形成小的丝状丛；藻丝橄榄绿色到黑蓝绿色，褐绿色到浅红色，紫色或浅红，有时为灰绿色，宽（15）20～50（80）μm，大多数直出或略弯，硬，很长，横壁两侧无颗粒，不收缢，末端略细而弯或不弯，顶端细胞近截形，亚头状，偶尔具薄的、明显的鞘（通常在不太适宜的条件下和培养时）；细胞圆盘状，短，长为宽的1/11～1/4，长（2）2.5～6.5（8.7）μm；细胞大多具细颗粒；顶端细胞钝圆，半球形、压扁的半球形或平截形，外壁略具或不具增厚的壁，无帽状结构。

生境：淡水，底栖，着生于静止水体，缓流、河流、池塘等水体泥土或岩石上，次级漂浮，也着生于湖泊底层。

国外分布：模式种可能仅分布于两半球的温带地区，包括南美、南非和澳大利亚，也可生于海洋。

国内分布：很广，江苏太湖，安徽巢湖，云南滇池，上海，天津，黑龙江等地。

## 三、念珠藻目（Nostocales）①

藻丝单列，或具宽或狭的胶被的群体，细胞分裂面垂直于藻丝纵轴，无真分枝但有伪分枝；细胞具气囊或不具；具异形胞，仅在生活史某时期缺乏，类囊体或多或少卷曲或成群不规则位于营养细胞周边层或整个细胞；藻丝具极性、等极或异极；以产生厚壁孢子和藻殖段进行繁殖。

此目分 4 科。

念珠藻目分科的主要形态特征见表 2.2。

**表 2.2　念珠藻类科的主要鉴定特征**（Komárek and Kovack，1989）

| 特征 | 伪枝藻科 | 微毛藻科 | 胶须藻科 | 念珠藻科 |
|---|---|---|---|---|
| 极性 | 等极的兼性异极 | 异极的 | 异极的 | 等极的 |
| 伪分枝 | + | + | + | — |
| 分枝 | 主要为双分 | 主要为侧分 | 主要为侧分 | |
| 末端部分 | 钝圆或狭窄 | 钝圆，宽或狭窄 | 狭窄（主要的顶端具毛） | 形态上无分化 |
| 伪枝的起源 | ±两营养细胞之间 | ±在异形胞处 | ±在异形胞处 | — |
| 藻殖段发育 | 等极的 | 两极处起源后来异极的 | 异极的 | 等极的 |

念珠藻目 4 科的藻丝伪分枝和藻殖段萌发类型如表 2.3 所示。

① 目的特征根据 Komáred 和 Anagnostidis（1989）改写。

**表 2.3　念珠藻目科的藻丝伪分枝类型和藻殖段萌发类型**

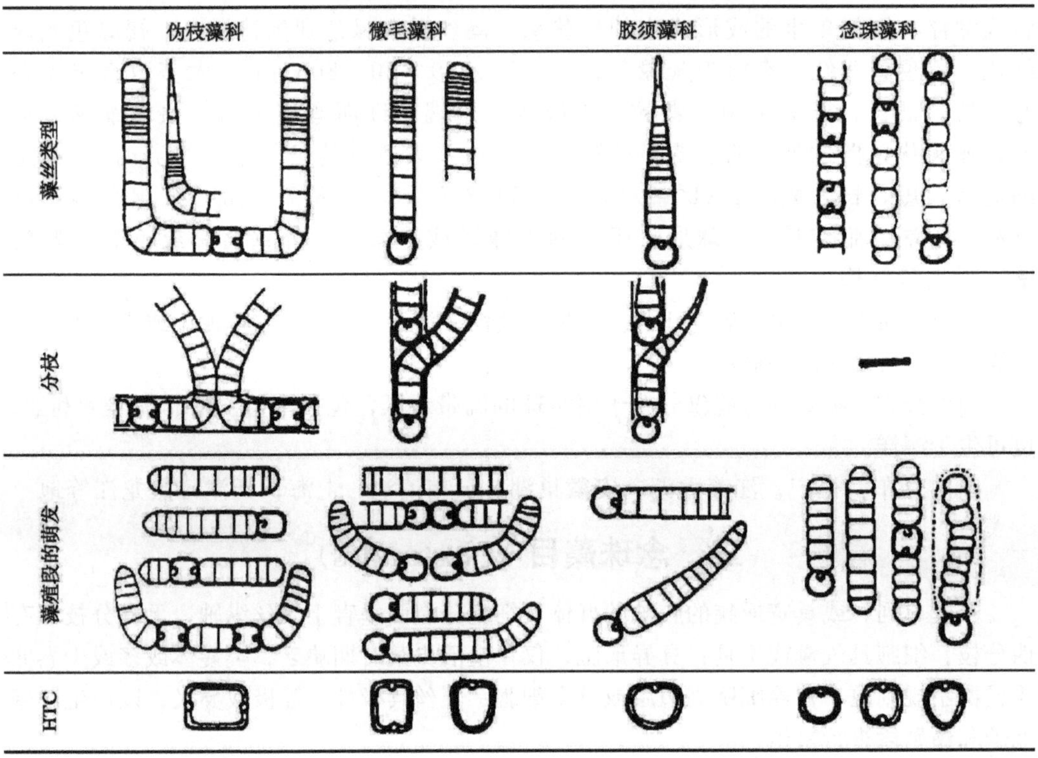


注：HTC＝异形胞形态（仿 Komárek and Kovacik，1989）。

水华蓝藻分属于 2 科。

**分科检索表**

藻丝异极，顶端常为毛状 ………………………………………………… **1. 胶须藻科 Rivulariaceae**
藻丝等极，顶端常不为毛状 ……………………………………………… **2. 念珠藻科 Nostocaceae**

## (一) 胶须藻科 (Rivulariaceae)

藻丝异极，异形胞位于藻丝基部或间位，常见或罕见伪分枝，伪分枝常在异形胞处分裂形成，分枝主要为单生；藻丝末端由窄而长的、透明的似毛状细胞组成；常形成厚壁孢子，分生带位于藻丝近末端或间位；藻殖段异极萌发。

水华蓝藻仅报道 1 属 1 种。

**胶刺藻属 *Gloeotrichia* Ag.，1842.**

胶群体球形或半球形，实心，老个体有时中空，橄榄绿色，柔软；藻丝放射状或略为平行排列于胶被中；常具伪分枝；基部鞘坚固，外侧胶化；异形胞位于藻丝基部或间位，多数位于伪分枝的基部；厚壁孢子 1 至几个与基部异形胞相连接；以形成藻殖段进行繁殖。

此属约有 15 种，我国报道 6 种（朱浩然等，2007）。形成水华的仅 1 种。

刺孢胶刺藻 *Gloeotrichia echinulata* (J. E. Smith) P. Richter, 1894 (图 2.47, 图版Ⅷ: A～C)

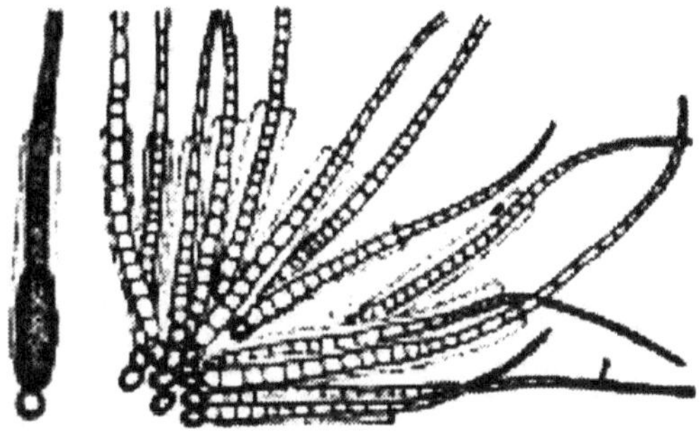

图 2.47　刺孢胶刺藻 *Gloeotrichia echinulata*（胡鸿钧，魏印心，2006）

幼藻为实心球形，长成后为透镜形或圆柱形，漂浮，宽 0.5～7mm；藻丝放射状排列，脆而易散开；胶鞘柔软，不分层，无色，藻丝顶端呈长毛状，基部宽 8～10μm，毛宽 1～2μm；基部细胞球形，顶端细胞圆柱形，多数细胞具气囊；异形胞球形或椭圆形，宽 7～10μm；厚壁孢子圆柱形，两端钝圆，直或微弯，宽 8～18μm，长44～50μm.

生境：温带地区静止水体，热带地区也有报道，常在水华中出现；着生或漂浮。

国内分布：上海，江苏太湖、玄武湖，浙江西湖，湖北武昌，云南滇池，新疆福海，广东广州，台湾江头屿等。

国外广泛分布于温带地区中和富营养化水体。

## （二）念珠藻科（Nostocaceae）

藻丝异极，末端钝圆或狭窄，顶部有时具长细胞；无真分枝或伪分枝；具异形胞（有几个属无，但厚壁孢子与念珠藻类型的结构一致）间位或末端位；厚壁孢子常发育成副异形胞的（parahetetocystic）或离异形胞的（apoheterocystic）；所有细胞都具分裂能力，藻丝无分生区。

此科下分 2 亚科。

**分亚科检索表**

具副异形胞……………………………………………………………………… **A. 鱼腥藻亚科 Anabaenoideae**
具离异形胞……………………………………………………………………… **B. 念珠藻亚科 Nostocoideae**

### A. 鱼腥藻亚科 Anabaenoideae (Born. et Flash.) Kirhen. 1900.

在通常条件下，邻近异形胞或离开 1 到几个营养细胞发育成少数（1～8 个）由 1 个或几个营养细胞融合而形成厚壁孢子，厚壁孢子离开异形胞连续发生成链状；有的种（*Cylindrospermopsis raciborskii*、*Anabaena solitaria*、*A. gracilis*、*A. heterospora* 等）厚壁孢子正好在邻近异形胞的一侧或略离开的位置，此亚科包括异形胞位于藻丝末端和间位的类群。

此亚科有 10 属，我国记载的 7 属均有水华蓝藻，另一新建属尚未见报道。

## 分属检索表

1. 藻丝短，弯曲，两端或一端尖细 …………………………………………… **6. 尖头藻属 *Raphidiopsis***
1. 藻丝长，两端或一端不尖细 …………………………………………………………………… **2**
  2. 异形胞亚顶生或顶生 …………………………………………………………………… **3**
  2. 异形胞间生 …………………………………………………………………………………… **5**
3. 异形胞亚顶生；厚壁孢子很大 …………………………………………… **7. 大孢藻属 *Macrospermum***
3. 异形胞顶生 ……………………………………………………………………………………… **4**
  4. 厚壁孢子靠近但不与异形胞相连 …………………………… **5. 拟柱孢藻属 *Cylindrospermopsis***
  4. 厚壁远离异形胞 ……………………………………………………………… **2. 拟鱼腥藻属 *Anabaenopsis***
5. 藻体不成束；藻丝末端细胞常尖细 …………………………………………… **3. 矛丝藻属 *Cuspidothrix***
5. 藻丝单生或成束；藻丝末端细胞不尖细 …………………………………………………………… **6**
  6. 藻丝常成束；藻丝末端细胞延长，窄而不尖 …………………………… **4. 束丝藻属 *Aphanizomenon***
  6. 藻丝所有营养细胞形态相同 ………………………………………… **1. 长孢藻属 *Dolichospermum***

### 1. 长孢藻属 *Dolichospermum*（Ralfs ex Bornet et flash.）P. Wacklin L. Hoffmann et J. Komáerk，2009.

＝*Anabaena* Bory ex Born. et Flah. 1886.

鱼腥藻是个很大的属，全球已记载的约 100 余种，朱浩然等收录我国的有 41 个分类单位。该属是国内外报道水华蓝藻种类最多的一个属，这样大的属，属下单位如何分？从这个属建立伊始，至今不断进行研究和探讨。1886 年 Ralfs ex Born. et Flah. 就将这个属的漂浮种类作为该属的一个组——长孢组（*Anabaena Bory* Sect. Dolichospermum）。

1989 年 Komárek 和 Anagnostidis 认为应为一个亚属（subgenus）。Komárek 和 Zaponě lová（2007）认为鱼腥藻的“形态种”（morphospecies）包括几个群（group），根据现代表型（phenotypic）和分子分析特征应将其分成几个属。但他们主张 Anabaena 应作为无气囊、底栖类群的学名予以保留，其模式种是：*Anabaena oscillarioides*。

漂浮的类群分成几个亚簇（subcluster），其中有些种放到长孢藻亚属（Subg. *Dolichospermum*）。那些典型的、漂浮的鱼腥藻在自然界其藻丝直或弯曲，营养细胞具气囊的在不同地区重复出现，因此代表了种的稳定性，从传统分类的角度它们被认定为“种”。但是从自然水体中获得的形态种，不同的漂浮种群并没有得到分子序列分析的支持，形成水华的螺旋卷曲的鱼腥藻类群用 16S rRNA 序列分析，不支持从自然环境中分离的和文献中描述的“形态种”的分类。只有紧密鱼腥藻（*A. compacta*）作为 1 个隔离的“簇”，藻丝的卷曲或直之间的区分也不明显。总之，鱼腥藻属的分类研究现况就是如此。满意的分类有赖于将来从培养的和自然种群中进行分子的、表型的综合研究，同时也依赖于通过科学、合理的蓝藻分类学“物种”概念的界定来解决。

2009 年 Wacklin 等根据现代分子评价，认为具气囊、漂浮的“鱼腥藻—形态类型”必须作为独立的遗传实体与典型的底栖垫状物种分离开来成为一个新属——长孢藻属 *Dolichospermum*，从传统鱼腥藻属分出来的新物种的种名与植物命名法规一致，它们对这个新属作了如下界定：用 16S rRNA 基因序列评估长孢藻属属于念珠藻类异质的独特的分支；这个被分开的遗传类群（长孢藻属）代表了复杂的分支，16S rRNA 基因的相似性与其他类型相比小于 92%；藻丝等极，分节（异形胞位置的分布），细胞横壁具收缢，无硬的鞘，有时具薄的、水溶性的胶质包被，藻丝的生长在理论上是无限的；顶端细胞形态学上与营养细胞相同，无分化，都能进行分裂；生长时期的细胞都具有气囊群，遍布于整个细胞，在显微镜下可见；异形胞间位，单个（例外成双的），由营养细胞在分节的位置分化形成；厚壁孢子系副异形胞类型，单生到 5（6）个一列，它们向异形胞方向连续发育形成，常由 2 至几个相邻营养细胞融合后形成，成熟的厚壁孢子常比营养细胞大 3 倍或更多倍，所有形态种营养时期都是漂浮的，从不在基质上形成着生的垫状，藻丝单生成小的丛簇。

水华长孢藻（*D. flos-aquae*）为此属的模式种。

Wacklin 等重新命名了 42 个种。本节收录了 15 种，少数物种未在 Wacklin 等重新命名的名录中，但根据他们对这个属的界定应属于这个属。

## 分种检索表

1. 藻丝直或略弯曲 ………………………………………………………… 2
1. 藻丝卷曲 ………………………………………………………………… 5
  2. 营养细胞方形或近方形 ……………………………… **1. 伯氏长孢藻 *D. bergii***
  2. 营养细胞球形或近球形或扁球形 ………………………………………… 3
3. 厚壁孢子球形或近球形 ……………………………… **2. 凯氏长孢藻 *D. kisseleviana***
3. 厚壁孢子椭圆形或长椭圆形 ………………………………………………… 4
  4. 厚壁孢子宽 5.3～8.4μm ……………………………… **3. 近亲长孢藻 *D. affinis***
  4. 厚壁孢子宽 9.2～12.8μm ……………………………… **4. 浮游长孢藻 *D. planctonica***
5. 营养细胞球形到柠檬形 ……………………………………………………… 6
5. 营养细胞桶形 ……………………………………… **5. 赖默长孢藻 *D. lemmermanii***
  6. 厚壁孢子圆球形 ……………………………………………………………… 7
  6. 厚壁孢子不为球形 …………………………………………………………… 11
7. 厚壁孢子常位于异形胞两侧 ………………………………………………… 8
7. 厚壁孢子常远离异形胞两侧 ………………………… **14. 卷曲长孢藻 *D. circinalis***
  8. 单生或 3 个一列出现 ………………………………… **6. 肾形长孢藻 *D. reniformis***
  8. 常单生 ………………………………………………………………………… 9
9. 营养细胞宽 10.0～13.0μm ……………………………… **7. 粘长孢藻 *D. mucosa***
9. 营养细胞小于 6μm …………………………………………………………… 10
  10. 营养细胞宽 3.2～5.9μm ……………………… **8. 真紧密长孢藻 *D. eucompacta***
  10. 营养细胞宽 5.0～7.5μm …………………… **9. 不定扭曲长孢藻 *D. torques-reginae***
11. 厚壁孢子卵形 ………………………………………… **1. 伯氏长孢藻 *D. bergii***
11. 厚壁孢子不为卵形 …………………………………………………………… 12
  12. 厚壁孢子长椭圆形 …………………………………………………………… 13
  12. 厚壁孢子椭圆形、长形或圆柱形；卵形到圆柱形 ……………………………… 14
13. 厚壁孢子宽 6.3～8.0μm ……………………… **12. 假紧密长孢藻 *D. pseudocompacta***
13. 厚壁孢子宽 8.0～11.3μm ……………………… **13. 螺旋长孢藻 *D. spiroides***
  14. 厚壁孢子椭圆形 ……………………………………… **10. 粗长孢藻 *D. crassum***

14. 厚壁孢子不为椭圆形 ………………………………………………………………………… **15**
15. 厚壁孢子卵形到圆柱形 …………………………………………… **11. 水华长孢藻 *D. flos-aquae***
15. 厚壁孢子长形或圆柱形 ………………………………………………………………………… **16**
16. 厚壁孢子远离异形胞 ……………………………………………… **14. 卷曲长孢藻 *D. circinalis***
16. 厚壁孢子位于异形胞两侧被1～3个细胞隔开………………… **15. 阿坎长孢藻 *D. akankoensis***

(1) 伯氏长孢藻 *Dolichospermum bergii* (Ostenfeld) Wacklin et al., 2009. (图2.48A，图版Ⅺ：A、B)

=*Anabaena bergii* Ostenfeld，1908.

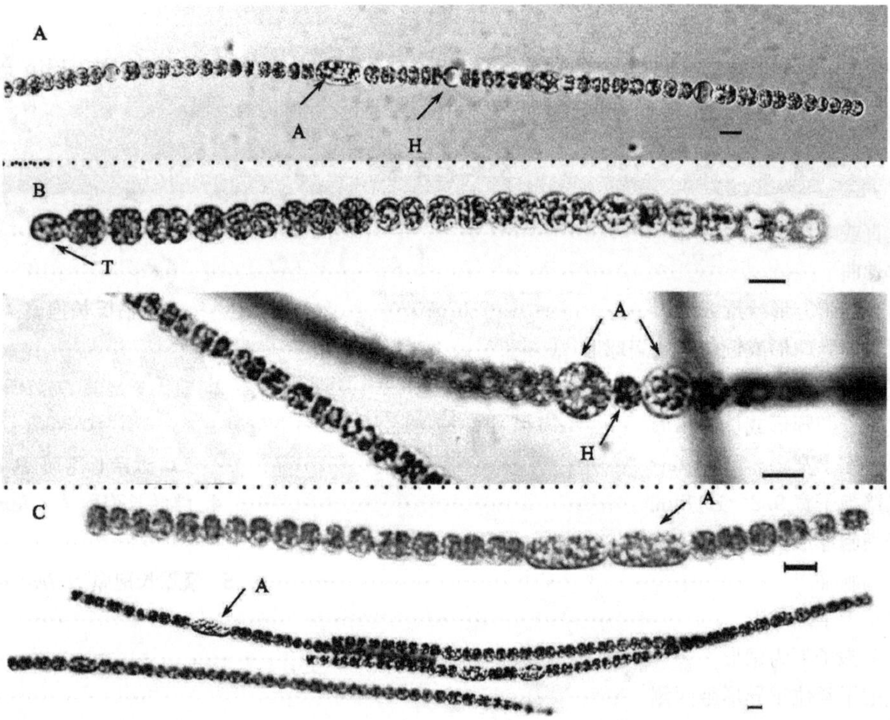


图2.48 A. 伯氏长孢藻 *Dolichospermum bergii*；B. 凯氏长孢藻 *Dolichospermum kisseleviana*；C. 近亲长孢藻 *Dolichospermum affinis*。(仿 Wacklin and Anagnostidis，2009)

A为厚壁孢子，H为异形胞

藻丝单生，自由漂浮，直或微弯曲，胶鞘不明显，两端渐细，末端细胞渐细，末端细胞延长变细成钩状，常呈浅白色。营养细胞具气囊，方形或近方形，宽2.5～5.5μm，长2.7～8.5μm，长宽比1.5～4，异形胞近球形，宽3.4～6.1μm，长4.3～6.4μm，长宽比0.8～1.5，厚壁孢子卵形，宽5.0～6.7μm，长5.5～8.0μm，长宽比0.9～1.3，常单生，远离异形胞。

国外分布：美国，澳大利亚，俄罗斯。

国内分布：湖北，北京，广东。

(2) 凯氏长孢藻 *Dolichospermum kisseleviana* (Elenkin) Wacklin et al., 2009. (图 2.48B)

= *Anabaena kisseleviana* Elenkin 1938

藻丝单生，自由漂浮，直或微弯曲，具胶鞘，藻丝两端细胞略微变细，末端细胞延长成椭圆形。营养细胞具气囊，球形或扁球形，宽常比长略大，而末端细胞长大于宽，宽 4.4～6.9μm，长 2.8～6.5μm，长宽比 0.6～1.3。异形胞圆球形或近球形，直径 5.1～6.7μm。厚壁孢子球形或近球形，直径 4.6～12.7μm，紧密异形胞，常位于异形胞的两侧或仅 1 侧，单生，有时成串。

国外分布：日本，俄罗斯。

国内分布：湖北武汉、蕲春，广东。

(3) 近亲长孢藻 *Dolichospermum affinis* (Lemm.) Wacklin et al., 2009. (图 2.48C)

= *Anabaena affinis* Lemm. 1872.

藻丝自由漂浮，缠绕成束状，线形或略弯曲，两端细胞比中间的细胞略细，具胶鞘。营养细胞具气囊，球形或近球形，直径约 4.3～6.3μm。异形胞球形，直径 4.8～8.9μm。厚壁孢子椭圆形或长椭圆形，宽 5.3～8.4μm，长 7.2～16.7μm，长宽比1.3～2.5，通常单生，罕见 2 个连在一起的，远离异形胞。

国外分布：日本（湖泊），欧洲，北美。

国内分布：湖北武昌，江苏南京。

(4) 浮游长孢藻 *Dolichospermum planctonica* (Brunnth) Wacklin et al., 2009. (图 2.49A，图版Ⅺ：F)

= *Anabaena planctonica* Brunnth, 1903.

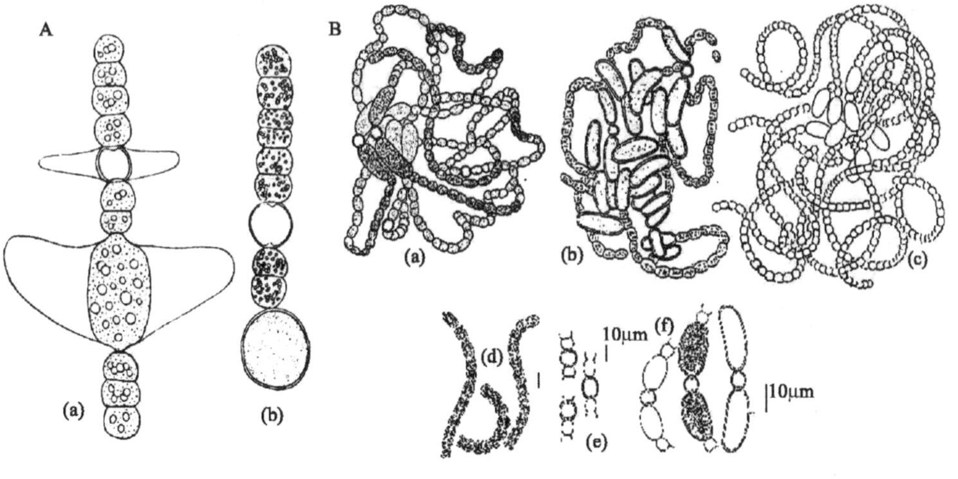


图 2.49 A. 浮游长孢藻 *Dolichospermum planctonica*；B. 赖默长孢藻 *Dolichospermum lemmermanii*。(仿 Wacklin and Anagnostidis, 2009)

浮游种类，藻丝单生，直出，具宽的胶鞘；细胞圆球形到圆桶形，长常比宽短，宽 9～15μm，长可达 10μm；具气囊群，异形胞圆球形，与营养细胞宽度相等；孢子卵形到椭圆形，两端宽圆到钝锥形，有时呈六角形，宽 10～20μm，长 15～30μm。

产神经毒素（变性毒素-α）

生境：在温带地区富营养湖泊、水库中常见。

国外分布：欧洲，北美。

国内尚未见报道。

（5）赖默长孢藻 *Dolichospermum lemmermanii*（Rich in Lemm.）Wacklin et al.，2009.（图 2.49B，图版Ⅷ：D～G）

＝*Anabaena lemmermanii* Rich. in Lemm. 1903.

藻丝不规则卷曲，形成大的束丛，藻丝宽（2.5）4～6.9μm，营养细胞桶形；宽 3～5（7）μm，长 3～6～8μm，具气囊；异形胞球形或宽卵形，宽 4～4.5（6）μm，长 4.5～5（6.2）μm；厚壁孢子肾形，宽（6.3）7.9～11（13.3）μm，长（13）15～25.6μm，位于异形胞两侧，在生长末期厚壁孢子聚集成束。产毒种类，分泌神经毒素和肝毒素。

生境：整个温带富营养化水体，漂浮，常形成水华。

分布：从未在热带地区发现。中国尚未见报道。

（6）肾形长孢藻 *Dolichospermum reniformis*（Lemm.）Wacklin et al.，2009.（图 2.50A，图版Ⅹ：A～D）

＝*Anabaena reniformis* Lemm. 1898.

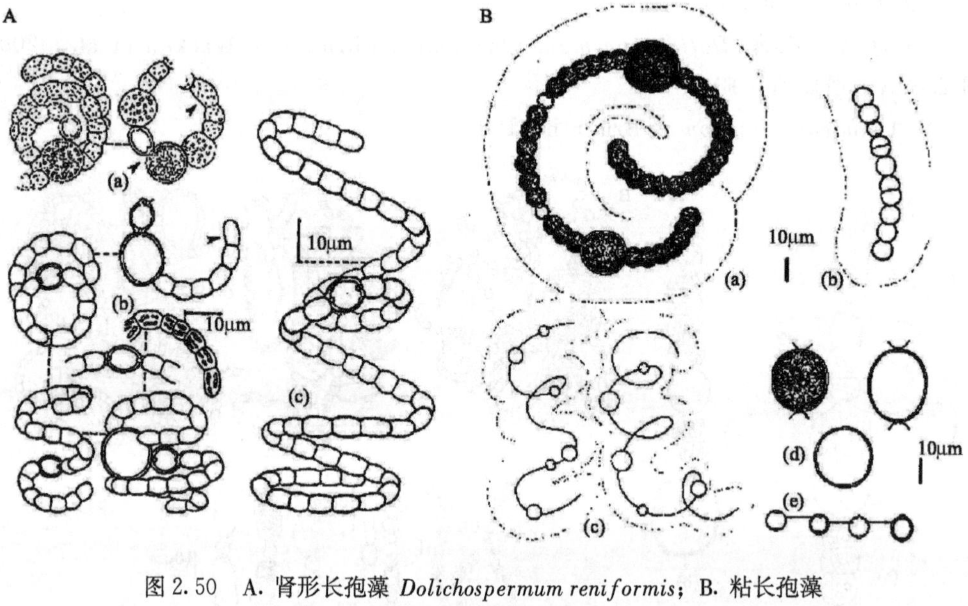


图 2.50　A. 肾形长孢藻 *Dolichospermum reniformis*；B. 粘长孢藻 *Dolichospermum mucosa*。（仿 Wacklin and Anagnostidis，2009）

营养细胞圆球形到略长形，宽 3.0～6.0μm，长 2.5～10.0μm，长与宽之比 0.67～2.50。异形胞圆球形到略长形，宽 4.5～7.5μm，长 5.5～10.0μm，厚壁孢子几乎球形，1～3 个一列，常位于异形胞两侧，宽 8.0～12.5μm。藻丝规则地卷曲，紧密相连；螺旋宽 20.0～50.0μm，螺旋间距 5.0～25.0μm。

分布：乌克兰，德国，古巴，日本。国内尚未见报道。

(7) 粘长孢藻 *Dolichospermum mucosa* (Kom-Leng. et Elor.) Wacklin et al., 2009.(图 2.50B)

= *Anabaena mucosa* Kom.-Legn. et Elor. 1992.

= *Anabaena spiroides* f. ucrainica (Skorbator) Elenkin, 1938.

= *Anabaena ucrainica* (Skorbator) M. Watanabe 1996

藻丝具胶质包被，不规则卷曲，螺旋宽 60～200μm。漂浮，营养细胞圆球形，宽 10.0～13.0μm，长 6.3～12.5μm，长宽比 0.53～1.00。异形胞圆球形或略长，宽 11.3～13.3μm，长 13.0～15.0μm。厚壁孢子球形到宽卵形，长比宽略长，远离异形胞，宽 17.8～22.5μm，长 21.3～27.5μm，长宽比 1.16～1.25。

国外分布：欧洲北部，乌克兰和日本。

国内分布：云南滇池、洱海。

(8) 真紧密长孢藻 *Dolichospermum eucompacta* (Li et Watanabe) Wacklin et al., 2009.(图 2.51)

= *Anabaena eucompacta* Li et Watanabe 1999.

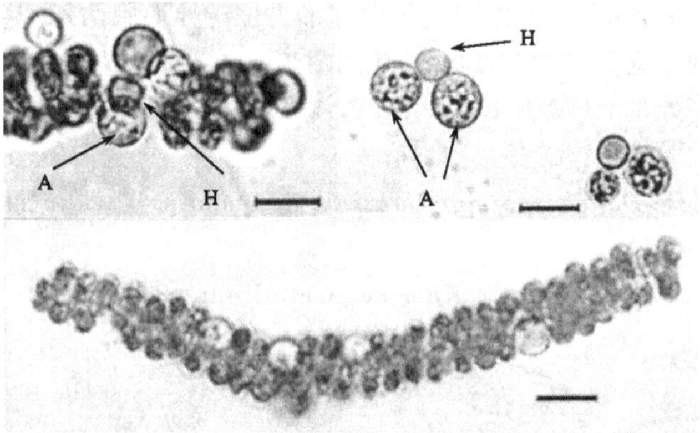


图 2.51　真紧密长孢藻 *Dolichospermum eucompacta*。(仿 Wacklin and Anagnostidis, 2009)

藻丝单生，自由漂浮，螺旋紧密，没有胶被，螺径直径为 12.9～19.3μm，螺间距 4.2～8.7μm。营养细胞球形或近球形，具气囊，直径 3.2～5.9μm。异形胞球形，直径 4.8～6.3μm。厚壁孢子球形，直径 6.3～11.2μm，与异形胞紧密相连，一般同时出现在异形胞两侧，且为单个出现。

生境：富营养型湖泊、池塘。

分布：日本，我国湖北武汉、蕲春。

(9) 不定扭曲长孢藻 *Dolichspermum torques-reginae* (Komárek) Wacklin. et. al., 2009.(图 2.52)

= *Anabaena torques-reginae* Komáerk 1984.

= *Anabaena oumiana* M. Watan. 1996.

营养细胞圆球形，宽 5.0～7.5μm，长 3.8～7.5μm，长与宽之比 0.53～1.50，异

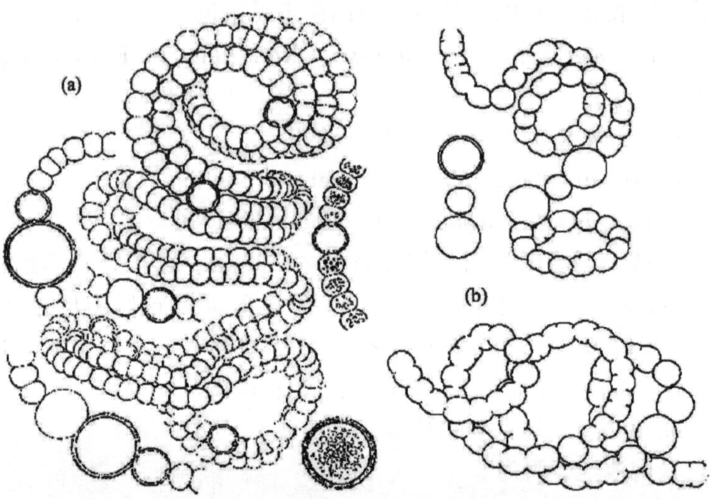


图 2.52 不定扭曲长孢藻 *Dolichspermum torques-reginae*。
（仿 Wacklin and Anagnostidis，2009）

形胞圆球形，宽 7.5～8.8μm。厚壁孢子圆球形，位于异形胞两侧，宽 9.5～12.5μm，藻丝卷曲略不规则，宽 20.0～40.0μm，螺间距 10.0～30.0μm。

国外分布：多分布于热带，日本，古巴，萨尔瓦多，巴西，阿根廷。

国内分布：湖北武汉、蕲春。

(10) 粗长孢藻 *Dolichospermum crassum*（Lemm.）Wacklin et. al.，2009.（图 2.53，图版 X：F～H）

= *Anabaena crassa*（Lemm.）Kom-Legn. et. Cront. 1992.

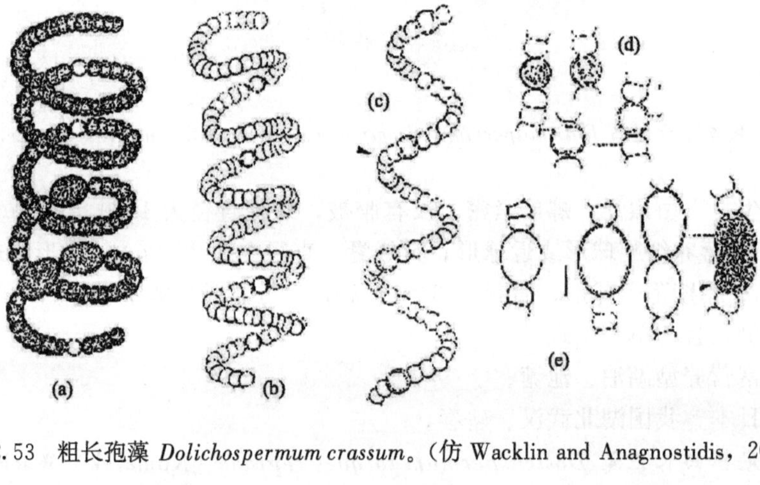


图 2.53 粗长孢藻 *Dolichospermum crassum*。（仿 Wacklin and Anagnostidis，2009）

营养细胞圆球形，宽 7.0～13.0μm，长 4.5～12.5μm，长宽比 0.40～1.00，异形胞圆球形，宽 7.5～13.8μm，长 7.3～13.8μm，厚壁孢子椭圆形，远离异形胞，宽 12.5～22.5μm，长 15.0～27.5μm，长宽比 1.13～1.57，藻丝规则卷曲，螺旋宽 30.0～62.5μm，螺间距 30.0～82.5μm。

分布：两半球温带到近极地地区，富营养化水体广泛分布。

(11) 水华长孢藻 *Dolichospermum flos-aquae* (Bré b. ex Born. et Flah.) Wacklin. et al., 2009.（图 2.54，图版Ⅸ：E～H）

= *Anabaena flos-aquae* Bré b. ex Born. et Flah. 1888.

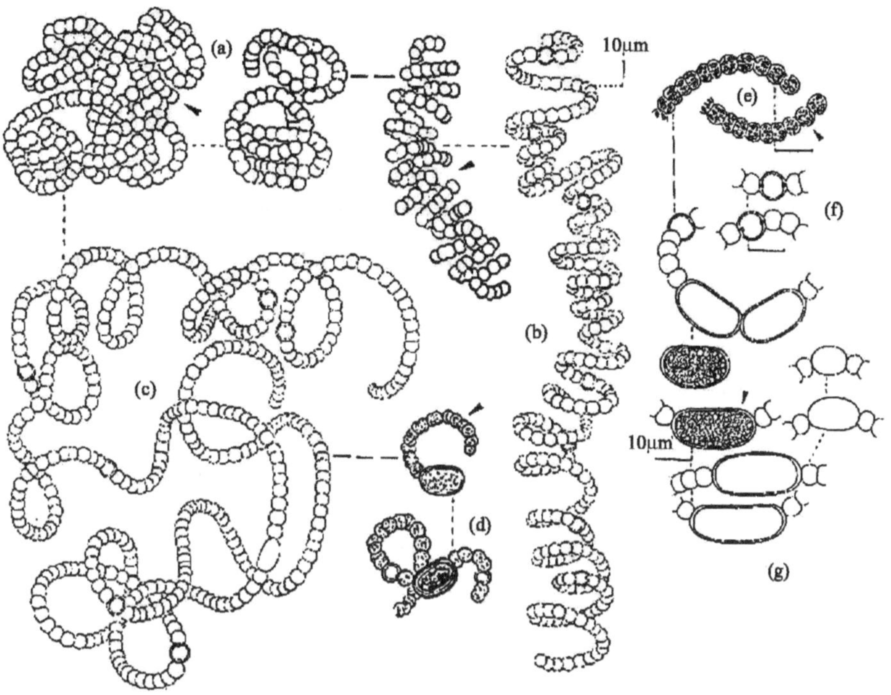


图 2.54 水华长孢藻 *Dolichospermum flos-aquae*。(仿 Wacklin and Anagnostidis，2009)

藻丝单生或多数交织成胶质团块，藻丝扭曲或不规则的螺旋形弯曲，无鞘；营养细胞圆球形，具气囊，直径 (2.5) 4～7 (8.3) μm，异形胞略为卵形，宽 5～6μm，厚壁孢子卵形到圆柱形；单生，罕见 2 个成对的，远离异形胞，宽 (5) 7～12.7 (14) μm，长 (12) 15～24 (35) μm。有毒种类。

生境：富营养化水库、湖泊，形成水华，除近极地地区外广泛分布。

国内分布：黑龙江镜泊湖、五大连池，上海，江苏太湖、洪泽湖、阳澄湖，安徽巢湖，湖北武昌，湖南洞庭湖，陕西西安。

(12) 假紧密长孢藻 *Dolichospermum pseudocompacta* (M. Watanabe) Wacklin et al., 2009.（图 2.55A）

= *Anabaena pseudocompacta* M. Watan. 1996.

营养细胞圆球形到略长形，宽 3.0～6.0μm，长 2.5～7.5μm，长与宽之比 0.5～2.5，异形胞圆球形到略长形，厚壁孢子长椭圆形的远离异形胞，宽 6.3～8.0μm，长 10.0～26.3μm，长与宽之比 1.33～3.51。藻丝规则的卷曲，螺旋宽 15.0～30.0μm，螺间距 5.0～10.0μm。

分布：日本。

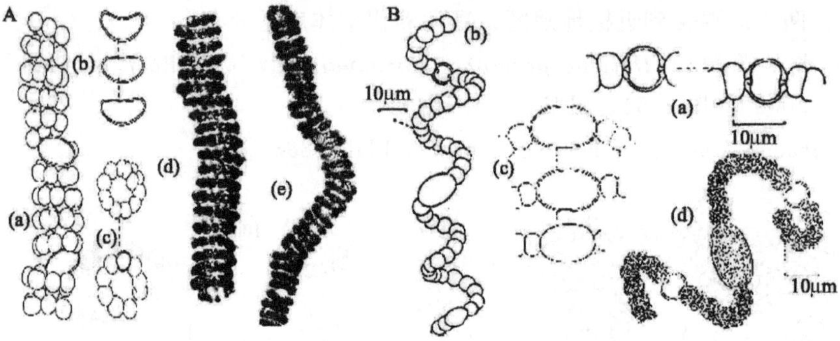


图 2.55 A. 假紧密长孢藻 *Dolichospermum pseudocompacta*；B. 螺旋长孢藻 *Dolichospermum spiroides*。(仿 Wacklin and Anagnostidis，2009)

(13) 螺旋长孢藻 *Dolichospermum spiroides* (Klebahn) Wacklin et al.，2009.(图 2.55B，图版Ⅹ：E)

= *Anabaena spiroides* Klebahn. 1895.

营养细胞圆球形，宽 5.0～9.5μm，长 3.5～8.0μm，长与宽之比 0.66～1.22。异形胞圆球形，宽 5.8～9.5μm，长 7.5～9.5μm，厚壁孢子长椭圆形，远离异形胞，宽 8.0～11.3μm，长 18.0～28.5μm，长与宽之比 1.80～2.64。藻丝卷曲略不规则，宽 12.5～35.0μm，螺间距约 5.0～30.0μm。

生境：温带地区富营养化的水库，但不常见。

国内分布：较广，江苏太湖，安徽巢湖，黑龙江镜泊湖，湖北武昌，新疆福海，内蒙古，吉林等。

(14) 卷曲长孢藻 *Dolichospermum circinalis* (Rabenh. ex. Born. et. Flah.) Wacklin et al.，2009.(图 2.56，图版Ⅸ：A～D)

= *Anabaena circinalis* Rabenh，ex Born et Flah. 1888.

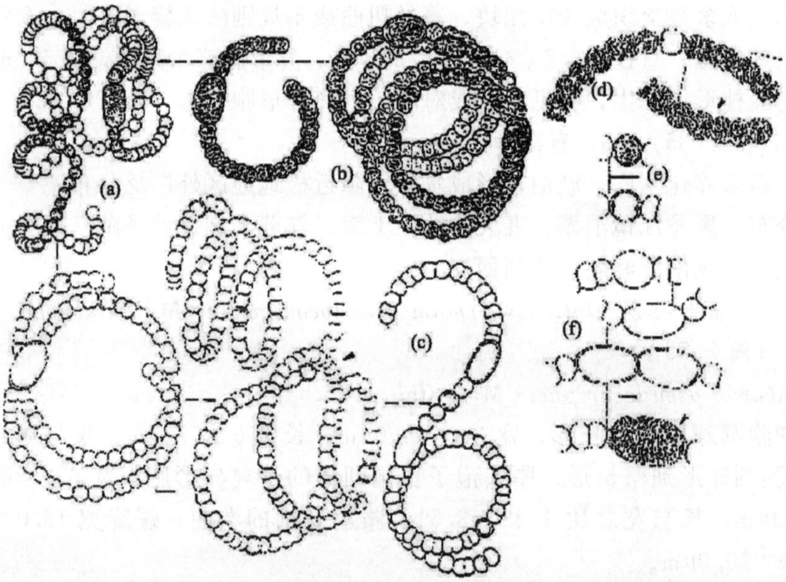


图 2.56 卷曲长孢藻 *Dolichospermum circinalis*。(仿 Wacklin and Anagnostidis，2009)

藻丝较规则地螺旋盘绕，少数具胶鞘，多数不具，营养细胞圆球形，宽 7.5～13.3μm，长 4.5～12.5μm，长宽比 0.45～1.33。异形胞圆球形，宽 8.0～13.3μm，长 7.5～13.3μm，厚壁孢子长形或圆柱形，远离异形胞，宽 12.5～22.5μm，长 21.3～46.0μm，长宽比 1.31～2.71。螺径宽 45～150μm，螺距约 50μm。

生境：富营养化水体，漂浮，常形成严重的水华。

分布：除近极地外，世界性广泛分布，我国分布于安徽巢湖，湖北武昌。

(15) 阿坎长孢藻 *Dolichospermum akankoensis* (M. Walanabe) Wacklin et al., 2009. (图 2.57)

= *Anabaena akankaensis* M. Watan. 2003.

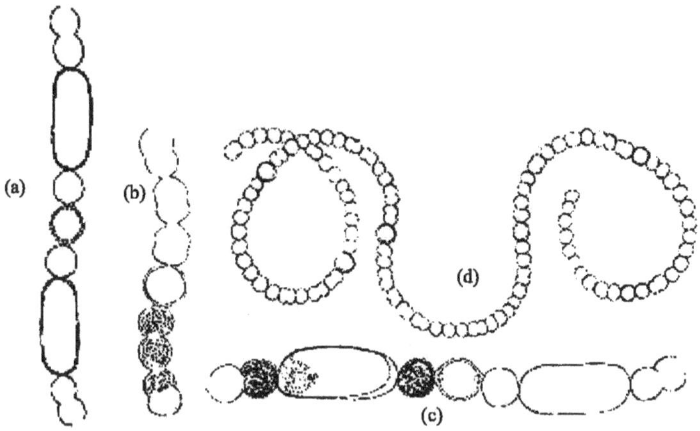


图 2.57 阿坎长孢藻 *Dolichospermum akankoensis*。(仿 Wacklin and Anagnostidis，2009)

营养细胞圆球形到柠檬形，宽 6.3～8.8μm，长 5.0～11.5μm，长宽比 0.64～1.53。异形胞圆球形，宽 7.5～10.0μm，长 7.5～10.0μm。厚壁孢子圆柱形，有时略弯，宽 10.8～13μm，长 23.3～42.3μm，位于异形胞的两侧，被 1～3 个细胞隔开。

生境：富营养化水库，漂浮。

分布：仅在日本报道。

**2. 拟鱼腥藻属 *Anabaenopsis* (Wolosz.) Miller，1923**

= *Anabaena* sect *Anabaenopsis* Wolosz.，1912

= *Cyanospira* Florenzano，et al.，1985

丝状体单列，不分枝，单生或缠绕成小的、显微的丛簇，自由漂浮，藻丝弓形或不规则螺旋状卷曲，罕见直出，无硬的鞘，有时具水溶性的、薄的、无色胶被，藻丝末端具单个和间位的异形胞，整条藻丝宽度相等或向末端略窄狭，具分节的（metameric）结构，横壁常收缢，罕见（1个种）不收缢；细胞圆柱形、桶形到几乎圆球形，常长比宽长，罕见正方形或长比宽短的，具气囊群或不具；异形胞开始间位或成双形成，后在两异形胞之间分离，异形胞位于藻丝末端，仅具与营养细胞相连的 1 个孔；孢子间位，常远离异形胞，很例外地位于异形胞一侧，单生、成对，几个种可形成 5 个一排，圆柱形、卵形、宽卵形到几乎圆球形，具平滑、通常无色或带黄色的外孢壁。

模式种：埃林拟鱼腥藻（*A. elenkinii*）

所有拟鱼腥藻都是漂浮的，主要在热带和温带温暖地区夏季出现。已报道的 11 种分布在热带地区的几乎达 90%，其他物种出现在温带最热的夏季。所有物种分布在中富营养型到富营养型的水库、湖泊、池塘等水体，1 个种出现在印度稻田里。约 50%的物种从矿化的（苏打）或内陆和沿海盐湖泊中采到。

已知全球共有 18 种，不同拟鱼腥藻物种细胞的典型形态见图 2.58。本节收录 15 种。

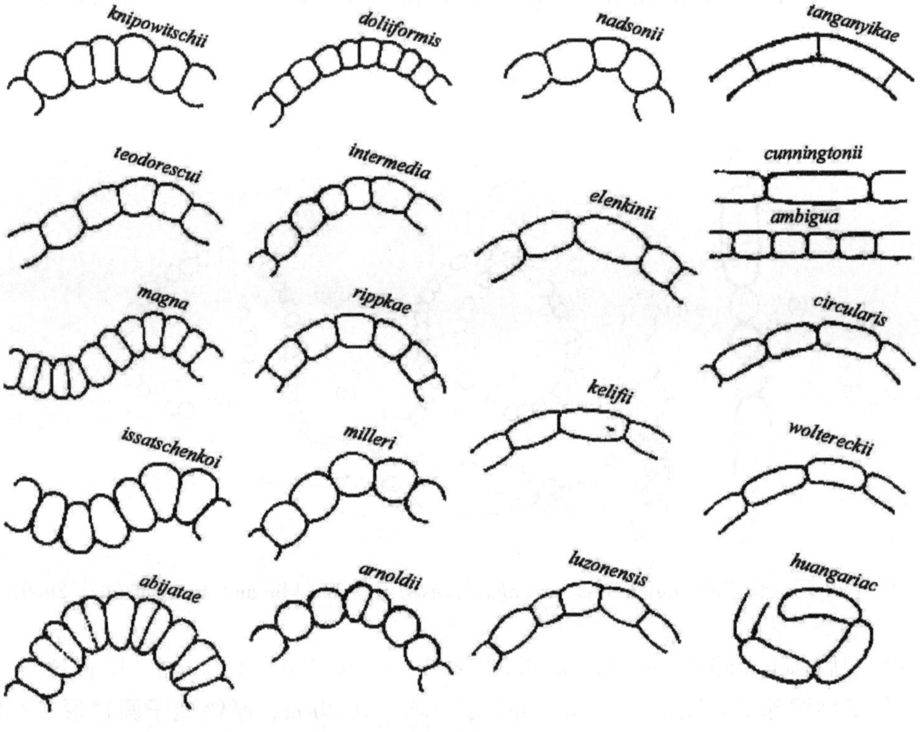


图 2.58　不同拟鱼腥藻物种细胞的典型形态。（仿 Komárek，2005）

## 分种检索表

1. 藻丝常略直或稍弯曲 …………………………………………………………………… 2
1. 藻丝主要为卷曲的，几乎直出的例外（在卷曲藻丝种群中单独出现） …………………… 3
　2. 细胞明显长大于宽，16.4μm×2～3.8μm，孢子圆柱形，（6）8～10（16）μm×3～4μm ……… ……………………………………………………………… **2. 秦林拟鱼腥藻 *Ana. cunningtomii***
　2. 细胞正方形的或最大长比宽大 2 倍，2～7μm×2.4μm，孢子卵形，6～10μm×5～7.5μm …… ……………………………………………………………… **3. 可疑拟鱼腥藻 *Ana. ambigua***
3. 藻丝圆柱状的，横壁无收缢 ………………………………… **1. 坦甘拟鱼腥藻 *Ana. tanganyikae***
3. 藻丝横壁常收缢 ………………………………………………………………………… 4
　4. 细胞圆柱形，两侧直出或略直出 ………………………………………………………… 5
　4. 细胞两侧凸出 …………………………………………………………………………… 9
5. 异形胞卵形；细胞宽 3.5～3.6μm ……………………………… **4. 环圈拟鱼腥藻 *Ana. circularis***
5. 异形胞圆球形或近圆球形 ……………………………………………………………… 6
　6. 细胞平均明显地长大于宽 ……………………………………………………………… 7

6. 细胞通常长小于宽 ………………………………………………… **5. 伊沙拟鱼腥藻 *Ana. issatschenkoi***

7. 细胞桶形 …………………………………………………………………………………………… **8**

7. 细胞更像末端截平的纺锤形，向两端略窄 …………………………………………………… **10**

8. 细胞具气囊群；孢子宽卵形到几乎圆球形，外孢壁平滑，无色 ……………………………… ………………………………………………………………… **6. 泰阿拟鱼腥藻 *Ana. teodorescui***

8. 细胞几乎不具气囊群；孢子卵形或不对称，外孢壁平滑，黄色 ……………………………… ………………………………………………………………… **7. 鲁索拟鱼腥藻 *Ana. luzonensis***

9. 异形胞常两个成对排列；细胞宽（4）6.4～9.9μm ………………… **8. 米勒拟鱼腥藻 *Ana. milleri***

9. 异形胞常单生；细胞宽（2.8）4～6（7.5）μm ……………………… **9. 埃林拟鱼腥藻 *Ana. elenkinii***

10. 藻丝不规则，似卷曲状或几乎螺旋卷曲；细胞±正方形或规则的桶形 ……………………… **11**

10. 藻丝为非常密集的不规则卷曲；细胞为不对称的桶形 …… **5. 伊沙拟鱼腥藻 *Ana. issatschenkoi***

11. 同条藻丝中细胞宽度可变，宽4～5（5.4）μm；孢子±肾形的 …………………………… ………………………………………………………………… **10. 居间拟鱼腥藻 *Ana. intermedia***

11. 同条藻丝中的细胞宽均匀一致（仅在细胞分裂时长度有变化） …………………………… **12**

12. 细胞宽5～8（9）μm；孢子的外壁平滑，无条纹 ………………………………………… **13**

12. 细胞宽7.6～11.4μm；孢子卵形，外壁具条纹 ………………… **11. 大型拟鱼腥藻 *Ana. magna***

13. 异形胞稍长形；孢子略不对称，9.5～11.4μm×7.6～9.5μm ……………………………… ……………………………………………………………… **12. 凡卡拟鱼腥藻 *Ana. venkataramanii***

13. 异形胞±圆球形，孢子卵形，外壁具条纹 ………………………………………………… **14**

14. 孢子单生或成对，外孢壁无色；主要分布在淡水内陆湖泊 ……………………………… **15**

14. 孢子在藻丝中1～5个成排排列，外孢壁浅黄色；主要分布在盐湖 ……………………… ………………………………………………………………… **13. 刻里拟鱼腥藻 *Ana. knipowtschii***

15. 异形胞常比营养细胞窄；孢子15～18μm×12～14μm ……… **14. 桶形拟鱼腥藻 *Ana. doliiformis***

15. 异形胞常比营养细胞宽；孢子11.5～14.5μm×10.4～11.5μm ……………………………… ………………………………………………………………… **15. 阿氏拟鱼腥藻 *Ana. arnoldii***

（1）坦甘拟鱼腥藻 *Anabaenopsis tanganyikae*（G. S. West）Miller，1923（图2.59）

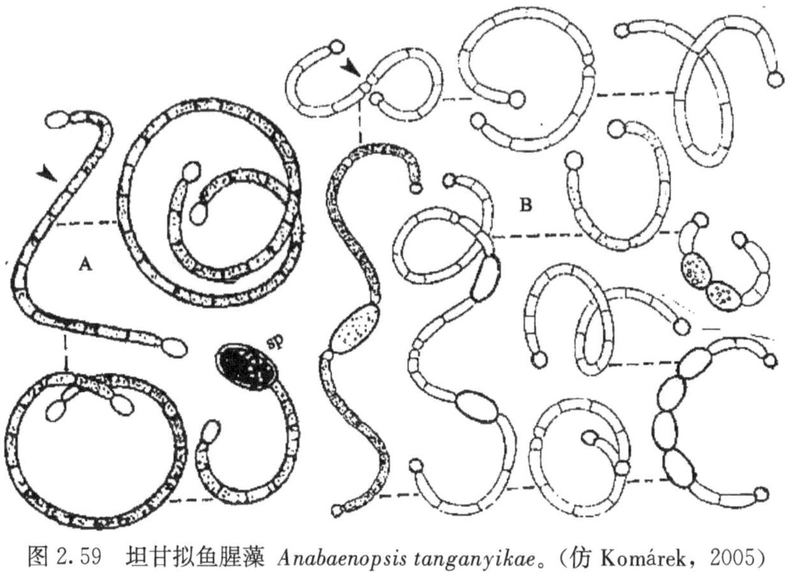


图2.59 坦甘拟鱼腥藻 *Anabaenopsis tanganyikae*。（仿 Komárek，2005）

藻丝卷曲，圆形或具 1 或 2（3）个不规则螺旋状卷曲，单生，无鞘或胶质包被，圆柱形，横壁处不收缢，细胞圆柱形，灰蓝绿色，具颗粒，气囊群罕见，细胞长（2）3.8～10（15）μm，宽（2）2.4～3（3.5；3.9?）μm；异形胞宽卵形或椭圆形，（3.2）3.8～7.9μm×3～5.2μm；孢子椭圆形或卵形，单生或可达 4 个一列，外孢壁无色，8～15μm×4～7μm。

生境：大的湖泊和水库，漂浮。从东非 Tanganjika 湖发现并采到。

国外分布：东非湖泊，Caspian 海、乍得、古巴、希腊、印度、肯尼亚、斯洛伐克、苏丹、坦桑尼亚、乌干达、扎伊尔。

国内尚未见报道。

（2）秦林拟鱼腥藻 *Anabaenopsis cunningtonii* Taylor，1932（图 2.60）

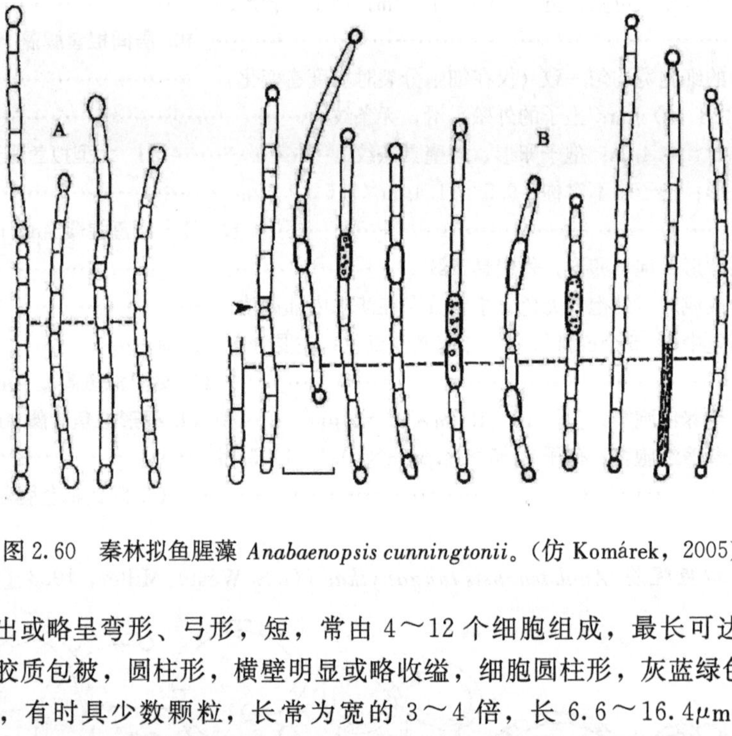


图 2.60　秦林拟鱼腥藻 *Anabaenopsis cunningtonii*。（仿 Komárek，2005）

藻丝直出或略呈弯形、弓形，短，常由 4～12 个细胞组成，最长可达 340μm，单生，无鞘或胶质包被，圆柱形，横壁明显或略收缢，细胞圆柱形，灰蓝绿色，通常无可见的气囊群，有时具少数颗粒，长常为宽的 3～4 倍，长 6.6～16.4μm，宽 2～3.8（4.5）μm；异形胞椭圆形或近卵形，有时细胞壁的末端部分增厚，（3.3）6.6～10.3（15?）μm×（3.3）4.7～6.6μm；孢子圆柱形到卵形（不常见），单生或成双，6～10μm×3～4μm。

生境：从 Tanganyika 湖泊分离描述，大的湖泊、水库，漂浮。

国外分布：白俄罗斯，Caspian 海，德国，印度，日本（?），斯洛伐克，坦桑尼亚。

国内尚未见报道。

（3）可疑拟鱼腥藻 *Anabaenopsis ambigua* Pandey et Mitra，1962（图 2.61）

藻丝常直出，罕见不规则弯曲，有时藻丝并行排列，在无色可溶的鞘包被中为显微的束状，藻丝短，长可达 150μm，横壁明显收缢；细胞圆柱形，蓝绿色，具暂时出现的气囊群，正方形或略长于宽，（2）3～6.5（7）μm×（2）2.5～3.5（4）μm；异形

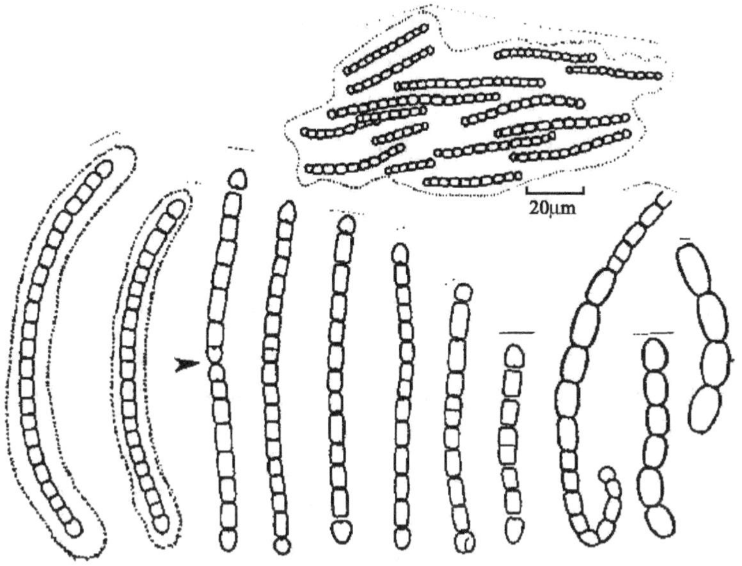


图 2.61　可疑拟鱼腥藻 *Anabaenopsis ambigua*。(仿 Komárek，2005)

胞近圆球形或长的倒卵形，3～5μm×3～4.5 (5) μm。孢子椭圆形，单个或 5 个排成一排，6～8.5 (10) μm×5～7.5μm。

生境：稻田，漂浮。

国外分布：印度。

国内尚未见报道。

(4) 环圈拟鱼腥藻 *Anabaenopsis circularis* (G. S. West) Woloszynska et Miller in Miller，1923 (图 2.62，图版Ⅺ：C、D)

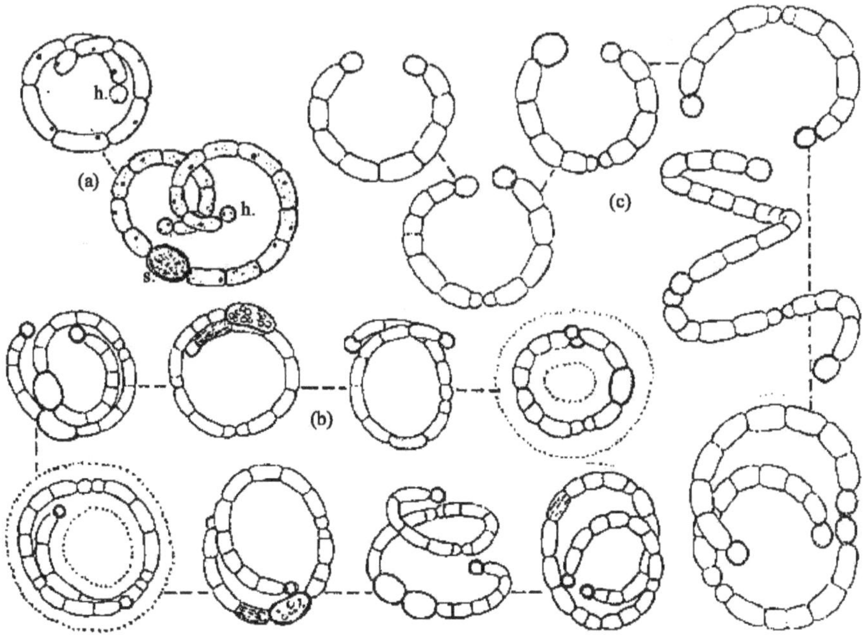


图 2.62　环圈拟鱼腥藻 *Anabaenopsis circularis*。(仿 Komárek，2005)

= *Anabaena flos-aquae* var. *circularis* G. S. West, 1907

藻丝略为弓形或螺旋状卷曲（1～1.5 圈），短，单生，无胶被，圆柱状，横壁常为圆柱状，弓形，灰蓝绿色，常具单个明显的颗粒，有时具气囊群，4～10.6（15?）μm×（2）4～6.5（8.7）μm；异形胞圆球形到宽卵形，5～8.4μm×（3?）3.5～7.5（8）μm；孢子宽卵形，单生或成对，7～12μm×4～7μm。

生境：湖泊、水库，漂浮；或含盐较高的静止水体。

国外分布：主要分布于热带地区，但也分布于欧洲和南美温带温暖（夏季）地区以及阿根廷，保加利亚，乍得，匈牙利，斯洛伐克，坦桑尼亚和东非。

国内分布：湖北，广东，西藏。

（5）伊沙拟鱼腥藻 *Anabaenopsis issatschenkoi* Voronichin, 1934（图 2.63，图版Ⅺ：E）

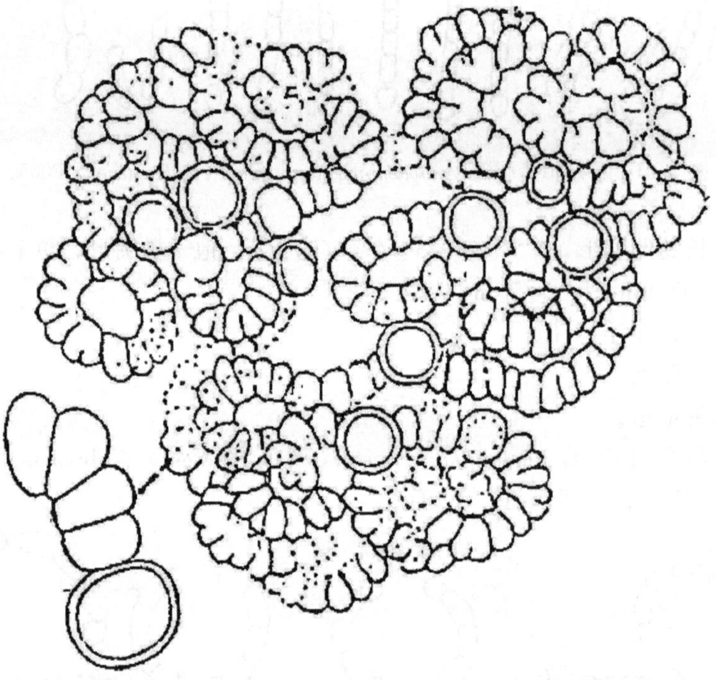

图 2.63　伊沙拟鱼腥藻 *Anabaenopsis issatschenkoi*。（仿 Komárek, 2005）

藻丝密集，不规则卷曲，形成丛状群体，直径可达 100μm，具略微可见的胶被，横壁明显收缢，螺旋宽约 27μm，螺距宽达 3.6μm；细胞短，不对称的桶形，长常比宽短，无可见的气囊群，4.5～5μm×5.4～7μm；异形胞圆球形或宽椭圆形，8.5～9.5（12.6）μm×8.5～10.8μm；孢子不详。

生境：矿化（泡碱）的浅水体，漂浮，有时形成水华。

国外分布：俄罗斯西伯利亚西南。

国内未见报道。

（6）泰阿拟鱼腥藻 *Anabaenopsis teodorescui* Moruzi, 1960（图 2.64）

= *Anabaena teodorescui* Moruzi, 1960

藻丝单生，无胶被，螺旋卷曲，具 3～10（12）个环圈，螺旋宽 36～40μm，横壁

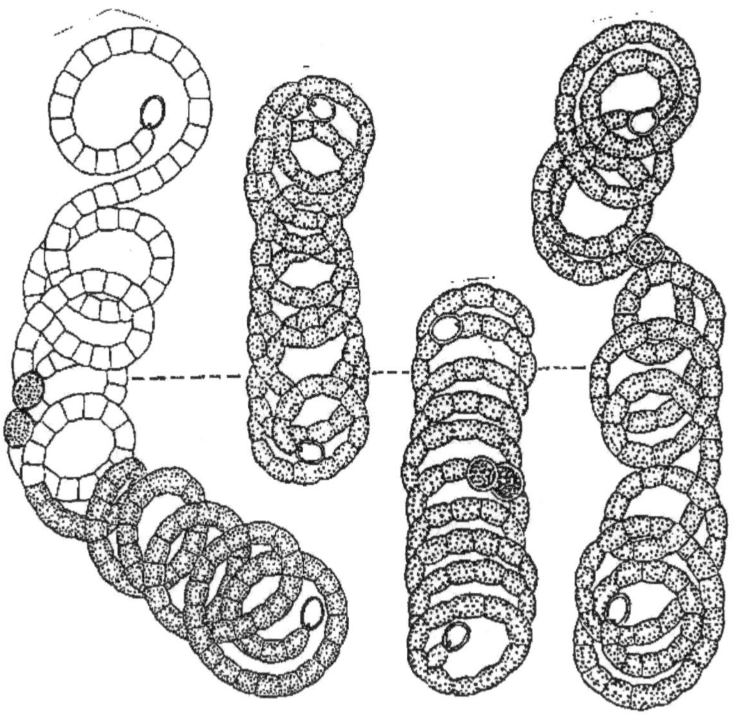

图 2.64　泰阿拟鱼腥藻 *Anabaenopsis teodorescui*。(仿 Komárek，2005)

略收缢，但明显；细胞略呈桶形，具气囊群，(7) 9.8～10μm× (6) 7～8μm；异形胞卵形，8～12μm×7～9.6μm；孢子单生或成对，宽卵形到近圆球形，12～13μm×10～12μm，外壁孢子厚，平滑，无色。

生境：污染的盐水湖泊，形成水华。

国外分布：罗马尼亚。

国内未见报道。

(7) 鲁索拟鱼腥藻 *Anabaenopsis luzonensis* Taylor，1932 (图 2.65)

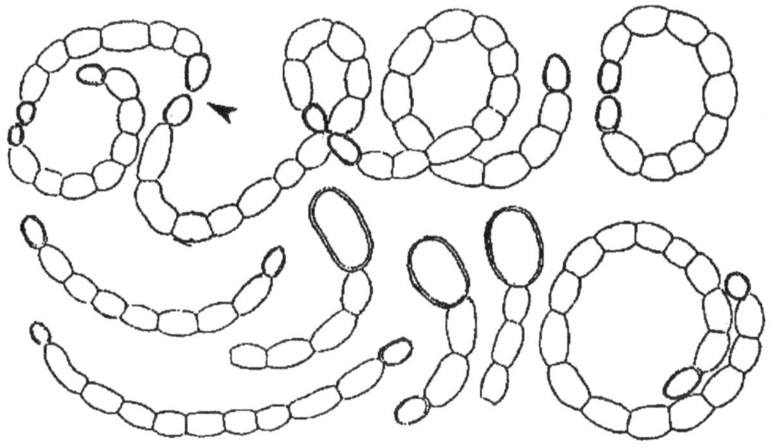

图 2.65　鲁索拟鱼腥藻 *Anabaenopsis luzonensis*。(仿 Komárek，2005)

藻丝圆圈形，弯形到不规则螺旋状卷曲，可达 3.5 圈，横壁收缢，异形胞常成对连生，有时向末端略窄，环圈直径 28～45μm；细胞桶状，几乎无气囊群，5.6～10.5μm×5.2～7.5μm；异形胞卵形或近卵形，4.5～9.6μm×3.7～7.5μm；孢子卵形或略不对称，单生，外孢壁平滑，黄色，12.2～16.2μm×8.1～9.7μm。

生境：湖泊，漂浮。

国外分布：菲律宾。

国内无报道。

(8) 米勒拟鱼腥藻 *Anabaenopsis milleri* Voroncchin，1929（图 2.66）

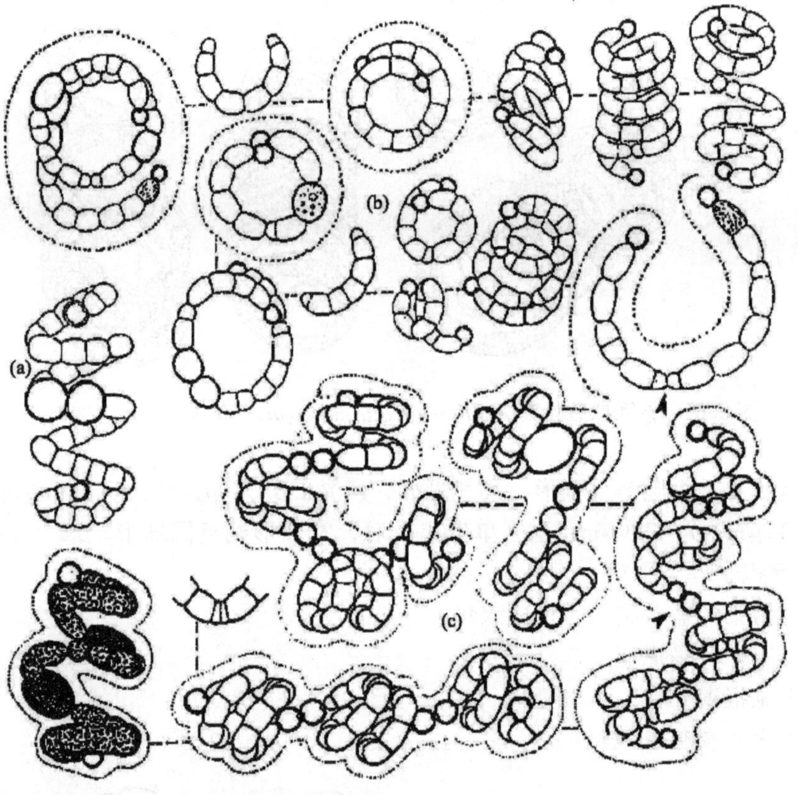


图 2.66 米勒拟鱼腥藻 *Anabaenopsis milleri*。(仿 Komárek，2005)

藻丝单生，不规则螺旋卷曲，具 6 或 7 圈，直径 24～27μm，螺距 2～4.8μm，横壁收缢，常 2 个异形胞成对排列；细胞宽桶形，具气囊群，（3）4～8（11）μm×（3）4.8～8μm；异形胞圆球形或宽卵形（3）4～8（11）μm×（3）4.8～8μm，孢子圆球形或比宽稍长，宽卵形，单生或成对（5?）8～12（15）μm×（5?）6～9.6（12）μm，外孢壁无色。

生境：湖泊、池塘，漂浮，有时喜盐。

国外分布：中亚，西伯利亚西部；在捷克、匈牙利、罗马尼亚及斯洛伐克罕见。

国内尚未见报道。

(9) 埃林拟鱼腥藻 *Anabaenopsis elenkinii* Miller，1923（图 2.67）

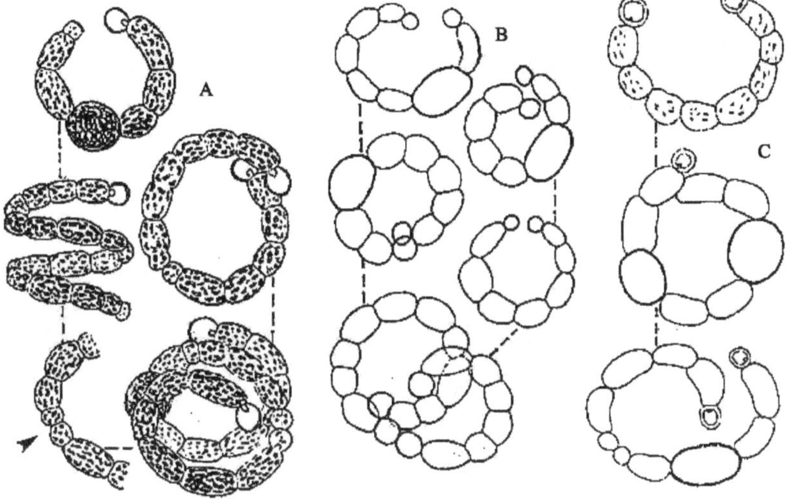


图 2.67　埃林拟鱼腥藻 *Anabaenopsis elenkinii*。(仿 Komárek，2005)

藻丝单生，具 0.5～2.5（5）个不规则螺旋状卷曲，螺旋直径（9）18～33（50）μm，螺距 16.5～20μm，可达 100μm 长，横壁收缢；两异形胞间最多 8 个细胞；细胞长椭圆形（末端截形的似纺锤形），长比宽大 1.2～4 倍，常具气囊群，（3）4～9（12.9）μm×（2.8）4～6（8）μm。异形胞圆球形或略延长（宽卵形），直径（2.8）3～7（13.7）μm，孢子单生，罕见成双的，(8.1) 9.3～15（16.8）μm×（5.5）8～10.7（13.7）μm。

生境：各种富营养化水库（超 18℃），自由漂浮，形成水华。有时略喜盐。

国外分布：在温带温暖地区分布广，但不常见。中亚，土库曼斯坦，Caspian 海，捷克，匈牙利，俄罗斯南部和中部，乌克兰。

国内未见报道。

(10) 居间拟鱼腥藻 *Anabaenopsis intermedia* Kogan，1967（图 2.68）

图 2.68　居间拟鱼腥藻 *Anabaenopsis intermedia*。(仿 Komárek，2005)

藻丝单生，略弯弓状到环圈或不规则的螺旋状卷曲，具1～2卷曲，短，藻丝长可达100μm，横壁收缢，螺旋宽18～27μm，异形胞圆球形，直径3～5.4μm，孢子卵形，略不对称，单生，8.1～12.6μm×5.6～8.5μm，外胞壁无色。

生境：Turkmenia水渠，夏季或秋季（超过25℃）水渠中漂浮。

国外分布：Turkmenia。

国内尚未见报道。

(11) **大型拟鱼腥藻** *Anabaenopsis magna* Evans，1962.（图2.69）

= *Anabaenopsis arnoldii* var. *indica* Ramanathan，1938

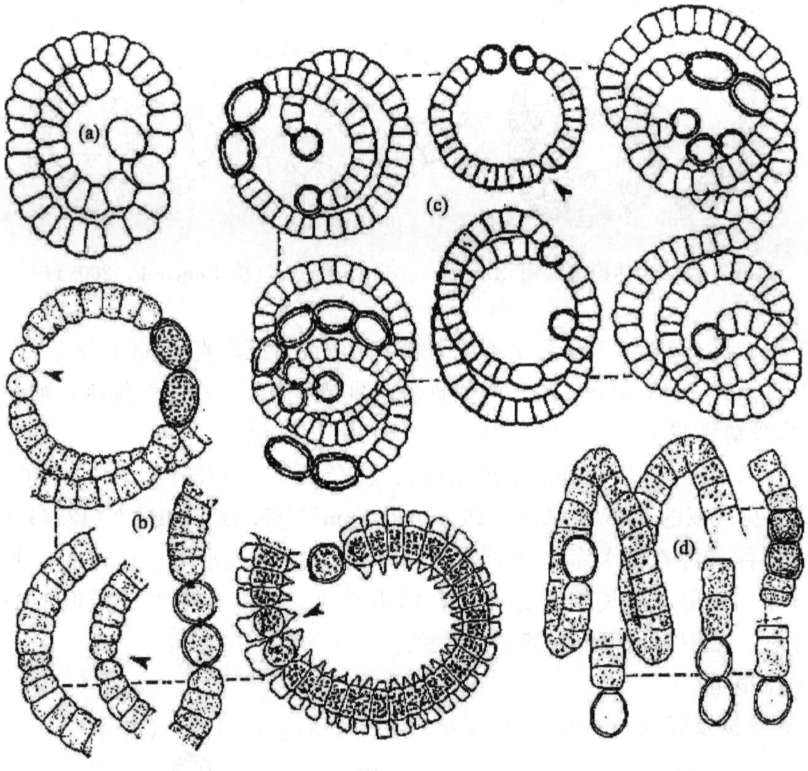


图2.69 大型拟鱼腥藻 *Anabaenopsis magna*。（仿 Komárek，2005）

藻丝单生，短或长，螺旋状卷曲，具0.5～16个环圈，横壁略收缢，螺旋宽30～80μm；细胞几乎呈圆柱形到略呈桶状，±正方形或长短于宽，无可见的气囊群或仅具少数，内含物蓝绿色，具细颗粒，5.7～12μm×7.6～11.4μm；异形胞几乎呈球形或略呈卵形，直径（长轴）9.5～17.1μm；孢子罕见单生的，常成对，桶形到宽卵形，外孢壁略具条纹，10～22.8μm×11～19μm.

生境：大江河和近海岸湖泊，漂浮。

国外分布：印度，肯尼亚，秘鲁。

国内未见报道。

(12) 凡卡拟鱼腥藻 *Anabaenopsis venkataramanii* Chandhyok, 1966 (图 2.70)

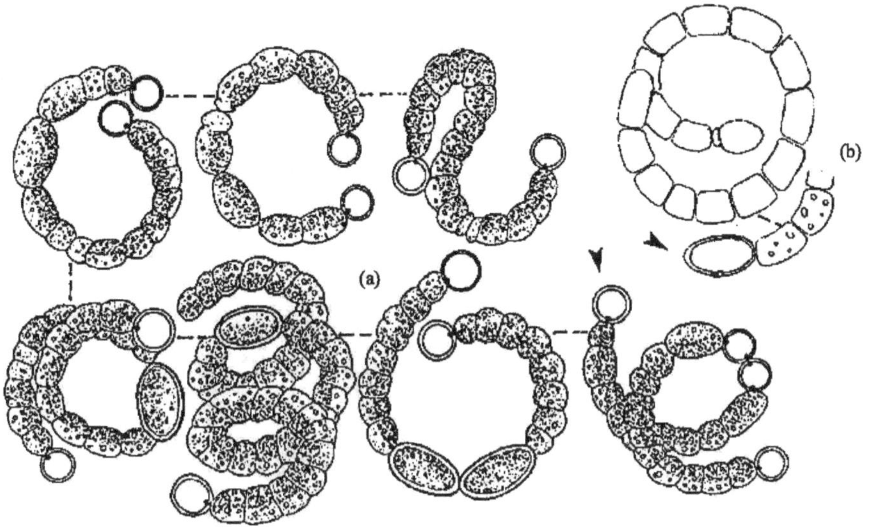


图 2.70　凡卡拟鱼腥藻 *Anabaenopsis venkataramanii*。(仿 Komárek, 2005)

藻丝圆圈状或不规则螺旋卷曲，具 0.5～3 圈，圈直径 12.8～28.8μm，横壁收缢，细胞桶形，±方形或长比宽较长或较短，蓝绿色，具气囊群，5.7～9.6μm×5.7～6.8μm；异形胞圆球形，直径 (3) 5.7～7.6μm；孢子单生，罕见成对，椭圆形，9.5～11.4μm×7.6～9.5μm。

生境：水库，漂浮。

国外分布：印度。

国内尚未见报道。

(13) 刻里拟鱼腥藻 *Anabaenopsis knipowitschii* (Usačev) Komárek, 2005. (图 2.71)

= *Anabaena knipowitschii* Usačev, 1927

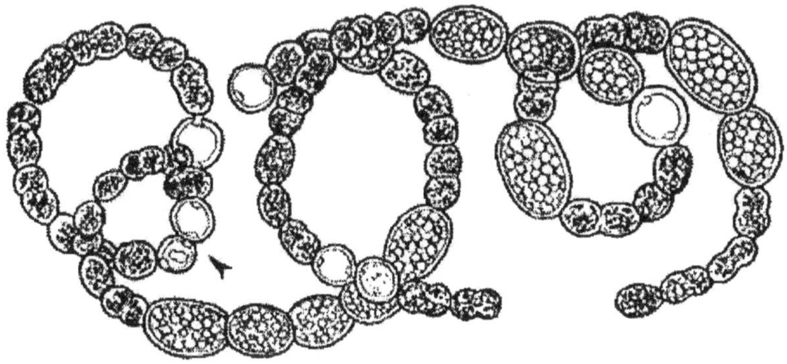

图 2.71　刻里拟鱼腥藻 *Anabaenopsis knipowitschii*。(仿 Komárek, 2005)

藻丝规则的螺旋卷曲，长可达 200μm，具几个环圈，具水溶性胶被，无色；细胞圆球形、短桶形或宽椭圆形，具气囊群，4～9μm×5～8μm；异形胞圆球形，直径 8～

12μm；孢子宽卵形，单生到 4（5）个成排，外孢壁无色或带黄色，12～20（22）μm×10～14μm。

生境：沿海含盐的湖泊、池塘，形成水华。

国外分布：罗马尼亚，Danube 河口，乌克兰沿海地区，俄罗斯南部（Azov 海）。

国内尚未见报道。

（14）桶形拟鱼腥藻 *Anabaenopsis doliiformis* Noda 1963.（图 2.72）

＝*Anabaena*（*Anabaenopsis*）*ccreularis* var. *javanica* Woloszyska，1912

＝*Anabaenopsis arnoldii* var. *javonica*（Woloszyska）Taylor，1938

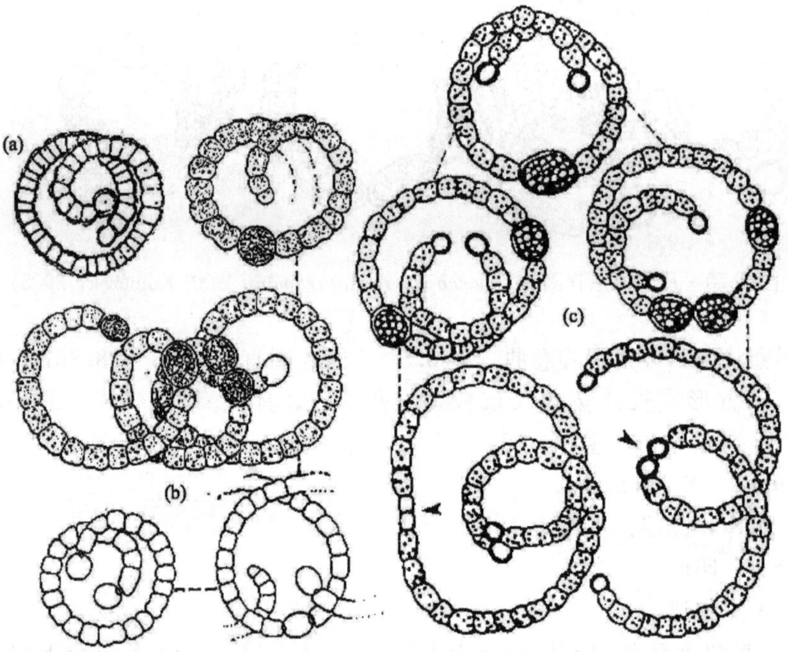


图 2.72　桶形拟鱼腥藻 *Anabaenopsis doliiformis*。（仿 Komárek，2005）

藻丝圆圈状，具 1～3 个环圈，横壁收缢；细胞短桶形，±方形或长比宽略短或略长，蓝绿色，无可见的气囊群，宽 4.5～9μm；异形胞圆球形，有时比营养细胞小，直径达 3.7～9μm；孢子单生，罕见成对，椭圆形到宽卵形，13～18μm×（11）12～14μm，外孢壁无色。

生境：碱性（pH±9）的湖泊和池塘。

国外分布：印度，印度尼西亚，日本，菲律宾，东非（坦桑尼亚）。

国内分布：Noda 报道此种在我国有分布，但未见原文，国内分布地区不详。

（15）阿氏拟鱼腥藻 *Anabaenopsis arnoldii* Aptekar，1926.（图 2.73）

＝*Aanabaena flos-aquae* var. *circularis* G. S. West，1902

藻丝单生或呈丛状小群体，直径达 200μm，不规则螺旋状卷曲，0.5～9（12）个环圈；螺旋宽 25～58μm，螺距 7～32μm，横壁收缢，具宽的、无色的、水溶性胶被；细胞球形或宽桶形，灰蓝色到黄绿色，常具气囊群，（4）6～9（11）μm×（4.8）5～8.5（9.4～？11.4）μm；异形胞圆球形，罕见宽卵形，5～11μm×5～10.3μm；孢子

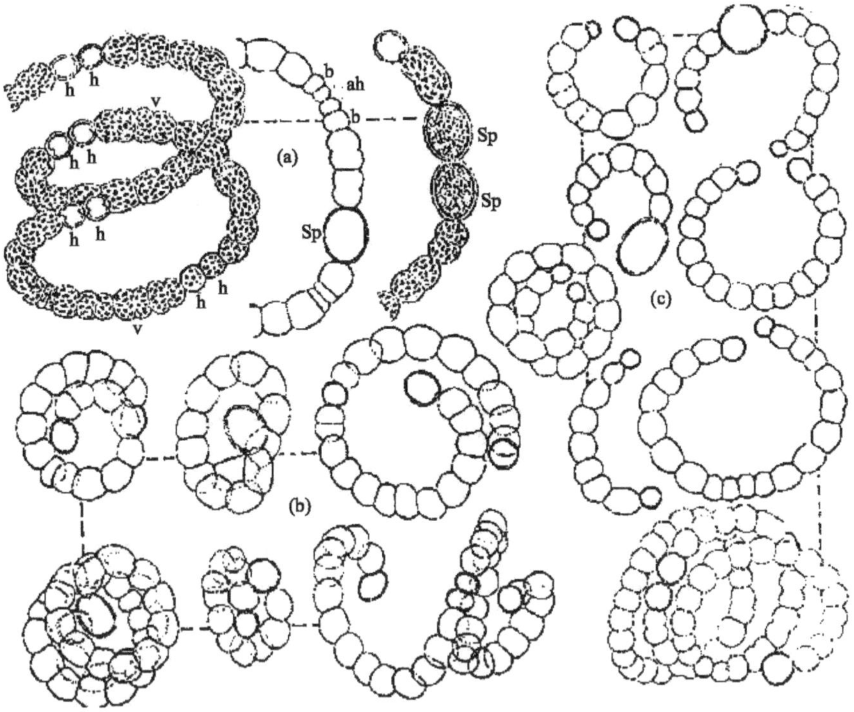


图 2.73 阿氏拟鱼腥藻 *Anabaenopsis arnoldii*。(仿 Komárek, 2005)

单生或成对（罕见成排?)，宽椭圆形，外孢壁无色，10～19（22）μm×8～14（19）μm。

生境：池塘、湖泊，漂浮。

国外分布：东非，中亚，捷克，匈牙利，印度，印度尼西亚，以色列，菲律宾，罗马尼亚，俄罗斯，乌克兰，美国。

国内分布：云南永胜县（程海湖常形成水华，当地称“香面水”），河北，江苏太湖，山东，广东，新疆。

**3. 矛丝藻属 *Cuspidothrix* Rajaniemi et al., 2005.**

藻丝自由漂浮，常生长于淡水，直或弯曲，甚少螺旋卷曲，单生圆柱状，无鞘或具很薄但很明显的黏质，横壁略收缢或不收缢，宽可达 6μm，两端渐狭；细胞几乎呈桶形、方形或长大于宽，具细颗粒，同时具气囊；顶端细胞长形，渐尖，透明，钝尖或锐尖；异形胞间位，单生，圆柱形或椭圆形；厚壁孢子间位，单生，罕见成双，长形和略呈圆柱形（1 个种几乎为圆球形），远离异形胞或位于其 1 侧，藻丝具 1 或 2 个厚壁孢子，藻丝为近对称结构（subsymmetric structure）。

此属系从束丝藻属分离出来，包括 5 种，本节收录 2 种。

## 分种检索表

厚壁孢子圆柱形 ………………………………………… **1. 伊沙矛丝藻 *C. issatschenkoi***
厚壁孢子球形到长卵形 ………………………………………… **2. 埃林矛丝藻 *C. elenkinii***

(1) 伊沙矛丝藻 *Cuspidothrix issatschenkoi*（Usac.）Rajan. et al.，2005.（图 2.74A；图版 XIII：A、B）

＝*Aphanizomenon issatschenkoi* Usac.，1938.

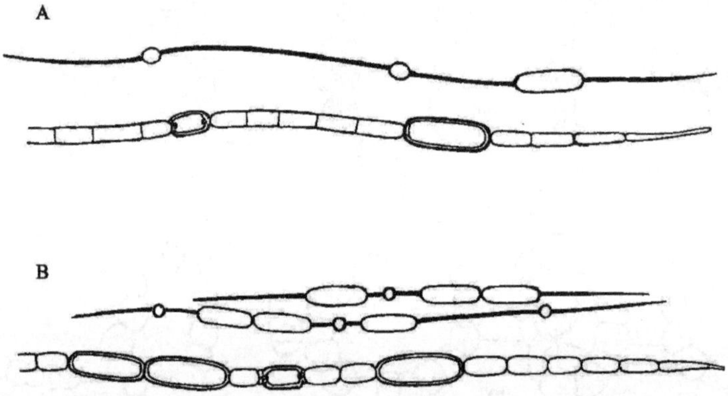


图 2.74 A. 伊沙矛丝藻 *Cuspidothrix issatschenkoi*；B. 埃林矛丝藻 *Cuspidothrix elenkinii*。（仿 Rajaniemi et al.，2005）

藻体漂浮，藻丝具圆柱形细胞，横壁不或略收缢，细胞长 6～9（15.9）μm，宽 3～4μm，灰蓝绿色到灰蓝色，末端细胞无色，细，尖；异形胞圆柱形到卵形，每条藻丝具 1（2 或 3）个，长 7～11μm，宽 3～6μm，厚壁孢子圆柱形，1～3 个一列，长 9～19μm，宽 4～7μm，远离异形胞。

主要分布于温带地区，我国未见正式报道。

(2) 埃林矛丝藻 *Cuspidothrix elenkinii*（Kisel.）Rajan. et al.，2005.（图 2.74B）

＝*Aphanizomenon elenkinii* Kisel 1951.

＝*Anabaenopsis elenkinii* V. Miller.

藻丝单生，漂浮，螺旋卷曲，每条藻丝具 3/4～3 圈；藻丝近对称型，营养细胞椭圆形，横壁明显收缢，宽 4.6～5.7μm，长比宽大 1～2 倍，具气囊；异形胞球形，位于藻丝两端，直径 4.6～47μm；厚壁孢子单生，罕见成对的，球形到短椭圆形，宽 8.3～9.3μm，长 10.5～12μm，孢子平滑，无色。

生境：常生长在热带半咸水或盐水水体。

国内分布：甘肃张掖，宁夏银川。

**4. 束丝藻属 *Aphanizomenon* Morren ex Born. &Flah.，1886.**

藻丝常聚合成束，多数藻丝直，无伪分枝，自由漂浮，末端细胞长，渐细，无色透明，有时略弯，异形胞间位，孢子远离异形胞或与异形胞相连，单个，或几个连生或分离，无分生带；细胞圆柱形，具许多气囊，横壁收缢或不收缢；繁殖时在异形胞处解离，形成藻殖段或不能动的藻殖囊。

此属全球约 8 种，许多种类都能形成水华，目前已知至少 2 种为有毒的藻类，但同种不同品系产毒或可能无毒，如水华束丝藻常产毒，但在美国 Klamath 碱性湖泊大量生长繁殖形成水华却不但无毒还被开发成保健品。

我国报道仅 1 种，本节收录 4 种。

## 分种检索表

1. 藻丝平行排列，聚集呈片状，长可达 2.5～9mm ························ **1. 水华束丝藻 *A. flos-aquae***
1. 藻丝聚集，长小于 2mm ························································ 2
  2. 厚壁孢子卵形 ························································ **2. 卵孢束丝藻 *A. ovalisporum***
  2. 厚壁孢子不为卵形 ·················································· 3
3. 厚壁孢子长圆柱形 ························································ **3. 耶卓束丝藻 *A. yezoense***
3. 厚壁孢子圆柱形、卵形或几乎圆球形 ·································· **4. 纤细束丝藻 *A. gracile***

(1) 水华束丝藻 *Aphanizomenon flos-aquae* (Linné) Ralfs ex Born. et Flah., 1888 (图 2.75A，图版Ⅻ：A～D)

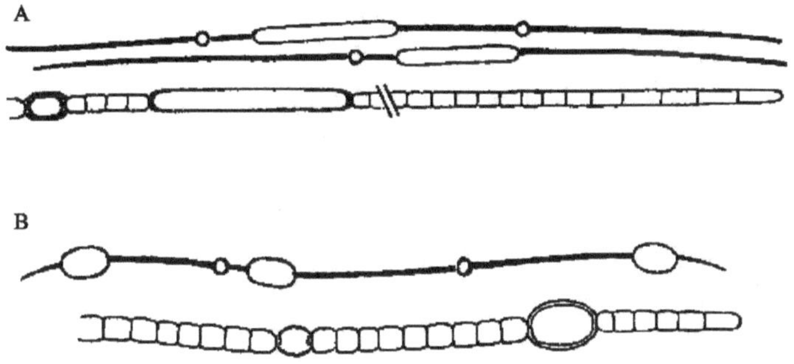


图 2.75　A. 水华束丝藻 *Aphanizomenon flos-aquae*；B. 卵孢束丝藻 *Aphanizomenon ovalisporum*。(仿 Komárek and Anagnostidis，1989)

藻丝平行排列，聚集成肉眼可见的叶片状或镰刀形，漂浮，长可达 2.5～9mm；藻丝长可达 1mm，直出，营养细胞圆柱形，横壁略收缢，末端细胞长，细胞质丝伸展及全细胞，藻丝中部细胞宽 5～7μm，长 5～14μm，末端细胞长 10～19μm，宽与中部细胞相近；异形胞间生，每条藻丝 1 或 2 个，圆柱形，长 10～14 (17) μm，宽 5～6.4μm；长的圆柱形的厚壁孢子远离异形胞，长 54～82μm，宽 7～10μm。

产毒种类①，分泌神经毒素［甲藻（蛤蚌）神经毒素（saxitoxin）和新蛤蚌毒素(neosaxitoxin)］。

广泛分布于温带富营养化湖泊、池塘。

国内分布：上海，江苏太湖，安徽巢湖，云南滇池，湖南，河北，新疆。

(2) 卵孢束丝藻 *Aphanizomenon ovalisporum* Forti，1912 (图 2.75B，图版Ⅻ：E、F)

藻丝漂浮，单生，直或略弯，长 0.5～1mm 或更长，末端渐细或不渐细，横壁不收缢或略收缢；细胞圆柱形，长为宽的 1～3 倍，藻丝宽 3～5μm，具气囊，末端狭窄细胞常长达 25～30μm，浅蓝绿色；异形胞几乎为圆球形或椭圆形，长 8～12μm，宽 5～7μm；厚壁孢子卵形，大多数远离异形胞，长 18～20μm，宽 12～14μm，孢壁黄色或

① 我国学者从云南滇池分离的此种，有的被认为有毒，有的经分析证明不分泌毒素；美国俄亥俄州的 Klamath 湖此种形成大面积水华，不仅无毒，而且被开发作为保健品，年产值超过 1 亿美元（详见有关章节）。

褐色。

世界性广泛分布。

国外尚未见报道。

(3) 耶卓束丝藻 *Aphanizomenon yezoense* M. Watanabe，1991（图 2.76A，图版Ⅻ：G、H）

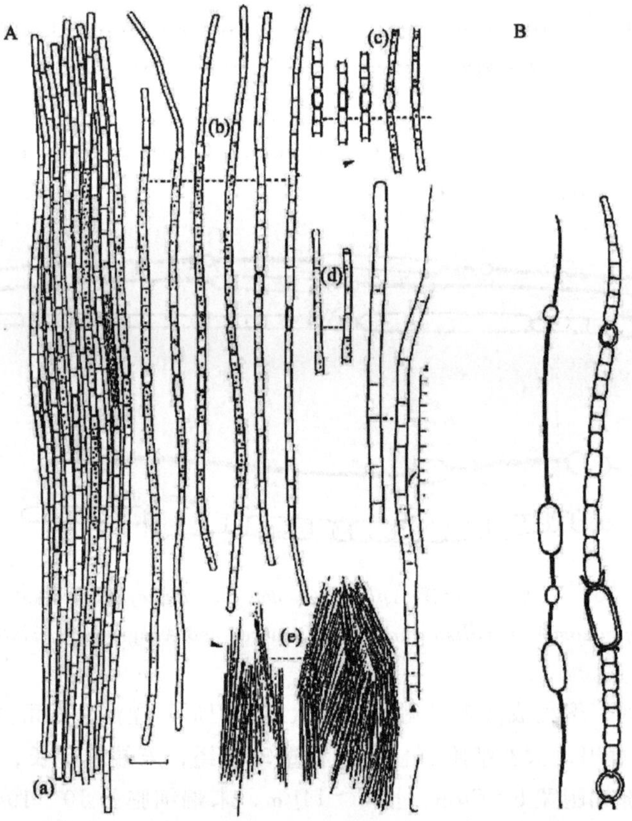


图 2.76　A. 耶卓束丝藻 *Aphanizomenon yezoense*。（仿 Komárek and Anagnostidis，2006）；
B. 纤细束丝藻 *Aphanizomenon gracile*。（仿 Komárek and Anagnostidis，1989）

藻体漂浮，藻丝单生或呈短束状，长 100～180～330μm；藻丝中部营养细胞圆柱形，横壁略或不收缢，长 3.1～7.8μm，宽 2.4～4μm，末端或多或少渐细；细胞长圆柱形，先端钝圆，长 11～29μm，宽 2.8～4μm；异形胞圆柱形，长 5.4～11.4μm，宽 3.8～5.1μm；厚壁孢子长，圆柱形，长 31～49μm，宽 4.7～7.3μm，绝大多数只形成 1 个厚壁孢子。

生境：此种在温带腐殖质丰富的中富营养型湖泊、池塘能大量繁殖。

国外分布：日本。

国内尚未见报道。

(4) 纤细束丝藻 *Aphanizomenon gracile*（Lemm.）Lemm.，1907（图 2.76B）

藻丝自由漂浮，直或略呈弧形，单生，无鞘，有时具很薄的、水溶性的、但不明显的黏质；细胞横壁常收缢，成熟藻丝两端常略但明显的窄；营养细胞圆柱形到圆桶形，藻丝的所有细胞形态相同，具气囊，末端细胞最大的长为宽的2倍，顶端细胞钝圆、锥状或似滴水形，异形胞间生，圆柱形或桶形，长8～15μm，宽4～6μm，每条藻丝具2个或更多；厚壁孢子间生，两端钝圆，圆柱形、卵形或几乎圆球形，远离异形胞，长8～15μm，宽3～5μm。

产神经毒素种类。

国外分布：温带地区，亚热带也可能有分布。

国内尚未见报道。

**5. 拟柱孢藻属 *Cylindrospermopsis* Seenayya&Subba Raju，1972.**

藻丝自由漂浮，单生，直、弯或似螺旋样卷曲，几个种末端渐狭，无鞘；藻丝等极（藻丝仅具1个异形胞为异极的），近对称（subsymmetrical），横壁有或无收缢；细胞圆柱形或圆桶形，通常长明显大于宽，灰蓝绿色、浅黄色或橄榄绿色，具气囊；末端细胞圆锥形或顶端钝或尖；异形胞位于藻丝末端，卵形、倒卵形或圆锥形，有时略弯曲，似滴水形具单孔（unipored），它们由藻丝顶端细胞不对称的分裂发育形成，而且藻丝两顶端细胞的分裂是不同步的；厚壁孢子椭圆形、圆柱形，在藻丝卷曲的种类中常略弯曲，通常远离异形胞，罕见邻近顶端异形胞，以藻丝断裂作用和厚壁孢子进行繁殖。

这个属建立已得到16S rRNA序列分析的支持。该属包括9种，我国尚无报道。

此属最初认定为热带属，其模式种“*Anabaena*”（=*Cylindrospermopsis raciborskii*）1912年在印度尼西亚（爪哇）发现后以不同的名称在几乎所有的热带地区报道，现代这个种在整个热带亚洲、非洲、澳大利亚，以及中、南美洲和许多海洋岛屿上形成严重的水华。

此属许多种类形成水华，而且产生蓝藻毒素（cyanotoxinx）拟柱孢藻毒素（cylindrospermopsin）。

本节收录了2种。

**分种检索表**

厚壁孢子圆柱状肾形 ………………………………………… **2. 弯孢拟筒孢藻 *Cyl. curvispora***

厚壁孢子圆柱状卵形 ………………………………………… **1. 纳氏拟筒孢藻 *Cyl. raciborskii***

（1）纳氏拟筒孢藻 *Cylindrospermopsis raciborskii*（Woloszyńska）Seenayya et Subba Raju，1972.（图2.77，图版XIII：C、D、E、G）

=*Anabaena raciborskii* Woloszyńska，1912.

=*Anabaenopsis raciborskii*（Woloszyńska）Elenkin，1923.

藻丝漂浮，圆柱形，末端尖细，直出，略弯曲，很少呈不规则螺旋卷曲，横壁不规则和不明显地收缢，营养细胞圆柱形到略呈圆桶形，长2.5～12（16）μm，宽（1.7）2～4μm，顶端细胞圆锥形狭窄，钝圆；异形胞位于藻丝一端或两端，似滴水形，末端尖细；厚壁孢子圆柱卵形，邻近异形胞或位于末端，长（7）8.5～18（22）μm，宽（2.4）3～5（5.5）μm。

产毒种类。

国外广泛分布于泛热带和温带较温暖地区富营养化水体，常形成严重的水华，在高

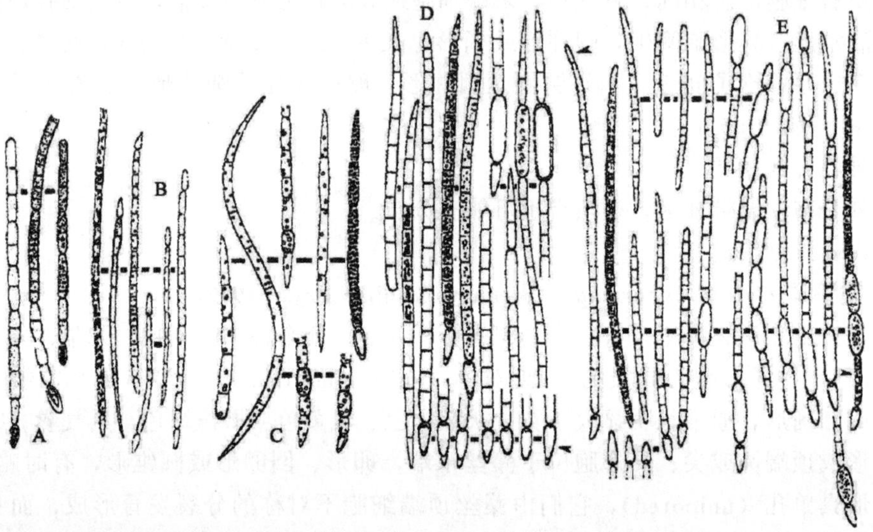


图 2.77　纳氏拟筒孢藻 *Cylindrospermopsis raciborskii*。(仿 Komárek and Komarkova，2003)

N/P 比值的环境不出现异形胞，易与 *Raphidiopsis mediterranea* 混淆。

国内尚未见报道。

(2) 弯孢拟筒孢藻 *Cylindrospermopsis curvispora* M. Watanabe，1995（图 2.78，图版 XIII：H、I）

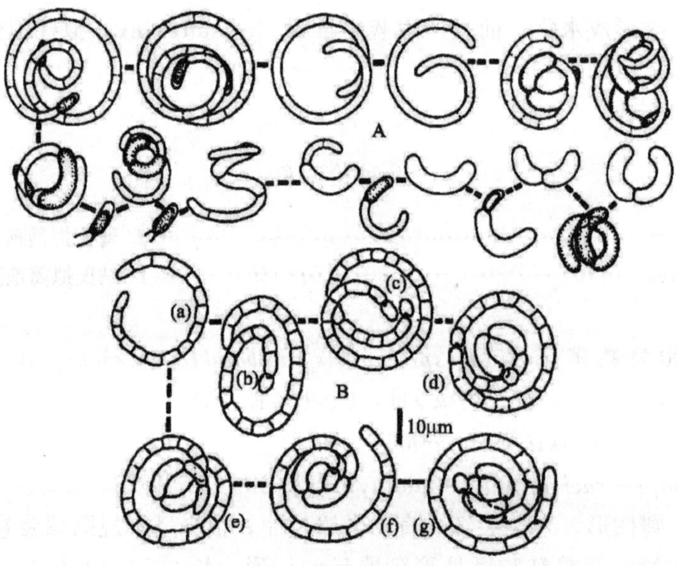


图 2.78　弯孢拟筒孢藻 *Cylindrospermopsis curvispora*。(仿 Komárek and Komarkova，2003)

藻丝漂浮，螺旋形或圆圈形卷曲，常形成 1.5～2 圈，无胶质包被，圆柱形，横壁略但明显收缢，宽 2.9～3.9μm，末端不渐尖；营养细胞圆柱形到不明显的圆桶形、方形，长 3～7μm，内含物灰蓝绿色，通常无可见的气囊群，如果有仅具单个。异形胞位于藻丝一端或两端，圆球形到略长的圆柱形，或圆锥的钝圆，长 4～7μm，宽 2.5～4μm，先端宽圆，无色透明；厚壁孢子成对形成，位于顶端异形胞的一侧，在厚壁孢子和异形胞之间偶尔发现 1 或 2 个营养细胞。圆柱形的厚壁孢子两端宽圆，腊肠形、肾形，长 7.4～11μm，宽 3.5～4.2μm。

潜在有毒种类。

此种虽然在日本中部发现，但在其他富营养化池塘、湖泊中报道，热带高温盐水体也常出现，从斯里兰卡和非洲南部采到的种群形态略有差异。

国内尚未见报道。

**6. 尖头藻属 *Raphidiopsis* Fritsch et Rich，1929.**

藻体漂浮，藻丝短，单生，直或弯曲，无鞘，一端渐细或两端渐细，顶端细胞尖或略钝圆，营养细胞圆柱形，横壁不收缢或略收缢，具气囊，具间生的厚壁孢子，无异形胞。

我国记载 3 种。

### 分种检索表

1. 细胞长为宽的 5～7 倍；细胞宽 1.3～1.8μm ························ **1. 中华尖头藻 *R. sinensis***
1. 细胞长常为宽的 1.5～2 倍；细胞宽大于 2μm ························ **2**
  2. 细胞宽 2～3μm ························ **2. 地中海尖头藻 *R. mediterranea***
  2. 细胞宽 4.5～5μm ························ **3. 弯形尖头藻 *R. curvata***

(1) 中华尖头藻 *Raphidiopsis sinensis* Jao，1951（图 2.79A）

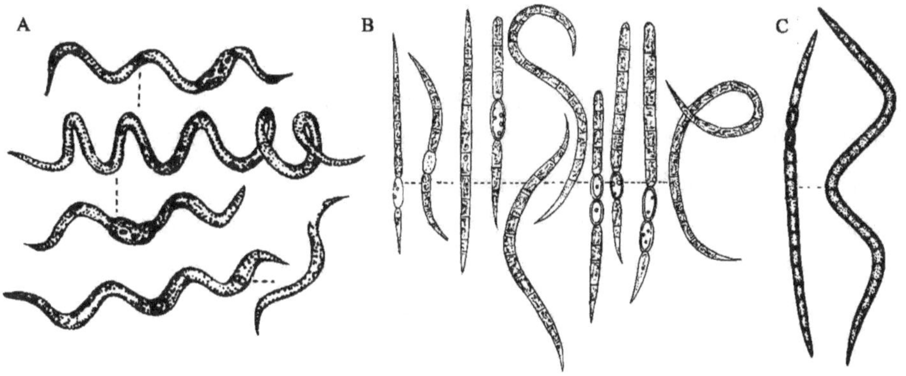


图 2.79　A. 中华尖头藻 *Raphidiopsis sinensis*（转引自胡鸿钧，魏印心，2006）；B. 地中海尖头藻 *Raphidiopsis mediterranea*。（仿朱浩然，2007）；C. 弯曲尖头藻 *Raphidiopsis curvata*。（仿朱浩然，2007）

藻丝漂浮，藻丝短，常由 5～8 个细胞组成，规则的螺旋形卷曲，顶端细胞锐尖，弯曲或反曲，细胞长达 15μm，横壁不收缢，细胞宽 1.3～1.8μm，长常为宽的 5～7 倍。内含物灰蓝色，均匀，不具气囊；厚壁孢子圆柱形或椭圆形，两端钝圆，略弯曲，宽 2.7μm，长 6.2～9μm。

广泛分布于江苏太湖、洪泽湖、阳澄湖，内蒙古岱海，浙江，山东等地的鱼池、湖泊、池塘。

国外尚未见报道。

(2) 地中海尖头藻 *Raphidiopsis mediterranea* Skuja，1937（图 2.79B，图版XIII：F）

藻丝漂浮，直或略弯，长 40～200μm，藻丝末端细尖，细胞横壁收缢或略收缢，宽 1.5～2.5μm。长为宽的 2～4 倍，中部细胞宽 2～3μm，顶端细胞宽 1～2μm，长 7.5～12.5μm。蓝绿色到黄绿色，具气囊，厚壁孢子间位，圆柱形到卵形，位于近藻丝末端，含颗粒，灰绿色，单生或成对，长 6.5～13μm，宽 2.5～3μm。

系有毒蓝藻，产生同源变性毒素-α（homoanatoxin-α och anatoxin-α）。

国外分布：主要分布于热带泛热带富营养化水体。

国内分布：湖北，贵州。

(3) 弯曲尖头藻 *Raphidiopsis curvata* Fritsch et Rich，1929（图 2.79C，图版IV：F）

藻体漂浮，藻丝短，弯曲或螺旋扭曲，一端或两端渐尖，细胞横壁不收缢，营养细胞圆柱形，宽 4.5～5μm，长为宽的 1.5～2 倍；厚壁孢子桶形到圆柱形，间生，宽 4～7.2μm，长 11～13μm，位于藻丝中部。

国内分布：湖北，安徽，内蒙古，江苏，黑龙江，江西，山东，云南等。

国外分布：南非。

**7. 大孢藻属 *Macrospermum* Komárek，2008.**

藻丝单生，小的不规则的簇丛，或薄的肉眼可见的垫状，藻丝等极，对称到近对称结构，近直出或不规则卷曲，具薄的水溶性的、不明显的黏液，单列不分枝，近圆柱状，横壁收缢，有时向两端狭窄，具明显的中央部分，细胞圆柱形或略呈圆桶形、近方形或长大于宽，呈蓝绿色，内含物同质具少数颗粒，有时具单个气囊群；末端细胞钝圆、锥状或窄的和钝尖的，异形胞常单生，圆柱形的常宽于营养细胞，每条藻丝上常具 2 个亚顶端位的异形胞或具第 3 个位于藻丝中部；厚壁孢子宽卵形或椭圆形，大，单个，罕见成双的，由几个相邻的营养细胞融合形成，常附着在异形胞外侧，每条藻仅具 2 个厚壁孢子，外孢壁平滑或具花纹，孢壁表面结构的不同被认为是形态学种间的区分特征，以藻丝断裂作用和厚壁孢子进行繁殖。

除个别种外，其他物种都分布于热带地区的沼泽、池塘、湖泊和稻田的岸边，在水生植物上形成群体，或在小的后生漂浮植物（metaphyton）出现，有次生漂浮的，在 *M. volzii* 细胞中罕见似气囊的内含物。

此属有 4 种。

已知此属种类均分布于热带地区水生环境，只有 Prescott（1962）从密歇根（Michigan）报道的“单孢鱼腥 *Anabaena unispora*”是个例外，此种细胞比模式种大两倍，同时，厚壁孢子位于藻丝近中部，长 20～24μm，宽 11～15μm，因此这个种是有问题的，需要进一步研究确定。

沃氏大孢藻 *Macrospermum volzii*（Lemm.）Komárek，2008.（图 2.80A）

＝*Anabaena volzii* Lemmermann，1904.

＝*Aphanizomennon volzii*（Lemm.）Komáerk，1984.

细胞圆柱形，长 4.5～14μm，宽 4～5.8μm；顶端细胞略延长，狭窄且锐尖；厚壁孢子外壁平滑，无色或浅褐色，长（20）32～48μm，宽（13）15～21μm。

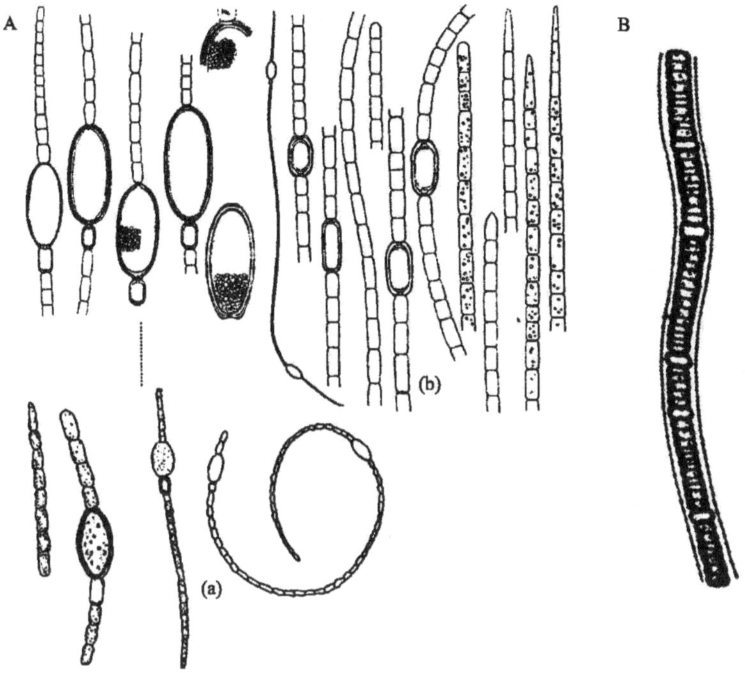


图 2.80　A. 沃氏大孢藻 *Macrospermum volzii*。(仿 Komárek，2008)；
B. 泡沫节球藻 *Nosularia spumigena*（转引自胡鸿钧和魏印心，2006）

分布于泛热带和中亚。

国内尚未见报道。

## B. 念珠藻亚科 Nostocoideae（Borzi）Kom. et Anagn. 1989.

厚壁孢子发育为离异形胞的（apoheterocystic）。

包括 5 属，我国报道 3 属，目前已知仅 1 属 1 种为水华蓝藻。

**节球藻属 *Nodularia* Mert.，1822.**

藻体漂浮或底栖，藻丝单生或集群，等极的，不分枝的，直，弯曲或螺旋卷曲，具两端开口的，薄的两层鞘，藻丝单列，圆柱形的末端略渐细，细胞横壁具收缢，具分节的异形胞；细胞短圆桶形，长不超过宽；黄色、灰橄榄绿色、蓝绿色或粉红色。异形胞形态与营养细胞相同，厚壁孢子短圆桶形或圆球形。

泡沫节球藻 *Nosularia spumigena* Mertens ex Born. et Flah.，1886（图 2.80B，图版 XⅢ：J、K）

藻体漂浮，藻丝直或螺旋卷曲，胶鞘闭合，营养细胞圆盘状，细胞横壁收缢，宽 8～24μm，长仅 3～5μm，异形胞扁椭圆形，宽约 14μm，长 7μm；厚壁孢子横卵形，长 6～11μm，宽 10～12μm，孢壁褐色，细胞具气囊。

此种在咸淡水，在波罗的海生长繁殖快，在夏季形成浓密的水华，是产毒的物种，产生肝毒素（hepatotoxin）、节球藻毒素（nodularin）。

主要分布于温带地区，也有分布于近热带地区的报道。

## 参考文献


晁爱敏，邵卫伟，于海燕，等．中国蓝藻的一个新记录属及种．(待刊)．

晁爱敏，邵卫伟，于海燕，等．中国微囊藻属的一新记录种．(手稿)．

胡鸿钧．2003．螺旋藻生物学及生物技术原理．北京：科学出版社．

胡鸿钧，等．2002．含脑黄金的螺旋藻新品系的选育及其对产业发展的意义．中国科学院院刊，17 (2)：112～114．

胡鸿钧，魏印心．2006．中国淡水藻类系统、分类及生态．北京：科学出版社．23～189．

李扬，周娅，岑竞仪，等．广州市景观湖微囊藻的分类学研究．(待刊)．

杨丽，虞功亮，李仁辉．2009．中国鱼腥藻属的八个新记录种．水生生物学报．33 (5)：1～7．

余博识，吴忠兴，彭欣，等．中国水华蓝藻的新记录属——拟浮丝藻属．(待刊)．

虞功亮，李仁辉．2007．中国淡水微囊藻的三个新记录种．植物分类学报，45 (3)：353～358．

虞功亮，宋立荣，李仁辉．2007．中国淡水微囊藻属常见种类的分类学讨论——以滇池为例．植物分类学报，45 (5)：727～741．

朱浩然．1991．中国淡水藻志 第二卷·蓝藻门·色球藻纲．北京：科学出版社．

朱浩然．2007．中国淡水藻志 第九卷·蓝藻门·藻殖段纲．北京：科学出版社．

Anagnostides K, et al. 1988. Economou-amilli and Triantaphyllos Tafas. *Aphanizomenon* sp. from Lake Trichonis, Hellas (Greece) -A taxonomic consideration in relation to morphological and ecological parameters. Arch Hydrobiol Suppl 80, 1-4 (Algological Studies 50-53) Stuttgart. 529～543.

Anagnostidis K , Komárek J. 1988. Modern approach to the classification system of Cyanophytes 3-Oscillatoriales. Arch Hydrobiol, Suppl 80, 1～4 (Algological studies 50－53). Stuttgart, 327～472.

Cronberg G, Annadotter H. 2006. Manual on aquatic cyanobacteria, A photo guide and a synopsis of their toxicology. Demark, ISSHA, 20～39.

Desikachary T V. 1959. New Delhi: India council of agriculture research. Cyanophyta, 81～132.

Dvořák P, Hašler P. 2007. Occurrence and morphological variability of *Cylindrospermopsis raciborskii* (Wolosz.) Seenayya et Subba Raju (Cyanophyta, Nostocales) near Olomouc in 2006. Fottea Olomouc, 7 (1): 39～42.

Geitler L. 1932. Kryptogamen Flora von Deutschland, Österreich und der Schweiz. *In*: Rahenhorst L. Leipzig: Akademische Verlagsgesellschaft, 14: 130～159.

He J W, Li L P, Yu J L, et al. 1996. Preliminary studies on a Chinese new record of blue-green algae-Microcystis wesenbegii and its toxicity. Acta Hydrobiologica Sinica, 20: 192～194.

Hindák F, Moustaka M T. 1988. Planktic cyanophytes of Lake Volvi, Greece. Arch Hydrobiol Suppl, 80, 1-4 (Algological Studies 50-53) Stuttgart. 497～528

Hindák F. 2000. Morphological variation of four planktic nostocalean cyanophytes-members of the genus *Aphanizomenon* or *Anabaena*?. Hydrobiologia, 438: 107～116.

Hindák F. 2006. Three planktonic cyanophytes producing water blooms in Western Slovakia. Phycology Olomouc, 6: 59～67.

Hindák F. 2008. Coulur Atlas of Cyanophttes. Bratislava: Publishing House of the Slovak Academy of Sciences. 1～253.

Hindák F. 1988. Planktic species of two related genera *Cylindrospermopsis* and *Anabaenopsis* from Western Slovakia. Arch. Hydrobiol. Suppl. 80, 1-4 (Algological Studies 50-53) Stuttgart. 283～302.

Hu H J. Li Y Y, Wei Y X, et al. 1980. Freshwater Algae in China. Shanghai: Shanghai Science and Technology Press. 11～13.

Komárek J, Anagnostidis K. 1986. Modern approach to the classification system of Cyanophytes 2-Chroococcales. Arch Hydrobiol, Suppl 73, 2, Stuttgart, 157～226.

Komárek J, Anagnostidis K. 1989. Modern approach to the classification system of Cyanophytes 4-Nostocales. Arch Hydrobiol, Suppl 82, 3 (Algological Studies 56), Stuttgart, 247～345.

Komárek J, Kováčik L. 1989. Trichome structure of four *Aphanizomenon* taxa (*Cyanophyceae*) from Czechoslovakia, with notes on the taxonomy and delimitation of the genus. Pl Syst Evol, 164: 47～64.

Komárek J, Anagnostidis K. 1999. Cynaoprokaryota I. Teil: Chroococcales. In: Ettl H, Gartner G, Heying H, et al. Süwasserflora von Mitteleuropa 19/1. Ulm: Gustav Fischer. 164～190.

Komárek J, Anagnostidis K. 2005. Cyanoprokanyota 2. Teil/2nd part: Osciuatoriales. In: Budel B., Krienitz L, et al. Süsswasserflona von mitteleunopa 19/2. Heidelberg: Elsevier/spekrum. 759.

Komárek J, Anagnostidis K. 1998. Cyanoprokanyota 1. Teil: Chroococcales. In: Eul H, Gartner G, et al: Süsswasserflora von mitteleunopa 19/2. Heidelberg: Elsevier/spekrum. 548.

Komárek J, Komárková J. 2004. Taxonomic review of the cyanoprokaryotic genera *Planktothrix* and *Planktothricoides*. Phycology Olomouc, 4: 1～18.

Komárek J, Komárková J. 2006. Diversity of *Aphanizomenon*-like cyanobacteria. Czech Phycology Olomouc, 6: 1～32.

Komárek J, Komárková J. 2002. Review of the European *Microcystis*-*morphospecies* (*Cyanoprokaryotes*) from nature. Phycology Olomouc, 2: 1～24.

Komárek J, Komárková J. 2003. Phenotype diversity of the cyanoprokaryotic genus *Cylindrospermopsis* (*Nostocales*); review2002. Czech Phycology Olomouc, 3: 1～30.

Komárek J, Zapomělová E. 2008. Planktic morphospecies of the cyanobacterial genus *Anabaena*=subg. *Dolichospermum*-2. part: straight types. Fottea Olomouc, 8 (1): 1～14.

Komárek J, Zapomělová E. 2007. Planktic morphospeecies of the cyanobacterial genus *Anabaena*= subg. *Dolichospermum*-1. part: coiled types. Fottea Olomouc, 7 (1): 1～31.

Komárek J. 2008. The cyanobaterial genus Macrospermum. Fottea Olomouc, 8 (1): 79～86.

Komárek J. 1958. Die taxaonomische revision der planktischer Blaualgen der Tschechoslowakei. In: Komárek J. Ettl H. Algologische studies, CSAV. Praha, 2: 91～123.

Komárek J. 2005. Genotype diversity of the heterocytous cyanoprokaryotic genus *Anabaenopsis*. Czech Phycology Olomouc, 5: 1～35.

Li L C. 1934. A general survey of Chinese algae. Peking Natural Bulletin, 8: 363～374.

Li R H, He Z R, He J W, et al. 1993. Preliminary studies on a Chinese new record of blue-green algae-Microcystis viridis and its toxicity. Acta Hydrobiologica Sinica, 17: 282～284.

Prescott G W. 1962. Algae of the Western Great Lakes Area. Otto Koeltz Science Publishers. Germany. 443～561.

Rajaniemi P, et al. 2005. Taxonomic consequencesfrom the combined molecular and phenotype evaluation of selected *Anabaena* and *Aphanozomenon* strains. Arch Hydrobiol (Algological Studies 117): 371～391.

Uher B. 2010. Cyanobacterium *Petalonema* alatum Berk. ex Kirchn. -species variability and diversity. Fottea, 10 (1): 83～92.

Vonshak A, Tomaselli L. 2002. *Arthrospira* (*Spirulina*): Systematics and Ecophysiology. In: Whitton and Potts. The Ecology of Cyanobacteria, their diversity in time and space. KAP, New York. 505～522.

Wacklin P L, Hoffmann, Komárek J. 2009. Nomenclatural validation of the genetically revised cyanobacterial genus *Dolichospermum* (Ralfs es Bornent et Flahaulf) comb. nova. Fottea, 9 (1): 59～64.

Watanabe M, Niiyama Y, Tuji A. 2004. Studies on Planktonic Blue-green Algae 10. Classification of Planktonic *Anabaena* with Coiled Trichomes Maintained in the National Science Museum, Tokyo. Bull Natm Sci Mus Tokyo Ser B, 30 (4): 135～149.

# 第三章　水华蓝藻在野外水环境条件下形态的多样性

蓝藻可供分类鉴定的特征很少，形态十分简单，在不同季节，不同水体形态往往发生或大或小的变化，不仅给种的分类鉴定造成很大的困难，而且给分析季节更替、水环境变化与藻类物种组成变化间的生态关系带来不便。近 10 多年来国外这方面的研究逐渐增多，积累了不少资料，可惜的是，我国这方面的研究几乎还是空白。

## 第一节　微囊藻群体形态的多样性

微囊藻群体幼体与成熟时期形态常不相同，在天然水体中往往几种甚至多种同时出现，不同种生长的不同时期混杂在一起，对其进行区分、鉴定并非轻而易举的事。所幸 Komárek 和 Komarkova（2002）根据他们从欧洲各地天然水体采集的标本进行比较，经过多年系统研究，对此属 11 个形态种（morphospecies）群体成熟期和幼年期形态、胶被特征、细胞在群体中的分布和大小等作了详细描述，其中多数种类在我国不同地区都有报道。

（1）浮生微囊藻 *Microcystis natans* Lemm. ex Skuja，1934（图 3.1）

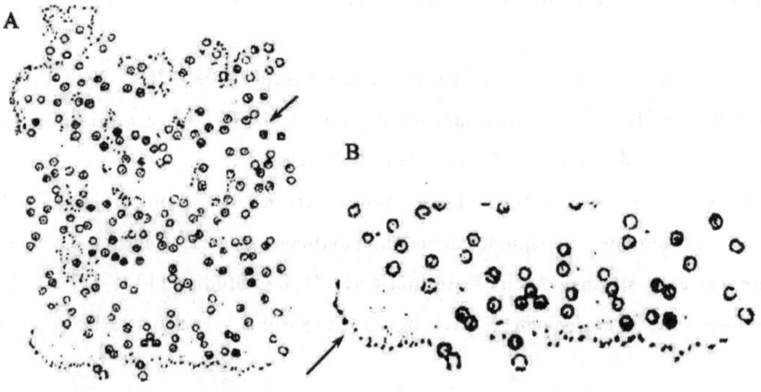


图 3.1　浮生微囊藻 *Microcystis natans*。A. 群体；B. 群体边缘胶质。（仿 Komárek and Komarkova，2002）

群体形态：不规则，无明显的孔，直径达 200μm。

幼年时期：稀疏的聚集。细胞位于水溶性的胶质中。

细胞直径：1～2（3?）μm。

群体边缘胶质：稀，不明显，宽，非常弥散，无色，细胞聚集明显重叠。

细胞密度和组织结构不规则，常松懈，均匀分布，每个细胞具 1～3 个气囊群。

鉴定特征：细胞大小，细胞密度，胶被及细胞内具 1～3 个气囊群。

分布：温带较冷的地区。

（2）鱼害微囊藻 *M. ichthyoblabe* Kutzing，1843（图 3.2）

群体形态：不规则，无孔，常扁平，常由亚群体（细胞聚集）在共同的胶质中组

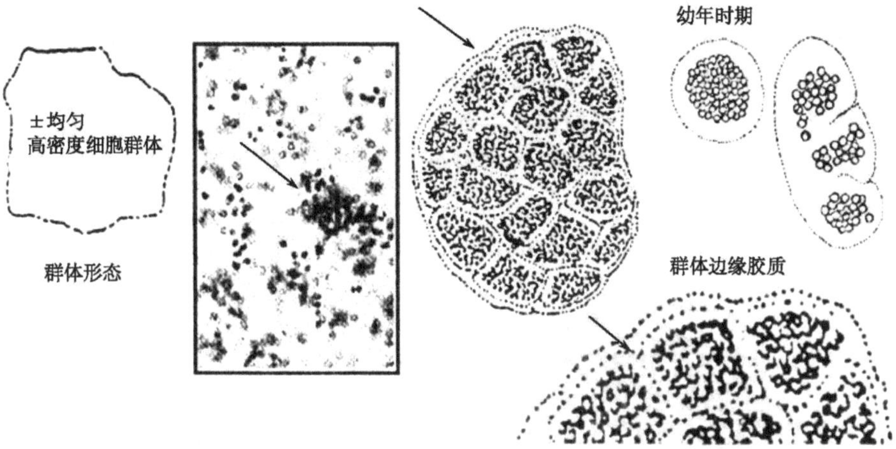

图 3.2　鱼害微囊藻 *M. ichthyoblabe*，1843。(仿 Komárek and Komarkova，2002)

成，达到大的、不规则的紧密群体；以后解离成单独的细胞团块（具小群聚集的细胞），同质的细胞呈密集团块。

幼年时期：细胞的小丛簇，圆形或近球形。

细胞直径：2～3.2（3.8）μm。

群体边沿胶质：外形非常不规则，黏液不明显，弥散，细胞不规则重叠。

细胞密度和组织结构：细胞规则密集，同质和平均聚集。

鉴定特征：产毒。

分布：温带甚至北部地区富营养化水体常见。

(3) 布纹微囊藻 *M. panniformis* Komárek and Komarkova，2002（图 3.3，图 3.12）

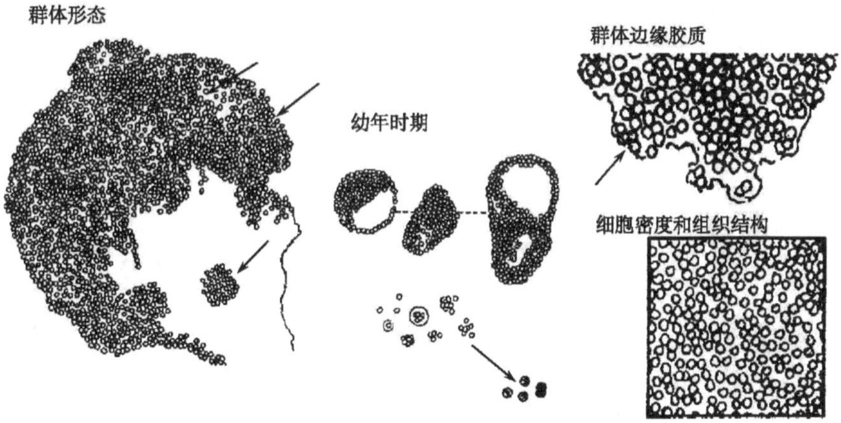

图 3.3　布纹微囊藻 *M. panniformis* Komárek and Komarkova 2002。
(仿 Komárek and Komarkova，2002)

群体形态：不规则扁平到单层，具小孔（老群体中），以后解离成小群。

幼年时期：细胞小丛簇，扁平或外形圆圈形，有时圆球形和中空。

细胞直径：(2.5) 3～4.6 (4.8) μm。

群体胶质边沿：弥散，细胞不重叠，群体边缘平滑或（在老群体）不规则。

细胞密度和组织结构：细胞规则密集和均匀聚集，有时为不明显的排列。

鉴定特征：①具小孔的扁平群体，产毒；②细胞均匀排列。

分布：热带，可能是泛热带物种（非洲南部，澳大利亚北部、南美），可能入侵地中海气候地区。

(4) 坚实微囊藻 *M. firma* (Kützing) Schmidle，1902（图 3.4）

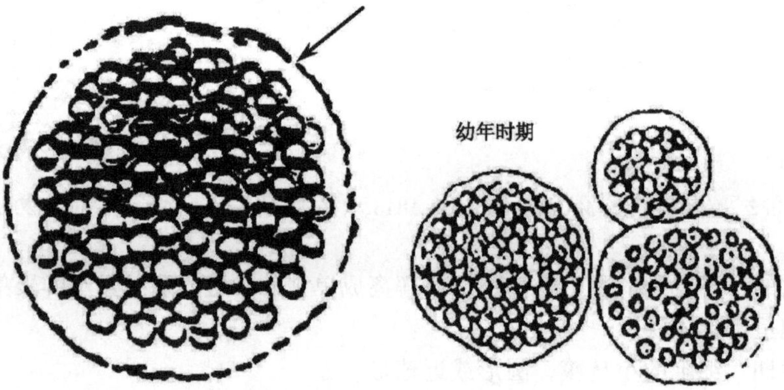


图 3.4 坚实微囊藻 *M. firma* (Kützing) Schmidle，1902。(仿 Komárek and Komarkova，2002)

群体形态：圆球形到略不规则，有时聚合在一起，无孔。

细胞直径：(0.8?) 2～3.7 (4.8) μm。

群体胶质边沿：细胞丛簇略重叠，有界线或弥散（? 老群体）。

细胞密度和组织结构：在群体中央密集聚合。

鉴定特征：群体形态。

分布：仅从欧洲北部（Baltic 地区）采到，略喜盐；不常见。

(5) 挪氏微囊藻 *M. novacekii* (Komárek) Compere. 1974（图 3.5）

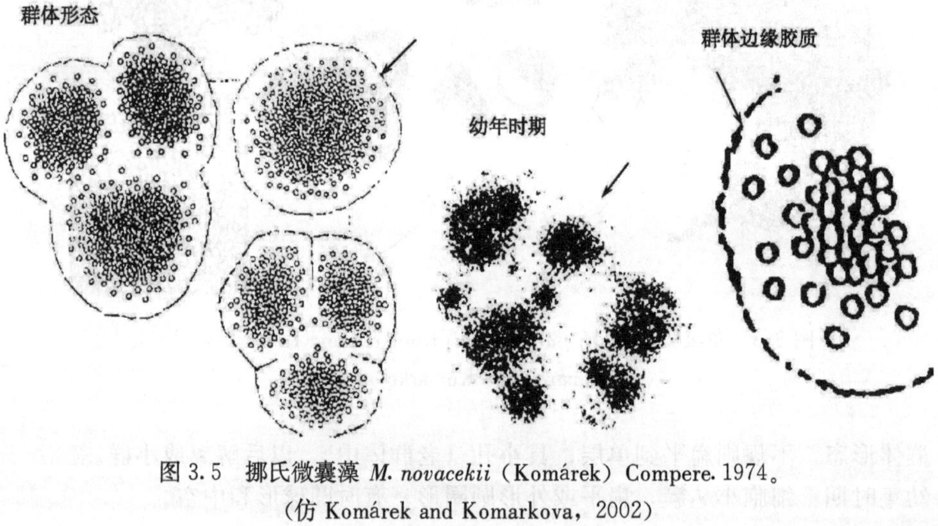


图 3.5 挪氏微囊藻 *M. novacekii* (Komárek) Compere. 1974。
(仿 Komárek and Komarkova，2002)

群体形态：外形±圆球形的及略扁平，有时（老群体）聚集，无孔。
幼年时期：小的细胞丛簇。
细胞直径：2.4～6μm。
群体胶质边沿：宽，界线分明（罕见弥散的），均匀或不明显的同心圆分层。
细胞密度和组织结构：±在群体中央密集，少数单个细胞在胶被中。
鉴定特征：①群体形态；②胶质边缘界线分明；③单个细胞在黏质边缘。
分布：中营养型或富营养型的水库；热带，有时在温带（或夏季）较温暖地区。
（6）水华微囊藻 *M. flos-aquae*（Wittrock）Kirchner ex Forti，1907（图 3.6）

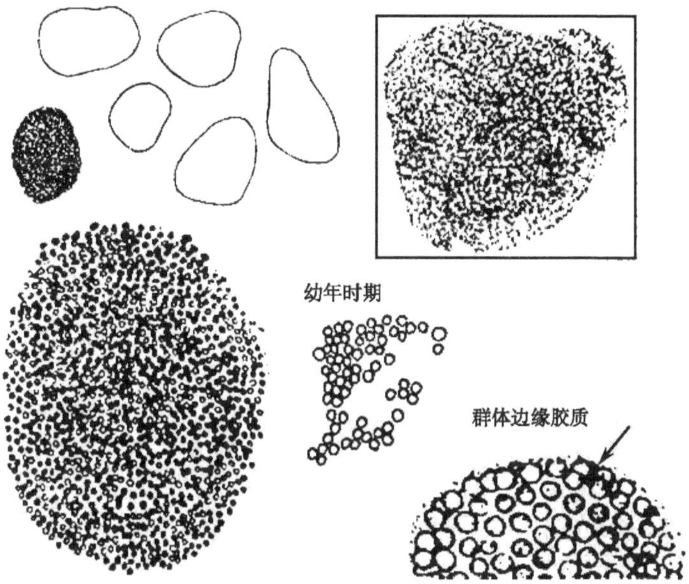


图 3.6　水华微囊藻 *M. flos-aquae*（Wittrock）Kirchner ex Forti，1907。
（仿 Komárek and Komarkova，2002）

群体形态：单生，不规则的圆球形，致密，不分裂，无孔（仅在老群体中不明显的出现）。
幼年时期：小的不规则的到密集聚合的细胞，圆球形的丛簇，无可见的黏液边缘。
细胞直径：（2.5？－3）3.5～4.8（5.6？）μm。
群体胶质边缘：弥散，不明显，无细胞丛簇重叠。
细胞密度和组织结构：非常致密和均匀的细胞聚合。
鉴定特征：①群体形态；②含异丙基硫代化合物，不含神经毒素（neurotoxins）。
分布：温带，不很常见，在其他水华中常为亚优势种。
（7）史氏微囊藻 *M. smithii* Komáerk & Anagnostidis，1995（图 3.7）
群体形态：圆球形或近球形，罕见略延长，无孔。
细胞直径：3.2～5.6μm。
群体胶质边缘：黏液稀薄，细胞重叠清楚，界线分明，罕见弥散。
细胞密度和组织结构：细胞在群体中松懈、均匀地分布。

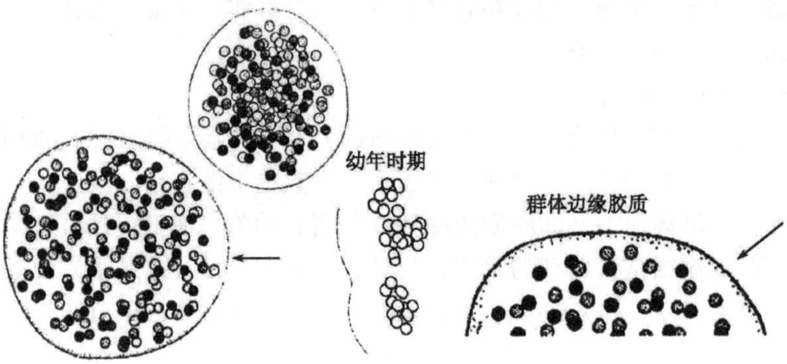


图 3.7　史氏微囊藻 *M. smithii* Komáerk & Anagnostidis，1995。
（仿 Komárek and Komarkova，2002）

鉴定特征：①细胞内仅具（0）1～3 个气囊群（罕见更多）；②圆球形群体；③细胞密度。

分布：清洁的、中营养型到富营养型的水体，与泥炭地区相连的高碱湖泊不常出现，温带地区罕见。

(8) 铜绿微囊藻 *M. aeruginosa*（Kützing）Kützing，1846（图 3.8）

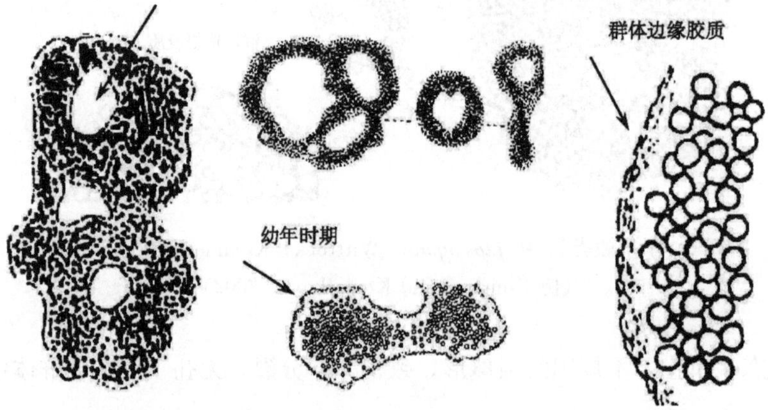


图 3.8　铜绿微囊藻 *M. aeruginosa*（Kützing）Kützing，1846。
（仿 Komárek and Komarkova，2002）

群体形态：外形不规则，分叶和具明显的孔（老群体），成熟群体大小可达肉眼可见。

幼年时期：小的圆球形或不规则的群体（各种不同的细胞密度）。

细胞直径：(3.5) 4～6.5 (9.4，细胞分裂前) μm。

群体胶质边缘：聚集的细胞略重叠，宽达 5μm，弥散。

细胞密度和组织结构：细胞密集和不规则的聚集。

鉴定特征：①产生神经毒素和肝毒素；②老群体形态。

分布：世界性广泛分布。

生活周期：Reynolds 等（1981）绘制了该种的生活周期图（图 4.15）。[①]

(9) 绿色微囊藻 *M. viridis*（A. Broun in Rabenhorst）Lemmermann，1903（图 3.9）

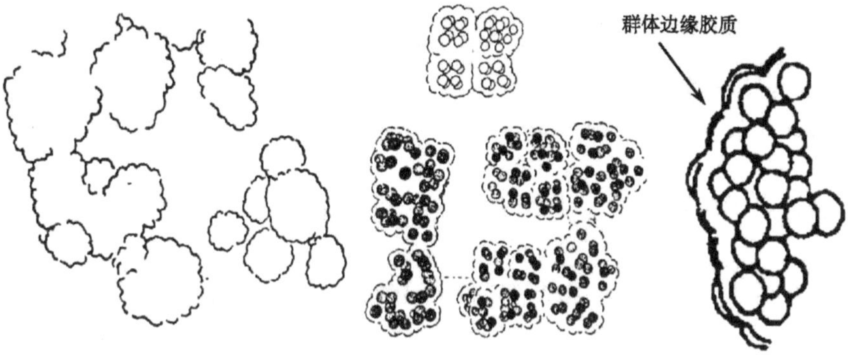


图 3.9　绿色微囊藻 *M. viridis*（A. Broun in Rabenhorst）Lemmermann，1903。
（仿 Komárek and Komarkova，2002）

群体形态：群体细胞由典型的、似叠集的亚群体组成，不规则地聚合在一起，常延长。

幼年时期：明显胶质中具小的细胞群。

细胞直径：(3) 4～7.9μm。

群体胶质边缘：胶质明显，细胞略重叠，边缘波状，有或无折射。

细胞密度和组织结构：不规则、不密集（罕见密的），有时清晰的三维（几乎立方形）垂直列不明显。

鉴定特征：①细胞排列成立方形或不明显；②胶质包被边缘；③具强烈毒性。

分布：世界性广泛分布，主要在温带（更多分布于中营养型到略富营养型的水体）。

(10) 放射微囊藻 *M. botrys* Teiling，1942（图 3.10）

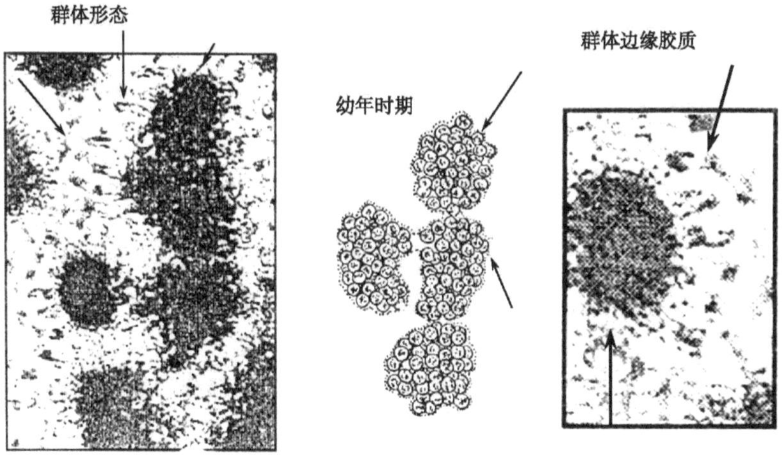


图 3.10　放射微囊藻 *M. botrys* Teiling，1942。（仿 Komárek and Komarkova，2002）

---

① 现代研究表明他们绘制的生活周期图是不准确的。

群体形态：近圆球形的亚群体常不规则聚合在一起，无孔。

幼年时期：群体较小，胶被薄，具放射状结构。

细胞直径：4.9～6（7）μm。

群体胶质边缘：包被明显，常宽，具辐射状的半球形或管状结构，具不规则的、无折光的边缘，以后弥散。

细胞密度和组织结构：密集地聚合在群体中央，在包被黏液中有少数“逃逸”细胞。

鉴定特征：①包被黏液中具辐射结构；②包被黏液中具单个细胞；③具产毒品系。

分布：世界性广泛分布，但原初分布于温带较冷的北部地区，热带的种群待进一步研究。

（11）惠氏微囊藻 *M. wesenbergii*（Komárek）in Kondrateva，1968（图 3.11）

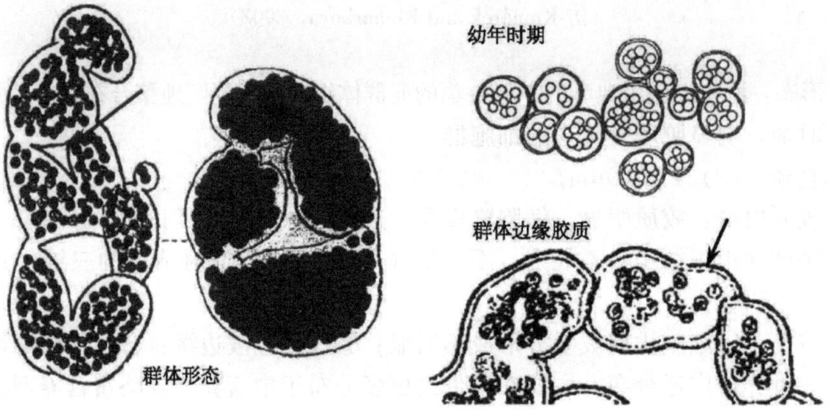


图 3.11　惠氏微囊藻 *M. wesenbergii*（Komárek）in Kondrateva，1968。
（仿 Komárek and Komarkova，2002）

群体形态：不规则、圆球形到裂片状或长形，老群体具孔；常由球形亚群体联结组成。

幼年时期：圆球形群体。

细胞直径：4～8.5（10）μm。

群体胶质边缘：胶质细胞重叠，界线清晰明显，具平滑的、折光的边缘。

细胞密度和组织结构：稀疏到密集的聚合，亚群体常邻近表面。

生活周期见图 3.12。

鉴定特征：①群体形态；②胶质边缘界线分明；③大部分种群无毒性；④细胞具许多小的气囊群。

分布：可能是世界性广布种，但在热带和北欧地区具特殊的形态类型（morphotype）。

Komárek 等将欧洲常见的微囊藻形态特征作了简图，如图 3.12 所示。

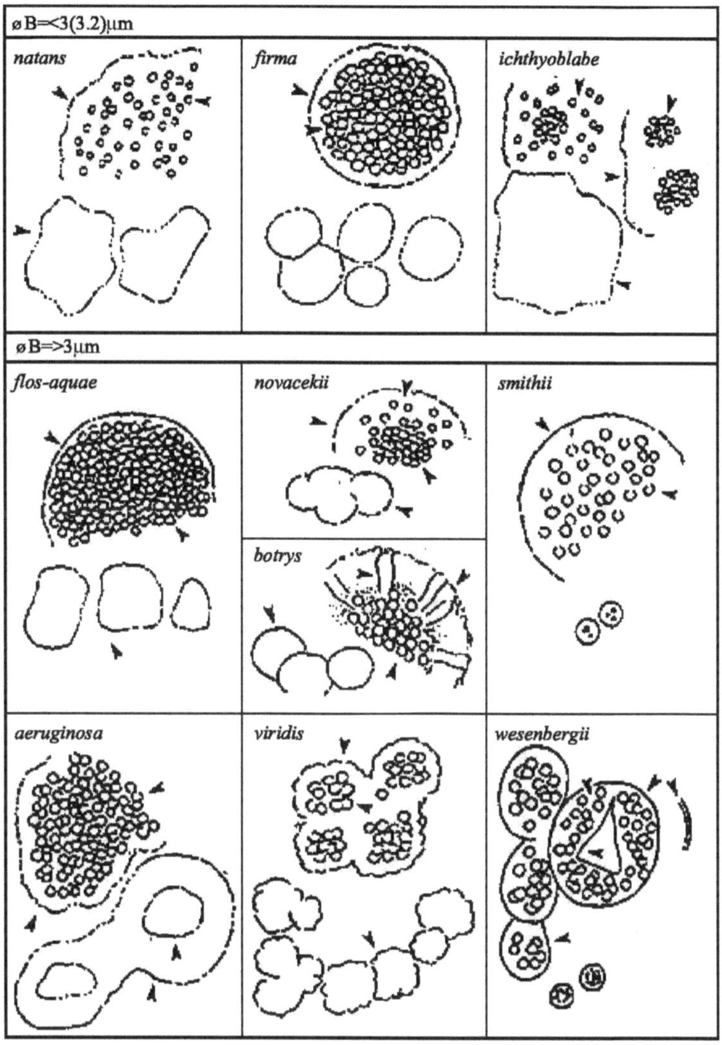


图 3.12　欧洲主要微囊藻形态种典型群体图解。(仿 Komárek and Komarkova，2002)

## 第二节　纳氏拟筒孢藻（*Cylindrospermopsis raciborskii*）——纳氏鱼腥藻（*Anabaena raciborskii*）的形态变异及形态多样性

这个种最初由 Woloszyńska（1912）定为鱼腥藻的一个新种——纳氏鱼腥藻 *Anabaena raciborskii*，后几经不同学者研究更名多次，1932 年 Elenkin 认为异形胞位于藻丝顶端应隶属于拟鱼腥藻属的，定名为纳氏拟鱼腥藻。1972 年 Seenayya 和 Subba Raju 建立了一个新属——拟筒孢藻属，并将这个种作为新属的模式种。

最初拟柱孢藻被认为是热带属，纳氏拟筒孢藻 1912 年从印度尼西亚（爪哇）发现并描述，之后几乎所有热带地区（印度、菲律宾、埃及、巴西、古巴、澳大利亚等）都有报道。2003 年 Komárek 等比较研究了各地标本，分析了大量文献，认定这个种为全热带亚洲，非洲，澳大利亚，中、南美洲以及许多海洋岛屿上形成严重水华的物种。由于这个种入侵温带，在广泛地理区域内形成不同的形态类型。这个种变异很大，不同学者所绘的图有明显的差别（图 3.13，图 3.14）不同地区的标本形态变异很大（图 3.15）。不仅如此，该种由于 N 源类型的变化，藻体形态也发生明显变化（图 3.16）。

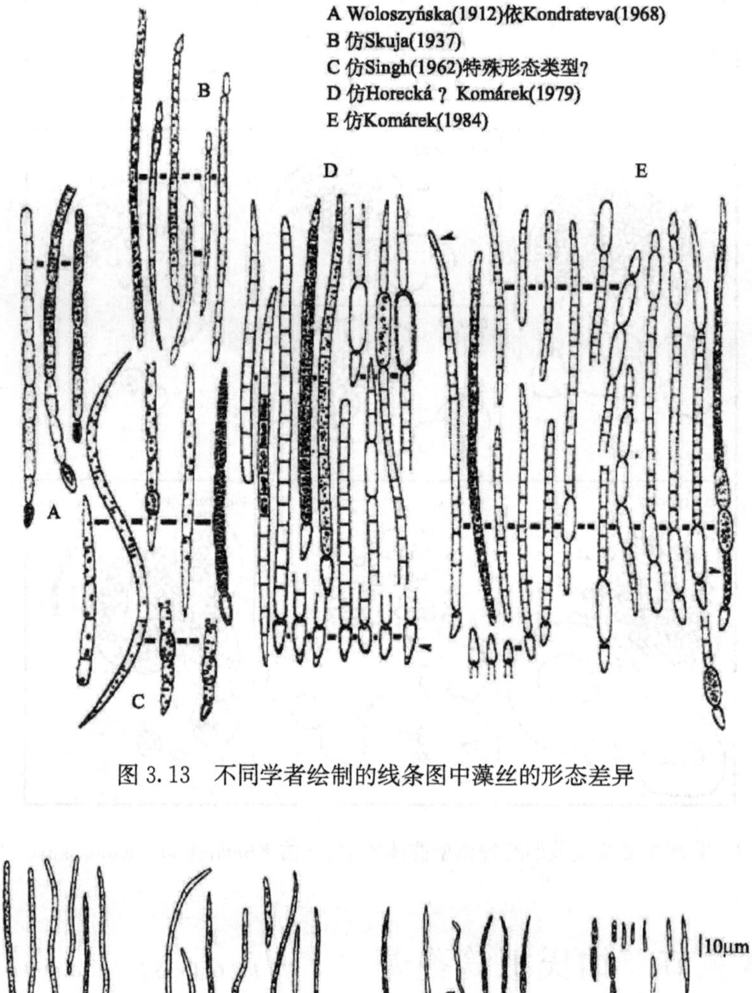


图 3.13　不同学者绘制的线条图中藻丝的形态差异

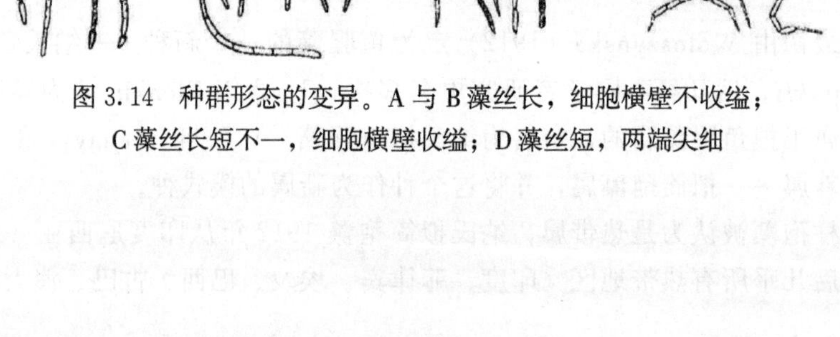


图 3.14　种群形态的变异。A 与 B 藻丝长，细胞横壁不收缢；C 藻丝长短不一，细胞横壁收缢；D 藻丝短，两端尖细

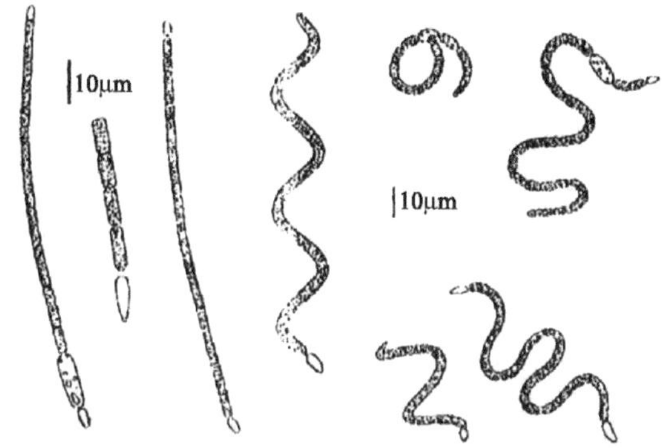


图 3.15　澳大利亚的种群形态变化。藻丝直出。略具收缢，或不收缢。藻卷曲，横壁不收缢。（仿 Komárek and Komarkova，2003）

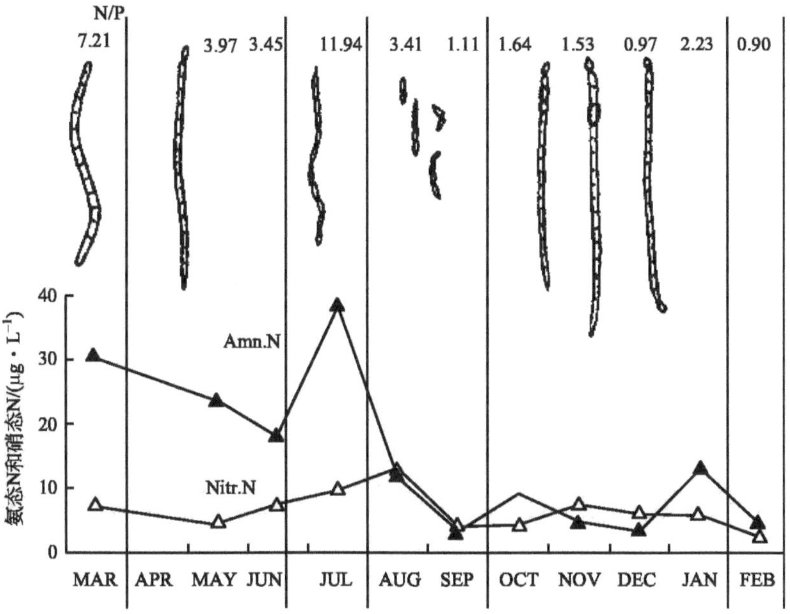


图 3.16　巴西南部一年生活周期内藻丝形态随 N/P 值、氨态 N 和硝态 N 含量的变化。（仿 Komárkova et al.，1999）

## 第三节　柔软束丝藻［*Aphanizomenon gracile* (Lemm.) Lemmerm.］形态多样性

此种分布很广，并且同一地区不同水体的藻丝形态也明显不同。Hindák（2000）对从斯洛伐克的布纳梯斯拉伐附近小的富营养化的砾石坑湖泊和鱼池及 Morava 河附近 Stara Morava 贯渠湖采集的柔软束丝藻水华进行了比较，发现两地标本藻丝形态有显著的差别。灌渠沙坑湖的藻丝中厚壁孢子上下两个细胞具“杯状垂”（cup-like appendices）（图 3.17），Jakubov 沙坑湖的同种厚壁孢子上端细胞则具多层杯状垂，而 Tomky 水库中的标本则完全没有（图 3.18）。

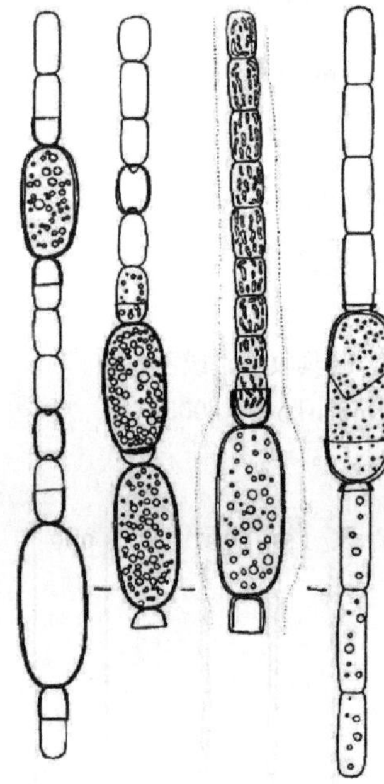

图 3.17　Stara Morava 贯渠湖采集的柔软束丝藻。（仿 Hindák，2000）

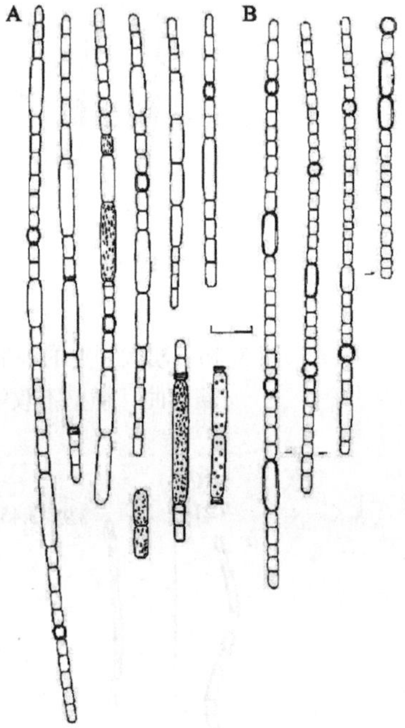


图 3.18　Jakubov 沙坑湖及 Tomky 水库中的柔软束丝藻。（仿 Hindák，2000）

## 第四节　艾林拟鱼腥藻（*Anabaenopsis elenkinii*）和环圈拟鱼腥藻（*Anabaenopsis circularis*）的形态变异及形态多样性

根据 Hindák（1988）的观察，艾林拟鱼腥藻在斯洛伐克是一种常见的种类，常在富营养化的农村池塘、施肥的鱼池，以及砾石坑湖泊和河流湾，于每年夏末秋初发生轻的或严重的水华。他从不同水体采集了 6 个种群进行观察测定，发现这些种群在藻丝形态、长度、螺旋数目、直径、螺距及细胞的大小等方面有差异，当然有些特征是共同具有的，如细胞圆柱形到椭圆形、具密集的气囊、细胞横壁收缢、厚壁孢子宽卵形到椭圆形等。但螺旋卷曲变异相当大，卷曲数从 0.5 到 1.5，很密的卷曲并不常见（图 3.19 至图 3.23）。Cyrus（1952）观察到，从布拉格 Vltava 江采集的阿氏拟鱼腥藻（*A. arnoldii*= *A. elenkinii*）的螺旋数达 3～4（表 3.1）。

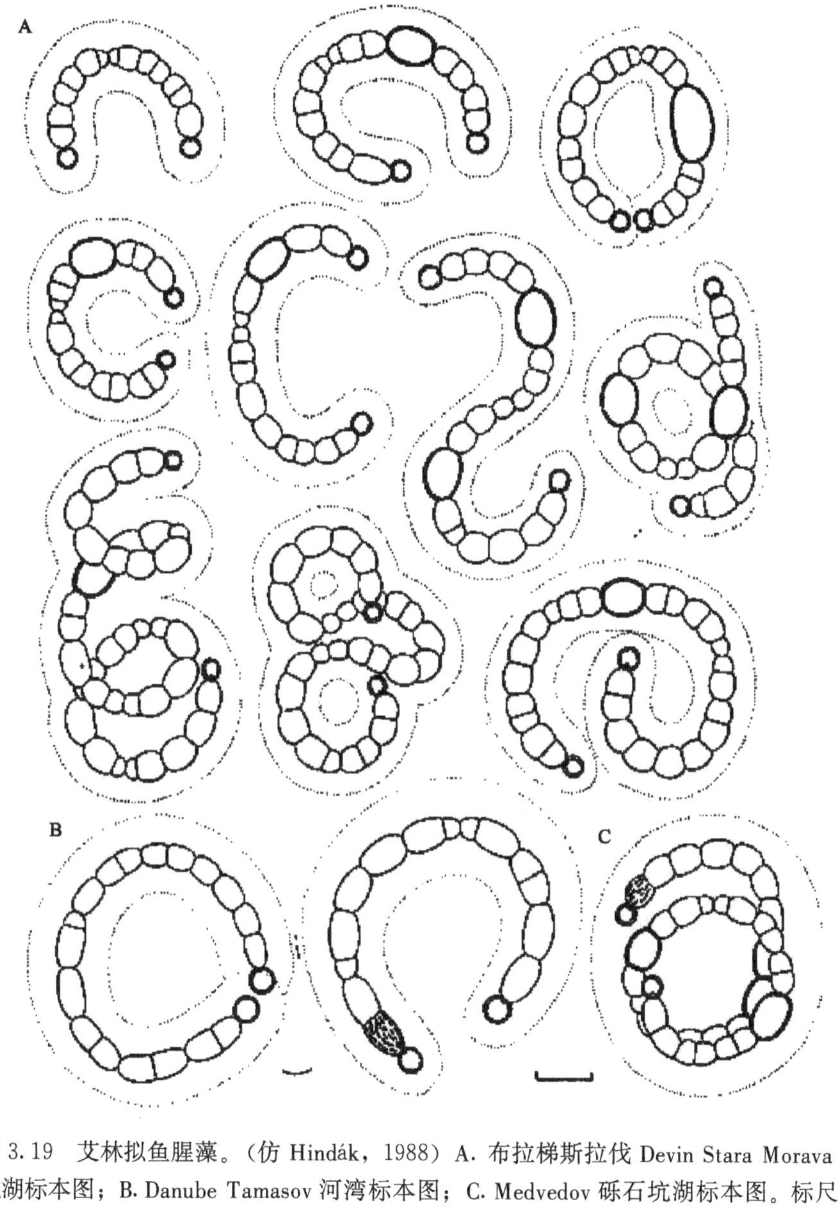


图 3.19　艾林拟鱼腥藻。（仿 Hindák，1988）A. 布拉梯斯拉伐 Devin Stara Morava 沙坑湖标本图；B. Danube Tamasov 河湾标本图；C. Medvedov 砾石坑湖标本图。标尺＝10μm（下同）

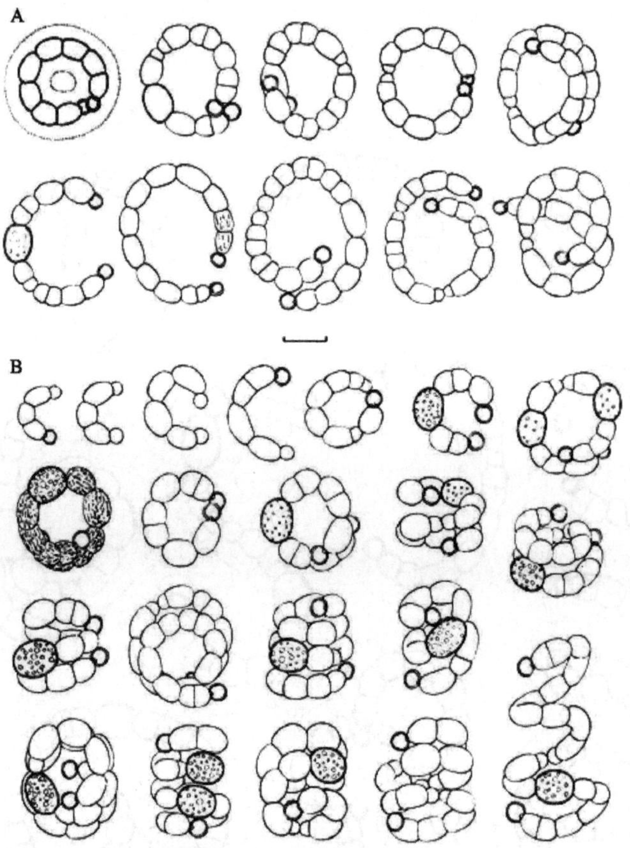

图 3.20　Modra 砾石坑湖 1986 年 7 月 30 日（A）
和 9 月 23 日（B）艾林拟鱼腥藻藻丝形态。(仿 Hindák，1988)

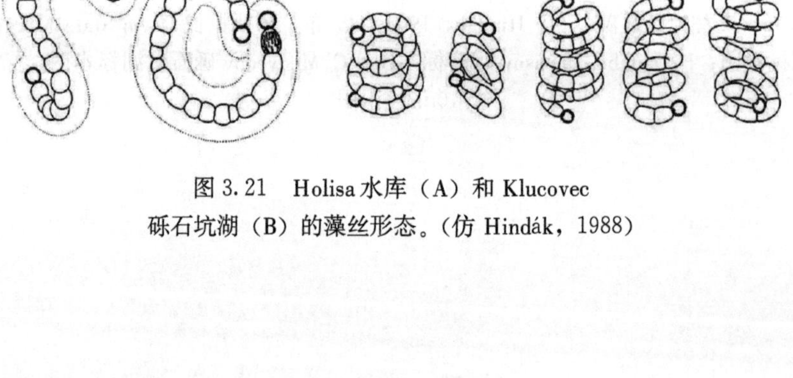

图 3.21　Holisa 水库（A）和 Klucovec
砾石坑湖（B）的藻丝形态。(仿 Hindák，1988)

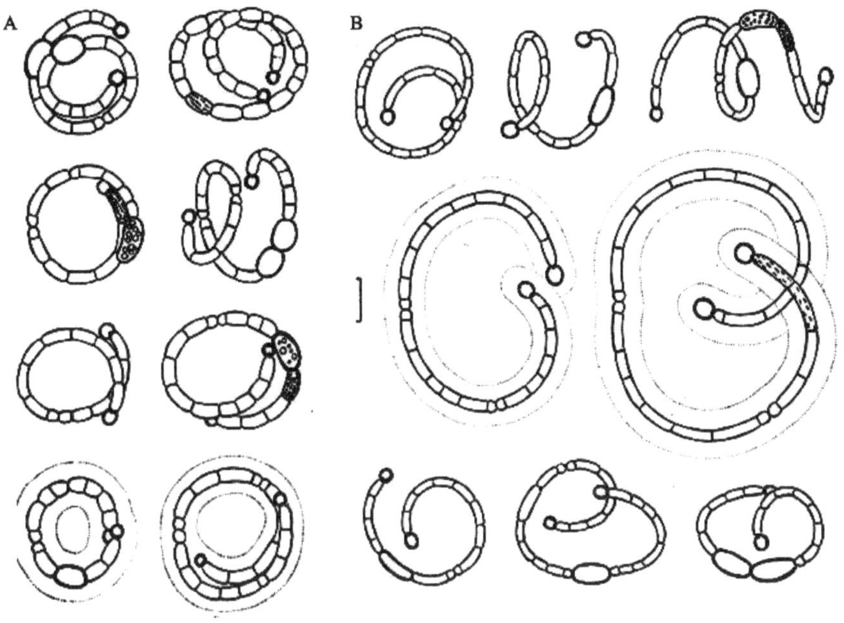


图 3.22　Medvedov 砾石坑湖（A）和 Tomasov-Danube 河湾砾石坑湖（B）环圈拟鱼腥藻藻丝形态。(仿 Hindák，1988)

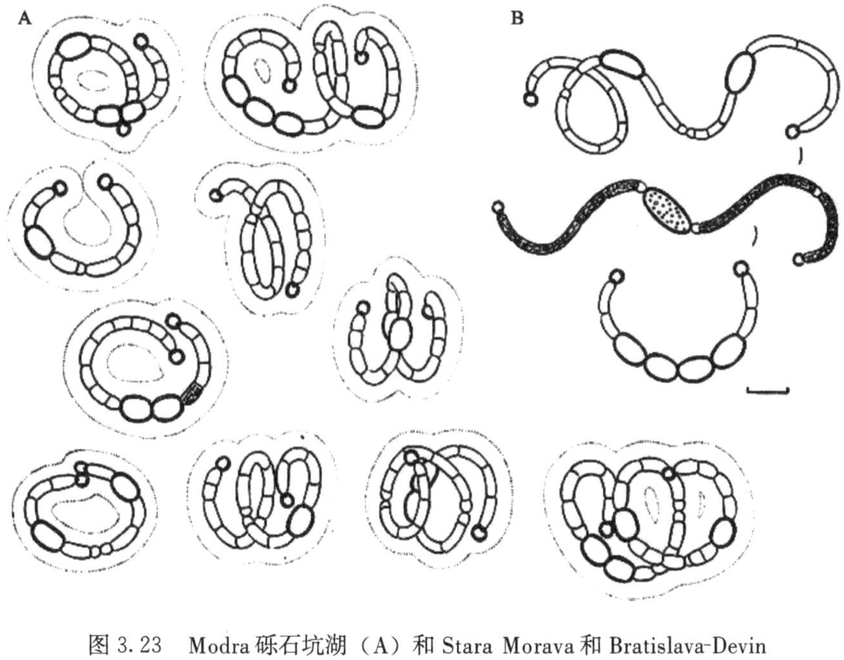


图 3.23　Modra 砾石坑湖（A）和 Stara Morava 和 Bratislava-Devin 沙坑湖（B）环圈拟鱼腥藻藻丝形态。(仿 Hindák，1988)

**表 3.1　斯洛伐克不同地区两种 *Anabaenopsis* 特征比较(Hindad,1988)**

| 种名 | | *A. elenkinii* | | | | | | *A. circularis* | | |
|---|---|---|---|---|---|---|---|---|---|---|
| 采集地 | | Holisa<br>水库 | Tomásov<br>Danub 河湾 | Devin<br>沙坑湖 | Medvedov<br>砾石坑湖 | Modra<br>砾石坑湖 | Klucovec<br>砾石坑湖 | Medvedov<br>砾石坑湖 | Modra<br>砾石坑湖 | Tomásov<br>Danube 河湾 |
| 藻丝 | | 卷曲 | 卷曲 | 卷曲 | 卷曲 | 卷曲、紧密卷曲 | 紧密卷曲 | 卷曲 | 卷曲 | 卷曲 |
| | 长度/μm | 100～150 | 90～170 | 30～300 | 170～200 | 110～150 | 30～150 | 75～150 | 150～300 | 100～250 |
| | 胶质 | + | + | + | + | + | + | + | + | + |
| 曲卷 | 数目 | 0.5～1.5 | 0.8～1.5 | 1～4.5 | 1～2 | 1.5～3 | 0.5～6 | 1～2 | 0.5～2.5 | 1.4～2.5 |
| | 直径/μm | 45～50 | 30～45 | 30～75 | 25～35 | 20～35 | 15～30 | 25～35 | 20～30 | 20～45 |
| | 螺距/μm | 25～30 | ? | 20～30 | 5～10 | 5～15 | 1.5～8 | 5～10 | 520 | 15～20 |
| 细胞 | 形态 | 椭圆形、圆桶形 | 椭圆形、圆桶形 | 椭圆形、圆桶形 | 椭圆形、圆桶形 | 椭圆形、圆桶形 | 椭圆形、圆桶形 | 圆柱形 | 圆柱形 | 圆柱形 |
| | 长度/μm | 4～9 | 5～10 | 4～8 | 4～8 | 3～8 | 5～9 | 4～10 | 4.5～8 | 5～13 |
| | 宽度/μm | 4～6 | 4～7 | 4～6 | 4～6 | 4～7 | 4～5.5 | 2.5～3.5 | 2.5～3.5 | 2～3 |
| | 长宽比 | 1～1.3 | 1.2～2.4 | 1～2 | 1～2 | 1.2～2.4 | 1.2～2.2 | 1.3～2 | 1.3～2.5 | 1.5～5 |
| 异形胞 | 形态 | 圆球形、卵形 | 圆球形 | 圆球形 | 圆球形 | 圆球形 | 圆球形 | 圆球形 | 圆球形 | 圆球形 |
| | 长/μm | — | — | — | — | — | — | — | — | — |
| | 宽/μm | 4.5～5.5 | 4～5 | 3～4 | 3～4 | 3～4 | 4～5 | 3～4 | 3～4 | 3～5.5 |
| 厚壁孢子 | 形态 | 长圆柱形、椭圆形 | 椭圆形 | 宽椭圆形 | 椭圆形 | 宽椭圆形 | 宽椭圆形 | 宽椭圆形 | 宽椭圆形 | 椭圆形 |
| | 长/μm | 10～15 | 10～12 | 8～14 | 8～10 | 5～8 | 8～10 | 8～12 | 7～8 | 9～12 |
| | 宽/μm | 8～10 | 6～7 | 6～8 | 7～8 | 5～7 | 7～8 | 5～7 | 5～7 | 4～6.5 |

# 第五节　节旋藻[(*Arthrospira*)(*Spirulina*)]藻体及藻丝的多样性

生长于碱湖中的节旋藻藻体及藻丝的变异可能是最大的，早在1932年Rich就研究了肯尼亚峡谷地区盐碱湖的单种标本，发现许多形态变异。1934年Voronichin认为这些变异都在他们所描述的纺锤螺旋藻（*Spirulina fusiformis*）种的形态特征之内。Hindák研究了肯尼亚Rogoria的纺锤螺旋藻的形态变异，还与形态近似的席藻（*Phormidium*）、颤藻（*Oscillatoria*）进行了比较，这两属也有藻丝卷曲的现象，但不是“种”水平上（species-level）的特征，而螺旋藻和节旋藻藻丝螺旋卷曲是正常现象，因此，认为将这两个“属”，独立分别是正确的。不过，Hindák不同意Komárek等主张将细胞横壁在光镜下可见与否作为区分这两个属的主要特征，认为那毫无意义，他选择了藻丝运动、形态学、藻殖段的形成及鞘（sheath）的存在与否作为这两属的区别特征。关于极大螺旋藻，Komárek更名为极大节旋藻。Hindák认为极大节旋藻与纺锤节旋藻同种异名，而Komárek等却坚持认为后者系前者的同种异名。无论谁是谁的同物异名，一个不可否认的事实是这个种形态变异是显著的，藻体既有呈纺锤形，也有呈圆柱形，还有呈哑铃形的（图3.24）。

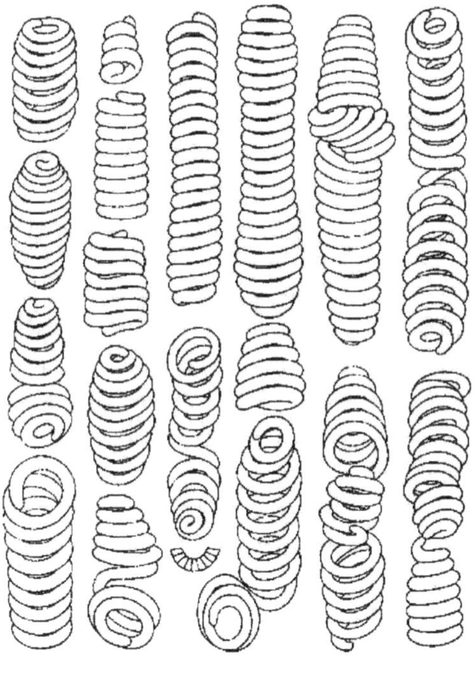

图3.24　纺锤螺旋藻的各种形态。(胡鸿钧，2003)

Kebede较深入地研究了埃塞俄比亚Chitu湖的钝顶节旋藻，用$NaHCO_3$、NaCl和$Na_2SO_4$三种不同的钠盐（浓度为13～88g·$L^{-1}$）处理，观察胁迫下藻丝的形态变化(图3.25)。

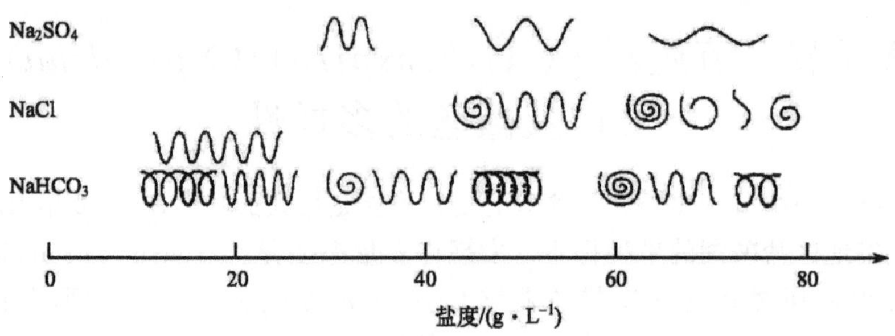


图 3.25 钝顶节旋藻（*A. platensis*）在不同浓度的钠盐条件下藻丝长度和螺旋的变化。（胡鸿钧，2003）

## 参 考 文 献


胡鸿钧. 2003. 螺旋藻生物学及生物技术原理. 北京：科学出版社. 9～19.

Anagnostidis K, Komárek J. 1988. Modern approach to the classification system of cyanophytes. 3-Oscillatoriales. Arch. Hydrobiol Suppl, 80, 1～4 (Algological Studies 50～53): 327～472.

Hindák F. 1988. Planktic species of two genera *Cylindrospermopsis* and *Anabaenopsis* from Western Slovakia. Arch Hydrobiol Suppl 80, 1～4 (Algological Studies 50～53): 283～302.

Hindák F. 2000. Morphological variation of four planktic nostocalean cyanophtes-members of the genus *Aphanizomenon* or *Anabaena*? Hydrobiologia, 438: 107～116.

Hindák F. 2006. Three planktonic cyanophytes producing water blooms in Western Slovakia. Czech Phycology Olomouc, 6: 59～67.

Komárek J, Anagnostidis. 1986. Modern approach to the classification system of cyanophytes. 2-Chroococcales. Arch Hydrobiol Suppl. 73 (Algological Studies 43) 2: 157～226.

Komárek J, Anagnostidis. 1989. modern approach to the classification system of cyanophytes. 4-Nostocales. Arch Hydrobiol Suppl, 82. (Algological Studies 56) 3: 247～345.

Komárek J, Komarkova J. 2002. Review of the European microcystis-morphospecies (Cyanoprokaryotes) from mature. Czech Phtcology Olomouc, 2: 1～24.

Komárek J, Komarkova J. 2003. Plenotype diversity of the Cyano-Prokaryotic genus *Cylindrospermopsis* (*Nostocales*); review 2002. Czech Phycology Olomouc, 3: 1～30.

Komárek J, Kovacik L. 1989. Trichome structure of four *Aphanizomenon* taxa (Cyanophyceae) from Czecho slovokia, with notes on the taxonomy and delimitation of the genus. Pl. syst. Evol, 164: 47～64.

Komárek J. 1958. Die taxonomische revision der Planktonischen Blaualgen der Tschechoslowakei. *In*: Komárek J, Ettl H. Algologische Studies, CSAV Praha: 10～206.

Komárková J, Ladares-Silva R, et al. 1999. Extreme morphology of *Cylindrospermopsis raciborskii* (*Nostocales cyanobacteria*) in the Lagon do Peri, a freshwater coastal lagoon, snata Cacarina, Brasil, Ach Hydrobiol Algolog Studies, 94: 207～222.

Reynolds C S, Jaworski G H M, Cmiech H A, et al. 1981. On the annual cycle of the blue-green algae *Microcystis airuginosa* Kütz, emend Elenkin. Philosophical Transactions of the Royal Sociey of London B, 293: 419～477.

# 第四章　水华蓝藻的繁殖与生活周期

富营养化水体形成的水华有两个显著特征：①在短时期内水体蓝藻的生物量（biomass）大，往往在水面形成一层“浮膜”（scum）；②在水体富营养化未得到有效控制前，水华的发生年复一年、周而复始有规律地出现。以长江中下游为例，每年 4 月开始发生，10 月底至 11 月初消失，持续约 7 个月。前一个特征涉及水华蓝藻的生长问题，我们将在第六章详细讨论。第二个特征虽然与水华蓝藻的生长不能截然分开，但“繁殖”（propagation）强调的是生物生成新个体的所有方式。这些方式归纳起来有三种：营养繁殖（vegetative propagation）、孢子生殖（spore reproduction）和有性生殖（sexual reproduction）。已知水华蓝藻的繁殖方式只有前两种。有性生殖在蓝藻仅在某些类型中发现细胞间有 DNA 交换的现象，在水华蓝藻中尚未见报道。

## 第一节　繁　　殖

### 一、营 养 繁 殖

单细胞类群只有细胞分裂，是生长还是繁殖难以区分。胶群体类的营养繁殖方式很简单，大群体分裂成若干个由少数细胞组成的小群体，甚至单个细胞，每个小群体或群体单细胞经细胞多次分裂形成与母体一样形态大小的成熟群体。

丝状蓝藻的营养繁殖是通过藻丝分裂（disintegration）实现的。藻丝分裂的方式主要有：① 藻丝细胞横壁胶化后断裂成若干包括少数细胞的藻丝片段（图 4.1 A）；② 藻丝少数细胞间产生“死细胞”（necridic cell），然后从死细胞处断裂形成若干有少数细胞的片段（图 4.1 B；图 4.2 C）；③ 前两种方式的结合，即藻丝片段由死细胞形成后，再胶化断裂形成（图 4.1 C，D；图 4.2 A，B）。无论通过哪种方式形成由少数细胞构成的片段更有利于漂流散布，每个片段在有利的环境条件下长成成熟的藻丝。丝状藻细胞分裂还有一种特殊的方式，即只在藻丝的某一部分细胞进行横分裂，称之为分生带（图 4.1 E）。

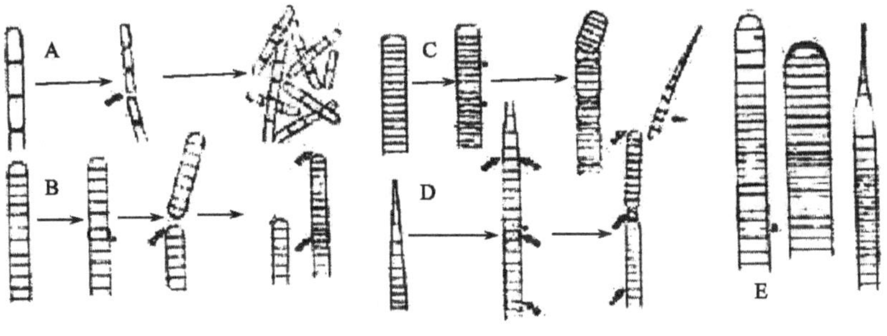


图 4.1　丝状（不分枝的、具伪分枝的、真分枝的）蓝藻细胞分裂方式。
（仿 Komárek and Anagnostidis，2005）

藻丝也可因外力机械作用而断裂，这种情况下破坏的细胞死亡了，只要未伤害其他细胞，断裂的藻丝仍可存活生长。

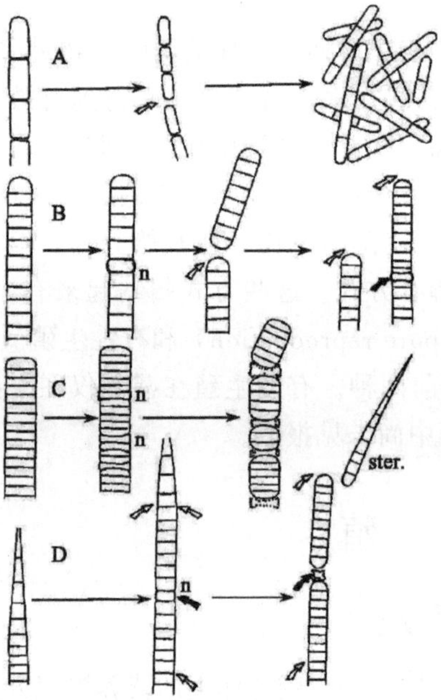


图 4.2　颤藻科藻殖段以形成死细胞（n）的方式使藻丝解离（分裂）。（仿 Komárek and Anagnostidis，2005）

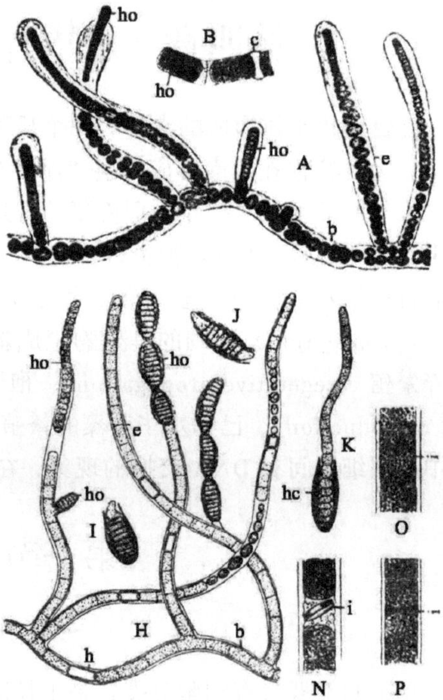


图 4.3　藻丝上形成的藻殖段（ho）和藻殖囊（hc）。（仿 Fritsch，1952）

## 二、藻殖段和藻殖囊

**1. 概述**

颤藻目和念珠藻目许多类群通过产生藻殖段（hormogonia）和藻殖囊（hormocytes）进行繁殖，它们不是孢子，只是一段藻丝，既像营养繁殖又像孢子繁殖，是丝状蓝藻的一种特殊的繁殖方式。藻殖段、藻殖囊通常由藻丝中较短的一段没有分化的、比营养细胞大的细胞（常有 1～50 个）组成，两端钝圆，具共同的、柔软的胶被。许多水华蓝藻，如颤藻、节旋藻（*Arthrospira*）、鞘丝藻（*Lyngbya*）、伪鱼腥藻（*Pseudanabaena*）等都有这种繁殖方式。

藻殖段和藻殖囊在形态上没有区别，它们的区分仅在于藻殖段能活跃地运动，而藻殖囊则不能。它们在藻丝上的位置主要有两种，一种位于藻丝的中间，另一种位于真分枝类群的侧枝上（图 4.3）。

藻殖段和藻殖囊常在藻丝中几个同时出现，只有真枝藻类型的侧枝上常有单个发生的。它们与母藻丝分离有两种方法：藻殖段间产生 1 至多个死细胞（necridia，necridic cell）或牺牲细胞（sacrifying cell），这些细胞往往与细胞间的物质同时产生特殊的双透镜形的分离盘（special biconcave separation disc），随着死细胞和“分离盘”的胶化溶解，藻殖段离开母体（图 4.4）。

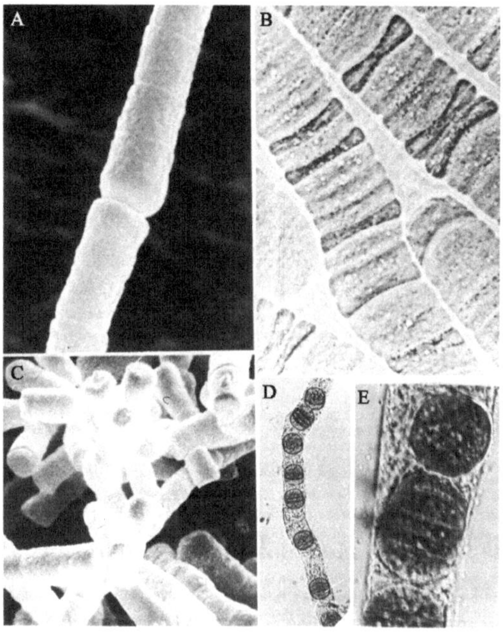

图 4.4　颤藻科藻丝借助于“死细胞”解聚形成藻殖段。（仿 Komárek and Anagnostidis，2005）

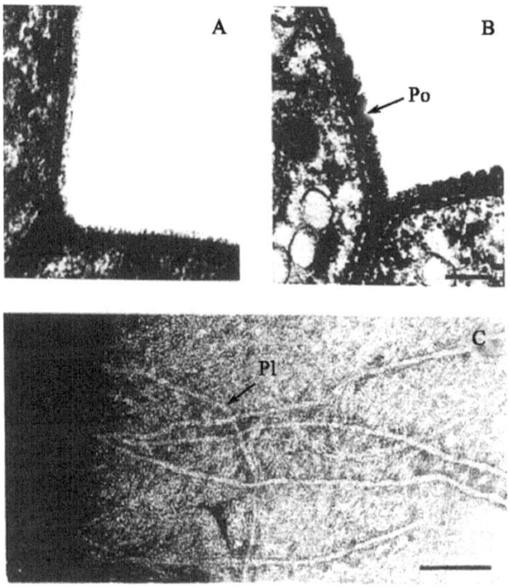

图 4.5　A. 营养细胞超薄切片；B. 藻殖段细胞，显示在分化过程中肽聚糖形成的孔（po）；C. 负染藻殖段显示似菌毛结构的电镜照片。（Dameval et al.，1991）

有的藻殖段细胞有气囊，有的则无。一些底栖的丝状类群如 *Plectonema boryanum* 产生的藻殖段能附着在固体基质的表面。成熟营养体藻丝和藻殖段细胞的包被是疏水性的（hydrophobit）。但实验证明，当光照培养形成后 48h 内藻殖段变成亲水性的（hydrophilic），表面细胞包被的性质依赖于细胞类型（cell type）和它们的生理状态，这种变化需要蛋白质的合成和光能。这种转化过程对后代在自然生境中从底栖表面着生和扩散都起着重要的作用。

**2. 藻殖段超微结构的性质**

层理鞭枝藻（*Mastigocladus laminosa*）的藻殖段在侧枝上由平均 13.6 个长的、圆柱形的狭细胞组成，其超微结构特征与侧枝顶端细胞相同。狭细胞与宽细胞不同，能迅速生长和分裂，包含更多的核糖体和更多的核物质。许多蓝藻素（cyanophycin）和多糖颗粒及少数羧基体（多角体）（carboxysome）位于细胞中央，脂质小体（lipid body）位于细胞周边。狭细胞的类囊体通常为周边位，与宽细胞相比很少位于细胞质内。*Nostoc* sp. 藻殖段细胞的类囊体在细胞质中呈轮状。

细胞壁外层肽聚糖层具孔，从孔分泌产生的似菌毛结构（pili-like structure）是使藻殖段运动的原因。菌毛宽近 7nm，在 *Nostoc* sp. 和 *Calothrix* sp. 中分别可长达 3μm 或 7μm（图 4.5）。藻殖段（藻殖囊）是一种暂时的细胞形态，经几次细胞分裂后再重新产生生长性藻丝（图 4.6）。

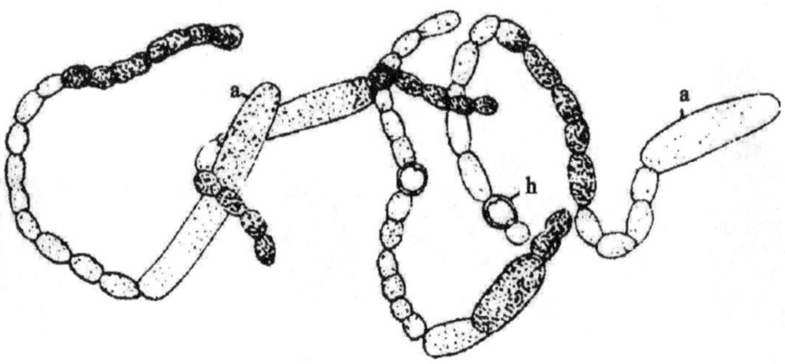


图 4.6　水华长孢藻（*D. flos-aquae*）的厚壁孢子（a）。（仿 Fritsch，1952）

**3. 藻殖段、藻殖囊分化形成的条件**

（1）光照、温度的影响

将白光或红光下生长的地木耳 *Nostoc commune* 584 和 *Nostoc* A 放到含有葡萄糖的培养基中，在黑暗条件下能促进藻殖段的分化，但这种刺激产生什么物质迄今尚不知。将灰色念珠藻（*N. muscorum*）A 群体从黑暗转到红光，无论有无糖都能诱导能动的藻殖段形成，而从绿光转到红光则无这种作用。藻殖段分化的光抑制作用的光谱显示，红光区有最大的 650nm 锐锋。分化的发生在相当程度上是同步的，但这种同步性随着细胞周期的发育而逐渐丧失。如果将细胞转到昏暗处或光照处（1～100$\mu$mol · photon · $m^{-2}$ · $s^{-1}$），用红光照射 24h，可获得 100%的分化。使用等量的白、蓝、紫、黄及红光的光合作用的光子流强度试验表明，单独用绿光和与其他光波的联合作用会抑制藻殖段分化。当提供绿光和红光时，分化速率会大大减少，但增大红光与绿光的比率，则分化比率增加。一些品系经冷激后即将藻丝移到 4～10℃条件下培养，能迅速提高藻殖段的产生。

（2）氮源和渗透压的影响

从培养基中移除 $NaNO_3$ 能诱发具气囊的 *Nostoc muscorum* 和 *Calothrix* PCC. 6719 的藻殖段形成。如果用等摩尔浓度的 NaCl、KCl 或 $KNO_3$ 替代 $NaNO_3$，则不能诱导藻殖段的形成，而用葡萄糖或蔗糖则能诱导，此结果表明灰色念珠藻（*N. muscorum*）具气囊藻殖段的诱导不是缺 N 的结果，而是离子的溶质阻止了这种诱导。而且，如果移除 $NaNO_3$ 的同时增加光强，这样的诱导作用比分别单独一种因素处理后的总和还要大。用等摩尔浓度的 NaCl 替代 $NaNO_3$ 不能阻止藻殖段的形成，同时短期内（2h）N 饥饿是其分化的诱因。迅速变化 N 代谢比渗透压的影响更能使眉藻（*Calothrix* sp. PCC 7601）产生藻殖段。甲硫氨酸（sulfoximine）、谷氨酸类似物因能抑制谷氨酸合成酶而阻止藻殖段的分化。

（3）P、Fe 和其他营养源的影响

某些眉藻（*Calothrix* sp.）品系在缺 Fe 的培养中形成藻殖段。具异形孢蓝藻品系，只有在 P 充足的情况下才能诱导藻殖段的产生。几种眉藻（*Calothrix* sp.）品系藻殖段形成只与磷酸酶（磷酸单脂酶和磷酸双脂酶）活性相关，这就意味着在自然环境中 P 浓度既能引发藻殖段的形成又能引起磷酸酶活性的显现。*Calothrix* sp. PCC 7601 在富

P 培养基中进行亚培养时失去产生胞外磷酸酶的能力。

将耐热的层理鞭枝藻（*Mastigocladus laminosus* UTE×1931）从液体培养基转到固体培养基（1.5 琼胶），在 45℃条件下 10h 出现块状藻殖段。改变环境因子，如蔗糖缺失、升高温度后转至黑暗对费氏绿胶藻（*Chlorogloea fritschii*）都可成为诱导藻殖段的因素。

## 三、静息孢子

厚壁孢子（akinete）是念珠藻目和真枝藻目的一种常见的通过分化形成的不断产生的孢子，圆球形、长椭圆形或圆柱形，常较大，聚集着颗粒状的食物储藏物——主要成分是蓝藻素，而光合作用色素却消失。厚壁孢子壁坚硬，通常具两层坚硬厚壁孢子壁，即内层包被和鞘，外层包被即鞘，常厚，黄色或褐色，偶尔具花纹或其他纹饰。具翅筒孢藻（*Cylindrospermum alatosporum*）孢子外层分化成宽的、透明的、具许多横向辐射条纹的翼瓣。黏毛藻（*Gloeotrichia*）常具 1 或更多的附加层，藻丝被浓密的胶鞘包裹。由于厚壁孢子被鞘包裹而与相邻的细胞分隔开来，它们常邻近异形胞。在念珠藻科，它们在藻丝中常几个一列（图 4.7）。孢子的形成也有不同的空间分布类型（图 4.8）。

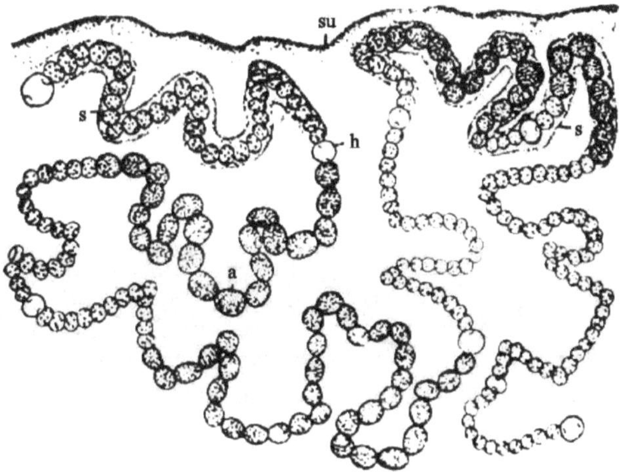


图 4.7　林氏念珠藻（*N. linchia*）厚壁孢子（a）。（仿 Fritsch，1952）

### 1. 厚壁孢子结构

现代研究表明厚壁孢子可分为 3 类：第一类很大、长形、邻近异形胞，如鱼腥藻（*Anabaena*），黏毛藻（*Gloeotrichia*）和筒孢藻（*Cylindrospermum* spp.）；第二类较小、圆球形，首先在异形胞间的中间位置出现；第三类是浮游种类的厚壁孢子离开异形胞的第 3 个营养细胞分化形成的。

所有类型的厚壁孢子都具有多层细胞外包被，例外的是，水华束丝藻（*Apha flos-aquae*）壁外只有一层薄鞘，多变鱼腥藻（*A. variabilis*）无厚的细胞壁。

具气囊的种类在形成厚壁孢子时气囊消失。厚壁孢子储藏物质为精氨酸与天冬氨酸的多肽——蓝藻素。其他内含物与营养细胞相似。

厚壁孢子有很强的抗旱能力，柱孢鱼腥藻（*A. cylindrica*）的孢子在干旱、黑暗的

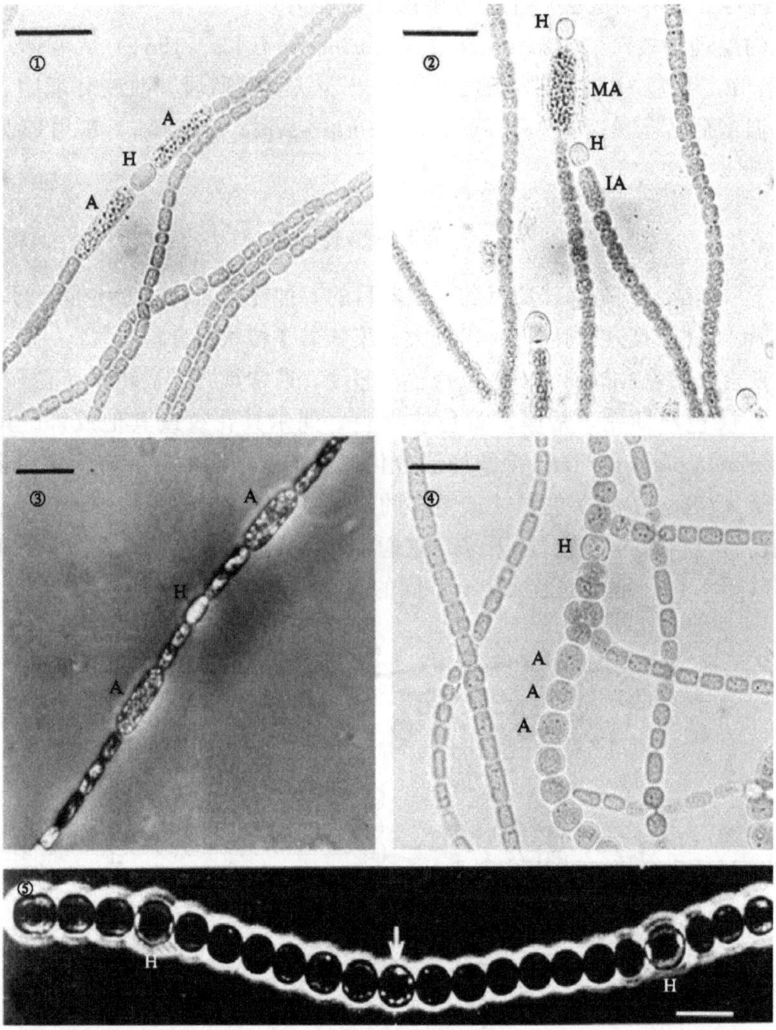


图 4.8 厚壁孢子的空间分布型（spacial pattern）（A）与异形孢（H）相关。① *Anabaena cylindrica* PCC 7122；② *Cylindrospermum* PCC 7417；③ *Anabaena circinalis*；④ *Fischerella*PCC 7414；⑤ *Nostoc* PCC 7524。注意 Cylindrospermum 成熟的（MA）和未成熟的（1A）厚壁孢子、折光颗粒（⑤中箭头所指）是蓝藻素颗粒；它们首先在两异形孢间的中间，标志厚壁孢子分化的第一个时期。也要注意 *Fischerella* 厚壁孢子链和营养细胞组成的侧枝，①、②及④为明视野；③、⑤为相差。①～④标尺＝20μm，⑤标尺＝5μm。（仿 Herdman，1987）

条件下能存活 5 年，而其营养细胞只能存活 2 周。但厚壁孢子不能长期暴露在高温下，柱孢鱼腥藻（*A. cylindrica*）在 55℃时死亡，*Nostoc* PCC 7524 孢子的成活力在 45℃培养 10min 减少 5％，相同品系在 4℃、黑暗条件下能储藏 15 个月。这两个品系在干旱条件下 6 个月成活率达 45％～80％。有学者从 64 年沉积物中分离出成活的厚壁孢子。

这种性质使这些蓝藻安全度过寒冷的冬天和干旱的夏季，表明厚壁孢子能在冬季沉积的泥土中生存，春季时萌发。不过 Reynolds 指出厚壁孢子萌发量只占春季种群的少部分，而营养细胞在水柱中的少量种源足以满足春季生长所需。Rother 和 Fay（1977）

研究了两个湖泊漂浮蓝藻厚壁孢子和营养细胞在春季种群形成中的作用。研究表明，一个湖泊越冬的厚壁孢子对春季种群形成起了相当大的作用，而另一个湖泊冬季存活的种群是以营养细胞的状态存在的。这样以孢子作为越冬的形式就有疑问了。因此他们认为漂浮种群的孢子在夏季浓密的水华中形成，成熟后不久就萌发，其功能使其在高光强期间当营养细胞由于光氧化死亡时存活。

漂浮类群厚壁孢子在形成的过程中由于气囊消失而下沉，从而使种群得以迁移。

厚壁孢子在分化和形成过程中不仅细胞形态发生变化，内含物也发生很大的变化，如光合色素组成、糖原（glycogen）、脂类（lipid）、脂肪酸、蓝藻素、自由氨基酸、核酸和蛋白质等的组成及含量与营养细胞有明显区别（表 4.1）。

**表 4.1　*Nostoc* PCC 7524 营养细胞和厚壁孢子的细胞组成**（Herdman，1987）

| 成分 | 平均细胞含量/$10^{-12}$g | |
|---|---|---|
| | 厚壁孢子 | 营养细胞* |
| 叶绿素 | 0.31 (2.1) | 0.15 (2.1) |
| 藻蓝素 | 0.82 (5.5) | 0.88 (12.4) |
| 总蛋白** | 4.47 (30.0) | 4.76 (67.0) |
| 蓝藻素 | 0.81 (5.4) | 0.10 (1.4) |
| 糖原 | 2.30 (15.4) | 0.14 (2.0) |
| DNA | 0.09 (0.63) | 0.10 (1.4) |
| RNA | 2.0 (13.4) | 1.9 (26.8) |
| 总 N | 0.88 (5.9) | 0.75 (10.6) |
| 总 C | 6.3 (42.2) | 3.0 (42.3) |
| 总干重 | 14.9 | 7.1 |

注：括弧内的数字系干重的百分数。

* 参考对数生长期细胞的值；** 不包括藻蓝素的总蛋白。

**2. 厚壁孢子萌发**

萌发的环境条件主要是增加光强。用单色光光强试验证明萌发的活性光谱与光合作用的相同：625nm（藻蓝素吸收的）和 670nm（叶绿素吸收的）诱导萌发最有效。实验显示 DCMU［二氯苯（基）二甲脲，一种光系统抑制剂］对多变鱼腥藻（*A. variabilis*）的厚壁孢子从包被中释放的作用相当小，虽然 $CO_2$ 固定减少了 95%，不过随后幼体（germling）或立即死亡或分裂成几个细胞后死亡。结果表明孢子萌发光系统Ⅱ活性不是常常必需的。环式光合磷酸化作用和（或）呼吸作用支持孢子萌发是有其可能性的。当光系统Ⅰ和Ⅱ两者正常活动时，所有孢子能在 22h 内迅速完全地萌发。某些异养生长的品系在黑暗条件下不会出现萌发。在光照和存在 DCMU 的厌氧条件下只有很少（约 4%）的孢子萌发，在此条件下若通气，有呼吸作用进行时孢子萌发率增加到 20%，若进一步增加蔗糖，孢子在 192h 内全部萌发。研究还表明光系统Ⅱ活性被抑制时，萌发所需要的条件是呼吸作用和环式光合磷酸化作用的正常运转，二者缺一不可。适宜的 pH（7～8）和温度（27℃）有利于孢子萌发，这种 pH 和温度与适宜营养细胞生长的条件相同。乙酸（acetate）能刺激孢子萌发，但作用机理不明，因此光合作用和呼吸作用速率在乙酸作用下未变。热激也不能促进孢子萌发。有意思的是鱼腥藻（*Anabaena*）品系 1616 在孢子萌发前需要短暂的干旱期（表 4.2）。

**表 4.2　培养条件对 *Nostoc* PCC 7524 厚壁孢子萌发的影响**（Herdman，1987）

| 培养条件 | | 萌发后厚壁孢子/% | | | |
|---|---|---|---|---|---|
| | | 22h | 46h | 120h | 192h |
| 光 | $N_2/CO_2$ | 100 | | | |
| | 空气/$CO_2$ | 100 | | | |
| | DCMU/$N_2/CO_2$ | 0 | 4.3 | 4.0 | 4.0 |
| | DCMU/$N_2/CO_2$/蔗糖 | 0 | 4.0 | 4.5 | 4.1 |
| | DCMU/空气/$CO_2$ | 0 | 20.7 | 21.3 | 21.0 |
| | DCMU/空气/$CO_2$/蔗糖 | 8.6 | 28.5 | 76.0 | 100 |
| 暗 | 空气/$CO_2$ | 0 | 0 | 1.3 | 1.1 |
| | 空气/$CO_2$/蔗糖 | 0 | 0 | 1.3 | 1.0 |

孢子萌发有 3 种形式：①包被末端形成一个孔，孢子细胞分裂 1 或 2 次形成幼体后通过孔释出；②幼体在细胞分裂前释出；③整个包被溶解，幼体释出，这种情况罕见。*Cylindrospermum* 厚壁孢子在萌发时蓝藻素颗粒消失，而在多变鱼腥藻（*A. varibilis*）的研究中被观察到，这种区别可能与孢子的年龄有关。*A. varibilis* 的蓝藻素颗粒在孢子周边“渐渐消失”，而水华束丝藻（*Apha. flos-aquae*）萌发过程中蓝藻素颗粒比成熟孢子少得多，表明萌发过程中这种储藏物质是处于动态变化之中的（图 4.9）。萌发的厚壁孢子积累糖原和脂类沉积物（图 4.10）。

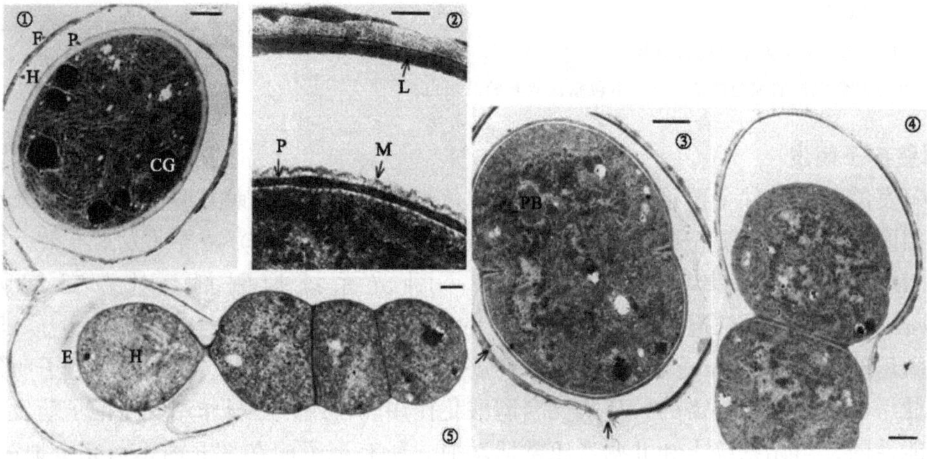


图 4.9　*Nostoc* PCC 7524 厚壁孢子的萌发①成熟的厚壁孢子，显示细胞壁厚的肽聚糖层（P）和同质组成的胞外包被（H）及纤维层（F）、蓝藻素颗粒（CG）。标尺＝500nm。②萌发起始后几小时的孢子，细胞壁肽聚糖层比成熟孢子的薄，但仍未完全回复到营养细胞的厚度；被外膜（M）环绕的同时在包被内新的片层（L）出现。标尺＝100nm。③第一次细胞分裂期间早期片层的形成。注意包被片层上宽的开口（箭头所示）裂口仍被外层包裹。细胞可见多角体（PB）和少数蓝藻素颗粒。标尺＝500nm。④两个子细胞同时开始分裂；幼体仍部分在包被内。标尺＝500nm。⑤4 细胞期的萌发的厚壁孢子。仍包裹在孢子包被内的幼藻丝顶端细胞异形胞（H）开始分化；异形胞包被（E）还没有完全形成。标尺＝500nm。（仿 Herdman，1987）

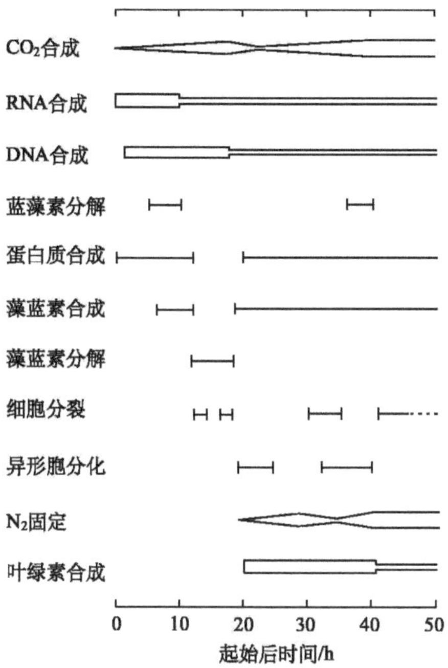


图 4.10 *Nostoc* PCC 7524 用 $N_2$ 作为唯一 N 源，
厚壁孢子萌发期间形态学和生物学变化摘要图式。
（仿 Herdman，1987）

厚壁孢子萌发期间细胞发生一系列生物化学变化（图 4.9），增加光合色素的合成，光合作用和呼吸作用的能力明显增强。诱导萌发后 RNA 合成立即开始，而 DNA 的合成在滞后 80min 才开始。如果有 $NO_3^-$ 作为 N 源，即使有 DNA 合成的抑制剂苯乙醇（phenethylalcohol）存在，孢子仍能萌发形成 10 个营养细胞的藻丝。这种现象的出现可能是厚壁孢子含有相等 DNA 的 10 个基因组，细胞连续分裂直到每个细胞仅有 1 个基因组。

# 第二节　生活周期（史）

生活周期与生活史的含义接近，在原核的蓝藻更难区分。所谓生活史是指一个生物从出生到死亡所经历的全过程，而生活周期则强调的是生物个体的繁育过程。蓝藻除简单的营养繁殖和产生孢子的无性繁殖外，无真核生物所具有的有性生殖现象。然而蓝藻的生命力却特别强，自从它们于 35 亿年前在地球上诞生以来，历经 30 多亿年的山川巨变，它们能生存下来，靠的就是在漫长的演化过程中炼成的一套在激烈的生存竞争中得以生存的生活史对策（life history strategy）。蓝藻的不同类群生活周期（史）呈现出不同的方式，本章主要讨论几种有代表性的水华蓝藻的生活周期。

## 一、无异形胞无分枝的丝状藻的生活周期（史）

以节旋藻（*Arthrospira*）[螺旋藻（*Spirulina*）] 为代表介绍无异形胞无分枝的丝状藻的生活周期（史）。

这种简单的螺旋卷曲的丝状体以细胞横分裂的方式增加藻丝长度。藻丝长到一定长度，其某些小区段形成死细胞，死细胞之间形成几个小段的藻殖段，随着死细胞的破裂胶化，藻殖段离开母体，在适宜条件下每个藻殖段的细胞分裂长成一个新的藻丝。如此周而复始，循环往返（图 4.11）。

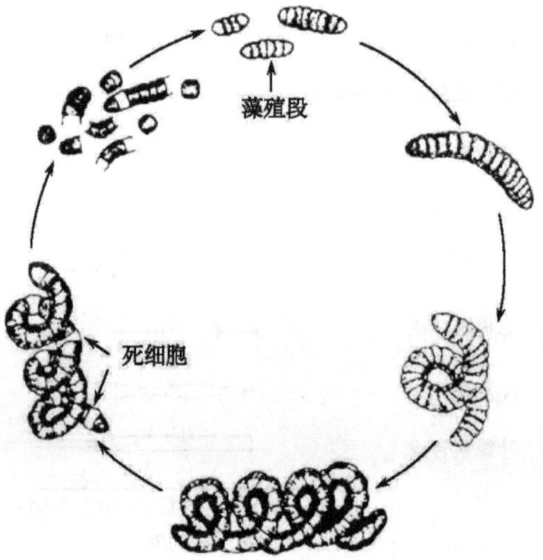


图 4.11 螺旋藻（*Spirulina*）生活史。（仿 Ciferri，1983）

## 二、具异形胞不分枝的丝状藻类型的生活周期（史）

Lazaroff 等（1962）研究了灰色念珠藻（*Nostoc muscorum*）的个体发育，认为该种的生活史为异形胞（heterocystous）与产孢（sporogenous）两个世代（generation）的交替。这种两个世代交替周期的出现是由光调节（photoregulation）的（图 4.12）。

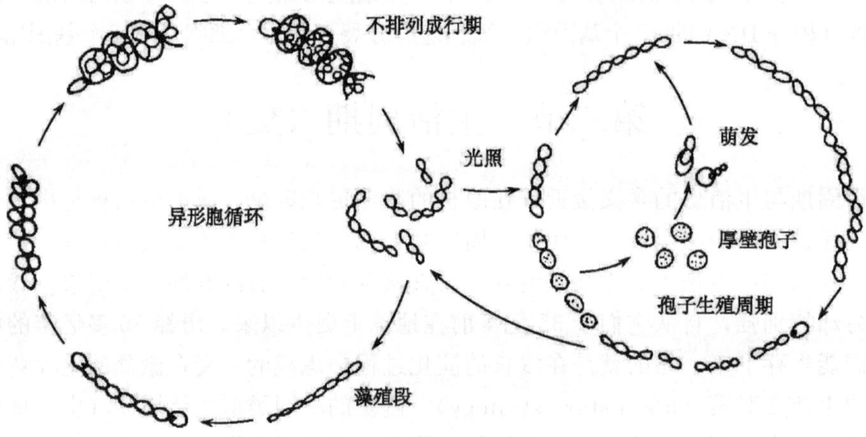


图 4.12 灰色念珠藻（*Nostoc muscorum*）生活史。（仿 Lazaroff，1962）

异形胞周期产生运动的藻殖段进入静止状态，幼丝体顶端细胞发育成异形胞，而其余细胞继续生长、分裂，每个细胞在母细胞包被内产生 4 个细胞，它们成为不排列成行

（“aseriate”）的时期。这一过程是在具有有机物和黑暗条件下形成的。进一步发育需要光照，光诱导细胞丛从母细胞包被释放短的、运动的藻丝，它们长成藻殖段，稍后形成间位异形胞。藻殖段的释放是新的异形胞周期的开始。当具异形胞的藻丝产生孢子时，灰色念珠藻进入交替发育的序列—产孢子周期。厚壁孢子最终萌发，幼体通过异形胞周期继续发育。念珠藻科藻丝发育的光诱导依赖于光质。红光波长约 650nm，促进运动藻丝的形成，而蓝光的作用则相反。

光的光子流密度随着水的深度呈指数衰减，因此漂浮种群为了进行光合作用和生长必须在水柱中维持适当的位置和深度。微小的圆柱形的气囊是使蓝藻漂浮的重要动力，而漂浮必须精确调节所在的垂直位置，水表面光照太强、水太深、光照太弱都不足以支持光合作用的进行。图 4.13 表示水华鱼腥藻（*Anabaena flos-aquae*）辐射与气囊作用之间相互关系的情况。在昏暗光照时，由于气囊形成的速率增加，藻丝更多漂浮；相反，当暴露在强光下使其漂浮力丧失，藻丝会逐渐下沉。强光下的细胞膨压比弱光下的大，膨压增加导致气囊坍塌。膨压上升的部分原因是光合作用活性的增强伴随着糖和其他小的有机分子增加，同时部分由于光刺激 $K^+$ 的吸收。

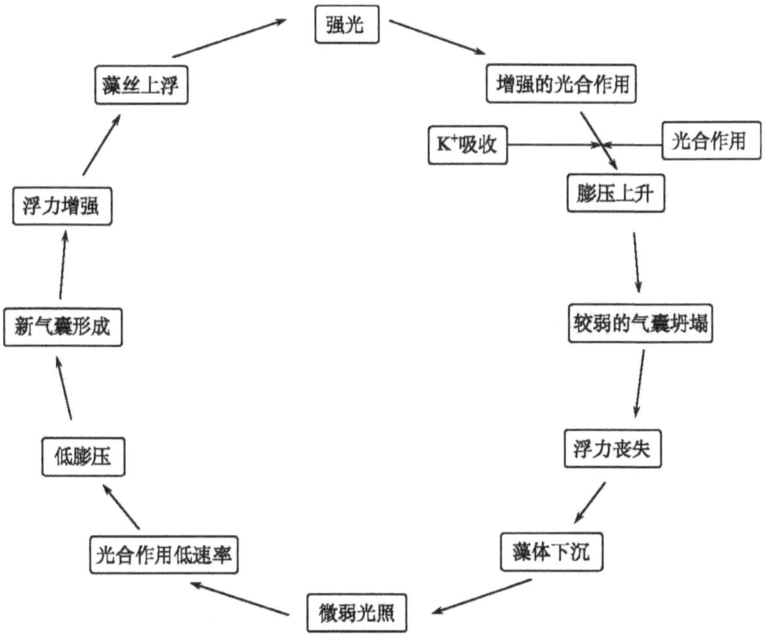


图 4.13 漂浮蓝藻气囊调节序列图解。(Reynold and Walsby，1975)

## 三、胶群体类型的生活周期

胶群体类型如微囊藻是国内外水华蓝藻中最常见、危害最大的类群，已观察研究多年，对它们生活周期的了解也最为深入，但迄今为止还有某些问题尚需进一步研究阐明。

**1. 布纹微囊藻（*Microcystis panniformis*）生活周期**

微囊藻是一种胶质群体，群体内的所有细胞都是没有分化的营养细胞，在生活周期的任何时期，不产生任何孢子进行繁殖。虽有人报道水华微囊藻产生微孢子（baeo-

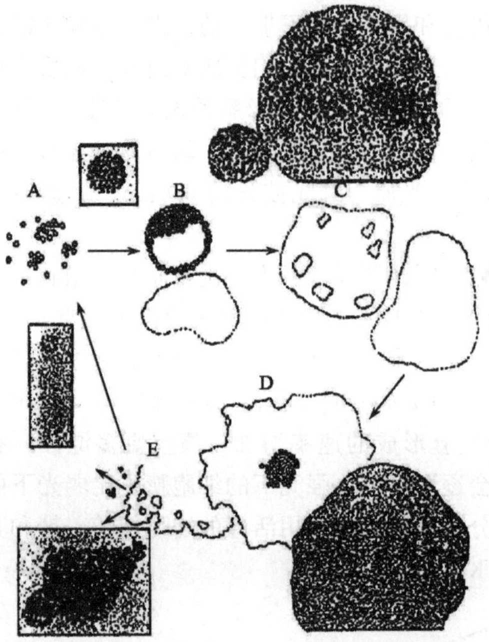

图 4.14　布纹微囊藻（*Microcystis panniformis*）生活周期。(Komárek and Komarkova，2002)

cytes)，但从未得到证实。因此，微囊藻本质上只有营养周期循环。布纹微囊藻是 Komárek 和 Komarkova (2002) 在热带美洲地区发现的一个新种。据他们观察，这种扁平的、不规则的、单层具小孔的微囊藻个体发育分 5 个时期（图 4.14）：A. 少数细胞呈分散状态；B. 小球形和不规则扁平团块，有时具小孔；C. 扁平，无孔团块，边缘整齐，细胞在胶质内均匀分布；D. 扁平，团块增大，边缘不整齐；E. 群体边缘呈缺刻状，具小孔。可惜的是，他们没有说明是否有越冬形态，也许在热带不会出现越冬问题⁉

**2. 铜绿微囊藻（*Microcystis aeruginosa*）生活周期（史）**

图 4.15 是 Reynolds 等于 1981 年发表的铜绿微囊藻生活周期图解。这个种广泛分布于除极地、亚极地地区外内陆和咸淡水富营养化水体，是国内外经常发生的严重有毒水华的主要物种。

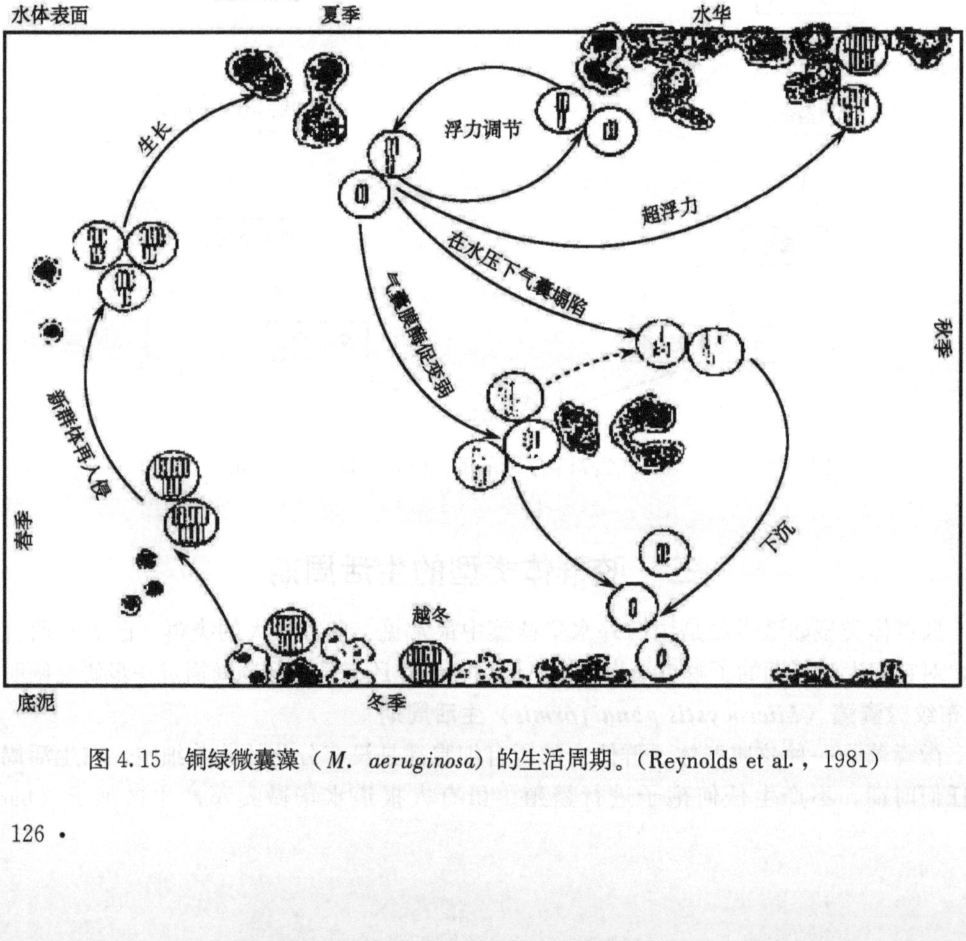

图 4.15　铜绿微囊藻（*M. aeruginosa*）的生活周期。(Reynolds et al.，1981)

从图 4.15 可见，铜绿微囊藻年生活周期大体可分成 4 个阶段：藻体夏季形成水华，秋季下沉，冬季在湖底泥表层越冬，春季复苏、生长上浮。为什么会出现这种现象，Reynolds 等主张是由于微囊藻细胞内的气囊（gas vesicle）存在、坍塌、新生所致。这个问题涉及水华发生机理，我们将在第九章详细论述，在此略而不论。孔繁翔和高光（2005）将我国大型浅水富营养化湖泊微囊藻生长与水华形成分为休眠、复苏、生物量增加（生长）、上浮及聚集 4 个阶段。

## 参考文献


胡鸿钧，魏印心．2006．中国淡水藻志——系统、分类及生态．北京：科学出版社．23～30.

胡鸿钧．2003．螺旋藻生物学及生物技术机理．北京：科学出版社．3.

孔繁翔，高光．2005．大型浅水富营养化湖泊中蓝藻水华形成机理的思考．生态学报，25：589～593.

Ciferri O. 1983. Spiralina, the edible microorganism. Micro－biological Reviews：551～578.

Damerval T，Guglielmi G，Houmard J，et al. 1991. Hormogonium differentiation in the cyanobacterium *Calothrix*：A photoregulated developmental process. Plant cell，3：191～201.

Fritsch F E. 1952. The structure and reproduction of the Alage. Volume Ⅱ. Cambridge University Press. 804～811.

Herdman M. 1987. Akinetes：structure and function. In：Fay P，Van Baalen C. The Cyanobacteria. The Netherlands：Elsevier. 227～250.

Komárek J，Anagnostidis K. 1998. Cyanoprokaryota 1. Teil：Chroococcales. Süsswasserflora，Band 1911，Speklrum Akademischer. Berlin：Verlag. 1～548.

Komárek J，Anagnostidis K. 2005. Cyanoprokaryota 2. Teil/2nd part：Oscillatoriales. Süsswasserflora，Band 1912. Heidelbeng：Elsevier/spektrum. 31～34.

Komárek J，Komárkova J. 2002. Review of the European *microcystis*-morphospecies（Cyanopro-Karyotes）from nation. Czech Phycology Olomouc，2：1～24.

Lazaroff N，Vishniac W. 1962. The participation of filament anastomosis in the developmental cycle of *Nostoc muscorum*，a blue-green alga. J Gen Microbiol，28：203～210.

Marsac N T. 1997. Differentiation of hormogoia and relationships with other biological processes. *In*：Bryant DA. The Molecular Biology of Cyanobacteria. New York：KAP. 825～842.

Nichols J M，Adams D G. 1982. Akinetes. *In*：Carr N G，Whitton B A. The Biology of Cyanobacteria. Blacknell Scientific Publications Great Britain，387～412.

Reynolds C S，Jaworski G H M，Cmiech H A，et al. 1981. On the annual cycle of the blue-green algae *Microcystis aeruginosa* Kütz，emend Elenkin. Philosophical Transactions of the Royal Sociey of London B，293：419～477.

Reynolds C S，Walsby A E. 1975. Water blooms. Biological Rewiews of the Cambridge Philosophical Society，50：437～481.

Rother J A，Fay P. 1977. Sporulation and the development of blue-green in two Salepcan meres. Proc Roy Soc Ser B，196，317～332.

# 第五章 水华蓝藻细胞的超微结构及功能

蓝藻水华的发生是水生态学的特殊现象，“现象”虽很特殊，但其有深刻的生理学特别是细胞生物学基础。本章重点讨论与水华发生有关的蓝藻细胞结构及其功能。蓝藻是原核生物，没有任何具膜结构的细胞器。早在 20 世纪 60 年代 Lang 和 Rae（1967）就研究了蓝藻类囊体超微结构的特征。经过许多学者多年研究，蓝藻细胞的超微结构已相当清楚，功能基本阐明。

蓝藻细胞的超微结构可分为两大类：一类为经常出现的包含物（inclusion of regular occurrence），它们在所有蓝藻细胞中都存在，不同类群甚至个体间只有多少、大小和细胞内分布的差异，如类囊体、蓝藻素颗粒、羧化体颗粒等；另一类为不经常出现的包含物（inclusion of irregular occurrence），如气囊在底栖或着生的蓝藻细胞中就不存在。

许多蓝藻细胞外具或厚或薄的胶质，它虽不是蓝藻的包含物，但有极其重要的生理生态功能，在水华蓝藻中尤为重要。因此在讨论细胞内含物前，应首先论述细胞外的胶质层。

## 第一节 胶质包被

几乎所有蓝藻都有胶质包被（mucilaginous investment），但不同种和同种细胞的生理状态及外部环境因素的不同影响分泌胶被的多寡，因而胶被或厚或薄。

光镜下胶被为均质或分层分布，有的种类胶被具黄、褐、紫、红等颜色，有些属如黏球藻属（*Gloeocapsa*）胶被颜色的不同是定种的特征之一。

胶质由似网格的（lattice-like）、吸湿的糖类多聚体组成，类似丙烯类物质，有时称黏液，与许多动物产生的多糖相似。胶质与其他未消耗的光合作用的胞外衍生物生化组成之间差别很小。产生胶质的原初机理很可能与调节光合作用产物的积累有关，即对不能合成氨基酸和蛋白质的一种反应。贫营养型水体中具胶质的藻类比富营养型水体中的更常见。胶质产生的量是可变的，如棕囊藻属（*Phaeocystis*），特别是 P 缺乏时分泌更多。研究表明，胶质的产生也是由于细胞内 C、N、P 代谢不平衡所致。虽然多糖是高密度的，但活的微囊藻群体胶质的平均密度仅为漂浮水体密度的 0.07%。电镜下观察，胶被由微原纤维（microfibrils）构成。经 37℃、5000lx 培养 14 天的钝顶螺旋藻胶质层厚 340nm，最细的微原纤维宽 3nm，靠近细胞壁的微原纤维以横向排列，即平行于藻丝纵轴为主，其上层则多垂直于纵轴，长度不等（图 5.1）。

一般认为胶质的元素组成（C、H、O）很少有其内在价值，是代谢的副产品。大量研究表明，胶质具有许多重要的生理生态功能。

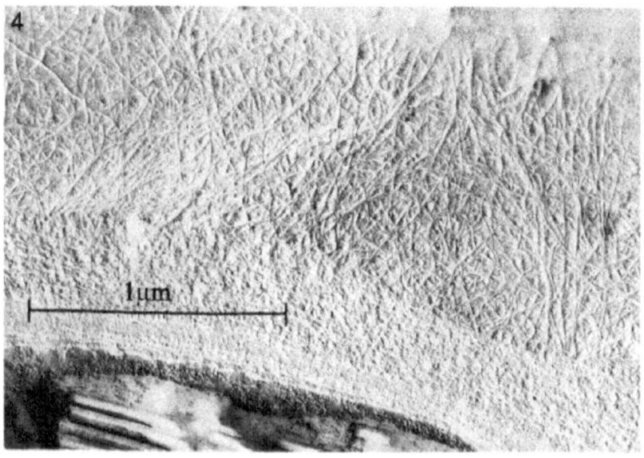


图 5.1 37℃、5000lx 条件下培养 14 天的钝顶螺旋藻（*Spirulina platensis*）
冷冻蚀刻复形，示从细胞外侧连续层发散的微原纤维。（仿 Eykelenbury，1979）

## 一、藻 丝 运 动

Lamont（1969）研究了 2 种似螺旋状滑动的颤藻类。电镜观察连续纵切片，每种胞外微原纤维的排列与细胞流线（stream-line）大体平行。钢颤藻（*O. chalybea*）连续切片能容易地判定由右旋螺旋状排列的微原纤维组成。钢颤藻的螺旋结构连续略斜，席藻（*Lyngbya* sp.）的螺旋结构则是左旋的（图 5.2）。

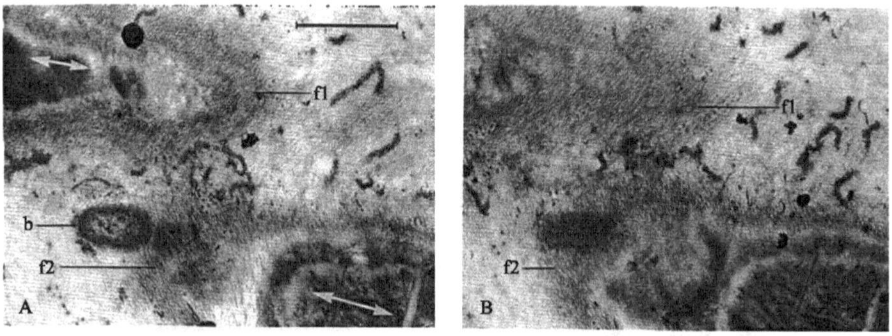


图 5.2 钢颤藻（*O. chalybea*）连续略斜切片。b 为未鉴定的细菌；
f1 和 f2 为两条相邻藻丝的微原纤维。双箭头示藻丝纵轴，藻丝 1 与 2
重叠，此处看到是藻丝 1 的背面和藻丝 2 的前面。标尺＝1μm。（仿 Lamant，1969）

由此可见，分泌胶质与藻丝的运动息息相关，胶质分泌的方向与藻丝运动方向相反（图 5.3，图 5.4）。

能滑动和不能滑动的蓝藻细胞壁有所不同，见下面两模式图（图 5.5、图 5.6）。

## 二、垂直分布的调节

群体蓝藻，如微囊藻、沃氏藻（*Woronichiana*）具大的胶被，使控制在自然水体中移动—上浮或下沉—处于合适的位置成为可能（图 5.7）。

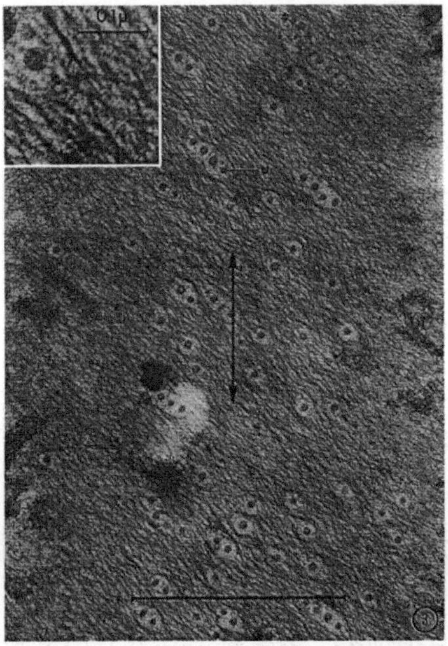

图 5.3 钢颤藻（*O. chalybea*）胶质层轻擦纵切面。双箭头示藻丝纵轴，邻近细胞壁似单位膜层外凸区（u）嵌入扩大了。（仿 Lamant，1969）

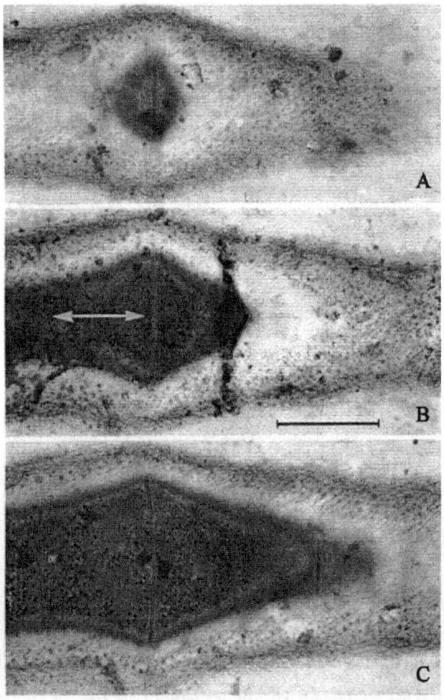

图 5.4 席藻（*Lyngbya* sp.）连续轻擦纵切面，看到的是藻丝前表面。双箭头示藻丝纵轴。标尺长＝1μm。（仿 Lamant，1969）

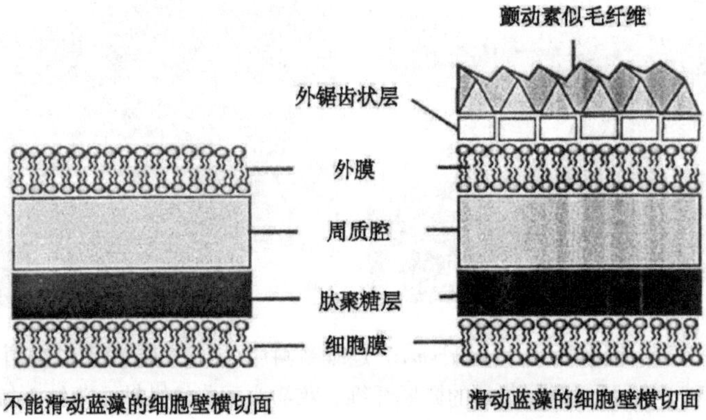


图 5.5 蓝藻接合孔复合体模型，通过横壁外侧上环周排列的接合孔排除黏液，使着生在基质上的藻丝向前运动。细胞壁外层颤动素似毛纤维的排列决定了藻丝在表面上旋转滑动。示意图表示颤动素似毛纤维是螺旋状的，因而藻丝是旋转滑动的。（转引自 Lee，2008）

## 三、营养储存

虽很早有学者提出胶被有储存藻类必需营养物质的功能（Langc，1976），但如何储存、逐步稀释、消耗的机理仍不清楚。

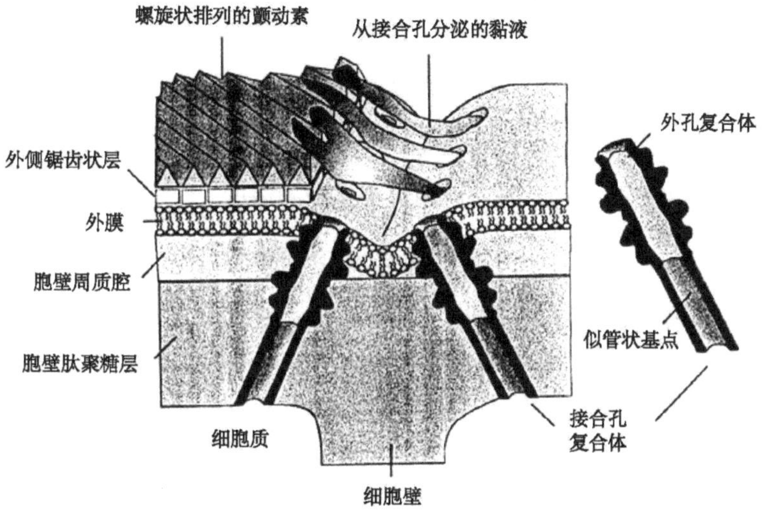


图 5.6　细胞壁孔分泌黏液的模式图。(转引自 Lee，2008)

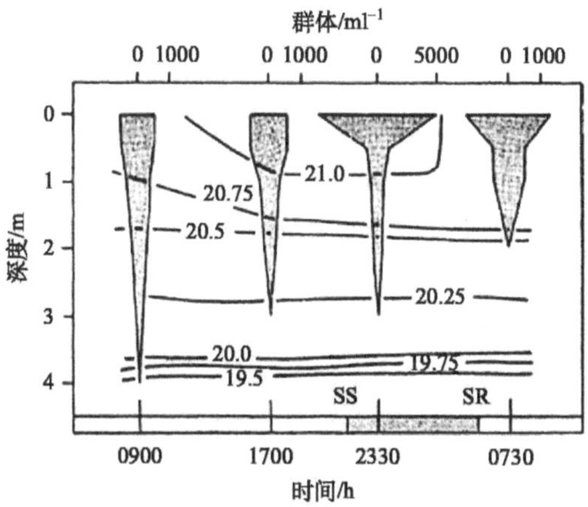


图 5.7　铜绿微囊藻在小型湖泊中垂直分布的变化（柱线表示）
与温度的相关性（℃表示等值线）。(仿 Reynolds，2006)

## 四、营养物质的螯合与加工

胶被为藻体提供了增加体积的便利，同时提供微环境使细胞能通过细胞壁吸收营养，而外部水体仍维持稀薄的营养物。细胞产生的磷酸酶在细胞外部起作用，其活性部位邻近细胞吸收磷的位点，这一功能被认为是在胶质层内螯合、加工完成的，不过有机溶解物的吸收必须要比磷酸酶的丧失快。

## 五、代谢的自我调节

营养不良的细胞不能完成分裂周期，但不停止光合作用。胶质被和鞘可以减缓扩（弥）散并最大限度地减少不必要的代谢活动。这种看法与野外观察以及藻类培养学者的经验（胶质通常在实验品系中迅速消失）是一致的。然而群体种类为何在营养和光照适宜的条件下不能获得最大的生长速率，其原因尚不清楚。

### 六、防御氧侵害

已经证明几种蓝藻的胶被内通过产生 *sulphydryl* 基因维持低的氧化还原环境，这样就有利于保护防御氧化过程，从而忍耐外部高的氧浓度。

### 七、防御金属的毒性

胶被的选择透性可防御某些忍耐酸性环境的鼓藻（desmids）吸收有毒的阳离子。用顺磁共振测定 *Spondylosium* 具鞘细胞，用疏水标记示踪腐烂速率，与用超声波除去胶质的细胞进行比较，表明具胶质的细胞腐烂较慢，可能与多糖中的—OH 基团的相互作用有关。因此，这种相互作用在吸收的选择性中起决定性作用。

### 八、防御草食性牧食

由于胶质太大，减少了那些以微型藻类为牧食动物的适口性，也使以中型藻类为牧食的食肉类动物觅食更为困难。现在有证据表明自由生活的微型蓝藻由于草食动物的存在而形成群体结构。

### 九、防御被消化

若具胶质的藻类被吞食，它们在通过某些消费者的肠道时可以防止被消化。同时，通过肠道群体细胞散开，被排泄后在水体仍能生长是胶质的额外功能。

总之，胶被（质）的漂浮性、还原的微环境、选择性透性以及成为牧食者的拒食性等特性都得到经验和实验的证实。

## 第二节　细胞壁、质膜与细胞分裂

### 一、细胞壁、质膜及超微结构

无论是单细胞还是丝状的蓝藻，光镜下都为一层明显而薄且界线分明的膜。电镜观察表明所有蓝藻的细胞壁由 4 层构成，每层的厚度约 10nm，从内向外分别为Ⅰ、

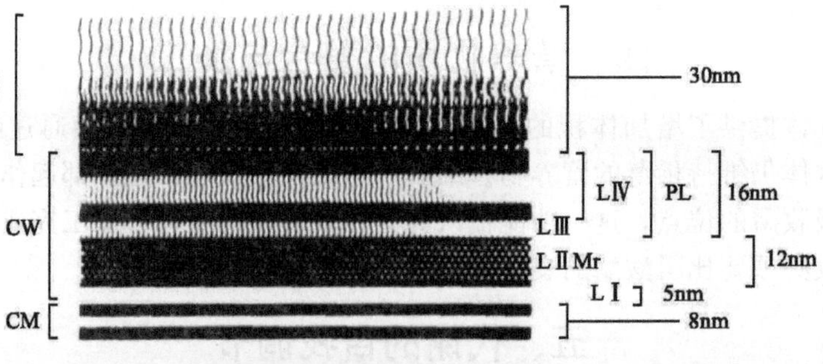


图 5.8　丝状蓝藻细胞壁超微结构。CW：细胞壁；CM：细胞质膜。
（仿 Komárek and Anagnostides，1998）

Ⅱ、Ⅲ和Ⅳ。层Ⅰ为电子透明层，内侧与质膜紧贴；层Ⅱ为黏多肽（mucopolymer）层；层Ⅲ为电子透明层；最外层为层Ⅳ（图 5.8）。4 层的生化成分均为肽聚糖（peptidoglycan）（图 5.10）。

许多丝状蓝藻细胞的黏多肽层（层Ⅱ）有直径约 13nm 的微孔分布，丝状蓝藻细胞整个纵壁上都分布有微孔。微孔的功能与胶质分泌有关（图 5.9）。

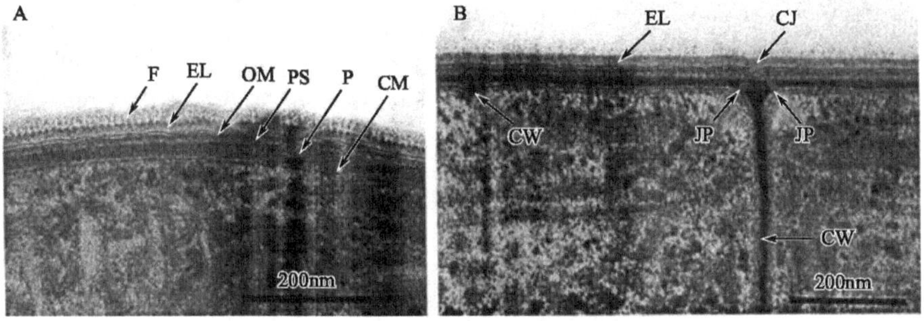


图 5.9 细胞壁超微结构。CW，细胞壁，包括与革兰氏阴性菌相似的层；CM，细胞质膜；P，肽聚糖层；PS，周质腔；OM，外膜。此外，运动细胞还包括外侧两层。F，似毛样纤维；CJ，环周汇合处（cricumferential junction）；JP，结合孔。（仿 Komárek and Anagnostides，1998）

多数蓝藻细胞的黏多肽层厚约 10nm，但一些种类的厚壁孢子更厚。巨颤藻（*Oscillatoria princeps*）层Ⅱ厚 0.2μm，可被溶菌酶（lysogyme）消化；层Ⅳ似乎含有运输消化酶到鞘的功能。

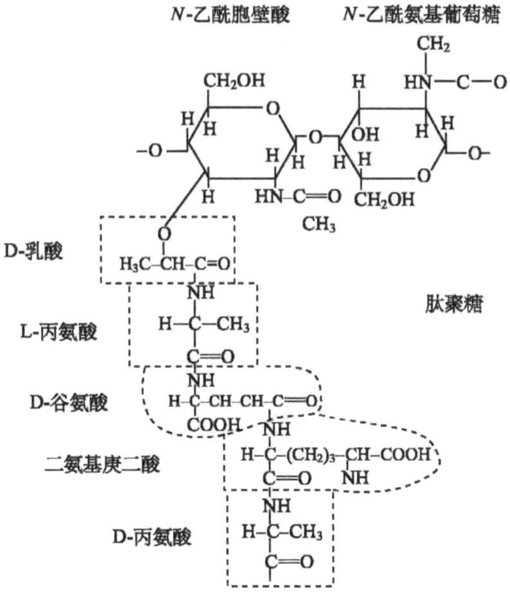


图 5.10 蓝藻细胞壁肽聚糖分子结构。（Lee，2008）

由于温度对脂类组成有影响，在一些蓝藻细胞壁表面出现一些暂时的特殊结构，如当螺旋藻在 16.5℃条件下培养时，细胞表面出现“疱”（bleb）状结构，它们很可能是从细胞纵壁“类窝”（pit-like）的微孔处形成的。“疱”径约 18nm，“疱”间距约 35nm，均匀分布在细胞纵壁上。25℃时，“疱”的基部扩展而逐渐相互连接。当在 37℃时，“疱”继续扩展形成一层厚约 18nm 的鞘。蓝藻细胞的质膜与所有细胞一样，为典型的厚约 8nm 的单层结构（图 5.11）。

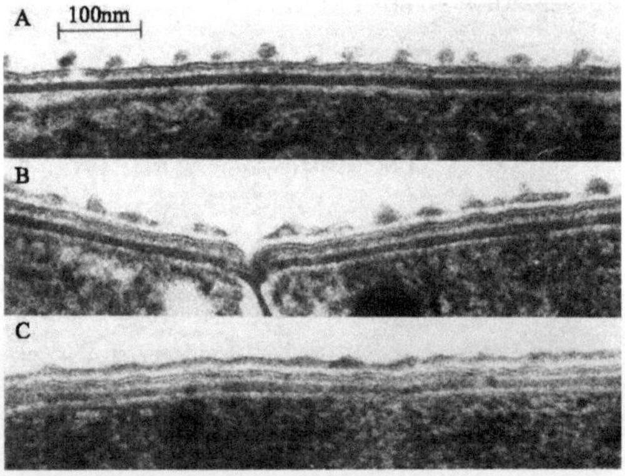


图 5.11　钝顶螺旋藻的鞘和细胞壁结构。注意壁上的“疱”（bled）。A. 生长在 16.5℃时；B. 生长在 25℃时；C. 生长在 37℃时。（仿 Eykelenbury，1979）

## 二、细胞分裂

所有蓝藻细胞分裂方式基本相同，即进行分裂时细胞壁向细胞中央凹入，直至中央，将母细胞一分为二，中央区的 DNA 也一分为二，分配到两个子细胞。DNA 如何分为两个均等的拷贝（copy），其机理目前尚不清楚。从超微结构分析，单细胞类型与丝状类型有明显的区别。

### （一）单细胞蓝藻细胞分裂的特性

单细胞蓝藻进行细胞分裂（包括孢子形成）时构成细胞壁的 4 层都参与分裂，形成的子细胞的细胞壁也是由 4 层构成，不产生新的横壁（图 5.12）。

### （二）丝状蓝藻的细胞分裂特征

丝状蓝藻细胞分裂时其分裂面与藻丝纵轴垂直。当进行分裂时只有沿着细胞周边向内凹入，与此同时在层Ⅱ与层Ⅲ之间产生新的横壁（L）。由此可见，丝状蓝藻细胞的横壁由 5 层组成：两层层Ⅰ和层Ⅱ，以及位于其间新生的横壁（图 5.13）。

# 第三节　蓝藻素颗粒

光镜下细胞内蓝藻素颗粒为高度折光的颗粒状，在所有蓝藻，不论是单细胞的、丝状的、固氮或非固氮的细胞中都存在，于暗周期消失。颗粒的形态、大小可变。老细胞中最大直径可达 500nm。蓝藻素颗粒（cyanophycin granule）是由多肽组成的，分子质量为 25～100kDa。

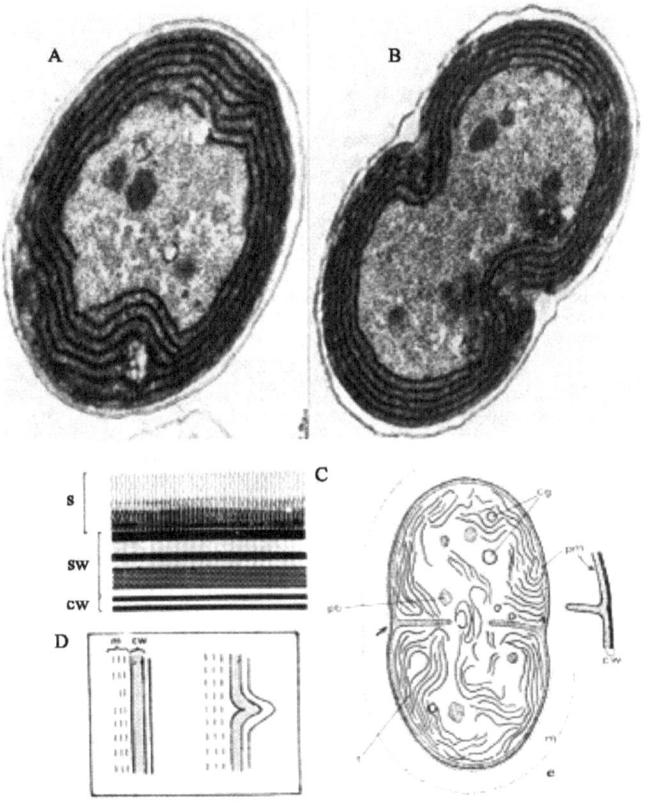


图 5.12　单细胞蓝藻细胞分裂。CW，细胞壁（4 层）；CM，细胞质膜。
（仿 Komárek and Angnostidis，2000）

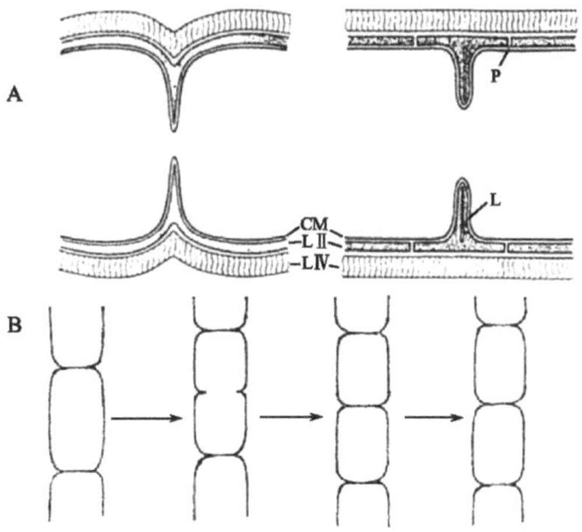


图 5.13　丝状蓝藻细胞分裂图解。（仿 Komárek and Angnostidis，2005）

多肽由精氨酸（arginine）和天冬氨酸（aspartic acid）按 1∶1 的摩尔比构成。下面是蓝藻素颗粒初级组成建议的结构模型（图 5.16）。

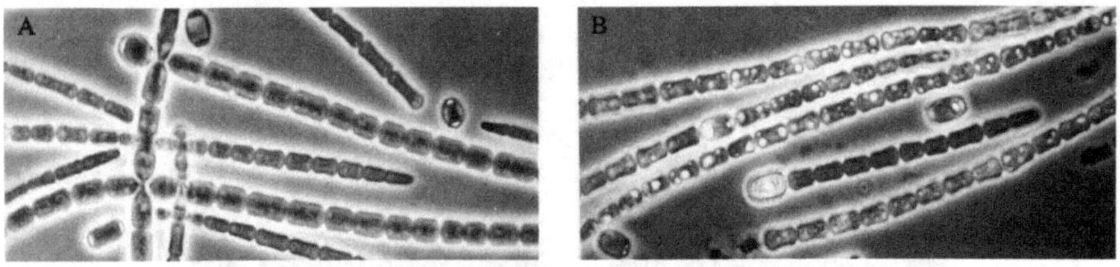


图 5.14　在含有 1.0g・$L^{-1}$ $NaNO_3$ 的培养基中培养的柱状鱼腥藻（*Anabacna cylindrica*）相差显微镜照片。A. 对数生长期的细胞；B. 稳定期的细胞，可见大量蓝藻素颗粒。(仿 Simon，1987)

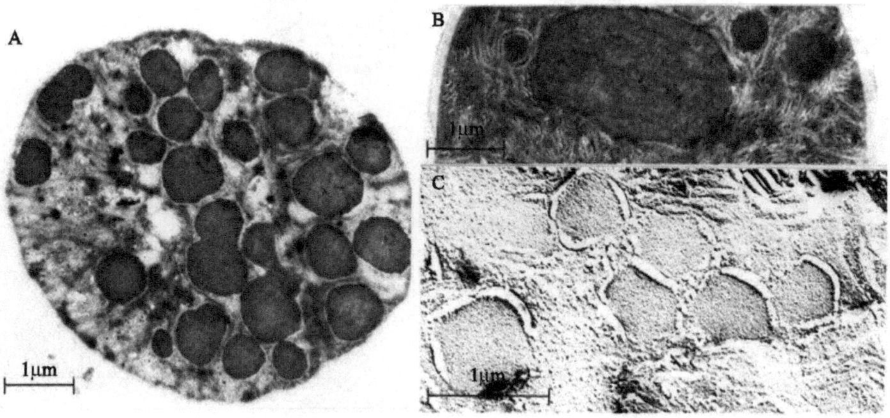


图 5.15　A. 15.5℃培养下的螺旋藻蓝藻素颗粒占细胞体积的 18%；B. 最长的蓝藻素颗粒直径达 2400nm；C. 蓝藻素颗粒冷冻蚀刻复形。(仿 Eykelen bury，1979)

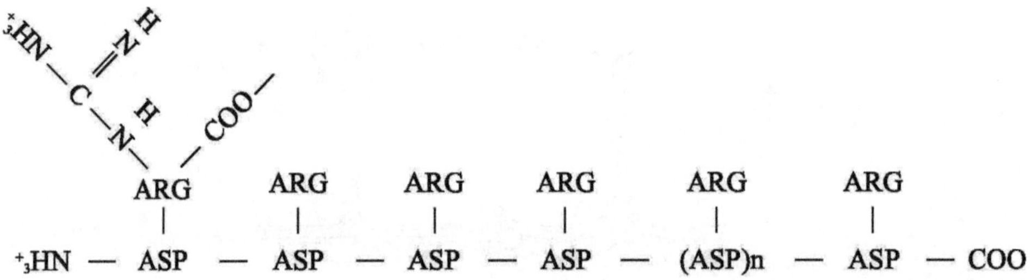


图 5.16　蓝藻素颗粒初级组成结构模型。
(仿 Simon，1987)

ARG：精氨酸；ASP：天冬氨酸；ASP-$NH_3^+$ 和 ASP-$COO^-$ 分别代表天冬氨酸末端的氨基和羧基。

通常温度在 17℃，低光强（0.5klx）时蓝藻素颗粒丰富，低于 17℃时颗粒宽达 2400nm，而高温时最大宽度为 630nm。低温下出现大量蓝藻素颗粒表明它是细胞的储藏物质。因此当藻体在适宜温度条件下对数生长期时，大量氨基酸被用于合成蛋白质，从而使细胞内的蓝藻素颗粒显著减少（图 5.14 至图 5.16）。

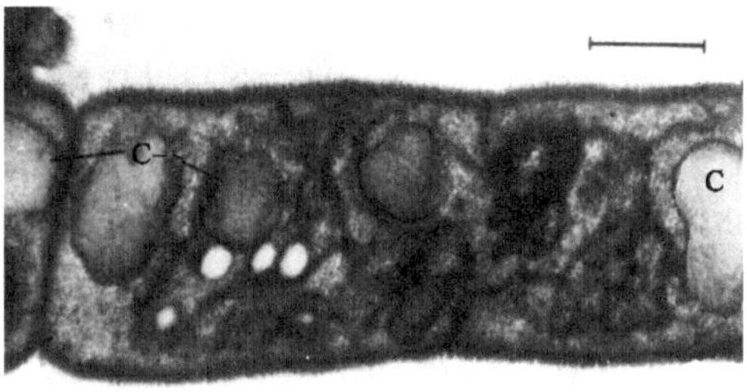


图 5.16　在缺 P 的无机培养基中培养的鲍氏织线藻（*Plectonema borganum*）细胞出现多数大的蓝藻素颗粒。(仿 Simon，1987)

# 第四节　多聚葡萄糖颗粒

多聚葡萄糖颗粒（polyglucosan granule），又称多聚葡萄糖苷颗粒（polyglucoside granule）、糖原颗粒（glycogen granule）或 α-颗粒（α-granule），是一种葡萄糖多肽，其中有些多聚葡萄糖颗粒的多肽高度分支，高分子质量，既与糖原相似，也与支链淀粉（amylopectin）相似。在蓝藻中这种颗粒常为杆状，宽约 30nm，长度不等，横切面为六角形，位于类囊体膜之间。*Oscillatoria rubescens* 的多聚葡萄糖颗粒具中央孔，由宽约 7nm 的圆盘组成（图 5.17）。

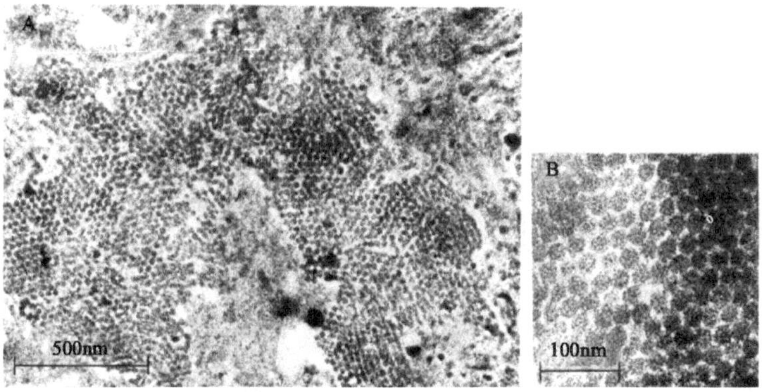


图 5.17　A. 温度在 17～20℃生长的细胞中的多聚葡萄糖颗粒；B. 六角形多聚葡萄糖颗粒。(仿 Eykelen bury，1979)

这种颗粒由下列反应合成：

ATP＋α- 葡萄糖 -1-P⇔A(U)DP- 葡萄糖＋PP

ADP- 葡萄糖＋α-1,4- 葡聚糖 ⇔ADP＋α-1,4- 葡糖(醛)葡聚糖

有学者认为蓝藻碳水化合物的代谢途径是经氧化戊糖磷酸盐循环的。还有学者认为糖原在黑暗中分解至少涉及三种酶的作用。

上面已提到，17℃时细胞中的蓝藻素颗粒丰富，高于这个温度时它们突然被多聚葡萄糖颗粒所代替，而后者的浓度在温度高于 20℃时迅速减少，同时随着光强增加多聚葡萄糖颗粒减少。这种代谢上突然从 N 储存转为碳水化合物储存的变化具有极其重要的生态学意义。

# 第五节　聚磷酸盐体

聚磷酸盐体（polyphosphate body）的细胞学特性早在100多年前就知道了。因碱性染料使聚磷酸盐吸收光谱发生位移，所以又称异染粒（volutin granule）或异染体（metachromatic body）。它是一种磷酐（phosphoanhydride）等当量与ATP连锁的聚合物。聚磷酸盐有几种存在形式，但是它作为一种包含物主要由高分子质量的线形磷酸盐组成。磷酸盐残基的量从少数到数千个。聚磷酸盐是聚阴离子，其负电荷必须由有机的或无机的细胞阳离子维持平衡。用来平衡的阳离子的浓度是稳定的。因聚磷酸盐和某些阳离子高度束缚且稳定，能以不溶的$Ba^{3+}$盐形式沉淀聚磷酸盐，使聚磷酸盐可以作为特殊金属离子的捕获器。此外，它还有离子交换的特性。

细胞中聚磷酸盐的浓度明显依赖于培养条件。在P饥饿的细胞中探测不到它的存在，而在另外的条件下它的含量可以占到细胞总磷的50%。在硝酸盐有限的恒化器中培养时，聚磷酸盐含量最高，在最低生长速率时细胞储藏磷只有20%。因此限制生长的速率的聚磷酸盐大约为细胞总磷的10%（图5.18）。

在分子水平上聚磷酸盐是微生物的P源，储存的是磷酸盐键。从理论上讲，它是为合成ATP之用。

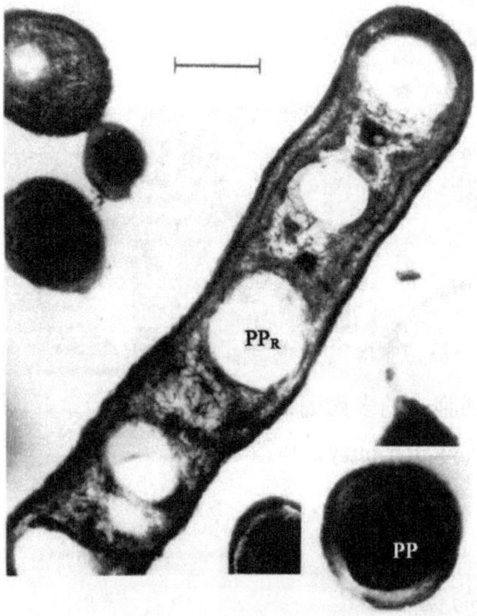


图5.18　平光聚球藻（*Synechococcus leopoliensis*）在缺失S的无机培养基中生长的电镜照片。照片中显示聚磷酸盐体的横切面。标尺=500nm；PP，聚磷酸盐体；$PP_R$，残留的聚磷酸盐体。（仿Simon，1987）

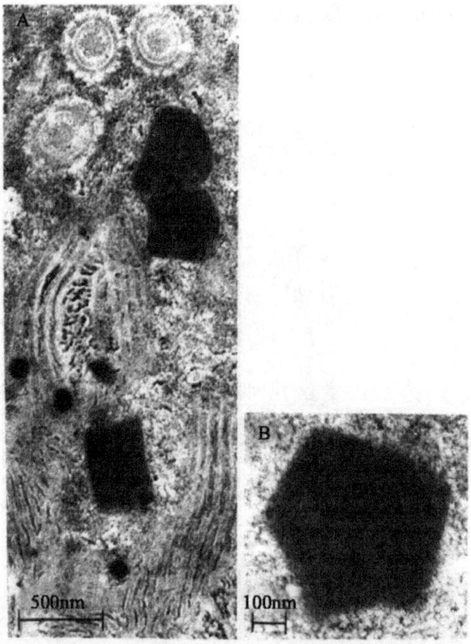


图5.19　A. 电镜下多角体外形；B. 显示电镜下多角体内颗粒的亚结构。（仿Eykelenbury，1979）

# 第六节　多角体（羧基体）

多角体（polyhedral body）因其在电镜下呈多角形而得名，又因其内含有核酮糖-1，5-二磷酸羧基酶/氧化酶（ribulose-1，5-bisphosphate carboxylase-oxygenase，rubisco）在二氧化碳固定和代谢中起着十分重要的作用，所以又称羧基体（carboxysome）。多角体是蓝藻细胞中常见的包含物，它们似乎被 3～4nm 的非单位膜（non-unit membrance）所包裹，其内具有颗粒的亚结构（substructure），位于细胞的核质区（nucleoplasmic region）内，直径 0.1～0.7μm（图 5.19）。

储藏在多角体内的 Rubisco 可作为潜在 N 源，柱孢鱼腥藻（*Anabaena cylindrica*）多角体在 N 饥饿期间分解，而在同样条件下 *Chlorogloeopsis fritschii* 则不分解，其原因目前还不清楚。当鲍氏织线藻（*Plectonema boryanum*）和多育颤藻（*Oscillatoria prolifica*）培养基中缺失 S 时多角体消失，但平光聚球藻（*Anacystis nidulans*）（*Synechococcus leopoliensis*）在相同条件下却存在，在黏球藻（*Gloeocapsa alpicola*）中甚至大量存在。

多角体是细胞生长周期所有时期包括细胞分化时进行代谢的重要物质，使其能成功占据特殊的生态位（niche），同时在环境胁迫下能利用储藏的这些包含物生存。

# 第七节　类囊体和藻胆体

类囊体（thylakoid）由光合作用片层（photosynthetic lamellae）构成。每条类囊体是由双层膜构成的闭合盘状结构。所有绿色植物叶绿体的类囊体不仅超微结构基本相同，功能也完全一样。但蓝藻的类囊体超微结构有其不同于高等植物和其他真核藻类的特点。蓝藻的类囊体在细胞内不形成“基粒”（grana），也无 2～（4～5）条并行排列，而是单条分布。它是进行光合作用的场所，全部或几乎所有的叶绿素 a 及许多或全部类胡萝卜素都在片层内。双层膜间的距离约 56nm（图 5.20）。

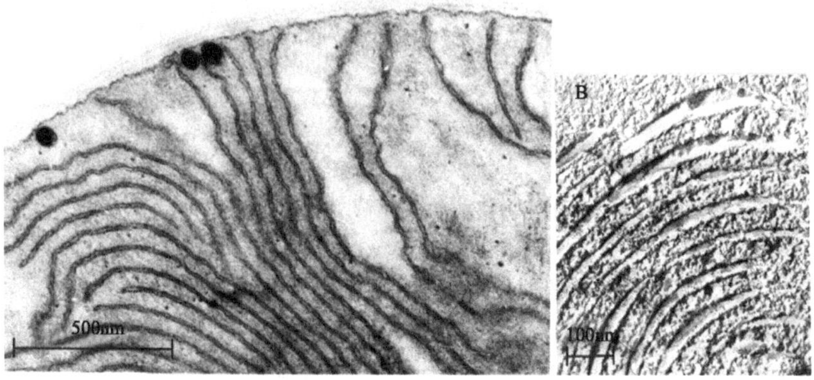


图 5.20　A. 光合作用片层，注意它们闭合的盘状结构，用胰蛋白酶处理后片层上无藻胆体；B. 部分类囊体冷冻蚀刻复形。（仿 Eykelenbury，1979）

藻胆体（phycobilisome）附着在类囊体片层的外表面上，它是藻蓝蛋白（phycocyanin）（吸收峰为615nm）、藻红蛋白（phycoerythrin）（吸收峰为650nm）和别藻蓝蛋白（allophycocyanin）（吸收峰为565nm）的高分子聚合体。它们是吸收光能的天线色素，并将吸收的光能传递给叶绿素a。藻胆体大小多数为35～50nm。钝顶螺旋藻藻胆体直径约22nm，常成对排列在光合作用片层上，每对距离约41nm，而光合作用片层间的空间距离约56nm。在38.5℃、1.0klx条件下能清晰地观察到藻胆体，约占类囊体间空间的4.5%。在较高光强下藻胆体并不增加（图5.21）。

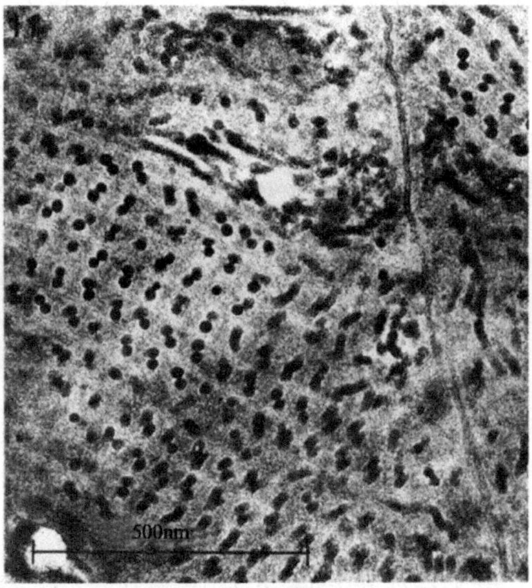


图5.21　钝顶螺旋藻光合作用片层表面成对排列的藻胆体。（仿 Eykelenbury，1979）

对藻胆体结构的研究已相当深入。其结构详见图5.22。

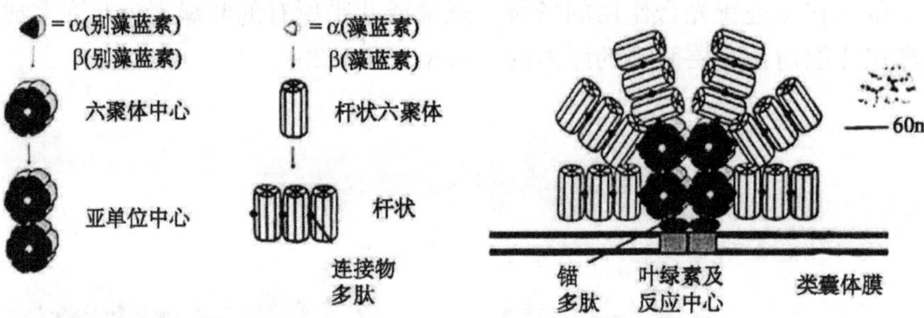


图5.22　聚球藻（*Synechococcus*）藻胆体结构图解。（仿 Grossman et al.，1993）

藻胆体在不同光质条件下发生适应性变化（图5.23），在无N条件下分解（图5.24）。

蓝藻光合作用、呼吸作用的机理已经研究得相当深入，图5.25是藻胆体与光系统Ⅰ、光系统Ⅱ的电子传递主要组成图解。

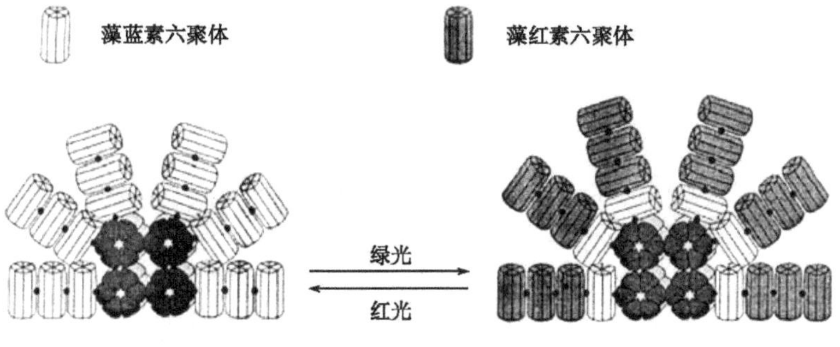


图 5.23　蓝藻藻胆体的颜色适应性。(仿 Lee，2008)

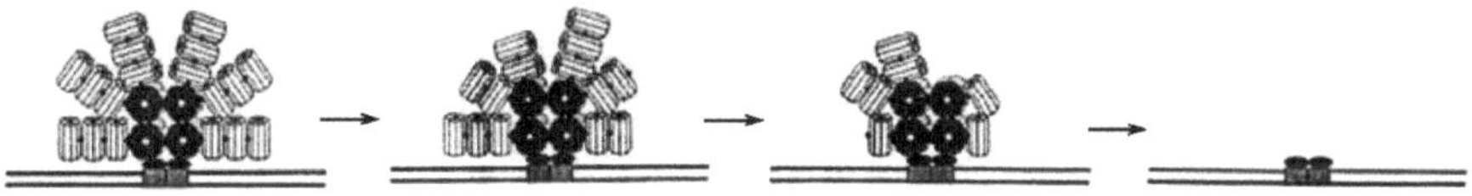

图 5.24　藻胆体在缺 N 条件下的分解图解。(仿 Grossman et al.，1993)

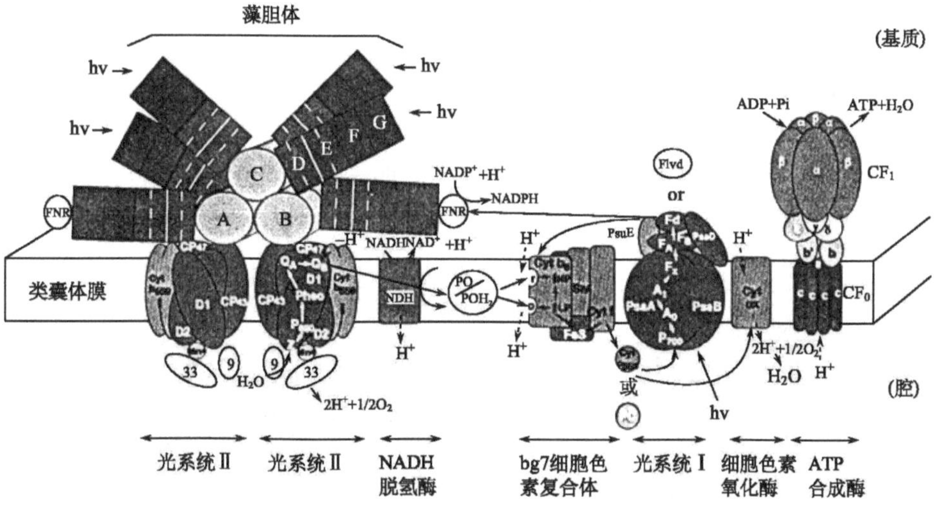


图 5.25　藻胆体与光系统Ⅰ、光系统Ⅱ的电子传递主要组成。(仿 Bryant，1995)

# 第八节　气　　囊

蓝藻只有漂浮的类群细胞内才有气囊，底栖类群的细胞里是没有这种结构的。光镜下蓝藻细胞内的气囊（gas vesicle，gas vacuole）由于折光的原因呈红、黑、褐多种颜色。实际上，光镜下观察到的不可能是气囊而是气囊群（aerotopes），因为单个气囊太小，只有在电镜下才能观察到它的形态和结构。

电镜下的气囊为中空圆柱状，两端为圆锥形的帽形结构，横切面为六角形，宽65～115nm，长 200～1200nm（图 5.26 至图 5.28）。但每个种的宽度是均匀的，最狭窄的是海生铁氏束毛藻（*Trichodesmium thiebautii*）气囊，宽仅 45nm，由一层略呈旋转状排

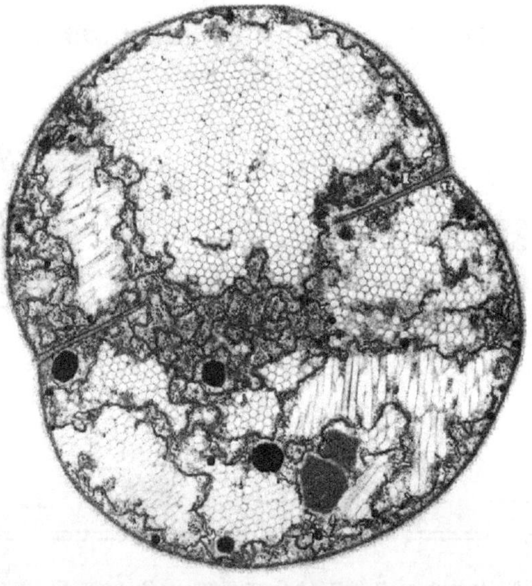

图 5.26　正在分裂的铜绿微囊藻细胞电镜照片，示气囊横切面（六角形）及纵切面（圆柱形）。（仿 Walsby，1994）

列的蛋白质分子组成的膜构成。囊壁具肋状条纹，肋间距 4～5nm（图 5.29）。构成蛋白质的疏水基向外，只允许空气渗入。气囊在新形成的细胞中可以重新产生，由小而大逐渐长长（图 5.30）。大量实验证明气囊的主要功能是使藻丝漂浮，同时它还有蔽光作用，微囊藻的气囊在 0.65～1.10MPa 压力下坍塌。

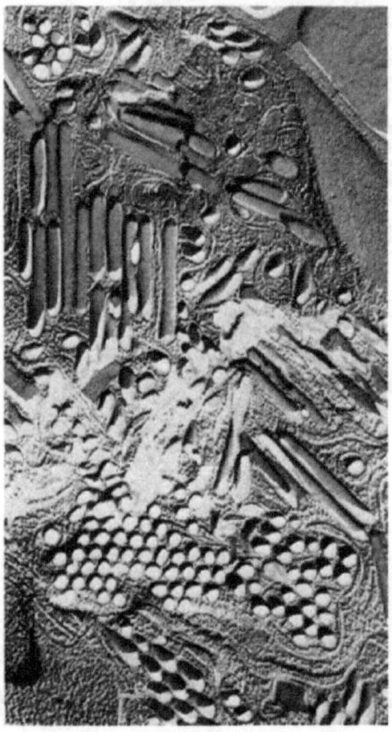

图 5.27　水华鱼腥藻细胞冷冻蚀刻电镜照片，示气囊超微形态。（仿 Bold et al.，1985）

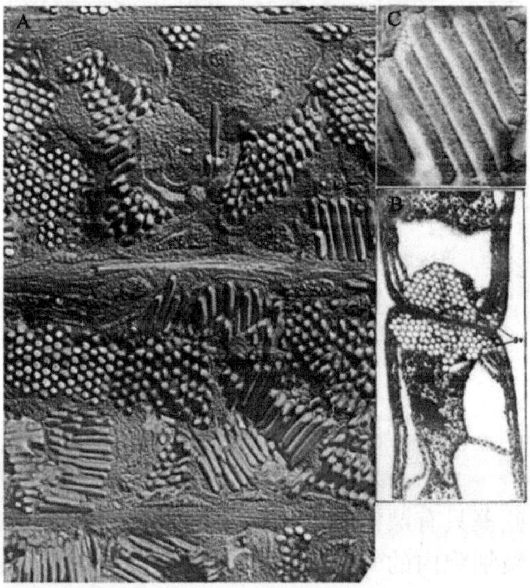


图 5.28　蓝藻细胞中气囊群的不同位置。A. 气囊群位于整个节球藻（*Nodularia*）中；B. 气囊群位于红色泽丝藻（*Limnothrix redekei*）细胞顶端；C. 惠氏微囊藻柱形气囊冷冻蚀刻复形图。（仿 Anagnostidis and Komárek，1988）

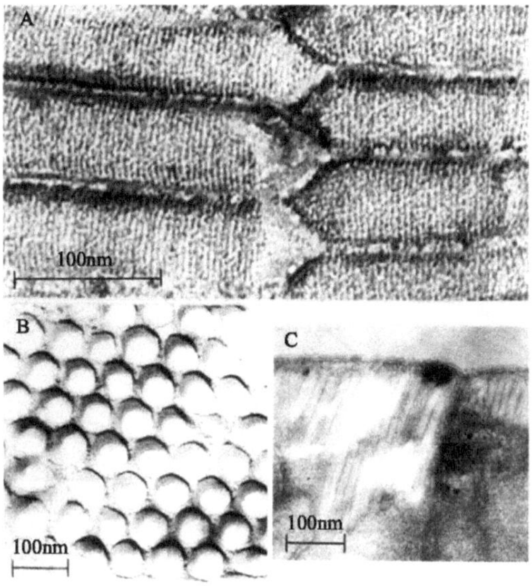


图 5.29　A. 冷冻蚀刻复形，线形肋纹规则的宽 4nm，注意角锥形末端；
B. 冷冻蚀刻复形气囊顶面观；C. 超薄切片纵面观。(仿 Eykelenbury，1979)

气囊的主要功能是使细胞漂浮，同时又有遮光功能。气囊的漂浮功能许多学者做过大量研究，得到有力的证明。Walsby 是主张这一功能的著名学者。Walsby 等（1997）观察了波罗的海水华束丝藻种群漂浮随日照强弱的变化以及 9d 内光合作用与种群分布的相关性（图 5.31 至图 5.34）。

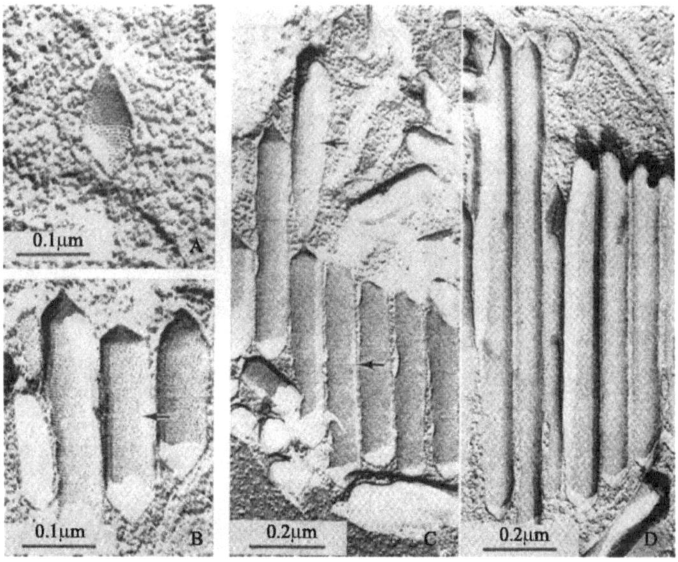


图 5.30　念珠藻细胞内气囊的生长过程。A. 7h；B. 9h；C. 16h；
D. 48h。箭头所示为可能的生长点。(仿 Waaland and Branton，1969)

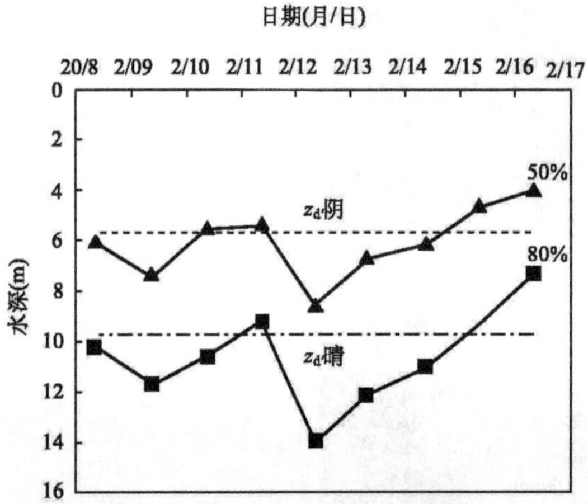


图 5.31　束丝藻种群在 9d 内漂浮在水深 50%和 80%的变化。(仿 Walsby, 1994)

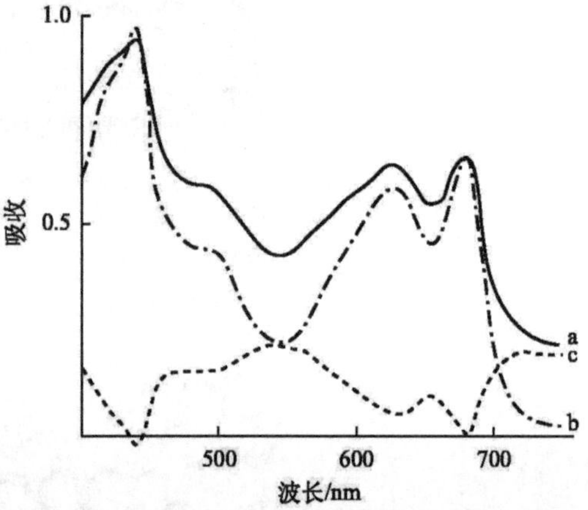


图 5.32　两个相同细胞气囊坍塌前后的吸收光谱。a. 细胞包含膨胀气囊；b. 细胞包含坍塌气囊；c. a 与 b 差减光谱。(仿 Waaland et al., 1971)

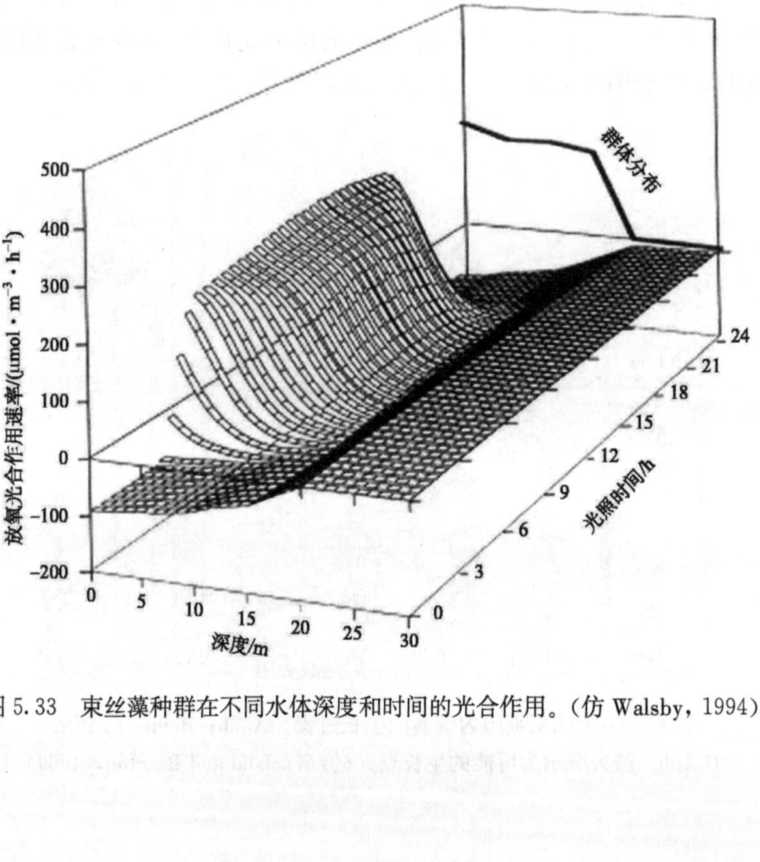


图 5.33　束丝藻种群在不同水体深度和时间的光合作用。(仿 Walsby, 1994)

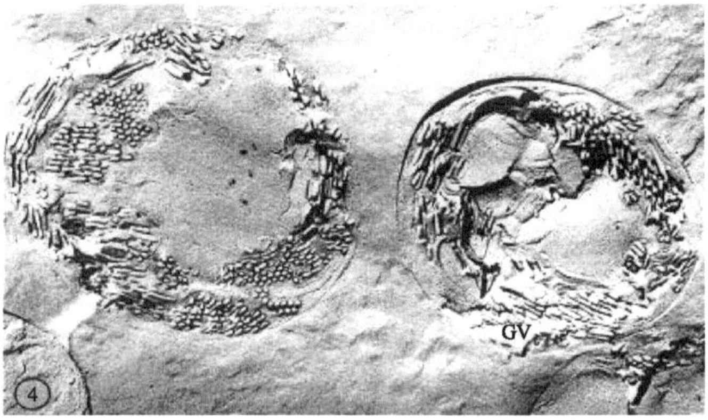


图 5.34 灰色念珠藻（*N. muscorum*）细胞气囊电镜照片。气囊有规则地排列在细胞周边。放大倍数：1400×。(仿 Waaland et al.，1971)

# 第九节 间 体

间体（mesosome）是一种类似单细胞膜构成的结构（图 5.35）。这种结构在革兰氏阴性和阳性菌中能观察到。对于它的生理学功能曾有多种解说，但没有一种被广泛接受。Allen 观察在 35℃、光强约为 1klx 条件下生长的螺旋藻（Berkeley 品系 6313），其间体是从细胞质膜发散出来形成的。迄今为止未发现间体内有任何酶类，而 Salton 测定间体具有独特的抑制质膜上心磷脂合成酶（cardiolipid synthelase）的作用。从 Nakaru 湖分离的钝顶螺旋藻常在低光强（低于 3klx）下观察到间体，温度对它的存在没有影响。

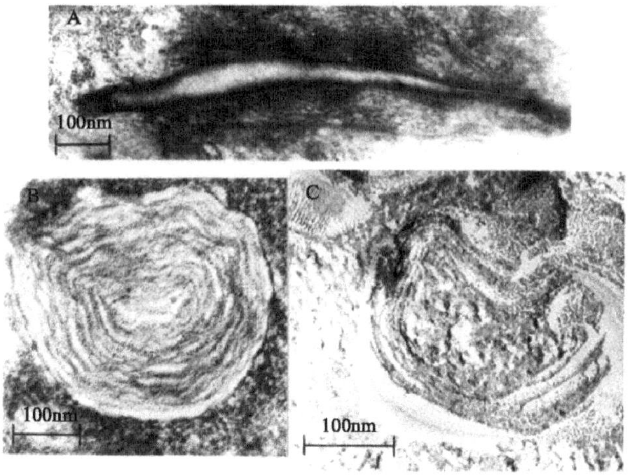


图 5.35 A. 钝顶螺旋藻邻近横壁的间体，注意其伸展的形态；B. 具卵圆形的间体；C. 间体的冷冻蚀刻复形。(仿 Eykelenbury，1979)

# 第十节 其他包含物

其他包含物，如由多聚-β-羟丁酸（poly-β-hydroxybutyrate）组成的脂类沉积物（lipid deposit）在蓝藻细胞中很常见（图 5.36）。

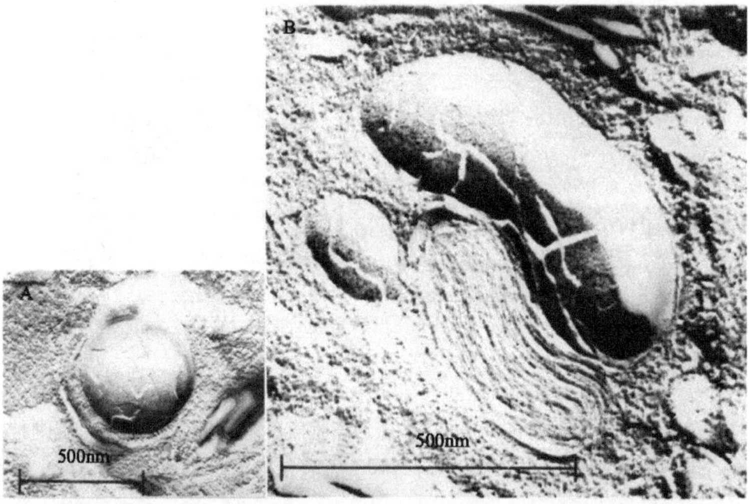


图 5.36　脂类沉积冷冻蚀刻复形，层状结构表明这种包含物有亲脂的性质。（仿 Eykelenbury，1979）

# 第十一节　温度、光强及硝酸盐浓度对细胞超微结构的影响

温度、光强及硝酸盐浓度对细胞内包含物的多寡、形态有明显的影响。

## 一、对蓝藻素颗粒的影响

藻细胞在 15～17℃生长时蓝藻素颗粒丰富。在相同条件下，硝酸盐浓度与蓝藻素颗粒的浓度呈正相关。在 17～25℃，电镜下可见许多这种颗粒，但前提是低光强（图 5.37）。

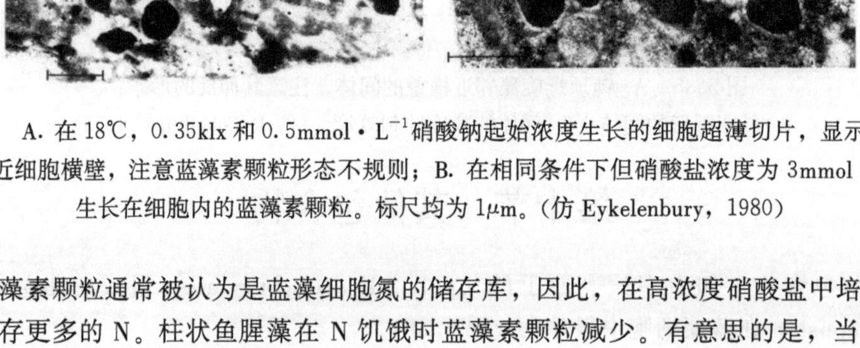


图 5.37　A. 在 18℃，0.35klx 和 0.5mmol·$L^{-1}$硝酸钠起始浓度生长的细胞超薄切片，显示蓝藻素颗粒邻近细胞横壁，注意蓝藻素颗粒形态不规则；B. 在相同条件下但硝酸盐浓度为 3mmol·$L^{-1}$时生长在细胞内的蓝藻素颗粒。标尺均为 1μm。（仿 Eykelenbury，1980）

蓝藻素颗粒通常被认为是蓝藻细胞氮的储存库，因此，在高浓度硝酸盐中培养时细胞能储存更多的 N。柱状鱼腥藻在 N 饥饿时蓝藻素颗粒减少。有意思的是，当以尿素

作为 N 源培养螺旋藻时，细胞总蛋白质中的甲硫氨酸（Met）和精氨酸（Arg）含量比用硝酸盐作为 N 源培养时高。

## 二、对多聚葡萄糖颗粒的影响

与蓝藻素颗粒情况相似，在 17～20℃蓝藻细胞中多聚葡萄糖颗粒也是丰富的，特别是在硝酸盐浓度低时尤为明显。在 20～30℃时各种硝酸盐浓度下多聚葡萄糖颗粒在细胞内是存在的，在大于 6klx 高光强条件下，超过 25℃时钝顶螺旋藻细胞内发现大量多聚葡萄糖颗粒。

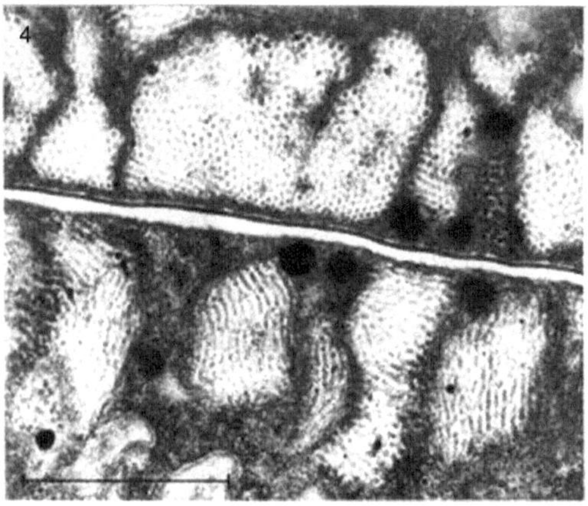


图 5.38　聚集在细胞横壁处的多聚葡萄糖颗粒。（仿 Eykelenbury，1980）

图 5.38 为 18℃、0.35klx 和 3mmol・$L^{-1}$ 硝酸钠时多聚葡萄糖颗粒聚集在近细胞横壁处，注意聚集体被光合作用片层双层膜包裹。但在 30～37℃时，无论在低浓度还是高浓度的硝酸盐溶液中培养，细胞内均未发现这种颗粒。多聚葡萄糖颗粒的产生是由于过量固定二氧化碳的结果，是一种储藏物质。Batt 等研究了无机 N 对柱状鱼腥藻（*Anabaena cylindrica*）碳水化合物代谢的影响，发现在亚硝酸盐和硝酸盐存在时参与二氧化碳固定的酶活性提高；硝酸盐还原链的中间环节，羟胺（hydroxylamine）对二氧化碳固定有正面影响。已证实硝酸盐能促进二氧化碳固定以及低温时蓝藻素颗粒的产生。

## 三、对多角体（羧基体）的影响

多角体在实验的温度范围内都可以发现，在高浓度硝酸盐（>90mmol・$L^{-1}$）和高光强（>9klx）时数量相当多，将硝酸盐浓度从 120mmol・$L^{-1}$ 降到 30mmol・$L^{-1}$ 时生长速率增加。

多角体内含有核酮糖-1，5-二磷酸羧化酶 RuBPcase，也是作为储藏物质而存在的。有趣的是，Westphal 等在 *Nitrobacter* spp. 的多角体内发现了 DNA。

钝顶螺旋藻在硝酸盐浓度低时，多角体并不丰富。在 N 饥饿的情况下多角体消失，同时产生多聚葡萄颗粒，当然 RuBPcase 的存在是产生多聚葡萄的前提条件。这就强有力地支持了多角体是储藏产物的观点（图 5.39）。

Okabe 等发现羟胺对核酮糖-1，5-二磷酸羧化酶/加氧酶（ribulose-1，5-biphosphate carboxylase-oxygenase，rubisco）活性有影响。RuBPcase 对二氧化碳的固定起明显的刺激作用，而 RuBP 加氧酶（催化依赖光的氧吸收）则被抑制。硝酸盐的还原需要二氧化碳，但与生长的需要比较而言只是微量的。

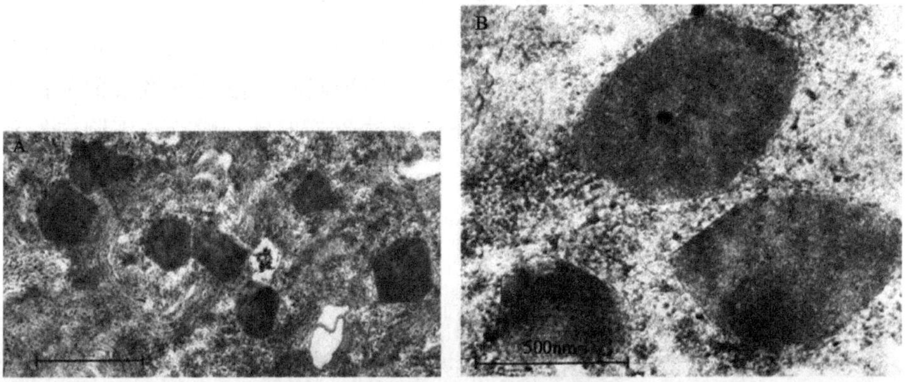


图 5.39　A. 生长在 25℃、10klx 和 120mmol・$L^{-1}$ 硝酸盐时细胞内多角体具有不同的多角形态。多角体常位于接近光合片层处，或包在光合片层内；B. 放大的多角体，注意有单层膜包裹。（仿 Eykelenbury，1980）

## 四、对间体的影响

Echlin 首先报告了蓝藻细胞的间体，他描述的间体具双层膜结构，与类囊体相似，而 Allen 描述的则为单位膜，与类囊体明显不同。钝顶螺旋藻的间体在低温（＜17℃）和低浓度硝酸盐条件下有规律地出现，但在高光强（10klx）情况下间体的出现必须要有高浓度硝酸盐。蓝藻细胞里的类髓磷脂（myclin-like）结构与间体有些相似，实际上它是在 28℃、光强 21klx、180mmol・$L^{-1}$ 高浓度硝酸盐条件下出现的形态不规则的间体。实验证明，培养条件影响它的出现和外形（图 5.40，有 A 和 B 两种不同形态的间体）（图 5.40）。

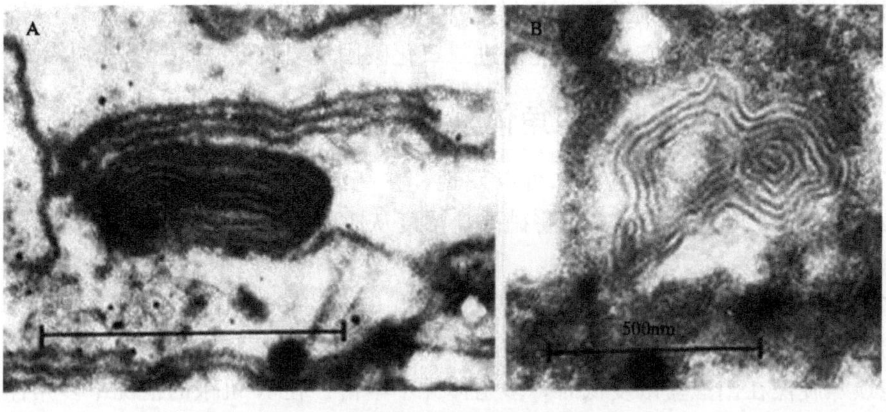


图 5.40　A. 具单层膜包裹的杆状间体，注意光合作用膜正好位于其上；B. 细胞生长在 28℃、21klx 和 180mmol・$L^{-1}$ 硝酸盐时被单层膜包裹的不规则形态的间体。（仿 Eykelenbury，1980）

# 参考文献

胡鸿钧．2003．螺旋藻生物学及生物技术原理．北京：科学出版社．40～54.

Anagnostidis K, Komarek J. 1988. Modern approach to the classification system of Cyanophytes 3-Oscillatoriales. Arch. Hydrobiol. Suppl. 80, 1～4 (Algological studies 50-53). Stuttgart: 327～472.

Bold H C, Wynne M J. 1985. Introduction to the Algae. Prentice-Hall, Inc. Englewood Cliffs, N. J. 07632. 34～67.

Bryant D A. 1995. The Molecular Biology of Cyanobacteria , New York: Kluwer Academic Publishers. 823～842.

Caslenholz R W. 1982. Motility and taxes. In: Carr N C, Whitton B A. The Biology of Cyanobacteria. Blackmell Scientific Publications London: Blackmell Scientific Publications, 413-439.

Cohen-Bazire, Bryant D A. 1982. Phycobilisome: Composition and structure. In: Carr N C, Whitton B A. The Biology of Cyanobacteria. London: Blackmell Scientific Publications, 143～190.

Donat-P. Häder DP. 1987. Photomovement. In: Fay P, Van Baalen C. The Cyanobacteria. Netherlands: Elsevier Netherlands. 325～345.

Jost M. 1965. Die ultrastruktur ven Oscillatoria rubescens D. C. Arch. für Mikrobiologic, (50): 211～245.

Komárek J, Anagnostidis K. 2000. Gyanoprokaryota 1. Teil: Chroococcales. In: Ettl, et al. Süsswasserflone Von Mitteleuropa. Verlay Berlin: Spektrum Akademischer. 1～18.

Komárek J, Anagnostidis K. 2005. Gyanoprokaryota 2. Teil/2nd part: Oscillatoriales. In: Büdel B, Krienitz L, et al. Süsswasserflore Von Mitteleuropa 19/2. Heidelberg: Elsevier/Spektrum. 1～35.

Komárek J, Brantor D. 1969. Gas vacuole development in a blue-green Algae. Science, (163): 1339～1341.

Lamont H C. 1969. Shear-oriented microfibrils in mucilaginous investments of two motile oscillatoriacean blue-green Alage. J Bacteriology, 97 (1): 350～361.

Lee R. 2008. Phycology. 3rd ed. Cambridge: Cambridge University Press. 55～75.

Reynolds C S. 2006. The Ecology of Phytoplankton. Cambridge: Cambridge University Press. 38～90.

Simon R D. 1987. Inclusion bodies in the cyanobacteria: cyanophycin, polyphosphate, polyhedral bodies. *In*: Fay P, Van Baalen C. The Cyanobacteria. Netherlands: Elsevier. 199～225.

Van Eykelenbury C. 1977. On the morphology and ultra structure of the cell wall of *Spiruline platensis*. Antonic van Leeuwenhok, 45 L: 369～390.

Van Eykelenbury C. 1979. The ultra structure of *Spiruline platensis* in relation to temperature and light intensity. Antonic van Leeuwenhok, 45 L: 369～390.

Van Eykelenbury C. 1980. Ecophysiological studies on *Spiruline platensis*: effect of temperature, light intensity and nitrate concentration on growth and ultrastructure. Antonic van Leeuwenhok, 46: 113～127.

Vonshak A, Tomaselli L. 2002. Arthrospira (*Spirulina*): systematics and ecophysiology. *In*: whitton B A, Potts M. The Ecology of Cyanobacteria, Their Diversity in Time and Space. Kluwer Academic Publishers. 505～522.

Waaland J R, Waaland S D, Branton D. 1971. Gas vacuoles. light shielding in blue-green Algae. Journal of Cell Biology, 48 (1): 212～215.

Waaland J R. Branton D. 1969. Gas vacuole development in a blue-green alga. Science, New Series, 163 (3873): 1339～1341.

Walsby A E, Hayes P K, Boje R, et al. 1997. The selective advantage of buoyancy provided by gas vesicles for planktonic cyanobacteria in the Baltic Sea. New Phytologist, 136: 407～417.

Walsby A E. 1994. Gas Vesicles. Microbiol. Reviews, 58 (1): 94～144.

# 第六章　水华蓝藻的生理生态特征

内陆水体富营养化导致水华蓝藻频频暴发，国内外藻类学者及相关的水环境科学科技工作者发表了大量的调查研究报道，企图探寻水华蓝藻暴发的根本原因，本书将在第九章进行详细讨论。在绪论中我们界定的蓝藻水华主要有 3 个方面的含意：①水华中优势种群为蓝藻；②这些蓝藻细胞内具有气囊或气囊群；③它们大多数为产毒的种类。而且在水体环境未根本改变的情况下每年发生和消失的时间基本保持不变，也就是说具周年循环出现的特点。水华蓝藻的生理生态学研究的内容十分丰富，涉及许多学科领域。近 20 多年来国内外学者的研究获得大量丰硕成果，仅这一专题就可写成多部专著，如国内已出版的《东湖生态学研究》（一、二）（刘建康主编 1990，1995）、《太湖水环境演化过程与机理》（秦伯强等编著，2004）、《巢湖——富营养化研究》（屠清英等编著）《太湖蓝藻的历史发展与水华灾害——为何 2007 年在贡湖水厂出现水污染事件？30 年能使太湖摆脱蓝藻威胁吗》（谢平，2008）、《翻阅巢湖的历史——蓝藻富营养化及地质演化》（谢平，2009）等。形成水华的蓝藻何以能大量生长繁殖？在水体中特别在水华尚未形成前，多种藻类共同生存的环境中如何战胜其他的生物而“独霸”一时（形成水华）或一方（全部水面或部分水面）？蓝藻浮膜是怎样形成的？本章主要围绕这 3 个方面，按照以下几个问题分别讨论。

## 第一节　水华蓝藻的生长与繁殖

蓝藻无论是单细胞的、群体的还是丝状体的，其细胞结构都是原始的原核类型。细胞分裂方式是简单的一分为二，只有分裂面多少的区别。对于那些简单的单细胞或群体类群而言，细胞分裂既是生长方式也是繁殖方式。而无异形胞的丝状藻细胞分裂和繁殖就是其生活史的两个不同阶段。其生长就是靠细胞分裂，繁殖靠形成藻殖段（hormogonia）或藻殖囊（hormocytes）。颤藻科藻丝以形成死细胞（necridic cell）将藻丝解离成藻殖段（图 6.1）。每条藻殖段或立即进行细胞分裂长成新的藻丝，或沉入水体休眠一段时间再萌发长成新个体。

具异形胞的丝状水华蓝藻生长繁殖的过程稍微复杂。细胞首先进行垂直于藻丝纵轴的横分裂使丝体长长，长到一定的程度后藻丝断裂形成一些短丝体，它们再经细胞横分裂长成长的藻丝。当环境条件不利于生长时一些营养细胞增大，储藏更多的营养物质（主要是脂类），同时细胞壁增厚变成孢子（akinete）（又称厚壁孢子），在不良环境下藻丝的营养细胞死亡、腐烂，存活的孢子沉入水体，当环境恢复正常时孢子开始萌发生长形成新的藻丝，进入新的生活周期。

蓝藻有不少类群繁殖产生各种孢子，如内生孢子（endospore）、外生孢子（exospore）等。有人报道微囊藻产生微孢子（nanocyte），但没有得到证实。

水华蓝藻的生长速率是由细胞分裂的速率决定的。许多观察测定表明几种主要的水华蓝藻，如铜绿微囊藻、水华鱼腥藻、水华束丝藻等比湖泊中其他一些常见藻类的生长

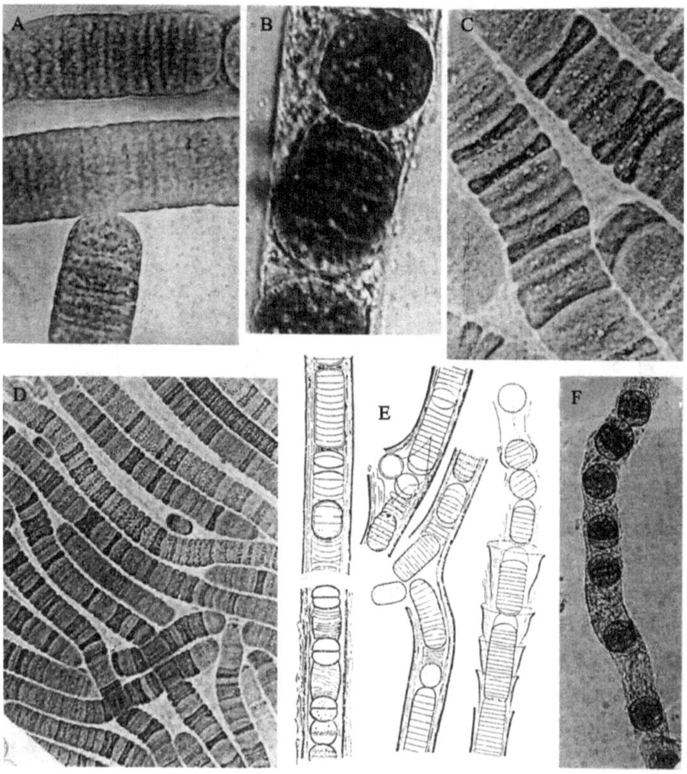


图 6.1　颤藻科藻丝藻殖段的形成。其中，A. B. C. D. F：*O. sancta*；E. *Lynbia aestuarii*。（转引自 Komárek and Anagnostidis.，2005）

速率低（第六章第二节）。

物种（品系）不同，生长速率有明显的不同，同一物种（品系）在不同环境条件下也有差异。Reynolds 和 Walsby（1975）根据本人的测定并综合他人的报道对几种常见水华蓝藻自然种群的生长速率见表 6.1。从表 6.1 可见 Hammer（1964），在水温23～26℃时水华束丝藻平均倍增时间只有 1.1d，且生长速率最快。

**表 6.1　几种常见水华蓝藻自然种群的生长速率**（Reynolds and Walsby，1975）

| 种类 | 温度/℃ | 平均倍增时间/d | 参考文献 |
|---|---|---|---|
| *Oscillatoria agardhii* var. *isothrix* | 10～11 | 14.7 | 略 |
| *Oscillatoria redekei* | 6 | 3.2 | 略 |
| *Anabaena circinalis* | 11～16 | 7.0～9.9 | 略 |
| *Anabaena circinalis* | 19～20 | 2.0 | 略 |
| *Anabaena flos-aquae* | 约 26 | 3.9～5.7 | 略 |
| *Anabaena flos-aquae* | 约 26 | 2.1 | 略 |
| *Microcystis aeruginosa* | 15～20 | 4.4 | 略 |
| *Microcystis aeruginosa* | 约 20 | 2.1 | 略 |
| *Aphanizomenon flos-aquae* | 15～20 | 2.1 | 略 |
| *Aphanizomenon flos-aquae* | 19～20 | 2.0 | 略 |
| *Aphanizomenon flos-aquae* | 23～26 | 1.1 | 略 |

野外种群生长速率受多种环境因素的影响，如光照、温度、营养源的吸收等。对水华蓝藻而言，不仅受光强的影响，还受光质的制约。蓝藻的光合色素系统中既有叶绿素 a（chl. a）又有藻蓝素（C-PC）、别藻蓝素（APC）及多种，有的还含有藻红素（C-PE），它们的吸收光谱是不一样的（图 6.2）。

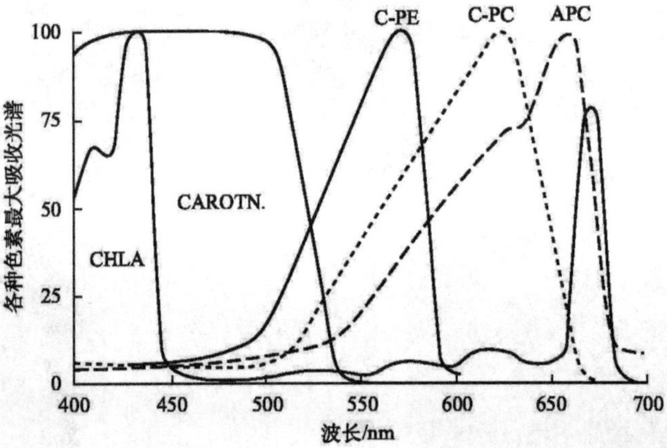


图 6.2　叶绿素 a（Chl. a）、胡萝卜素（carotin）和藻胆蛋白、C-藻红素（C-PE），C-藻蓝素（C-PE）及别藻蓝素（APC）的吸收光谱。（仿 Oliver et al.，2002）

因此，蓝藻在高光强或低光强下能分布于水柱中最适宜的水层接受光能进行光合作用。蓝藻的这一特征使它们在适宜的光强和光质下稳定地快速生长（图 6.3）。

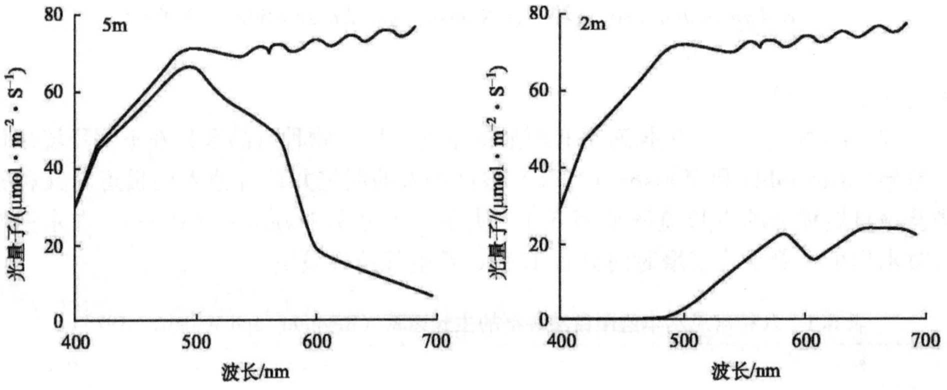


图 6.3　清洁的自然水表面和 5m 深处以及澳大利亚南部 Mt Bold 水库有机物着色水表层和 2m 深处计算的量子光谱分布图。（仿 Oliver et al.，2002）

光与蓝藻生长的关系用图 6.4 简要表示。

蓝藻生长需要各种无机营养源，不仅需要 C、N、P、S 等大量元素，还需要一些微量元素。从环境中吸收营养到细胞内的过程可用 Michaelis-Menten 模型表述。下面的公式广泛用于描述营养源的传输过程：

$$\rho = \rho_{max}[S/(K_t + S)]$$

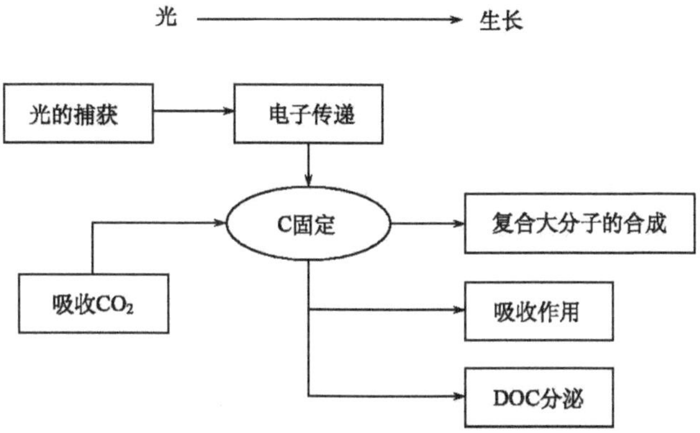


图 6.4　生长及光的捕获与复合大分子的生物合成之间的关系。(仿 Sigee，2005)

式中，$\rho$为每个细胞每分钟微摩尔（$\mu$mol）单位的营养传输率。图 6.5 是生长基于营养源模型的模式。$\rho_{max}$为营养源传输的最高速率；$S$为营养传输物质；$K_t$ 为半饱和浓度的常数，其值与 $S$ 相等；$Q$ 为细胞内储存的相同营养源。

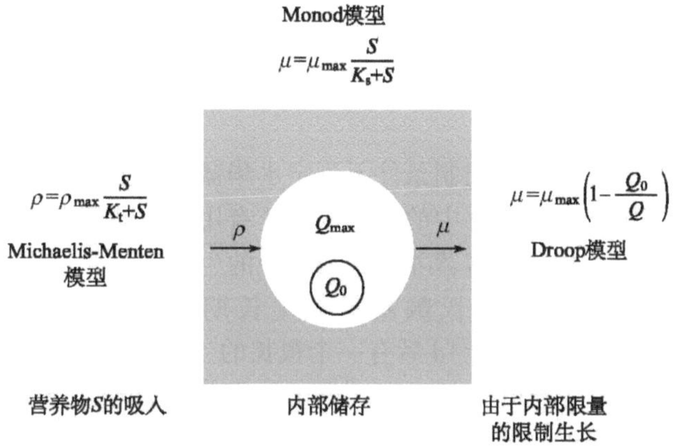


图 6.5　各种基本营养物中浮游植物生长相互关系模型。(仿 Graham et al.，2009)

长期以来，国内外学者对水华蓝藻的生长率问题十分关注，因为它与水华的形成息息相关。不少研究在实验室内进行模拟实验，其结果虽可作为分析野外水华蓝藻生长速率的参考，但与水体中蓝藻生长的实际情况相距甚远，因此学者将目光投向野外水体中的水华蓝藻，对其生长速率进行定点、定时测量，即原位生长速率测定。然而这种测定受到野外环境变化不定的严重影响，实际上也只能是采样点瞬时细胞分裂的平均速率，特别是微囊藻细胞分裂需要较长时间（$T_d$）。细胞分裂速率的计算方法是值得研究的。Tsujimura（2004）在日本琵琶湖用细胞分裂频率技术（FDC）对该湖的微囊藻进行原位生长速率测定，并对 FDC 计算公式作了修订。经他修订的公式为

$$\mu=\frac{1}{nT_d}\sum_{i=1}^{n}\ln(1+f_i-f_{min})$$

式中，铜绿微囊藻的 $T_d$ 为 3.3h；$f_i$ 为不同采样时期的细胞分裂频率；$f_{min}$ 为最小细胞

分裂频率值；$n$为$f$的测定次数。Tsujimura的研究表明，琵琶湖近岸带2个采集点的$\mu$为$0.35d^{-1}$左右，敞水区最低的$\mu$在$0.1d^{-1}$左右。吴晓东和孔繁翔（2008）对太湖水华期间梅梁湾微囊藻按Tsujimura修订的FDC计算公式对4个采集点从清晨5：00到傍晚19：00每隔2h采集1次微囊藻标本进行原位生长速率估算，并结合当时的某些气象数据、水体理化指标进行分析，结果表明，采样点1～4处的$\mu$分别为$0.23d^{-1}$、$0.19d^{-1}$、$0.3d^{-1}$、$0d^{-1}$、$26d^{-1}$（图6.6）。

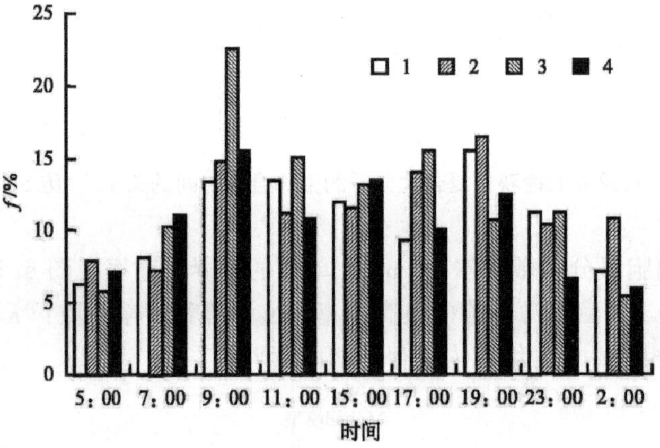


图6.6　不同采样点的细胞分裂频率。（仿吴晓东和孔繁翔，2008）

与野外实验相反，在实验室控制条件下测定水华蓝藻的生长速率相对较容易些。二者相互参照，对了解野外水华种群中的生长情况是有用的。储昭升等（2006）用模拟装置研究铜绿微囊藻和孟氏颤藻在富营养化湖泊水中的生长特征，结果表明在湖泊模拟装置（25℃）中，铜绿微囊藻和孟氏颤藻对数生长期的生长速率分别为$0.43d^{-1}$和$0.32d^{-1}$。但对数生长期很短，3～4d后有一个很长的“线性期”，即生物量随时间近似呈线性增长，在N、P较为充分的条件下，由于较强的光合作用导致水体pH的升高，以及生物量增高导致了藻的自遮蔽作用，使藻的生长容易出现碳源限制和光限制。受水下光的影响，两种藻细胞内叶绿素a含量在对数期内一直增大，随后颤藻细胞内叶绿素a含量逐渐降低，而微囊藻细胞内叶绿素a含量仍保持较高水平，认为可能是微囊藻能

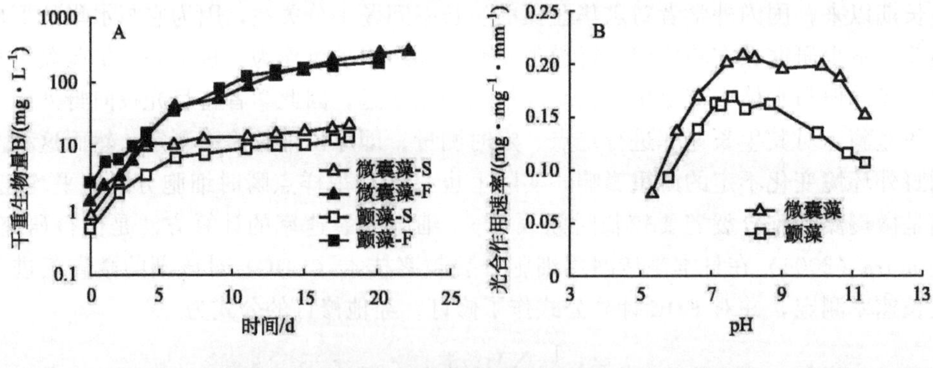


图6.7　A. 微囊藻和颤藻的生长曲线（S，模拟装置培养，F，三角瓶培养）；B. 微囊藻和颤藻光合作用速率与pH的关系。（仿储昭升等，2006）

适应更高的 pH。作者还比较了模拟装置和三角瓶培养条件下两种藻的生长速率，发现后者的生长速率分别为 $0.59d^{-1}$ 和 $0.37d^{-1}$，与模拟装置相比，生长速率差异明显（图 6.7）。

蓝藻和其他微藻的最大生长速率以它们的表面积与体积之比（$q_{10}$）为标准，在 20℃培养时是相似的，生长速率约为 $0.4 \sim 2.0d^{-1}$。在强光、营养饱和的条件下，10～20℃培养蓝藻与其他藻类相比，生长速率也是相似的。虽然蓝藻的 $q_{10}$ 均值比绿藻低，但微囊藻是明显的例外，约为 $q_9$，而且适宜生长的最低温度较高。

通常认为蓝藻生长速率高，其中一个重要因素是蓝藻具有超强的与其他藻类竞争光照的能力。但 Huisman 等（2005）在连续光照限制条件下培养的微囊藻并不是强有力的光照竞争者。当与小球藻混合培养时，微囊藻失去竞争力。小球藻与束丝藻混养也出现类似的现象。

## 第二节　适者生存的演化对策——r-选择和 K-选择

任何生物都经历了漫长的演化过程，亿万年的沧桑巨变使现存的每个物种都获得在适应某种环境条件下生存的“本领”——r-选择（r-selected）或 K-选择（K-selected），这两种“选择”的生物学特征见表 6.2。

**表 6.2　r-选择优势和 K-选择优势的生物环境的生物学特征**（Sigee，2005）

| 环境参数 | r-选择优势的生物 | K-选择优势的生物 |
|---|---|---|
| 举例 | 湖泊清洁状态 | 湖泊秋季水华 |
| | 初期生物膜 | 成熟生物膜 |
| 种群密度 | 低 | 高 |
| 生物多样性 | 低到中等 | 典型的高 |
| 竞争 | 低 | 高 |
| 水体中代谢物质的积累 | 低 | 高（包括 DOC 和蓝藻毒素） |
| 资源的有效性 | 空间或营养源高有效性 | 有限的 |
| 生物种群被寄生生物（病毒、真菌）攻击的倾向 | 典型的低，但在高压情况下可能高 | 高（高宿主种群密度） |
| 种群稳定性 | 低，种群倾向于突然变化 | 高 |
| 压力水平 | 可能低（生物膜群集）或 | 可能低（通常秋季藻华）或 |
| | 高（清洁状态湖泊） | 高（严重的蓝藻优势） |

由表 6.2 可知 K-选择生物适宜于在密集（拥挤）的环境中生存、生长繁殖，在这样的生物区系（biota）中经受激烈的竞争。水华蓝藻无疑都是 K-选择者［或称 K-对策者（K-strategist）］。水华蓝藻作为 K-选择者，在富营养化水体中对它们生长繁殖所必需的光、营养源，特别是 N 和 P 具有超强的竞争力，光对自养的蓝藻来说是它们生存所必需的能量来源。蓝藻除了具有叶绿素 a、类胡萝卜素外，还具藻蓝素和藻红素等捕光辅助色素，不仅能吸收更丰富的光能，而且由于有气囊的调节，可在不同深度的水柱中捕获所需光波而生存。

**表 6.3 不同湖泊中蓝藻生长时的光透明度（$Z_s$）（Secchi-盘计算的）和混合深度（$Z_m$）（Reynold and Walsby，1975）**

| 湖泊 | 藻类 | 年份 | $Z_s$ | $Z_m$ | $Z_s/Z_m$ |
|---|---|---|---|---|---|
| Esthwaite Water | *Oscillatoria agardhii* var. *isothrix* | 1971 | 4.50 | 2.50 | 1.80 |
| | *Anabaena flos-aquae* | 1971 | 4.06 | 1.50 | 2.71 |
| | | 1972 | 2.62 | 2.70 | 0.97 |
| | *Aphanizomenon flos-aquae* | 1971 | 1.93 | 1.27 | 1.52 |
| | | 1972 | 2.52 | 3.55 | 0.71 |
| | *Microcystis aeruginosa* | 1971 | 1.87 | 1.30 | 1.44 |
| | | 1972 | 2.17 | 2.00 | 1.09 |
| Rostherne Mere | *Microcystis aeruginosa* | 1973 | 1.90 | 2.44 | 0.78 |
| Slapton Ley（North） | *Anabaena solitaria* f. *planctonica* | 1974 | 0.54 | 1.77 | 0.30 |
| Slapton Ley（South） | | 1974 | 0.49 | 1.61 | 0.31 |
| Lough Neagh | *Oscillatoria redekei* | 1969 | 1.2 | 8.9 | 0.14 |
| | | 1970 年 3 月 | 1.2 | 8.9 | 0.14 |
| | | 1970 年 4 月 | 0.95 | 8.9 | 0.11 |
| | | 1972 | 0.85 | 8.9 | 0.10 |
| | | 1973 年 2 月 | 1.3 | 8.9 | 0.15 |
| | | 1973 年 4 月 | 0.95 | 8.9 | 0.11 |
| | *Oscillatoria agardhii* | 1969 | 1.2 | 8.9 | 0.14 |
| | | 1970 年 7 月 | 0.8 | 8.9 | 0.09 |
| | | 1970 年 10 月 | 1.2 | 8.9 | 0.14 |
| | | 1971 | 1.0 | 8.9 | 0.11 |
| | | 1972 年 6 月 | 0.8 | 8.9 | 0.09 |
| | | 1972 年 7 月 | 0.85 | 8.9 | 0.10 |
| Crose Mere | *Aphanizomenon flos-aquae* | 1973 | 2.57 | 5.98 | 0.43 |
| | | 1974 | 1.81 | 3.16 | 0.57 |
| | *Anabaena circinalis* | 1971 | 2.94 | 5.18 | 0.57 |
| | | 1972 | 1.97 | 4.72 | 0.42 |
| | | 1973 | 2.56 | 3.19 | 0.80 |
| | | 1974 | 2.27 | 4.41 | 0.51 |
| | *Microcystis aeruginosa* | 1971 | 1.75 | 3.73 | 0.47 |
| | | 1972 | 1.89 | 3.45 | 0.55 |
| | | 1973 | 1.93 | 2.25 | 0.86 |
| | | 1974 | 1.77 | 3.18 | 0.56 |
| Deming Lake | *Oscillatoria agardhii* var. *isothrix* | 1972 | 4.8 | <1.0 | >2.09 |
| Clear Lake (Upper Arm) | *Aphanizomenon flos-aquae* | 1970 | 1.03 | 2.29 | 0.45 |
| | *Anabaena flos-aquae* | 1970 | 1.00 | 4.75 | 0.21 |
| | *Microcystis aeruginosa* | 1970 | 1.00 | 4.75 | 0.21 |
| Clear Lake (Lower Arm) | *Aphanizomenon flos-aquae* | 1970 | 1.01 | 6.38 | 0.16 |
| | *Anabaena flos-aquae* | 1970 | 1.0 | 4.29 | 0.23 |
| | *Microcystis aeruginosa* | 1970 | 1.0 | 3.08 | 0.32 |

蓝藻光合作用所需光强范围较宽，可达约 50klx，Talling（1957）测定的最大光合作用速率约 25mg $O_2$ · Chl. $a^{-1}$ · $h^{-1}$。15～17℃时卷曲鱼腥藻光合作用速率为 12～

$14mg\ O_2 \cdot Chl.a^{-1} \cdot h^{-1}$（表 6.3）（Reynolds and Walsby，1975）。培养红色颤藻时光强不能超过 2klx。

一些水华蓝藻生长的适宜温度很宽，可能为 25～35℃，水华鱼腥藻开始生长时的温度在 5℃以上，但迅速增长是在 10～15℃。水华束丝藻超过 20℃时生长明显增加。不过铜绿微囊藻对温度有较宽的耐受力，但温度高于 17～18℃对生长更有利。因此，水华优势种群出现季节演替现象（图 6.8）。在我国不同地区季节演替的优势种群略有差异，如巢湖秋季常以鱼腥藻占优势，红枫湖春、秋季以束丝藻为主。

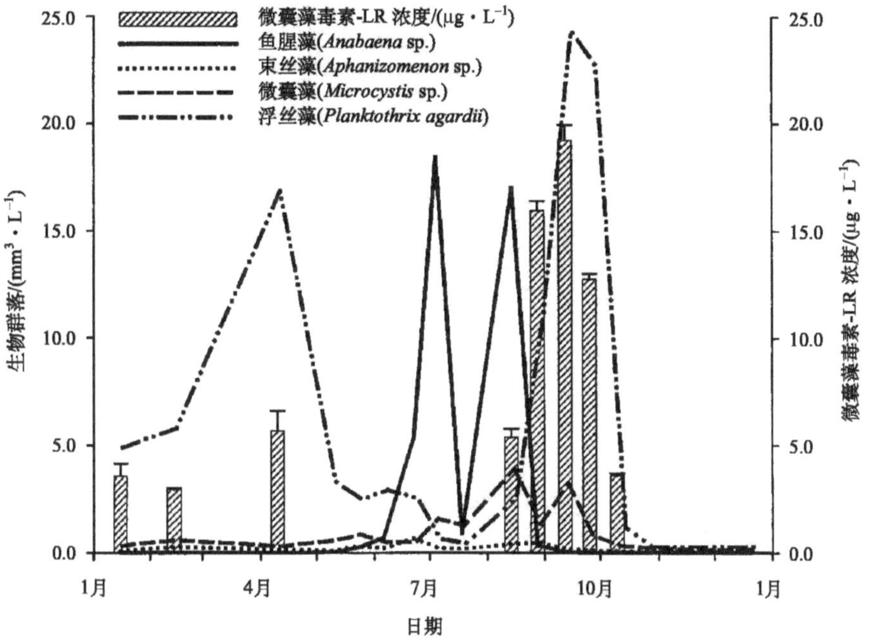


图 6.8　荷兰 Kinselmeer 湖鱼腥藻、束丝藻、微囊藻及浮丝藻丰度的季节变化。
（仿 Kardinaal et al.，2005）

国内外大量研究证明总 N、总 P 的比率是水华蓝藻生长、繁殖的主要限制因子，但不同种类的需要略有差异（表 6.4）。水华蓝藻作为 K-选择者在争夺光能和营养源等许多方面都是优胜者，形成很高的种群密度，也就是说具有很高的拥挤效应（crowding effect）。

**表 6.4　在不同混合条件（*M*）和当时 TN：TP 比率下 4 种蓝藻发生的百分率**

（Oliver and Gant，2002）

| 物种 | *M* | | *M* | | *M* | | *M* | | *M* | |
|---|---|---|---|---|---|---|---|---|---|---|
| | 0-1 | TN：TP | 1-2 | TN：TP | 2-3 | TN：TP | 3-4 | TN：TP | >4 | TN：TP |
| 鱼腥藻 | 31 | <20 | 24 | <10 | 26 | <10 | 35 | <10 | 38 | <10 |
| 束丝藻 | 67 | <10 | 49 | <10 | 30 | <10 | 40 | <10 | 14 | <10 |
| 微囊藻 | 45 | >50 | 50 | >50 | 21 | <10 | 0 | | 0 | |
| 颤藻 | 15 | <20 | 40 | <20 | 50 | >50 | 100 | <40 | 36 | <10 |

注：*M*<1 表示稳定状态；*M*>1 表示强的纵向混合。最大的超过湖的平均深度。

# 第三节 藻　　圈①

藻圈（phycosphere）这个词系由 Paerl（1992）首次提出，之后的研究表明那些具胶质的水华蓝藻藻体都形成藻圈。藻圈不仅包括着生原生动物，胶被内还附着细菌和其他藻类。由藻菌组成的藻圈群落（phycosphere community）是一种特殊的微环境（microenvironment），有利于营养物质的吸收与交换，以及藻体的生存、生活和竞争（图 6.9，图 6.10）。

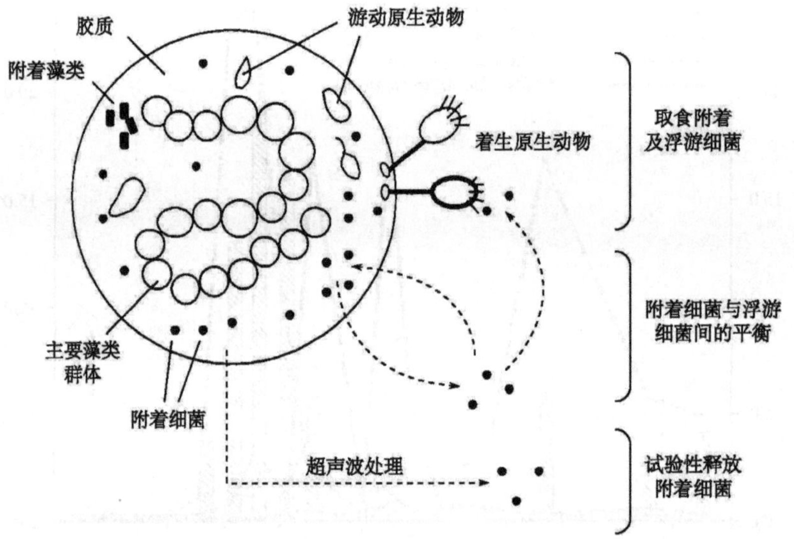


图 6.9　多种微生物在藻类群体表面微环境（藻圈）中的相互作用。（仿 Sigee，2005）

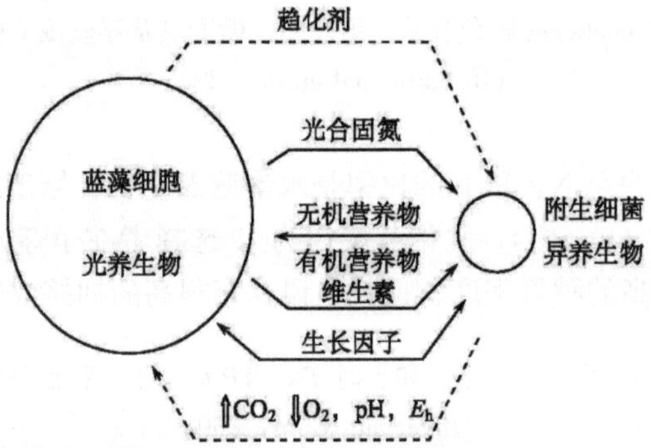


图 6.10　藻圈内化合物的相互作用。（仿 Sigee，2005）

朱丽萍等（2009）研究水华期间微囊藻藻体上细菌的动态表明，水体中细菌的丰度随叶绿素 a 浓度的增加而逐渐增大（$r^2=0.466$，$P<0.05$），但其峰值滞后于叶绿素 a，附在藻体表面上的细菌也呈现出相似的变化规律；水体中代谢活性细菌数量与总细菌数

① 《英汉生物学词汇》译为“藻标”，用在本书不甚贴切，现以英文原意改译。

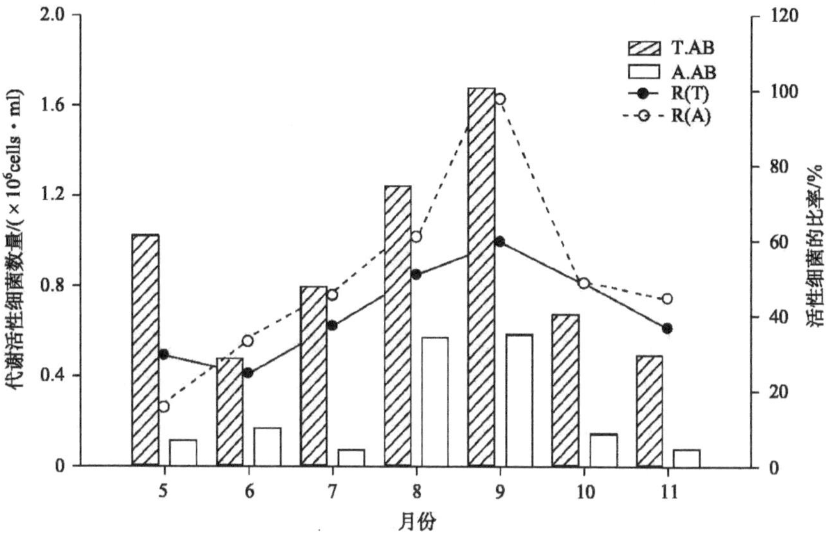


图 6.11　水体中及附着在微囊藻表面有代谢活性的细菌数量及比率的变化。T. AB，水体中代谢活性细菌数量；A. AB，附着在藻类群体上的代谢活性细菌数量；R（T），水体中代谢活性细菌占总细菌数量的比率；R（A），藻类群体上附着的活性细菌占藻类群体上附着总细菌数量的比率。（仿朱丽萍等，2009）

量显著相关（$r^2=0.678$，$P<0.05$）；附着在藻体上的代谢活性细菌虽然总数低于水体中的，但二者间存在显著相关（$r^2=0.836$，$P<0.05$）；藻体表面附生细菌数量取决于藻类的生长状况，附生在藻体上的代谢活性细菌的比率均高于水体的比率，且在水华泛滥期间呈逐渐增加的趋势（图 6.11）。

具有多糖性质的微囊藻的胶被上附生大量的异养细菌，将微囊藻作为其生长的基质，使其生活在与水体理化环境完全不同的微环境中（图 6.12）。微囊藻为异养细菌提

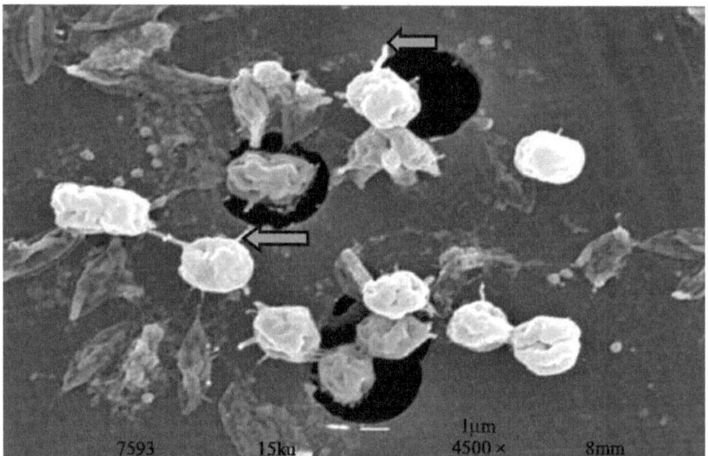


图 6.12　微囊藻及其表面上附着细菌的电镜照片（箭头所指部分为附着细菌）。（仿朱丽萍等，2009）

供生存空间及有机碳，同时通过细菌的分解作用为微囊藻的生长提供所需的碳源及其他营养，成为互利的依存关系。

# 第四节　气囊和藻毒素的生态学意义

## 一、气囊的生态学意义

本书在相关的章节多次讨论过气囊，这里仅就其生态学意义略加论述。气囊是藻细胞上浮的主要驱动力，试验证明气囊在0.66～2.16MPa是会坍塌的。气囊在不同的水华蓝藻细胞内所占的体积是有差别的，同一物种在幼年细胞和成熟细胞之间以及细胞的不同生理状况下气囊所占体积也不完全一样。实际上，准确测量也并非容易的事。多年来不少学者进行过探索，Klebahn（1922）最早用重力法测量刺孢胶刺藻气囊约占细胞体积的0.7%；Reynolds（1972）测量的卷曲鱼腥藻气囊占细胞体积的1.1%；Walsby（1970）测量的水华鱼腥藻气囊占细胞体积的2.1%，而铜绿微囊藻的气囊占细胞内的体积最大可达2.3%。但Reynolds（1972，1973）认为天然形成水华的种群气囊相对体积可达6%～8%。气囊的功能是使细胞漂浮。一个有趣且有生态学意义的问题是：藻体在水柱中浮力多大，上浮速率多少？这个问题与气囊的体积一样依物种的不同有明显的差别。表6.5是在室内静止水体条件下测定的结果。

**表6.5　几种漂浮蓝藻最大漂浮速率（野外）记录**（Reynold and Walsby，1975）

| 物种 | 群体大小 | 速率/($\mu m \cdot s^{-1}$) |
|---|---|---|
| *Oscillatoria agardhii* var. *isothrix* | 5μm×120μm | 0.47 |
| *Aphanizomenon flos-aquar* | 300μm×50μm | 16.1 |
| *Anabaena spiroides* f. *spiroides* | 松群体直径60～120μm | 30.1 |
| *Anabaena circinalis* | 松群体直径80～100μm | 59.3 |
| *Coelosphaerium naegelianum* | 整群体直径60～80μm | 41.6 |
| *M. aeruginosa* | 整个群体直径90～120μm | 107（Reynold） |
| *M. aeruginosa* | 直径>100μm | 1064（Ganf，1974） |
| *Gloeotrichia echinulata* | 直径1～3μm | 227 |

虽然表6.5显示铜绿微囊藻和刺孢胶刺藻的浮力最大，但这不一定都是气囊的作用，群体胶被的厚薄、细胞内储藏物质的多寡等都会起一定的作用，阿氏颤藻浮力最小就是一例证。

## 二、藻毒素的生态学意义

水华蓝藻毒素及其他生物活性物质在本书第七、第八两章已有较详细的论述，这里重点讨论其生态学上特别是在种间竞争方面的意义。产毒蓝藻及其产生的活性物质与其他藻类之间的关系是一种“异种化感”（或称“化感作用”）（allelopathy）关系，这种关系比较复杂（图6.13和图6.14）。

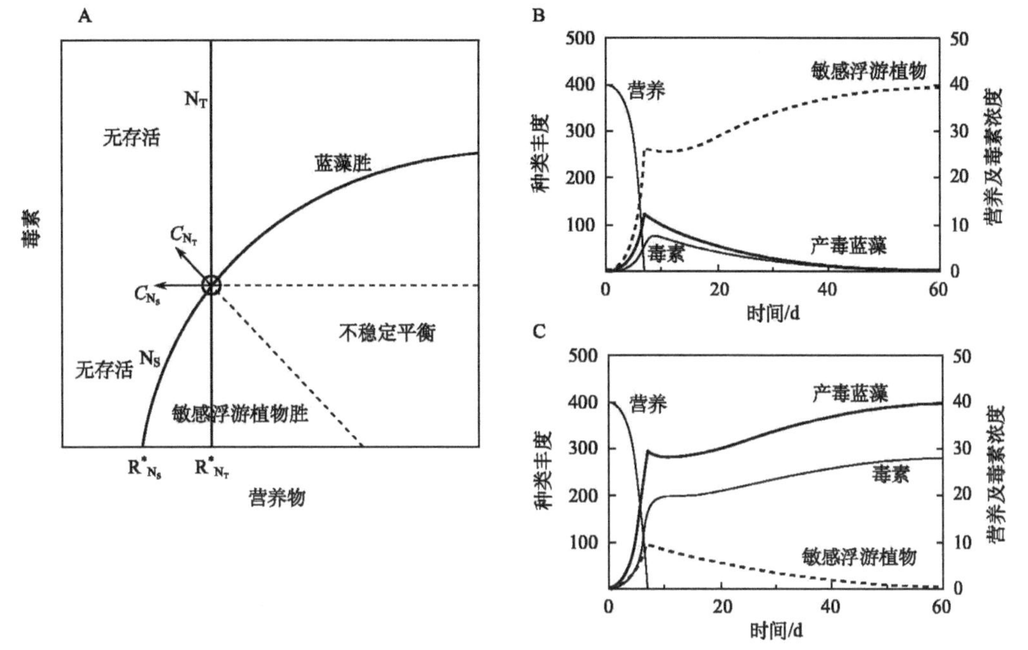


图 6.13　产毒蓝藻（$N_T$）与敏感浮游植物（$N_S$）间化感的相互关系。A. 等斜线图分析。实线代表两个物种的需毛生长等斜线。两箭头表示它们的撞闯载体，虚线是撞闯载体的发射，空圆圈是不稳定的平衡点。B. 若敏感浮游植物物种初始丰度大于产毒蓝藻，敏感物种在竞争中获胜。C. 若产毒蓝藻初始丰度大于敏感物种，产毒蓝藻获胜。（仿 Huisman et al.，2005）。

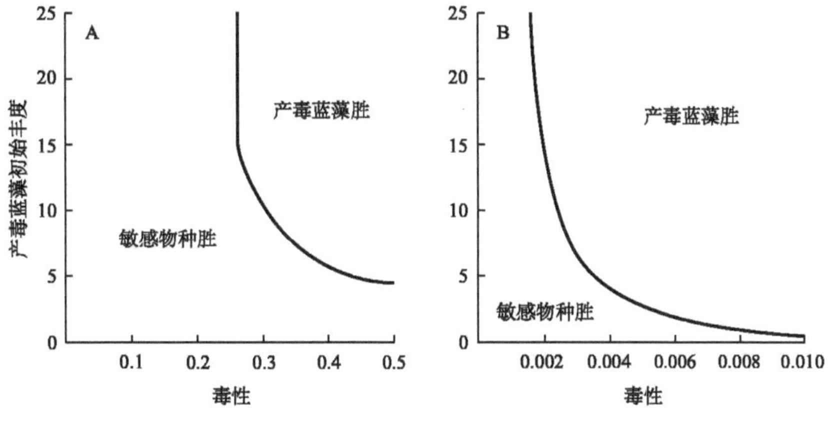


图 6.14　模型预测说明产毒蓝藻与敏感浮游植物物种间化感相互作用的影响。竞争中的优胜者是由产毒蓝藻初始丰度和毒性作为函数划分的。A. 假定水体为强烈混合时；B. 假定水体为弱混合时。（Huisman et al.，2005）

夏珊珊等（2008）对蓝藻的化感抑制作用作了综合评述，认为蓝藻的化感作用是在水体生态系统激烈竞争（包括与牧食者）中最有力的武器之一，如表 6.6 所示。

**表 6.6　部分已鉴定的蓝藻化感物质**（仿夏珊珊等，2008）

| 物质类别 | 蓝藻种属 | 物质名称 | 化感作用对象及机理 | 参考文献 |
|---|---|---|---|---|
| 含氮杂环 | 海绵念珠藻 *Nostoc spongiaeforme* | Nostocine A | 抑制念珠藻、两种鱼腥藻、伪枝藻、颤藻、莱茵衣藻和两种小球藻生长，棉球蠕虫拒食剂，抑制稗草根伸长 | 略 |
| 酰胺基聚酮化合物 | "菲斯"藻 *Fischerella muscicola*<br>"菲斯"藻 *Fischerella* sp. | Fischerellin A<br>Fischerellin B | 抑制鱼腥藻、莱茵衣藻；抑制微囊藻和聚球藻；抑制光系统Ⅱ和真菌的电子传递 | |
| 生物碱 | "菲斯"藻 | 12-*epi*-hapalindole E isonitrile<br>12-epihapalindole F | 抑制枯草芽孢杆菌 RNA 聚合酶和蛋白质合成、DNA 复制；抑制大肠杆菌 RNA 聚合酶<br>抑制微囊藻和聚球藻 | |
| | 泉生软管藻 *Hapalosiphon fontinalis* | Hapalindole A | 细菌、真菌 | |
| 吲哚菲啶 | 眉藻 *Calothrix* sp. | Calothrixin A | 抑制枯草芽孢杆菌 RNA 聚合酶和蛋白质合成、DNA 复制；抑制大肠杆菌聚合酶 | |
| 脂肪酸 | 铜绿微囊藻 *Microcystis aeruginosa*<br>水华束丝藻 *Aphanizomeno flos-aquae* | 亚麻酸和亚油酸 | 抑制蛋白核小球藻生长 | |
| | 纤细席藻 *Phormidium tenue* | 乳糖甘油二酯和双半乳糖甘油二酯 | 引起纤细席藻自溶，抑制红球藻生长 | |
| | 多变鱼腥藻 *Anabaena variabilis* | 有机酸和酯类 | 抑制小单歧藻生长 | |
| | 颤藻 *Oscillatoria* sp. | 长链不饱和脂肪酸 | 抑制组囊藻的光系统Ⅱ、电子传递链，降低自然状态下一种绿藻的种群密度 | |
| 肽类 | 海绵念珠藻 *Nostoc spongiaeforme* var. *tenue* | Tenuecyclamides A-D | 抗枯草杆菌和金黄色葡萄球菌活性；抑制海胆的胚胎分裂 | |
| | 锐氏颤藻 *Oscillatoria raoi* | Raocyclamide A（B） | 抑制海胆的胚胎分裂 | |
| | 念珠藻 *Nostoc* sp. 31 | Nostocyclamide A<br>Nostocyclamide M | 抑制萼花臂尾轮虫、微囊藻、纤维藻、斜生栅藻鱼腥藻的生长；促进项圈藻、聚球藻的光合放氧和呼吸耗氧 | |
| | 微囊藻属 *Microcystis* | Microcystins | 抑制日本浮萍生长；抑制金鱼藻和穗花狐尾藻的生长，使其光合产氧量减少并影响其色素组成；抑制苦草的生长和发育 | |
| | 铜绿微囊藻 *Microcystis aeruginosa* | Kasumigamide（四肽） | 抑制 *Chlamydomonas neglecta* 生长 | |
| 酚 | 海星念珠藻 *Nostoc linckia* | Cyanobacterin LU-1，2 | 阻碍聚球藻的细胞分裂和光依赖的产氧 | |
| | *Oscillatoria late-virens* | 未命名 | 抑制铜绿微囊藻光系统Ⅱ和光合电子传递 | |
| | 灰色念珠藻 *Nostoc muscorum* | 未命名 | 抑制抗菌性枯草芽孢杆菌、蜡状芽孢杆菌、黑曲霉等的生长 | |

续表

| 物质类别 | 蓝藻种属 | 物质名称 | 化感作用对象及机理 | 参考文献 |
|---|---|---|---|---|
| 芳香环化合物 | 透明伪枝藻 *Scytonema hofmanni* | Cyanobacterin | 抑制聚球藻 *Synechococcus* sp. 和浮萍、玉米、豆类等被子植物的光合电子传递 | 略 |
| 酮醇 | 织线藻 *Plectonma* sp. 墙壁眉藻 *Calothrix parietina* | 2-丁酮、2-戊醇、2，3-戊二酮、2，3-己二酮、羟基己酮等混合及单一物质 | 秀丽隐杆线虫和淡水单宫伞线虫（仅混合物）吸引剂 | |
| 萜类 | 微囊藻、鱼腥藻、颤藻等多个属 | Geosmin、β-环柠檬醛，香叶基丙酮、紫罗酮 | 抑制蛋白核小球藻生长 | |
| | 眉藻、织线藻和墙壁眉藻 | 紫罗酮 | 淡水单宫伞线虫驱除剂 | |
| | 眉藻 | Geosmin | 秀丽隐杆线虫驱除剂 | |

# 第五节　浮　　膜

毫无疑问，浮膜（scum）的形成与水华蓝藻细胞具有气囊密切相关。Reynolds（1971）计算过卷曲鱼腥藻水表藻丝浓度超过 16 000 条 · $ml^{-1}$，相当于 500 000 个细胞 · $ml^{-1}$ 或 20g 干重 · $m^{-3}$，这么大的生物量是怎么来的？许多观察研究表明，这么大的生物量并不是细胞爆发式分裂形成的，而是水体中水华蓝藻向水表层上浮在风力推动下聚集形成的。但是，每种水华蓝藻上浮的速率是有明显区别的（表 6.6）。浮膜一旦形成，水体表层就构成一个遮光的屏障，位于其下的需光生物因无光而无法生存，以它们为食的牧食者也失去生存的必要条件，不仅物种大大减少，水体生态系统也发生重大变化。Reynolds 和 Walsby 最初认为浮膜的消失是气囊坍塌的结果，以后的大量研究证明是由于细胞内碳水化合物的大量积累，使细胞增重而下沉。Oliver 等（2000）以水华鱼腥藻细胞密度在低光和高光下的变化使细胞上浮与下沉作图来说明气囊的调节作用（图 6.15）。浮膜消失的原因与蓝藻发生机理息息相关，这个问题将在第九章进一步探讨。

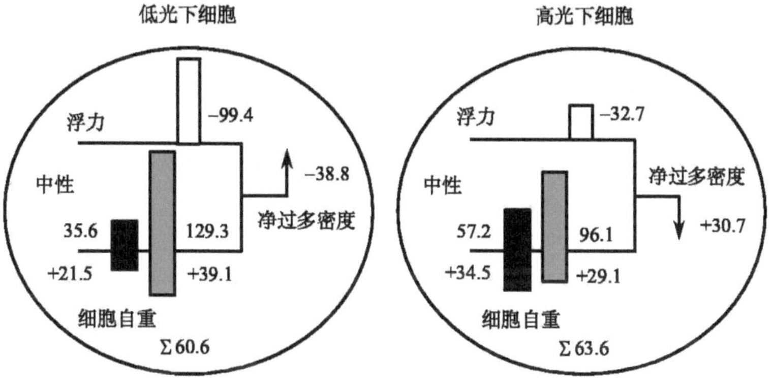


图 6.15　水华鱼腥藻在增加光照细胞密度响应变化平衡图解。(仿 Oliver and Gant，2000)

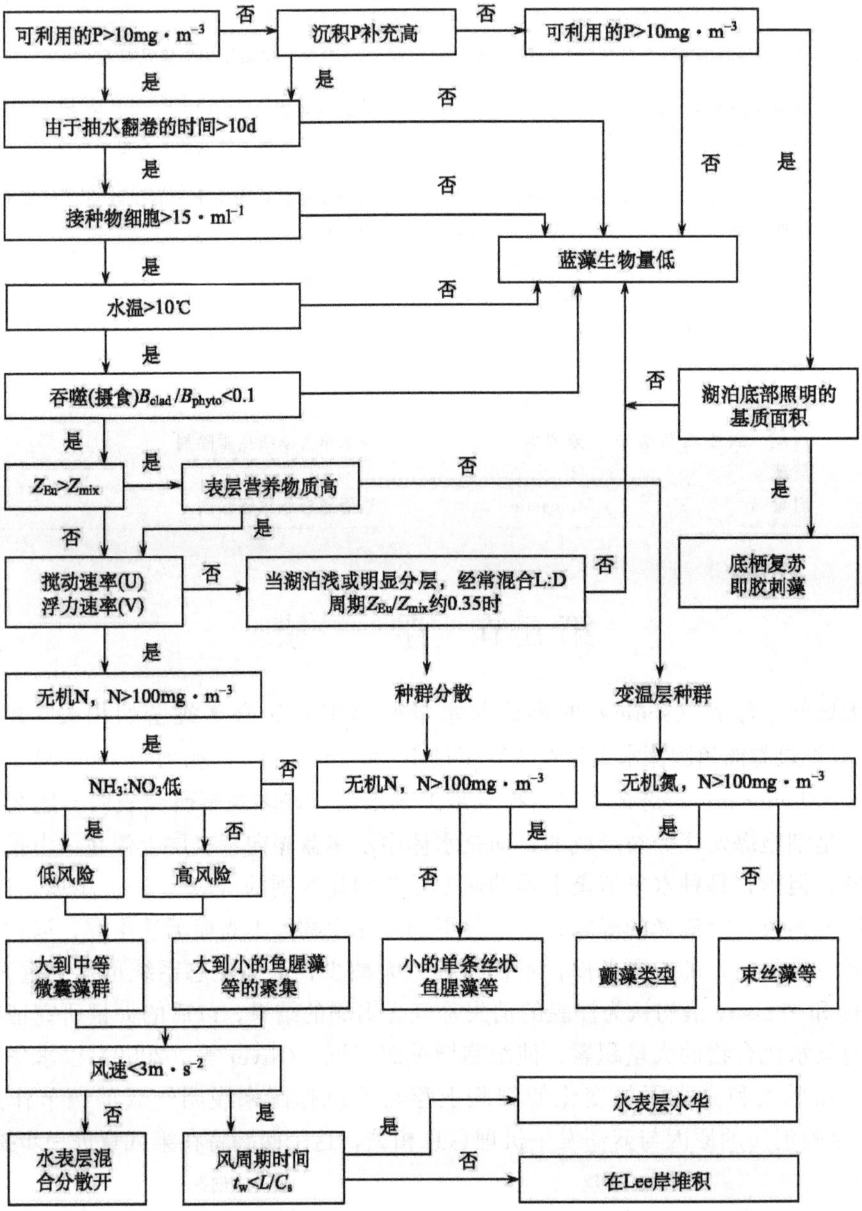


图 6.16 某些特殊“属”重要环境特征促进蓝藻水华形成流程图。Bclad，枝角类（目）生物量；Bphyto，浮游植物生物量；$Z_{Eu}$，透光层；$Z_{mix}$，混合深度；$U$，剪切速率；$V$，蓝藻的浮力或沉降速率；$t_w$，风吹时间；$L$，湖泊行程（两岸间的距离）（风浪区）（fetch）；$C_s$，水表层流速。（Oliver and Gant，2002）

细胞密度以碳水化合物（黑色柱）和蛋白质（灰色线柱）表示，从细胞体积每种成分重量计算获得（以柱的长度表示 $\mu g \cdot \mu l^{-1}$）。排水量抵消的比例用中性的表示，剩余重量为胞自重［中空柱的低光和高光细胞分别为（21.5＋39.1）$\mu g \cdot \mu l^{-1}$ 和（34.5＋29.1）$\mu g \cdot \mu l^{-1}$］，由于气囊（中空柱）作用的上浮力同样用上述方法计算（以柱的长

度 $\mu g \cdot \mu l^{-1}$ 表示)，胞自重浮膜和上浮是由于这两种成分（$38.8\mu g \cdot \mu l^{-1}$ 和 $30.7\mu g \cdot \mu l^{-1}$）净剩余细胞密度的作用，细胞密度和水密度间剩余密度是不同的。增加光照后由于碳水化合物的增加而增加了胞自重。但这也是由于蛋白质胞自重的减少，使细胞因气囊体积减小从漂浮到下沉的变化。

蓝藻水华的形成是一个受藻体本身和外界环境影响的复杂的生态学现象。Oliver 和 Gant（2002）综合各种因素绘制的蓝藻特殊“属”水华形成流程图（图 6.16），可作为研究这个问题的参考。

## 参考文献


成慧敏，邱保胜．2006. 蓝藻的伪空泡及其对蓝藻在水体中垂直分布的调节．植物生理学通讯，42 (5)：974～980.

储昭升，金相灿，庞燕．2006. 铜绿微囊藻和孟氏颤藻在富营养化湖泊中生长特征的模拟研究．环境科学学报，26 (11)：1815～1820.

董云仙．1999. 洱海蓝藻水华研究．云南环境科学，18 (4)：28～31.

范成新．1996. 太湖水体生态环境历史演变．湖泊科学，8：297～304.

何开丽．2002. 巢湖富营养化现状和治理对策．环境保护，4：22～24.

李勤生，黎尚豪．1984. 制约蓝藻种群的生态因子．生态学报，4 (4)：310～314.

连民，俞顺章．2001. 蓝绿藻的生态学研究进展．上海环境科学，20 (3)：1～5.

马经安，李红清．2002. 谈国内外江河湖库水体富营养化状况．长江流域资源与环境，11 (6)：575～578.

秦伯强，朱广伟．2005. 长江中下游地区湖泊水和沉积物中营养盐的赋存、循环及其交换特征．中国科学（D 辑地球科学)，35 (增刊)：1～10.

吴晓东，孔繁翔．2008. 水华期间太湖梅梁湾微囊藻原位生长速率的测定．中国环境科学，28 (6)：552～555.

夏珊珊，常学秀，吴锋，等．2008. 蓝藻化感抑制作用研究进展．生态学报，28 (8)：3927～3936.

项斯端，陆公让．1992. 蓝藻型富营养湖泊藻量的昼夜变化节律．水生生物学报，16 (2)：125～131.

谢平．2005. 浅水湖泊内源磷负荷季节变化的生物驱动机制．中国科学（D 辑地球科学)，35 (增刊 II)：11～23.

谢平．2008. 太湖蓝藻的历史发展与水华灾害——为何 2007 年在贡湖水厂出现水污染事件？30 年能使太湖摆脱蓝藻威胁吗？北京：科学出版社．

谢平．2009. 翻阅巢湖的历史——蓝藻富营养化及地质演化．北京：科学出版社．

张敏，谢平，徐军，等．2005. 大型浅水湖泊——巢湖内源磷负荷的时空变化特征及形成机制．中国科学（D 辑)，35 (增刊 II)：63～72.

赵孟绪，韩博平．2005. 汤溪水库蓝藻水华发生的影响因子分析．生态学报，25 (7)：1554～1561.

朱丽萍，高光，汤祥明，等．2009. 微囊藻水华期间水体及藻体上细菌的动态．湖泊科学，21 (3)：395～400.

Graham L, Graham J M, Wilcox L W. 2009. Algae. San Francisco: Benjamin Cummings. 486～520.

Huisman J, Hans C P, Matthijs, et al. 2005. Harmful Cyanobacteria. Netherland: Springer. 1～178.

Kardinaal W E A, Visser P M. 2005. Dynamics of Cyanobacterial Toxins, Sources of variability in microcystin concentrations. In: Huisman J, Matthijs HCP Visser P M. Harmful Cyanobacteria. Netherlands: Springer. 41～64.

Klebahn, H. 1922. Neue Untersuchungen über die Gasvakuolen. Jahrbuch für wissenschaftliche Botanik, 61: 535～589.

Komárek J, Anagnostidis K. 2005. Cyanoprokaryota. Spektrum Akademscher Verlag. Italy.

Oliver R L, Gant G G. 2002. Freshwater blooms. In: Whitten B A, Potts M. The Ecology of Cyanobacteria, their diversity in Time and Space. Netherlands: Kluwer Academic Publishers. 149～194.

Paerl H W. 1992. Epi-and endobiolic interactions of cyanobacteria. In: Reisser W. Algae and Symbioses: Plants, Animals, Fungi, Viruses, Interactions Explored. Bristol: Biopress. 537～565.

Paerl H W. 1996. Physiological ecology of toxic aquatic Cyanobacteria. Phycologia, 35 (suppl.): 160～167.

Reynolds C S, Walsby A E. 1975. Water-bloom Biol Rev, 50: 437～481.

Reynolds C S. 2006. Ecology of phytoplankton. Cambridge: Cambridge University Press. 1～535.

Reynolds C S. 1971. The ecology of the planktonic blue-green algae in the North Shropshire meres. Field Studies, 3: 409～432.

Reynolds C S. 1972. Growth, gas-vacuolation and buoyancy in a natural population of a blue-green alga. Freshwater Biology, 2: 87～106.

Reynolds C S. 1973. Growth and buoyancy of Microcystis aeruginosa Kütz. emend. Elenkin in a shallow eutrophic lake. Proceeding of the Royal Society of London, B 184: 29～50.

Sigee D C. 2005. Freshwater Microbiology, Biodiversity and Dynamic Interaction of Microorganisms in the Aquatic Environment. England: John Wiley & Sons Ltd. 1～524.

Tsujimura S. 2004. Application of the frequency of dividing cells technique to estimate the *in situ* growth rate of *Microcystis* (Cyanobacteria) . Freshat. Biol, 48 (11): 2009～2024.

Visser P M, Ibelings B W, Mur L R, et al. 2005. The Ecophysiology of the Harmful Cyanobacterium Microcystis. In: Huisman J, Hans C P M allhiis, Visser P M. Harmful Cyanobacteria. Netherlands: Springer. 109～142.

Walsby A E. 1970. The nuisance algae: curiosities in the biology of planktonic blue-green algae. Water Treatment and Examination, 19: 359～373.

Wolk C P. 1973. Physiology and cytological chemistry of blue-green Algae. Bacteriological Reviews, 37 (1): 32～101.

# 第七章　水华蓝藻的毒素、臭气、其他挥发性物质及作为保健品

水华蓝藻产生的各种对动物和人体有害的毒素及臭气是水华破坏水质环境、严重影响人禽健康的主要因素。多年来许多国家的有关学者对水华蓝藻毒素的毒理、毒性、化学组成与结构以及毒素的生态生理学性质做了大量分析研究。自 20 世纪 80 年代以来国内有关科研单位、高校及水质环境监测部门对我国水华蓝藻毒素进行了广泛的调查分析，对某些蓝藻毒素的化学组成、结构、毒性毒理进行了评论。本章根据国内外最新研究成果较系统地进行综合论述。此外，近年来有学者研究表明，某些水华蓝藻产生的挥发性物质不仅对水质环境没有坏的影响，反而还有潜在的开发应用前景，故本章还将简要讨论作为保健品的水华蓝藻。

我国科技工作者虽在蓝藻毒素方面做了不少工作，但主要研究微囊藻毒素（microcystin）的毒理、毒性，而对其他毒素的研究较少。具有"蓝藻毒素毒性"（CTP）反应的蓝藻估计有 40 个属，其中主要的有鱼腥藻、束丝藻、拟柱孢藻、鞘丝藻、微囊藻、念珠藻及浮丝藻等。本章将阐述全球已报道的所有水华蓝藻毒素。

## 第一节　蓝藻毒素的种类和化学结构

全球已报道的蓝藻毒素（cyanotoxin）根据化学结构划分有两大类：一类为环肽（cyclic peptide）类，是一个由闭合链组成的多肽，没有游离的 α-羧基和游离的 α-氨基，这类毒素包括微囊藻毒素（nicrocystin，MIC）和节球藻毒素（nodularin）；另一类为生物碱（alkaloid），这类包括的毒素较多，有变性毒素-a（anatoxin-a）、变性毒素-a（S）、拟柱孢藻毒素（cylindrospermopsin）、甲藻（神经）毒素（saxitoxin，STX）、污秽毒素（aplysiatoxin）及席藻毒素（lyngbyatoxin）。

### 一、环肽（cyclic peptide，cyclopeptide）类

微囊藻毒素和节球藻毒素—蓝藻肝毒素。蓝藻毒素在淡水水华中最常见的是环式七肽微囊藻毒素，半碱水中为环式六肽节球藻毒素。已知产生这些毒素的漂浮蓝藻有鱼腥藻、微囊藻、颤藻、浮丝藻、念珠藻和拟鱼腥藻，其中微囊藻、浮丝藻和鱼腥藻是最常见的、全球分布最广的产毒水华蓝藻。最近在巴西发现飞氏辐囊藻（*Radiocystis feernandoi*）和海生的聚球藻（*Synechococcus*）也产生这种毒素。甚至底栖的蓝藻如垫状的泥生颤藻（*Oscillatoria limosa*）和瑞士高山牧场的一种席藻（*Phormidium konstantinosum*）都有使牛羊中毒的事件发生，表明它们含有微囊藻毒素。南极藻垫也被发现含有微囊藻毒素和节球藻毒素。美国加州许多水库的席藻显示含有微囊藻毒素-LR。尼罗河及其干渠生长的近柱状鱼腥藻（*Anabaena subcylindrica*）、多变鱼腥藻（*A. variabilis*）、海绵状念珠藻（*Nostoc spongiaeforme*）、波里织线藻（*Plectonema bory anum*）及皮席藻（*P. corium*）等都产生微囊藻毒素。

## （一）微囊藻毒素（microcystin，MCYST，MIC）

### 1. 化学结构与性质

MIC 是一类环式七肽（cyclic heptapeptide），目前已知有 80 个变异，对这类毒素了解最清楚，其分子质量为 500～4000Da。微囊藻毒素包括 7 肽键氨基酸，线形肽连接形成环式化合物，具两个末端氨基酸，常见微囊藻毒素的化学结构如图 7.1 所示。

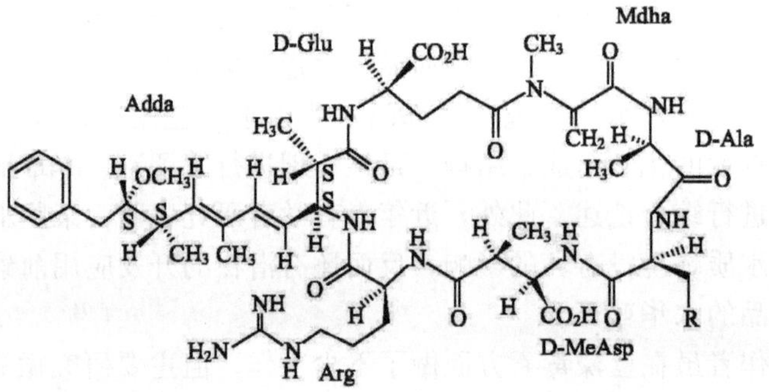


MIC LR R=$CH(CH_3)_2$
MIC RR R=$CH_2CH_2NHC(NH_2)$=NH
MIC YR R=$C_6H_4$-p-OH

图 7.1　常见微囊藻毒素的化学结构。(仿 Duy et al.，2000)

一般结构是：环式-［D-alanine（丙氨酸）-X-D-MeAsp（天冬氨酸）-Z-Adda-D-glatamate（谷氨酸）-Mdha］，其中 X 和 Z 是可变的 L-氨基酸，D-MeAsp 是 D-erythro（赤式）-β-methyl（甲基）-aspartic acid（天冬氨酸），Mdha 是 *N*-甲基脱水丙氨酸（methyldehydralanine）。氨基酸 Adda 是（2S，3S，8S，9S）-3-氨基-9-甲氧基-2，6，8-三甲基-10-苯基（phenyldeca)-4，6 双烯酸（4，6-dienoic acid），是这种环肽毒素中最罕见的结构。所有 7 个氨基酸报道都有变异，但常见的是 L-氨基酸 X［多数是亮氨酸、精氨酸或酪氨酸，可能还有同源酪氨酸（homotyrosine）、丙氨酸、苯丙氨酸（phenylalanine）、同源苯丙氨酸、甲硫氨酸（methionine)-S-氧化物或色氨酸以及 Z（Z 是精氨酸或丙氨酸，可能还有氨基醛异丁酸（isobutyric acid)］常被取代，同源精氨酸或甲硫氨酸-S-氧化物及 D-MeAsp 和（或）Mdha 具有脱甲基作用。大多数微囊藻毒素含有 β-甲基天冬氨酸，谷氨酸及具甲胺（methylamine）的丙氨酸附着于谷氨酸上。有些微囊藻毒素 Mdha 为 L-丝氨酸和 D-丙氨酸所替代。

### 2. 产微囊藻毒素的种类

微囊藻毒素最初是从铜绿微囊藻 NRC-1 品系中分离并命名的。NRC-1（SS-17）品系产生单一的毒素，而另一些品系产生几种毒素，如品系 WR70 产生 4 种微囊藻毒素，还有些能产生 6 种类型的微囊藻毒素。微囊藻毒素大多数通常从形成蓝色浮膜的微囊藻种群中发现，形成浮膜（scum）的鱼腥藻（*Anabaena*）中具高含量的微囊藻毒素。阿氏浮丝藻（*Planktothrix agardhii*）和红色浮丝藻（*P. rubescens*）在水华发生季节从不形成浮膜但发现高含量的微囊藻毒素。从芬兰不同湖泊的阿氏颤藻（*Oscilliatoria agardhii*）的 13 个品系中分离了 8 种微囊藻毒素。现在微囊藻毒素在微囊藻属（铜绿、惠氏和绿色）的几个种、鱼腥藻属［水华鱼腥藻、念珠藻、浮丝藻（*P. agardhii*, *P. rubescens* 及 *P. tenus*）］、拟鱼腥藻、从土壤中分离的眼状软管藻（*Haphalosiphon hibernicus*）和隐球藻中都有记载。最近又报道了两种新的微囊藻毒素（MIC）：闭联（seco）［D-天冬氨酸微囊藻毒素-RR］和［D-天冬氨酸，D-谷氨酸（OMe）微囊藻毒素-RR］，它们是从斯洛维尼亚湖床的红色浮丝藻水华中同时分离获得的。

**3. 发生的生态环境**

分批连续培养研究证明，环境因素如营养源、光照、pH 和温度，不仅影响蓝藻生长，同时还影响微囊藻毒素的产生。在培养中蓝藻种群产生的微囊藻毒素的数量直接与其生长速率成比例，对数生长期微囊藻毒素产量增加，对数生长晚期含量最高。研究表明，铜绿微囊藻单个细胞微囊藻毒素的含量在小范围内（2～3 倍）是稳定的，而且由于特殊品系产生的微囊藻毒素的变型（variants）也是相当稳定的，个别微囊藻毒素的比率可随时间、温度和光强而变化。浮丝藻适于低光强下生长，而鱼腥藻则适于中度光强。温度梯度内微囊藻毒素含量有 2～3 倍的差异。蓝藻细胞在低和高 pH 条件下含有更多的毒素。

1997 年 5 月，土耳其的 Sapance 湖泊发生蓝藻水华，在 10m 水柱以上未检测出微囊藻毒素，而在 20m 深处检测到 3.65μg 微囊藻毒素-LR eq（等式）$L^{-1}$，在深 15～25m 处发现 19%的微囊藻毒素库。

高 P 水平，产肝毒素（hepatotoxin）蓝藻品系产生更多的毒素；高和低 P 水平间毒素产生的差异变化为 2～4 倍。在富 N 条件下，微囊藻和颤藻（浮丝藻）产生更多的毒素。铜绿微囊藻在分批培养中仅锌（Zn）为适于生长和毒素产生所需的元素。有报道表明，鱼腥藻在实验室条件下 NaCl 15g・$L^{-1}$时能正常生长，到 20g・$L^{-1}$时生长受到抑制，而拟鱼腥藻盐度从 2～20g・$L^{-1}$保持相同的生长速率。

**4. 微囊藻毒素在天然水体中的生物降解**

微囊藻毒素是胞内毒素，在活细胞内降解缓慢，只有当细胞衰老、死亡或经水处理过程如预氯化作用（prechlorination）或用灭藻剂（algicide）等时才释放到水体中，但它们的性质和结构在被生物降解或光解前还能保持相当长时间。在充分光照下，微囊藻毒素经受缓慢的光化学分解和异构化（isomerization），其反应速率因水溶性细胞色素（藻胆蛋白）的存在而增强。在这种情况下，2 周后微囊藻毒素就降解 90%，有时需 6 周，这依赖于色素的浓度。光照条件下，在野外溶解有机碳（DOC）2～16mg・$L^{-1}$腐殖质时降解速率更快。夏季曝晒条件下每天近 40%微囊藻毒素被降解。而在较深的泥水水体其降解速率相当低。英国天然水体研究表明，MIC-LR（微囊藻毒素-LR）5d 降解 50%。在澳大利亚，铜绿微囊藻水华的微囊藻毒素-LR 经除藻剂处理后 21d 才能被破坏。何振荣等（1989）研究了我国东湖蓝藻水华毒性，证明微囊藻水华的毒性在不同季节有较大的差异，8～9 月毒性最低，12 月最高（$LD_{50}$＝24mg・$kg^{-1}$鼠重），表现出随着温度的降低毒性增大（图 7.2）的趋势。

程凯等（2001）研究了武汉市一公园池塘的微囊藻水华及其毒性变化，观察到小白鼠有明显的肝毒素中毒症状，分析该池塘 4 个月水华发生期中的毒性变化，发现毒性表现出逐步上升的趋势，这个过程大体分为 4 个阶段（表 7.1 ）。

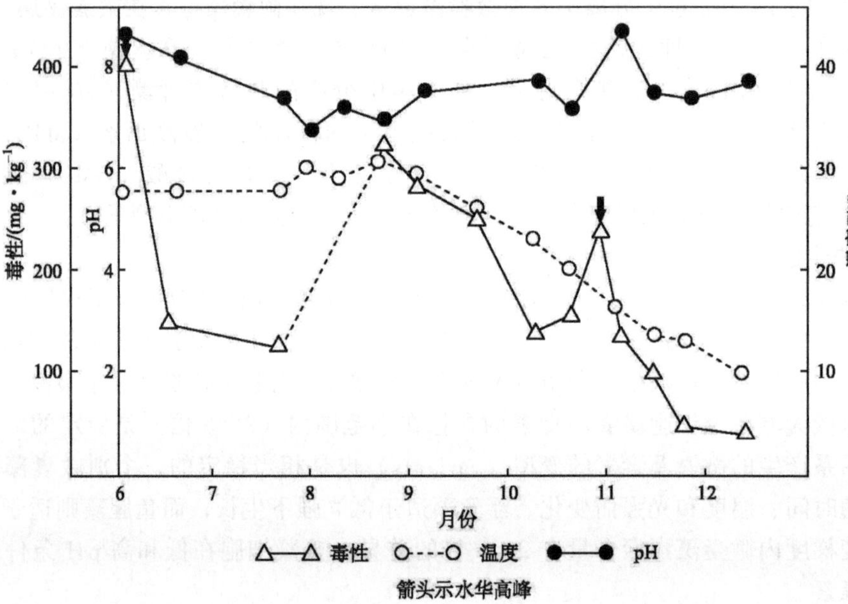


图 7.2　鱼池中不同季节微囊藻水华毒性变化。(仿何振荣等，1989)

**表 7.1　藻毒性的变化**（仿程凯等，2001）

| 阶段 | 时间起点/（月-日） | 时间终点/（月-日） | 毒性变化范围/($LD_{50}$·mg·$kg^{-1}$) |
|---|---|---|---|
| 1 | 05-23 | 06-21 | ＞1000 |
| 2 | 06-27 | 06-27 | 485 |
| 3 | 07-08 | 08-15 | 47～99 |
| 4 | 08-23 | 09-07 | 22～33 |

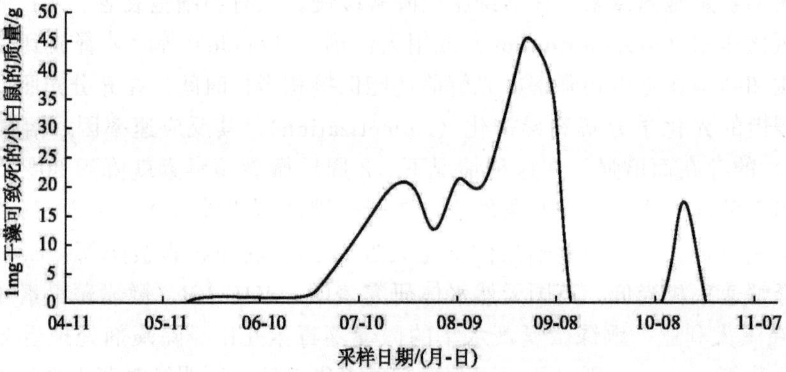


图 7.3　毒性变化曲线。(仿程凯等，2001)

水华发生的最初阶段是不产毒的，随着水华的形成毒性才逐步增大，到水华将要完全消失时毒性才到达到最大（图 7.3）。这种现象与国外学者在实验室条件下实验结果基本一致。程凯等观察发现毒性峰总是滞后于生长峰的现象也与国外学者的观察相吻合。当然滞后的时间略有差异。这个过程大体上分为 4 个阶段（表 7.1 和图 7.3）他们观察到的两个生长峰（峰 1、3），毒性峰滞后了约半个月，而相对于生物量较小的生长峰（峰 2），毒性峰滞后为 1 周（表 7.2，图 7.4）。

**表 7.2　毒性峰与生长峰的比较**（仿程凯等，2001）

| 生长峰 | 生长峰日期/(月-日) | 生物量叶绿素 $a$/($mg \cdot L^{-1}$) | 毒性峰 | 毒性峰日期/(月-日) | 滞后天数 |
|---|---|---|---|---|---|
| 1 | 07-08 | 1.44 | A | 07-26 | 18 |
| 2 | 08-02 | 0.42 | B | 08-09 | 7 |
| 3 | 08-16 | 1.30 | C | 08-30 | 14 |

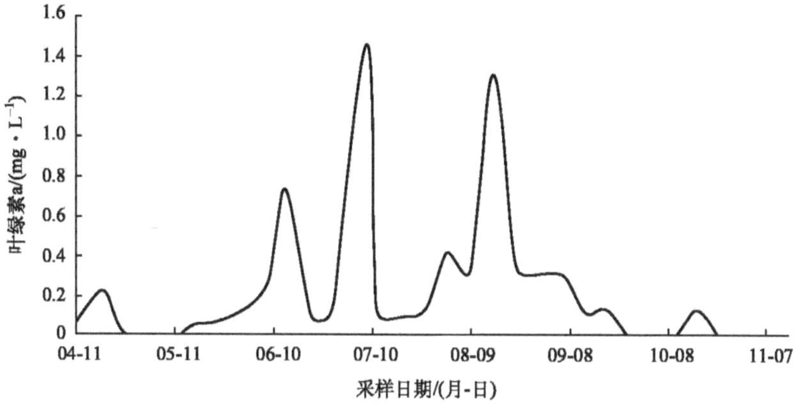


图 7.4　生物量变化曲线。(仿程凯等，2001)

天然水体微囊藻毒素的降解是污水河和湖泊沉积物的一种新的水生细菌——*Sphingomonas*（过去称 *Pseudomonas*）的作用。初始，MIC-LR 由环式变成线形作为暂时的中间阶段。即便如此，其毒性比母化合物小近 200 倍。停滞期开始时毒性通常很少丧失，这一时期能维持 2d 或多于 3 周，这取决于水体的气候条件、不溶的 MIC 及在某些情况下以及水体以前发生水华的历史。降解作用一旦开始，MIC 在 2～10d 即被去除 90%以上，时间的长短取决于水体毒性的起始浓度、水温。MIC-RR 和 MC-LR 最高降解率分别为 $13mg \cdot L^{-1} \cdot d^{-1}$ 和 $5.4mg \cdot L^{-1} \cdot d^{-1}$。

破坏 MIC-LR 至少需要 3 种酶，一种为微囊藻毒素酶（microcystinase），可切断环七肽的键使之成为 7 个氨基酸的线形链，其毒性比环式结构小 100 多倍，而其他 2 种或更多种酶是将肽进一步切断成单个氨基酸。潘晓洁等（2006）研究了 2003 年 4～12月滇池微囊藻毒素含量变化与环境因子的相关性，对马村湾和海东湾总 P、总 N、溶解氧、透明度、光照强度、叶绿素 *a*、pH、水温及微囊藻种群优势度的分布和月变化以及与微囊藻毒素含量之间的关系进行了相关性分析，结果表明微囊藻在这两个水湾水体中的分布与总 N 和 N：P 之间呈非常显著的负相关性（$P<0.01$），而与透明度、光照强度和微囊藻种群优势度呈显著的正相关性（$P<0.05$），微囊藻毒素浓度主要由水体的总 N、总 P、叶绿素 *a*、溶解氧及透明度决定（$R^2=0.560$，$P<0.017$）（图 7.5）。

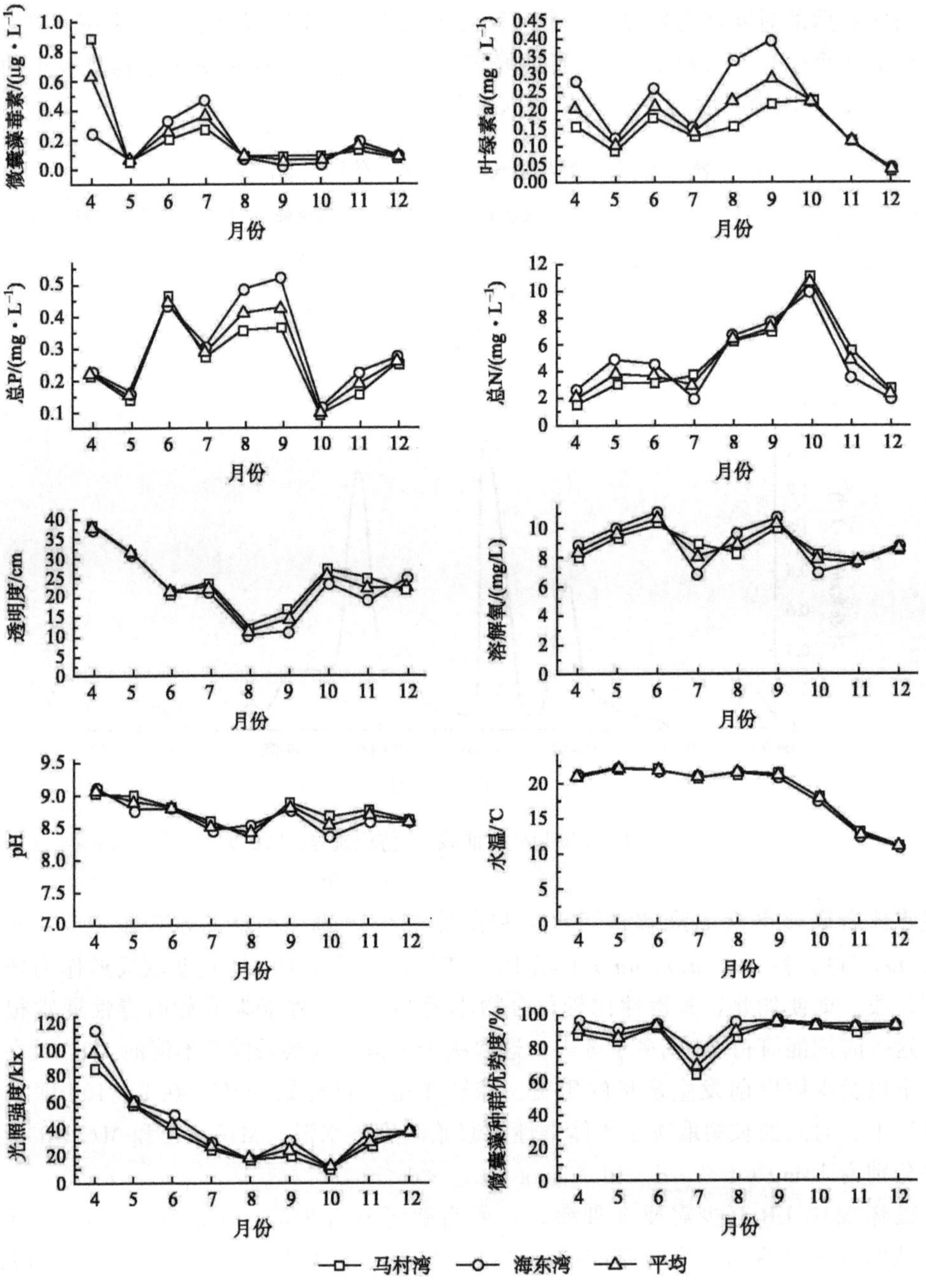


图 7.5　2003 年 4～12 月马村湾、海东湾微囊藻毒素毒性及理化因子的变化情况。（仿潘晓洁等，2006）

**5. 微囊藻毒素的毒性**

（1）作用机理

MIC-LR 及其大多数同类化合物都是疏水性的，一般都不能透过脊椎动物的细胞膜，因此必须利用 ATP 获得能量才能通过细胞膜。一种迄今尚未鉴定的“多种特殊的有机阴离子”（multispecific organic anion）转运者（transporter）或胆汁酸转运者

(bile acid transporter）可作为环式肽的载体。这样，这种毒素的毒性就限定在有机阴离子转运者在其器官（如肝脏）细胞膜上表达。若通过口的途径，MIC-LR 经过哺乳动物回肠（ileum）到血液再经胆汁酸输送系统可在肝脏细胞和小肠细胞表面存在。同时 MIC-LR 由于肝脏细胞活跃的吸收可在肝脏内浓缩。有些 MIC 比 MIC-LR 的疏水性更强，经其他机制包括扩散作用通过细胞膜。肝细胞里的 MIC-LR 强力抑制真核细胞蛋白质丝氨酸/苏氨酸磷酸酯酶类 1 和 2A（PP1 和 PP2A）的活性。对 PP1 和 PP2A 的抑制作用导致细胞骨架蛋白质的超磷酸化作用（hyperphosphorylation）从而破坏肝细胞，肝脏膨胀至原来的近 2 倍。为防止 MIC 对肝脏的毒性，在试验动物中做过一些化学试剂拮抗性的实验，如环孢素 A（cyclosporin A）、利福平（rifampin）及 silymarin。这些拮抗物在服毒物之前或同时服用大多数都是有效的。

抑制 PP 酶类的物质也被认为是非佛波醇（nonphorblo）酯类型肿瘤的启动子。PP 在维持细胞内平衡中起着重要的调节作用。

（2）药物代谢动力学

肝脏是 MIC-LR 攻击的主要靶器官。大量分析证明，50%～70%的 MIC-LR 发现在肝脏，7%～10%在肠道，1%～5%在肾脏，其余的遍及身体其他器官组织。MIC-LR 没有胰蛋白酶的分裂点，对酶的水解作用有抗性，因此对人体器官的降解具有更强的拮抗作用，它们通过胆汁以原来的形态或结合后的形态排泄。MIC 从肝脏的胆汁排泄表明其存在肠肝再循环的潜能，可经胆汁离开肝细胞，因为它们能迅速在十二指肠里出现。MIC-LR 也可以通过肝和肾的途径排泄。注射 MIC-LR 后在原生质中存留的时间（$t_{1/2}$）α 时期为 0.8min，β 时期为 6.9min。随后在血液中 α 时期的时间（$t_{1/2}$）为 2.1min，β 时期为 42min。MIC 的清除率因种的不同而有差异。小鼠口服 MIC 后肝脏吸收小于 1%。肝脏对除去 MIC 毒性具有重要作用。已鉴定了 3 种代谢产物：谷氨酸接合物、半胱氨酸接合物以及与被氧化的 ADDA 双烯（diene）的接合物。

## （二）节球藻毒素

### 1. 化学结构与性质

节球藻毒素（Nodlns）是单环的五肽，线形末端具两个氨基酸并接合形成环式化合物。节球藻毒素分子质量为 824Da。一般结构式为：环式-［D-MeAsp-L-Arg-Adda-Mdhb］。其中，D-MeAsp 为 D-赤式-β-甲基天冬氨酸，Mdhb 为 2-甲氨基-2-脱氢丁酸。氨基酸 Adda 即（2S，3S，8S，9S)-3-氨基-9-甲氧基-2，6，8-三甲基-10-苯基-4，6-双烯酸，是环式肽毒素群中罕见的结构（图 7.6）。

在自然界发现 7 个节球藻毒素的变异：2 个脱甲基的变异，1 个是 D-天冬氨酸被 D-Me 精氨酸取代，另一个是 Adda 替代 DMAdda；此外，还存在非毒性的变异，即一个包含 Adda 的 6Z-立体异构体，称为 motuproin——末端的 L-精氨酸被疏水的 L-丝氨酸代替；以及从自然界分离发现了 1 种非毒性的节球藻毒素，称之为节球藻毒素-Har，这种新的毒素包含 Adda 的 5Z-立体异构体。

### 2. 发生的生态环境

节球藻毒素在澳大利亚、新西兰、Tasmania、欧洲北部及波罗的海等国家发现。

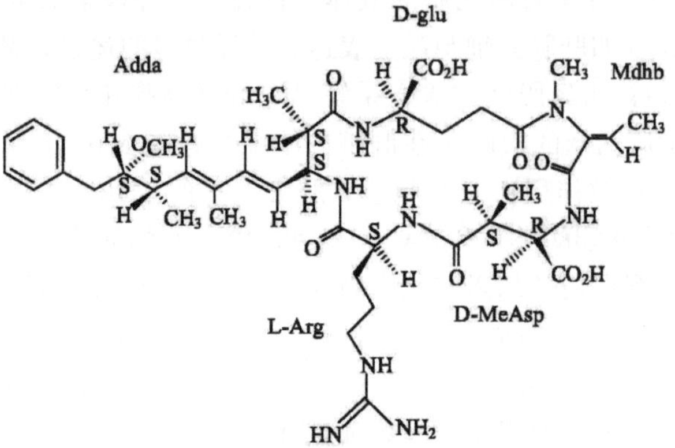


图 7.6　常见节球藻毒性的化学结构。(仿 Apeldoorn et al.，2007)

在海岸半咸水的泻湖和河口夏季常发生泡沫节球藻（*N. spnmigena*）水华。泡沫节球藻水华的发生是由温度、光强和营养物质浓度决定的。N 和 P 的水平也是至关重要的，而在实验室里的实验表明 NaCl 浓度（0～20g · $L^{-1}$）不是影响泡沫节球藻和 *N. sphaerocarpa* 水华发生的主要因子。胞内节球藻毒素浓度随着温度、P 浓度及辐射强度的增加而增加。在低和高的盐度及非自然的高 N 浓度时，节球藻毒素减少。澳大利亚南部地势较低的 Murray 河地区淡水湖泊常发生泡沫节球藻水华。有调查表明水华细胞数达 50 000～80 000 个细胞 · $L^{-1}$，而节球藻毒素（细胞外和细胞内的总数）的上限达 1.0～1.7μg · $L^{-1}$，细胞外浓度罕见超过 0.5μg · $L^{-1}$（HPLC）。盐度对总节球藻毒素产生的速率有明显影响，不过细胞内的节球藻毒素产生速率不受外界盐度的影响。最高生物量和节球藻毒素是在 30μmol photon · $m^{-2}$ · $s^{-1}$ 和 80μmol photon · $m^{-2}$ · $s^{-1}$ 两种情况下培养时，在 360～13 200mg TDS（总可溶固体）· $L^{-1}$ 盐度条件下出现。最高的产出率和产量的条件为 30℃，光强 30μmol photon · $m^{-2}$ · $s^{-1}$。温度和辐射能结合的相互作用单位生物量对细胞内毒素的浓度有明显影响，细胞在 20℃、30μmol photon · $m^{-2}$ · $s^{-1}$ 条件下生长单位生物量有较高的细胞内节球藻毒素，与那些在相同温度但在 80μmol photon · $m^{-2}$ · $s^{-1}$ 时的毒素浓度相比，虽然有较高的光辐射水平，但由于光抑制作用，减少了节球藻毒素的产生。在 20℃、光强 80μmol photon · $m^{-2}$ · $s^{-1}$、盐度 13 200mg TDS · $L^{-1}$ 时总的节球藻毒素产生速率最大；30℃、30μmol photon · $m^{-2}$ · $s^{-1}$、盐度为 264mg TDS · $L^{-1}$ 时细胞内节球藻毒素生产速率最高。

**3. 自然环境中的生物降解**

(1) 节球藻毒性作用机理

节球藻毒性作用机理与 MIC 十分相似。首先，毒物从回肠通过胆汁酸载体输送毒物穿过黏液进入血液；其次，毒物经胆汁酸载体优先输送到肝脏细胞；最后，毒物在肌动蛋白微丝（actin microfilaments）和细胞的细胞骨架（cytoskeleton）元件作用下诱导发生变化，其结果使微丝在近细胞中央密集聚合，细胞失去支持而变圆，造成血窦上皮细胞被破坏，最终破坏了肝脏的薄壁细胞和血窦，几小时内肝内出血而致死或几天内导致肝功能不全。

(2) 天然水体降解

节球藻毒素在天然水体中虽然有些变异，但通常无多大意义，在波罗的海连续数年采集到的大多数为相同的化合物，因此，变异是罕见的，这种毒素在天然水体中是相当稳定的。

## 二、生 物 碱

### (一) 变性毒素-a

#### 1. 化学结构与性质

变性毒素-a (anatoxin-a) 是一种低分子质量的、与托（品）烷相关的（tropane related）生物碱（MW=165），即双环的次级胺，2-乙酰-9-吖双环［4.2.1］非-2-烯，系可卡因的结构类似物（图 7.7）。其是鸟氨酸经具有鸟氨酸脱羧酶沉淀的腐胺（putresine）在细胞内合成的。变性毒素-a 在胆碱酯酶作用下并不易受酶的水解，因为它不具有酯的部分。变性毒素-a 的原始形式比自由基更稳定。$pK_a$ 为 9.4，在生理 pH 条件下它以原始形式存在。同源变性毒素-a（homoanatoxin-a）（MW-179）是变性毒素-a 的同类物，变性毒素-a 在 C-2 处的丙酰基群被乙酰基群所代替。

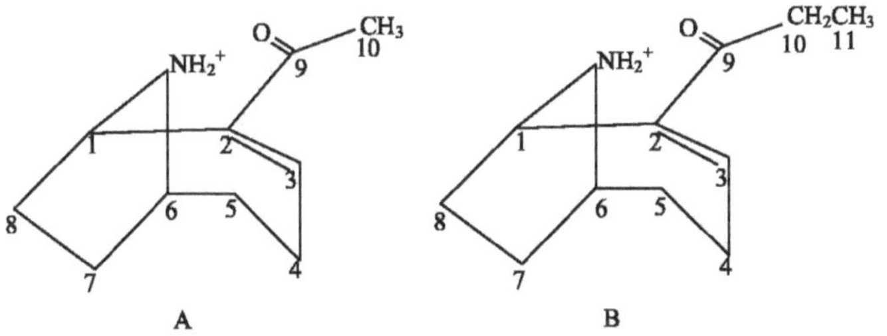


图 7.7 变性毒素-a (A) 和同源变性毒素-a (B) 的化学结构。(仿 Apeldoorn et al.，2007)

#### 2. 产变性毒素-a 的水华蓝藻

目前已知的种类有：鱼腥藻属的浮游鱼腥藻（*A. planctonica*）、水华鱼腥藻（*A. flos-aquae*）、螺旋鱼腥藻（*A. spiroides*）和卷曲鱼腥藻（*A. circinalis*），颤藻属几个种（*Oscillatoria* sp.），还有浮丝藻属（*Planktothrix*）、柱孢藻属的几个种（*Cylindrospermum* sp.）以及几种束丝藻（*Aphanizomenon* sp.）。在日本有报道微囊藻也产生很少量的这种毒素。美丽浮丝藻（*Planktothrix formosa*）、美丽颤藻（*O. formosa*）及美丽席藻（*Phormidium formosum*）等都能产生同源变性毒素-a。近年来，在一些未定种的鱼腥藻中发现也能产生这种毒素。Watanabe 从地中海尖头藻（*Raphidiopsis mediterrance*）分离检测出同源变性毒素。Namikoshi 等报道此种同时产生变性毒素-a、同源变性毒素以及新的非毒素的 4-羟同源变性毒素-a（4-hydroxyhomoanatoxin-a）。

#### 3. 发生的生态环境

与微囊藻毒素一样，环境中 P 水平对水华蓝藻产生变性毒素-a 无影响。

变性毒素-a 首次从加拿大的水华鱼腥藻品系中分离获得，以后从芬兰未定的鱼腥藻品系、颤藻属、束丝藻属和拟柱孢藻属的个别种，以及苏格兰底栖的鱼腥藻和颤藻、爱尔兰的鱼腥藻和颤藻中分离检出。在意大利 Sarolinia 地区的浮游鱼腥藻水华和德国的鱼腥藻及束丝藻水华中也证明有这种毒素存在。在日本一些水华样品中有少量存在，在意大利北部鱼池中严重的红色浮丝藻水华中分离检出变性毒素-a。同时由高的 N/P 形成的水华蓝藻都产生这种毒素。

**4. 天然水体的生物降解**

实验室研究表明变性毒素-a 在有阳光，特别是提高 pH 时迅速分解。虽然非毒性的降解产物，包括二氢变性毒素-a（dihydroanatoxin-a）和环氧变性毒素-a（epoxyanalox-in-a）在衰老的水华中被发现，但这些化合物罕见报道，可能是检测方法的问题。无色素纯溶液中的变性毒素-a 在日光下能迅速地进行光化学降解，分解的半衰期为 1～2h，通常在白天和晚上光照，pH8 或 10 条件下，起始浓度低时（$10\mu g \cdot L^{-1}$）其半衰期大约 14d。同源变性毒素-a 和上述两种降解产物现在已能人工合成。但在天然水体样品中从未发现。

**5. 毒性机理**

变性毒素-a 是一种强的触突除极化的神经肌肉阻断剂（postsynaptic depolarizing neuromuscular blocking agent）。立体异构的胆碱能束缚神经元烟碱的乙酰胆碱受体，在神经肌肉由联合点持续刺激时阻碍电刺激的进一步传递。而电刺激的传递是骨骼肌肉所必需的，高剂量的变性毒素能引发肌肉麻痹（呼吸肌也会出现这种情况），从而导致窒息性死亡。药物的筛选研究证明变性毒素-a 是一种强力的烟碱激动剂，能产生神经肌肉阻断和由于呼吸受阻而死亡。

变性毒素-a 的同类物——同源变性毒素-a 也是一种强的神经肌肉阻断剂，$Ca^{2+}$ 通量在胆碱的神经末端增强。

## （二）变性毒素-a（S）

**1. 化学结构与性质**

变性毒素-a（S）[anatoxin-a（S）] 的化学结构与变性毒素-a 无关联性，它是一种独特的胍甲基磷酸脂，分子质量为 252Da（图 7.8）迄今不知这种毒素有无变异体。它在碱性溶液中迅速分解，但在中性和酸性条件下相当稳定。变性毒素-a（S）在高于 40℃时失去活性。

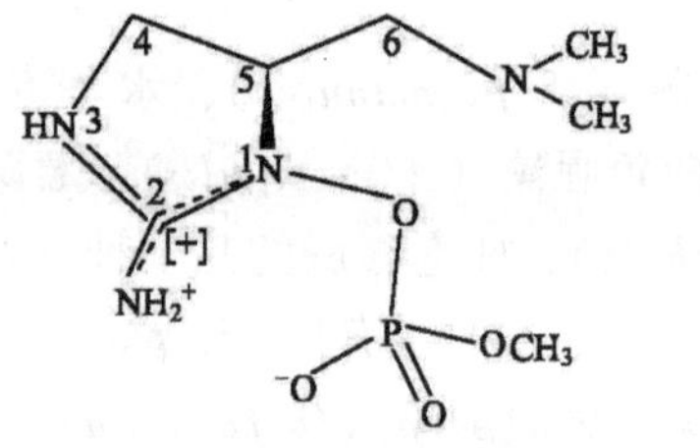

图 7.8 变性毒素-a（S）化学结构。（仿 Apeldoorn et al.，2007）

**2. 产毒种类和发生环境**

变性毒素-a（S）从水华鱼腥藻（*A. flos-aquae*）和李氏鱼腥藻（*A. lemmermannii*）中分离获得。其最初是从丹麦一些湖泊中检测到的，后在加拿大、美国和苏格兰的水华鱼腥藻中发现。

**3. 毒性机理**

变性毒素-a（S）是一种胆碱酯酶抑制剂，其毒性作用机理与有机 P 杀虫剂相似。不过这种毒素仅对脑的周边起作用，而大脑和视网膜的胆碱酯酶活性保持正常，甚至在致死或中毒的动物中也是如此。

## （三）拟筒孢藻毒素

### 1. 化学结构与性质

拟筒孢藻毒素（cylindrospermopsin，CYN）是一种三环式生物碱，具有三环的胍部分与羟四甲脲结合（图 7.9）。分子质量为 415Da，应该是聚酮化合物（polyketide）的衍生物，用一个氨基酸衍生引子单位（starter unit），如胍基乙酸（glycocyanamine）或 4-胍乙基-3-氧化丁酸。从澳大利亚红色拟筒孢藻（*C. raciborskii*）一品系中分离到 CYN 新的结构变异（a. o. 脱四甲氧基-拟筒孢藻毒素，a. o. demethoxy-CYN）。去氧拟筒孢藻毒素是一种 CYN 类似物，已被精确测定的化学结构为 7-表面拟筒孢藻毒素（7-epicylindrospermosin），系卵孢束丝藻（*A. ovalispoum*）毒性较小的代谢产物。

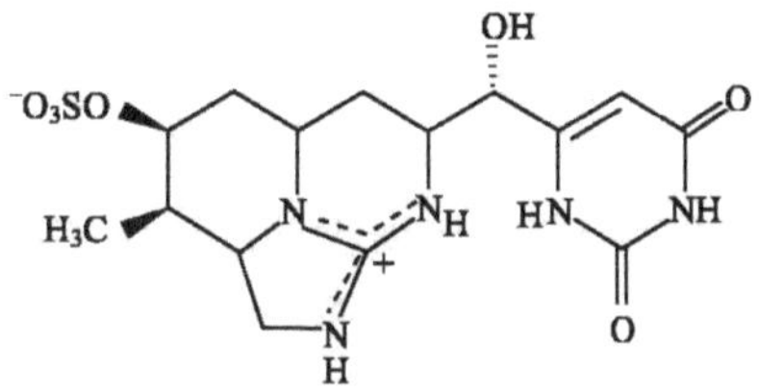


图 7.9 拟筒孢藻毒素的化学结构。（仿 Apeldoorn et al.，2007）

用与氯相关的水消毒剂处理可以形成 5-氯拟筒孢藻素（5-chlorocylindrospermopsin）、拟筒孢藻素的衍生物及筒孢藻酸-拟筒孢藻素的氧化衍生物。

在实验室条件下水溶液中的 CYN 在黑暗或曝露在人工光强、温度（25℃左右）和 pH（7 左右）范围内是相当稳定的。虽然有 CYN 的水溶液煮沸 15min 能被去除的报道，但尚有疑问，不过用这种方法处理却可促进 CYN 分解成相关的合成物。紫外线（UV light）和 500℃高温可以促进 CYN 的分解。

### 2. 产生 CYN 的水华蓝藻

最初 CYN 是从纳氏拟筒孢藻和漂浮梅崎藻 *Umezaka natans*（1 种蓝藻，属真枝藻目）中分离鉴定的。CYN 的类似物、非毒性的除氧拟筒孢藻素（dexy-CYN）也可由纳氏拟筒孢藻形成。CYN 在纳氏拟筒孢藻中存在相当大的变异。1999 年 CYN 从卵孢束丝藻中分离出来，但在这个种中 CYN 是毒性较小的代谢产物，CYN 有一种类似物称为表面拟筒孢藻毒素。金传荫等（2000）在武昌一鱼池中的弯曲尖头藻（*Raphidiopsis curvata*）中分离出去氧-CYN 和微量的 CYN。在伯氏束丝藻（*A. bergii*）中也观察到 CYN 的产生。卷曲的和直线形的纳氏拟筒孢藻在细胞不同浓度和不同生长条件下，包括提供不同的 N 源形式和浓度时都会产生不同量的 CYN。曾发现在人工培养条件下和澳大利亚中部昆士兰 Fitzroy 河下游野外条件下会产生不同的 CYN，这表明 CYN 的产生可以受遗传和环境因子的影响。

### 3. 毒素发生的环境条件

几种拟筒孢藻由于光合作用原始色素的存在都能忍受低光水平，因此能更有效地与其他浮游藻类竞争可供的光源。这些色素又允许光合作用在有色的水体中进行。

纳氏拟筒孢藻不仅是一种能入侵的物种，而且还是具有不同生理机制的品系或忍受不同温度的生态型物种。CYN 的合成与系统发育或遗传的簇或地理分布没有相关性，可能是动态遗传和演化过程［如水平转移（horizontal gene transfer）］的结果。

纳氏拟筒孢藻在固定 N 缺乏条件下生长分离的 CYN 产物的毒性比在有固定 N 培养基中生长的 CYN 产物的毒性更大。纳氏拟筒孢藻生长最适宜的光强为 50～100μmol photon・$m^{-2}$・$s^{-1}$，而最高细胞 CYN 含量却在这一光强之外获得。纳氏拟筒孢藻细胞毒素含量与温度之间为负相关。培养条件为 20℃时，CYN 含量最大。不同来源的纳氏拟筒孢藻在培养中的毒物含量有很大的差别。

产拟筒孢藻毒素的属大多数在亚热带、热带或荒漠地区的水体中形成有毒水华。纳氏拟筒孢藻在澳大利亚被发现，*Umezaka natans* 在日本发现，卵孢束丝藻在以色列和澳大利亚发现。从昆士兰国家资源部和澳大利亚东南昆士兰水资源委员会获得的1997～1998 年的资料表明，CYN 含量为 0.2～10.1 μg・$L^{-1}$。从 1991 年起 Julius 湖每年都发生水华，这是半荒漠热带地区一个大的人工湖，水华藻的浓度达＞50 000 个・$ml^{-1}$，而测定的 CYN 浓度较低（约 1～2μg・$L^{-1}$）。然而 1995 年从该湖分离的同种蓝藻进行纯培养后用小鼠做生物测试，却无中毒症状。纳氏拟筒孢藻对不同盐度和营养源浓度有很强的耐受性，在光、温不同的热带环境中也能生长。有报道拟筒孢藻在实验室条件下可耐受盐度最高上限为 4gNaCl・$L^{-1}$。1995 年左右在佛罗里达的富营养化湖泊中检出了纳氏拟筒孢藻，1997 年左右该种在这个州的水体中呈指数增长，在一些湖泊成为优势种。相关性分析表明 Mg 是其增长的限制因子。纳氏拟筒孢藻可入侵中纬度地区，1994 年首次在法国池塘发现，2002 年在法国 Seine 河、德国、匈牙利、巴西、奥地利、希腊、斯洛维利亚、葡萄牙、泰国、墨西哥及 Senegal 等国有报道。该种在中纬度地区广泛出现是由于其能忍受相当宽的气候条件和全球变暖现象综合的结果。这些变化为该种提供了良好的生长环境条件，不过南美洲和欧洲的纳氏拟筒孢藻品系迄今未发现包含 CYN。2000 年秋首次在阿尔及利亚 Ouberia 湖发现了纳氏拟筒孢藻。

1999 年秋在新西兰的 Waitawa 湖首次检测出 CYN。2003 年秋在新西兰 3 个浅水湖和 Waitkato 河水电站坝报道纳氏拟筒孢藻在 Waahi 和 Whangare 湖所形成的水华藻浓度大于 100 000 个细胞・$ml^{-1}$。在 Waahi 湖检测出 CYN 和去氧 CYN。

**4. 天然环境的生物降解**

在水华形成初期，细胞内的 CYN 占较大百分比，后期 CYN 在水柱中溶解的百分比较大。水华衰退时细胞数低，而 CYN 水平在水柱中可以持续存在，一般在水柱中占总溶解毒物的 70%～98%，当水华的细胞分解时，在植物色素、酶类及其他物质存在的条件下，CYN 暴露在阳光下可促进降解的速率。在实验室藻提取液（含有高含量的植物色素）中的 CYN，在日光照射下迅速降解（$t_{1/2}$＝1.5～4h）。CYN 在天然水体中植物色素含量低，降解速率（$t_{1/2}$）为 11～15d。

用氯相关的消毒水处理形成非毒性的 5-氯 CYN（小鼠生物测试）、CYN 氯的衍生物、非毒性的拟筒孢藻酸（小鼠生物测试）和 CYN 的氧化衍生物，CYN 分子的破坏在 pH6.0 以上时的作用最大。

**5. 毒性作用机理**

CYN 一般的细胞毒性为阻断蛋白质合成，最初的毒性临床症状是肾和肝功能衰竭。口喂 CYN 引起肠胃炎，损伤肠胃表层，引起肝炎从而损害肝细胞，肾功能障碍进而损伤肾及血管受损害而出血。

CYN 毒性的大小很大程度上依赖细胞毒性（致死量的 52%～82%）剂量的大小为 1～5μmol・$L^{-1}$，其对蛋白质合成的抑制作用是敏感的。移除 CYN 后蛋白质合成并不能恢复。与 LDH 溢出比较，蛋白质合成被抑制的最大剂量为 0.5μmol・$L^{-1}$。等于或高于 0.5μmol · $L^{-1}$超过 4～18h 时无蛋白质合成发生。

## （四）蛤蚌毒素（saxitoxin，SXT）、麻痹性贝毒素（PSP）

### 1. 毒素的化学结构和性质

PSP 是非晶性、高极性不挥发的化合物，已被分离鉴定出 20 余种。

STX 和新 STX（neoSTX）都具有独特的具水（氢）嘌呤环（hydropurine ring）的三环结构。

STX 是氨基甲酸（carbamate）生物碱毒素群，其中有非硫的（STX）（图 7.10）、单硫的（gonyautoxin，GTX）或双硫的（C-毒素类）毒素群。此外，还从某些蓝藻分离鉴定出氨甲硫基（decarbamayl）的衍生物（dc）和几种新的毒素（lyngbya-wollei 毒素 WTX）（表 7.3）。

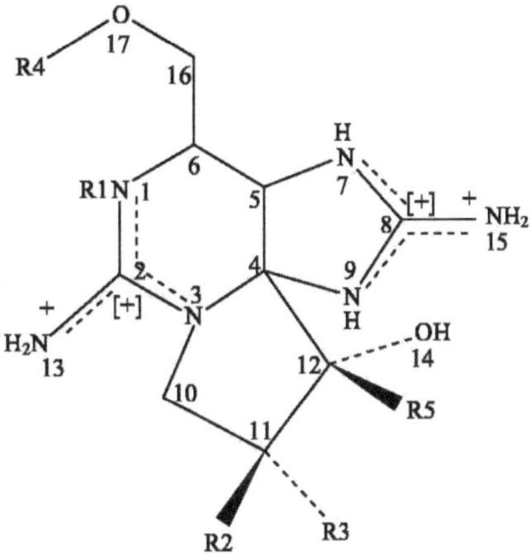


图 7.10 STX 的一般化学结构。（仿 Apeldoorn et al.，2007）

**表 7.3 STX 结构**（仿 Apeldoorn et al.，2007）

| 毒性物质名称 | 毒性物质化学基团的变异 | | | | |
|---|---|---|---|---|---|
| | R1 | R2 | R3 | R4 | R5 |
| STX | H | H | H | $CONH_2$ | OH |
| GTX2 | H | H | $OSO_3^-$ | $CONH_2$ | OH |
| GTX3 | H | $OSO_3^-$ | H | $CONH_2$ | OH |
| GTX5（B1） | H | H | H | $CONHSO_3^-$ | OH |
| C1（epiGTX8） | H | H | $OSO_3^-$ | $CONHSO_3^-$ | OH |
| C2（GTXB） | H | $OSO_3^-$ | H | $CONHSO_3^-$ | OH |
| C3 | OH | H | $OSO_3^-$ | $CONHSO_3^-$ | OH |
| C4 | OH | $OSO_3^-$ | H | $CONHSO_3^-$ | OH |
| neoSTX | OH | H | H | $CONH_2$ | OH |
| GTX1 | OH | H | $OSO_3^-$ | $CONH_2$ | OH |
| GTX4 | OH | $OSO_3^-$ | H | $CONH_2$ | OH |
| GTX6（B2） | OH | H | H | $CONHSO_3^-$ | OH |
| dcSTX | H | H | H | H | OH |
| dcneoSTX | OH | H | H | H | OH |
| dcGTX1 | OH | H | $OSO_3^-$ | H | OH |
| dcGTX2 | H | H | $OSO_3^-$ | H | OH |
| dcGTX3 | H | $OSO_3^-$ | H | H | OH |
| dcGTX4 | OH | $OSO_3^-$ | H | H | OH |
| LWTX1 | H | $OSO_3^-$ | H | $COCH_3$ | H |
| LWTX2 | H | $OSO_3^-$ | H | $COCH_3$ | OH |
| LWTX3 | H | H | $OSO_3^-$ | $COCH_3$ | OH |
| LWTX4 | H | H | H | H | H |
| LWTX5 | H | H | H | $COCH_3$ | OH |
| LWTX6 | H | H | H | $COCH_3$ | H |

### 2. 产毒的水华蓝藻物种

STX 及其类似物由澳大利亚淡水产的卷曲鱼腥藻产生，除这种鱼腥藻产生 STX

外，还有裂缝鱼腥藻膨大变种（*A. perturbata* var. tumida）螺旋鱼腥藻（*A. spiroides*）也检出低浓度的 GTX3。少数丹麦湖泊里有 STX，湖中优势种为李氏鱼腥藻（*A. lemmermanii*），此外还有水华鱼腥藻。北美洲的俄氏鞘丝藻（*Lyngbya wollei*）、葡萄牙的水华鱼腥藻以及意大利的浮丝藻 FPI（*Planktothrix* sp. FPI）都报道产 STX（类似物），巴西报道纳氏拟筒孢藻产 STX（多数为新 STX 及少量 STX），伊沙束丝藻（予丝藻）（*A. issatschenkoi*）（=C. issatschenkoi）也产 STX。

**3. 毒素发生的生境**

澳大利亚的卷曲鱼腥藻种群产毒素以 C1、C2、GTX2 及 GTX3 为主要成分，而 STX、GTX5、dcSTX2、dcGTX3 含量较少。该种的自然种群和培养品系中 STX 的浓度和组成是有变异的，可能是对环境条件的反应。*A. circinalis* 水华持续超过 3 个月，毒物从 0 增长到 4423μg STX · $g^{-1}$ 干重。从澳大利亚西南沿岸分离的品系中发现独特的毒物成分 STX 和 GTX5。STX（细胞内和细胞外）浓度和细胞密度间是线性关系。实验室证明当卷曲鱼腥藻加入胺（0.04mg · $L^{-1}$）时生长受到抑制，用高水平的硝酸盐（28mg · $L^{-1}$）处理，毒物的释放增加。STX 胞外水平随培养时期的增长而增加。STX 的含量间接受 N 源形式和浓度的影响，从 *A. perturbata* var. tumida 和 *A. spiroides* 两种中检测出的 GTX 浓度很低。在丹麦 11 个湖泊中检测出了 STX，其中 7 个湖泊的主要毒物是 STX（总毒物量的 46%～100%），另外 4 个湖泊主要是 GTX4（40%～75%）。对葡萄牙北部 Crestuma-Lever 水库中分离的水华鱼腥藻进行培养，STX、GTX4、GTX1 和 GTX3 以及 C-毒素都在藻细胞内存在。从巴西一水库的纳氏拟筒孢藻水华中分离鉴定了几种 STX 类似物，无 CYN。

有资料证明纳氏拟筒孢藻产的 STX 是稳定的，25℃、30d 后或 19℃、50d 后在培养液中仍保持足够高的活性。这两种温度下都产生 STX、GTX2 和 GTX3。STX 在细胞内和培养液中的含量没有明显差异。从美国阿拉巴马分离的俄氏鞘丝藻中发现产生 dcSTX、dcGTX2 及 dcGTX3 和 6 种俄氏鞘丝藻毒素（LWTX1～6）。

**4. 天然环境中的生物降解**

在室温黑暗条件下，STX 经受一系列缓慢的化学水解反应。C-毒素失去 *N*-硫氯甲酰基形成 dcGTX；而 dcGTX、GTX 和 STX 缓慢降解成无毒的产物。分解反应的半衰期为 1～10 周。分解超过 90%通常需要 3 个多月。由于 dcGTX 比 C-毒物有更大的毒性，溶液或水体包含有 C-毒素类和 GTX 的混合物，其实际毒性的增加超过了 3 周的周期，在持续 2～3 个月后毒性才开始减弱。

**5. 作用机理**

所有 STX 的作用方式都是相同的：当毒物束缚钠离子通常位点 1 时，神经传递被阻断，从而诱导肌肉麻痹。

## （五）污秽毒素

**1. 化学结构与性质**

污秽毒素（aplysiatoxin）和脱溴秽毒素（debromoaplysintoxin）都是酚的双内酯类（phenolic bislactones）（图 7.11）。

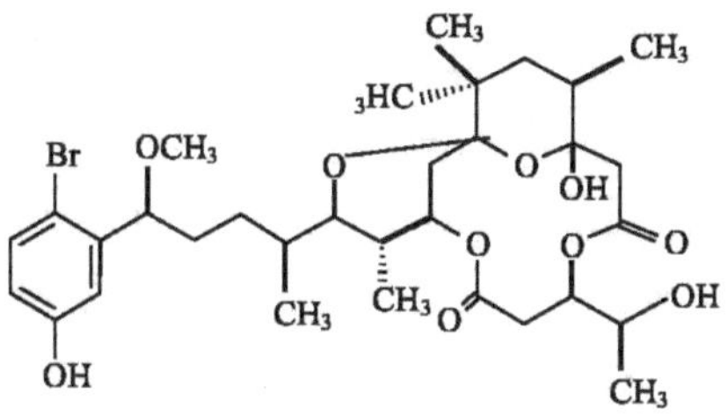
图 7.11　污秽毒素的化学结构。(仿 Apeldoorn et al., 2007)

毒性用 $LD_{50mg}$ 细胞干重每千克小鼠体重表示，数值划分如下：

| | |
|---|---|
| ＞1000 | 无毒 |
| 500～1000 | 低毒性 |
| 100～500 | 中等毒性 |
| ＜100 | 高毒性 |

**2. 产毒水华蓝藻种类**

污秽毒素最初从海兔（seahare）（*Stylocheilus longicauda*）中分离获得，随后从海生底栖蓝藻——巨大鞘丝藻（*Lyngbya majuscula*[①]）中发现，这个种正是海兔的食物。脱溴秽毒素从一种裂须藻（*Schizotrix calciola*）和黑绿颤藻（*O. nigroviridis*）中分离并检测出的。

**3. 毒性机理**

这两种毒素都是强的肿瘤促癌剂和蛋白激酶 C 的活化剂。

## (六) 鞘丝藻毒素类 (lyngbyatoxin)

**1. 化学结构和性质**

鞘丝藻毒素-a（lyngbyatoxin-a）是一种杀鱼菌素 A（teleocidin A）的异构体。它曾在链霉菌（streptomyces）的几个品系的菌丝体中发现。

**2. 产毒的蓝藻**

鞘丝藻毒素-a，-b 和-c（图 7.12）从浅水的巨大鞘丝藻品系中被检测出。这是一种底栖的蓝藻，附着在海带上、砂粒上和裸露的岩石上，分散生长呈细丝状，长 10～30cm，从红色、白色到褐色。

**3. 发生环境**

巨大鞘丝藻常分布在热带和亚热带地区的河口和沿岸带，在潮间很多被带到 30m 深处。最初从 Oahu、HI 的 Kahala 海滩采到并检测出这个种。巨大鞘丝藻有时附生在藻体上，如 *Acanthophora spicifera*，这种藻在印度尼西亚和菲律宾被作为食品。这个种在澳大利亚、Curacao、斐济、法国、Granada、Guam、Hawai、马达加斯加、Mar-

① 在我国淡水鱼池、溪流、水坑等环境采集到，分布于江苏太湖、安徽九华山、海南海口、新疆福海。

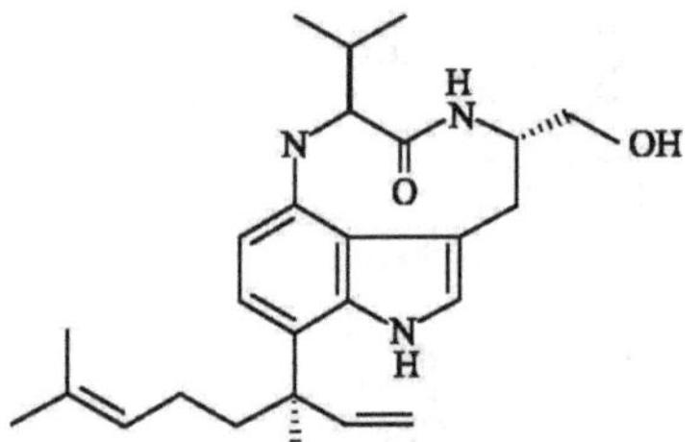

鞘丝藻毒素-a

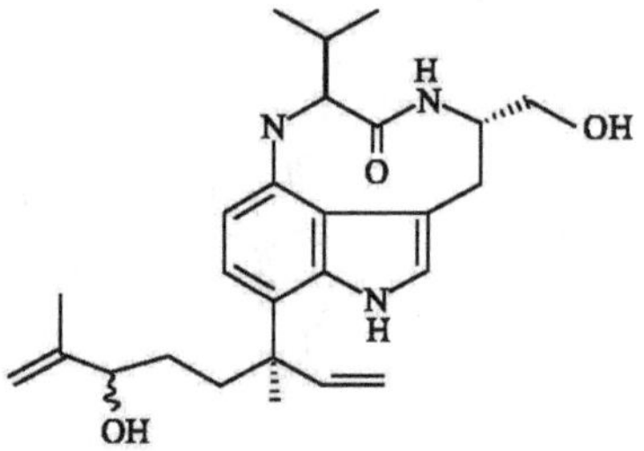

鞘丝藻毒素-b

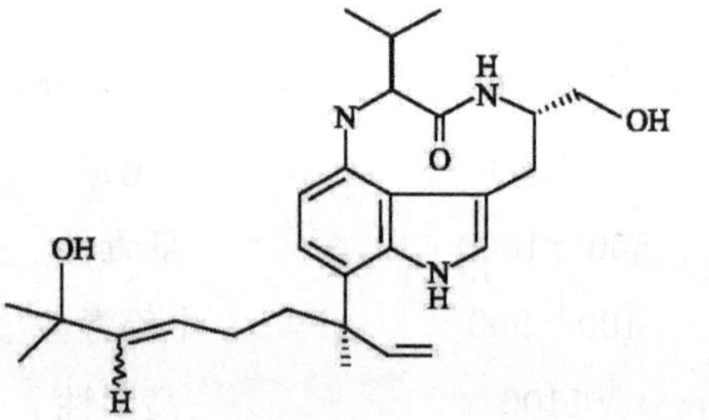

鞘丝藻毒素-c

图 7.12　鞘丝藻毒素-a，-b 和-c 的化学结构。(仿 Apeldoorn et al.，2007)

shall 群岛、莫桑比克、Okinawa、Palau、Palmyra 群岛、Papua、新几内亚、菲律宾、波多黎各、斯里兰卡、Venezuela 及 Virgin 群岛都有分布。

学者普遍认为 PSP 由水华束丝藻（*A. flos-aquae*）所产，但李仁辉等发现真正的水华束丝藻不产毒。这一看法从美国俄亥俄州 Klamath 湖水华束丝藻水华作为保健品的事实得到印证。

各种水体产毒蓝藻及毒素类别分别见表 7.4 和表 7.5。

# 第二节　水华臭气及其他挥发性物质

## 一、水华的臭气

某些水华蓝藻不仅产生各种不同的有毒物质，在水华暴发期间还散发出令人窒息的难闻气味，除由于蓝藻藻体腐烂产生的大量 $H_2S$ 之类的气体外，还产生土臭素（geosmin）和有特殊气味的物质 MIB（2-甲基异冰片，2-methylisobomeol，水生放线菌等产生的特殊气味物质）。这两种物质最初是从放线菌中分离出的，它们是两种萜类（terpenoid）挥发性的有机化合物（VOC），具有很强的霉臭或混合的芳香气味，一定量的这些物质会使饮用水有气味，其临界浓度大约为 10ng$^{-1}$。萜类具有很宽的嗅觉性质。在食品、饮料及化妆品工业有广泛的商业价值。土臭味素和 MIB 用传统的水处理技术难以去除，而且能在鱼类和贝类体内积累，使野生的或家养的鱼贝失去原有的风味，但不论是土臭素还是 MIB，对脊椎动物包括人都是无毒的。这两种化合物在淡水中常见，很少在海洋沿岸发现。这种由蓝藻产生的化合物耐人寻味的是还可引诱线虫（nematode）

**表 7.4 淡水、咸淡水及海水产毒的蓝藻**（引自 Cronberg and Annadotter，2006）

| 物种 | 毒素或毒性作用 | 生境 | 参考文献 | 我国分布* |
|---|---|---|---|---|
| **色球藻目** | | | | |
| 居氏腔球藻 *Coelosphaerium kuetzingiamum*** | 神经毒素、肝毒素、小鼠检验 | 淡水 | Fitch et al.，1934 | 有 |
| 棒双色藻 *Cyanobium bacillare* | 几种微囊藻毒素 | 咸淡水 | Cronberg et al.，2003 | 无 |
| SNY：*Synechococcus bacillare* | | | | |
| 铜绿微囊藻 *Microcystis aeruginosa* | 几种微囊藻毒素 | 淡水 | Carmichael et al.，1988 | 有 |
| 放射微囊藻 *M. botrys* | 几种微囊藻毒素 | 淡水 | Henriksen，1996 | 有 |
| 鱼害微囊藻 *M. ichthyoblabe* | 几种微囊藻毒素 | 咸淡水和淡水 | Sabour et al.，2002 | 有 |
| 绿色微囊藻 *M. viridis* | 几种微囊藻毒素 | 淡水 | Watanabe et al.，1988 | 有 |
| 惠氏微囊藻 *M. wesenbergii* | 几种微囊藻毒素 | 淡水 | Yasuno et al.，1995 | 有 |
| 湖泊小雪藻 *Sonwella lacustris* | 肝毒素、小鼠检验 | 淡水 | Gorham et Carmichacl.，1988 | 有 |
| 聚球藻 sp. *Synechococcus* sp. *Nägeli* | 溶血性毒素 | 咸淡水、海水 | Mitsui et al.，1987 | 不详 |
| 集胞藻 sp. *Synechocystis* sp. *Sauvageau* | 几种微囊藻毒素 | 淡水池塘 | Oudra et al.，1998 | 不详 |
| 纳氏欧氏藻 *Woronichinia naegeliana*<br>Syn. *Gomphosphaeria naegliana* | 几种神经毒素、几种肝毒素、小鼠检验 | 淡水 | Berg et al.，1986 | 无 |
| **颤藻目** | | | | |
| 纺锤节旋藻 *Arthrospira fusiformis* | 几种微囊藻毒素、变性毒素-α | 盐碱湖 | Ballot et al.，2004 | 无 |
| 赖氏泽丝藻 *Limnothrix redekei* | 几种微囊藻毒素 | 淡水 | Gkelis et al.，2001 | 有 |
| 铜绿席藻 *Phormidium aerugeneo-coerulea* | 几种神经毒素、肝毒素 | 淡水 | Teneva et al.，2003 | 有 |
| SYN：*Lyngbya aerugineo-coerulea* | | | | |
| 巨大鞘丝藻 *Lyngbya majuscula* | 几种神经毒素，鞘丝藻毒素-a，脱溴秽毒素（debromooplysiatoxin） | 海洋、热带水体 | Osborne et al.，2001 | 有（江苏太湖等） |
| 吴氏鞘丝藻 *L. wollei* | PSP-毒素 | 淡水 | Carmichael et al.，1988 | 无 |
| 尖头颤藻 *Oscillatoria acutissima* | 皮肤毒素（dermatoxin） | 淡水 | Barchi et al.，1983 | 有（武昌东湖） |
| 阿氏浮丝藻 *Planktothrix agardhii* | 几种微囊藻毒素，变性毒素 | 淡水 | Sivonen et al.，1989 | 有 |
| SYN：*Oscillatoria agardhii* | | | | |
| 红色浮丝藻 *P. rubescens* | 几种微囊藻毒素 | 淡水 | Skulberg et al.，1985 | 有 |
| SYN：*O. rubescens* | | | | |

续表

| 物种 | 毒素或毒性作用 | 生境 | 参考文献 | 我国分布* |
|---|---|---|---|---|
| 等丝浮丝藻 *P. isothrix* | 几种微囊藻毒素，变性毒素 | 淡水 | Carmichael，1988 | 无 |
| SYN：*P. mougeotii* | | | | |
| 浮游浮丝藻 *Planktothrix planctonica* | 几种微囊藻毒素 | 淡水 | Nogucira et al.，2001 | 有 |
| SYN：*O. ornata f planctonica* | | | | |
| 珀洛浮丝藻 *Planktothrix peroranata* | 几种微囊藻毒素 | 淡水，热带 | Nogucira et al.，2001 | 无 |
| SYN：*O. perornata* | | | | |
| 美丽席藻 *Phormidium formosum* | 几种微囊藻毒素，同源变性毒素-a | 淡水 | Skulberg et al.，1992 | 无 |
| SYN：*O. formosa* | （homoanatoxin-a） | | Steffensen et al.，2001 | |
| 黑绿颤藻 *Oscillatoria nigro-viridis* | 脱溴秽毒素，颤藻毒素-a | 海水 | Mynderse et al.，1977 | 无 |
| 链状伪鱼腥藻 *Pseudananbaena catenata* | 变性毒素 | 淡水 | Gorham et al.，1982 | ? |
| 红海束毛藻 *Trichodesmium erythraeum* | 几种神经毒素，几种微囊藻毒素 | 海水，淡水 | Hawser et Codd，1992 | 有（青海湖、江苏连云港） |
| | | | Shaw et al.，2001 | |
| 铁氏束毛藻 *Trichodesmium thiebautii* | 几种神经毒素，几种微囊藻毒素 | 海水，淡水 | Hawser et Codd，1992 | 有（云南洱海和滇池、江 |
| | | | Shaw et al.，2001 | 苏连云港） |
| **念珠藻目** | | | | |
| 卷曲鱼腥藻 *Anabaena circinalis* | 几种变性毒素，PSP-毒素 | 淡水 | Sivonen et al.，1989 | 有（安徽巢湖等） |
| | | | Humpage et al.，1994 | |
| 水华鱼腥藻 *Anabaena flos-aquae* | 变性毒素-a | 淡水 | Carmichael et al.，1984 | 有，广泛分布 |
| 大孢鱼腥藻 *Anabaena macrosperma* | 变性毒素-a | 淡水 | Park et al.，1993 | 有（上海等） |
| SYN：*A. flos-aquaef macrosperma* | | | | |
| 不全鱼腥藻 *Anabaena mentotae* | 变性毒素-a | 淡水 | Rapala et al.，1993 | 无 |
| 李氏鱼腥藻 *Anabaena lemmermannii* | 变性毒素-a（s） | 淡水 | Henriksem，1996 | 无 |
| 浮游鱼腥藻 *Anabaena planctonica* | 变性毒素-a | 淡水 | Park et al.，1993 | 无 |
| 螺旋鱼腥藻 *Anabaena spiroides* | 变性毒素-a | 淡水 | Park et al.，1993 | 有（湖北武昌） |
| SYN：*A. spiroides var. contracta* | | | | |
| 多变鱼腥藻 *Anabaena varibilis* | 变性毒素 | 淡水，海水 | Andrijuk et al.，1975 | 有，广泛分布 |
| 米氏拟鱼腥藻 *Anabaenopsis milleri* | 变性毒素 | 淡水 | Lanaras et al.，1989 | 无 |

续表

| 物种 | 毒素或毒性作用 | 生境 | 参考文献 | 我国分布 * |
|---|---|---|---|---|
| 柔软束丝藻 *Aphanizomenon gracile* | PSP-毒素 | 咸淡水，淡水 | Pereira et al.，2001 | 无 |
| 水华束丝藻 *Aphanizomenon flos-aquae* | 变性毒素，PSP-毒素 | 淡水 | Rapala et al.，1993 | 有，广泛分布 |
| 卵孢束丝藻 *Aphanizomenon ovalisporum* | 拟筒孢藻毒素 | 淡水 | Banker et al.，1997 | ? |
| 筒胞藻 *Cylindrospermum* sp. | 几种神经毒素 | 淡水 | Sivonen et al.，1989 | ? |
| 纳氏拟筒孢藻 *Cylindroseprmopsis raciborskii* | 拟筒孢藻毒素 | 淡水 | Hawkins et al.，1985 | 无 |
| 刺孢胶刺藻 *Gloeotrichia echinulata* | 几种神经毒素，肝毒素 | 淡水 | Lngram et Prescott，1954 | 有，广泛分布 |
| 内生形同植藻 *Hormothamnion enteromorpoides* | 几种肝毒素 | 海水，热带水体 | Gerwick et al.，1986 | 有，潮湿土壤上 |
| 泡沫节球藻 *Nodularia spumigena* | 节球藻毒素 | 咸淡水 | Runnegar et al.，1988<br>Carmichael et al.，1988 | 有，分布较广 |
| 林氏念珠藻 *Nostoc linckia* | 微囊藻毒素 | 咸淡水，淡水 | Ransom et al.，1978 | 有，潮湿土壤上，较广 |
| 沼泽念珠藻 *Nostoc paludosum* | 几种微囊藻毒素 | 淡水 | Andrijuk et al.，1975 | 有，广泛分布 |
| 溪生念珠藻 *Nostoc rivulare* | 几种微囊藻毒素 | 淡水 | Davidson，1959 | 有，西藏 |
| 吉氏念珠藻 *Nostoc zettrstedtii* | 几种微囊藻毒素 | 淡水 | Mills et Wyatt，1974 | 无 |
| 念珠藻 *Nostoc* sp. | 几种微囊藻毒素 | 淡水 | Beattie et al.，1998 | 无 |
| 念珠藻 *Nostoc* sp. | 几种微囊藻毒素 | 淡水 | Sivonen et al.，1990，1992 | 无 |
| 地中海尖头藻 *Raphidiopsis mediterranea* | 同源变性毒素-a，变性毒素-a | 淡水 | Namikoshi et al.，2003 | 有 |
| **真枝藻目** | | | | |
| 附生飞氏藻 *Fisheriella epiphytica* | 几种神经毒素，肝毒素 | 附生，热带 | Ransom et al.，1978 | 无 |
| 眠状软管藻 *Hapalosiphon hibernicus* | 几种微囊藻毒素 | 淡水 | Prinsep et al.，1992 | 有 |
| 泉生软管藻 *Hapalosiphon fontinalis* | 几种神经毒素，肝毒素 | 淡水 | Moore et al.，1984 | 无 |
| 钙生裂须藻 *Schizothrix calcicola* | 接触性皮炎 | 淡水 | Mynderse，1977 | 有 |
| 奇异伪枝藻 *Scytonema mirabile* | 抗菌的 | 淡水 | Dow and Swoboda，2000 | 有 |
| 眼点伪枝藻 *Scytonema ocellatum* | 伪枝藻素 | 附生 | Patterson et Bolis，1984 | 有 |
| 假何氏伪枝藻 *Scytonema pseudohofmannii* | 伪枝藻素 | 附生，热带 | Moore et al.，1986<br>Carmichael et al.，1990 | 无 |
| 亚麻色单歧藻 *Tolypothrix bussoidea* | 细胞毒素 cytotoxin | 附生 | Barchi et al.，1983 | 有 |
| 漂浮梅崎藻 *Umezakia natans* | 拟筒胞藻毒素 | 淡水 | Harada et al.，1994 | ? |

* 为本书作者所增条目；** 原表均有定种人名，引用时省略。

**表 7.5 蓝藻毒素的主要类别及其来源**

| 毒素 | 结构变异数 | 结构与活性 | 产毒的属 |
|---|---|---|---|
| **肝毒素** | | | |
| 微囊藻毒素 | 71 | 环式七肽类；肝毒素，蛋白质，磷酸酶抑制作用，膜的完整及传导中断，肿瘤启动子 | *Microcystis*, *Anabaena*, *Anabaenopsis*, *Nostoc*, *Planktothrix*, *Oscillatoria*, *Hapalosiphon* |
| 节球藻毒素 | 9 | 环式五肽类；肝毒素，蛋白质，磷酸酶抑制作用，膜的完整及传导中断，肿瘤启动子，致癌的 | *Theonella* (*sponge-containing cyanobacterial symbionts*), *Nodularia* |
| 拟筒孢藻毒素 | 3 | 胍生物碱类，损伤的肝（肾、脾、肺、肠道）坏死，蛋白质抑制剂，基因毒物的 | *Cylindrospermopsis*, *Umezakia*, *Anabaena*, *Aphanizomenon*, *Raphidiopsis* |
| **神经毒素类** | | | |
| 变性毒素-a（包括同源变性毒素） | 5 | 生物碱，突触后的去极性神经肌肉阻断剂 | *Anabaena*, *Oscillatoria*, *Phormidium*, *Aphanizomenon*, *Rhaphidiopsis* |
| 变性毒素-a（S） | 1 | 胍甲基磷酸酯，抑制乙酰胆碱酯酶 | *Anabaena* |
| 甲藻毒素（蛤蚌毒素） | 20 | 氨基甲酸生物碱，钠通道阻断剂 | *Anabaena*, *Lyngbya*, *Planktothrix* *Aphanizomenon*, *Cylindrospermopsis* |
| **皮肤毒素和细胞毒素** | | | |
| 鞘丝藻毒素-a | 1 | 生物碱，炎性剂，蛋白质激酶 C 激活剂 | *Lyngbya*, *Schizothrix*, *Oscillatoria* |
| 污秽毒素 | 2 | 生物碱，炎性剂，蛋白质激酶 C 激活剂 | *Lyngbya*, *Schizothrix*, *Oscillatoria* |

去寻觅蓝藻菌群落，不仅以它为“美味”，而且促使它们就地产卵。大自然就是如此奇妙！难道这种蓝藻含有促使线虫性成熟的某种特殊物质？！

萜类由多个 5-碳异戊二烯或 2-甲基-1，3-丁二烯组成，包括 3 个异戊二烯单位（MIB 和 geosmin）的萜类被称为倍半萜（sesquiterpene）。geosmin 和 MIB 是从单萜和倍半萜凝胶体中的类异戊二烯（isoprenoid）经生物合成途径衍生形成的（图 7.13）。

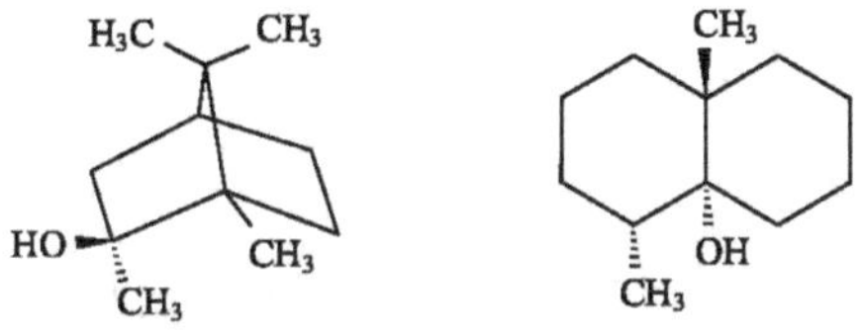

2-甲基异冰片(MIB)　　E-1,10-二甲基-E-9-萘烷醇(GSM)

图 7.13　MIB 和土臭素（GSM）的化学结构。(转引自 Lee，2008)

研究表明，蓝藻的毒素、气味、味道等代谢物与复杂的外部环境、内部影响因子、光合色素生物合成的调节、生理状态以及生长时期等密切相关，如铜绿微囊藻毒素的产生是由于辐射能的作用。而柱状鱼腥藻（*Anabaena cylindrica*）挥发性萜类 mensityloxide 的合成严格依赖于光。蓝藻的气味和味道代谢物的产生及在细胞内的区域与光合作用片层相关联，同时与亲脂的色素调节作用有关。

已知产 GSM 和 MIB 的蓝藻种类不少，详见表 7.6。

**表 7.6　产生 GSM 和 MIB 的蓝藻**（Pearl et al.，1996）

| 物种名称 | 代谢物 | 物种名称 | 代谢物 |
|---|---|---|---|
| *Anabaena circinalis* * | GSM | *O. curviceps* | GSM |
| *A. laxa* | GSM | *O. geminata* | MIB |
| *A. macrospora* | GSM | *O. limnetica* | MIB |
| *A. scheremetievii* | GSM | *O. limosa* | MIB，GSM |
| *A. spiroide var. crassa* * | GSM | *O. prolifica* * | GSM |
| *A. viguieri* | GSM | *O. raciborskii* | MIB |
| *Aphanizomenon flos-aquae* * | GSM | *O. simplicissma* | GSM |
| *Fischerella muscicola* | GSM | *O. plendide* | GSM |
| *Lyngbya aestuarii* | MIB | *O. tenuis* | MIB，GSM |
| *L. cryptovaginata* * | GSM | *O. varibilis* | GSM |
| *Oscillatoria agardhii* * | GSM | *Phormidium autummale* | GSM |
| *O. amoena* * | GSM | *P. calcicola* | MIB，GSM |
| *O. amphibia* | GSM | *P. tenuis* * | MIB |
| *O. bornetii* | GSM | *Pseudanabaena catenata* | MIB |
| *O. brevis* | GSM | *Schizothrix mueller* | GSM |
| *O. chalybea* | MIB | *Symploca muscorum* | GSM |
| *O. cortiana* | MIB，GSM | | |

* 表示有时并不产生 GSM 或 MIB。

刘妍娟等（2009）在实验室条件下研究了螺旋鱼腥藻土臭素（geosmin，GSM）的产生和分布。结果表明，随着藻生物量的增加，土臭素产量增大，最大浓度可达626mg·$L^{-1}$。GSM在生物量出现最大值的76h达到最高浓度。GSM主要分布在鱼腥藻细胞内，占总含量的85%～95%，远高于胞外含量。他们的研究还证明土臭素的生物合成与水体中N含量直接相关，当培养初期底泥向水体释放N时，藻细胞更倾向于利用类异戊二烯合成GSM，使GSM与叶绿素a含量比值增大；而当水体中的N含量逐渐充足时，GSM与叶绿素a比值趋于稳定，维持在0.0015左右（图7.14）。因此，当野外水体的N含量充分时，GSM含量变化可通过叶绿素a含量的变化得到反映。

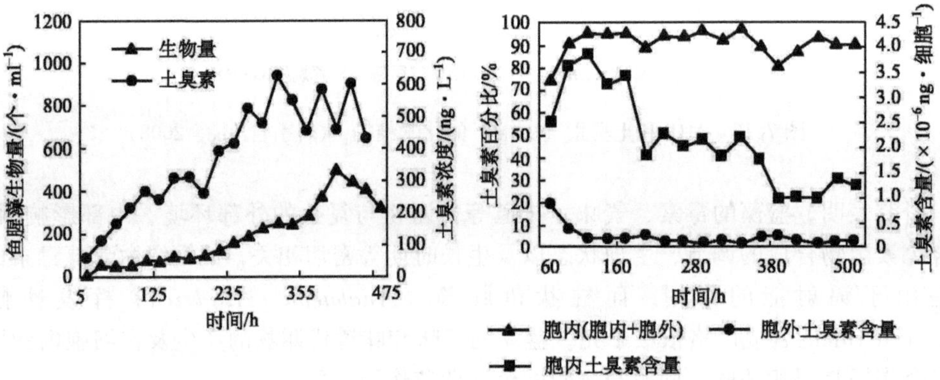


图7.14　左：螺旋鱼腥藻生长与土臭素的产生随时间的变化；右：螺旋鱼腥藻细胞内/外土臭素含量分布。(仿刘妍娟等，2009)

## 二、水华的挥发性物质

众所周知，已从束丝藻（*Aphanizomenon* spp.）分离出一些毒素，包括含N化合物，如贝毒素（saxitoxin）、新贝毒素（neosaxitoxin）。从卵孢束丝藻（*A. ovalsporum*）分离了拟筒孢藻毒素（cylindrospermopsin）和硫酸胍兼性离子（sulfateguanidinium zwitterion）。这些藻毒素也从纳氏拟筒孢藻（*C. raciborskii*）和漂浮梅崎藻 *Umezakia natans* 中分离获得。Ikawa等从水华束丝藻获得了一些非毒素的蝶呤［糖］苷（pterin glycoside）。Dembitsky等研究水华束丝藻产生的挥发性含N化合物，分离鉴定了20种化合物。这些化合物可分为4类：羧基酰胺、异环化合物及其衍生物、芳香族化合物酰胺类和碱性含氧胺类（alkoxyamine）。

第1类是羧基酰胺（amide of carboxylic acid），包括乙酸的衍生物［*N*-methyl-acetamide，*N*-(2-phenylethyl)-acetamide，*N*-ethyl-*N*-phenyl-acelamide］、甲酸的衍生物［*N*，*N*-dimethyl-formamide，*N*-(2-phenylethyl)-formamide］及脂肪酸酰胺类［9（2)-octa-de-cen-amide，3-methyl-butanamide，*N*-acetyl-propanamide和benzen-acetamide］（图7.15）。

第2类是异环化合物及其衍生物，包括：2-piperidinone-2，3，4，5-tetrahydropyridazine，3-ethyl-4-methyl-1-H-pyrrole-2，5-dione，2-methyl-5-methoxy-4-pyridinol（仅在1个品系中发现），2-pyrrolidinone-二甲基和trimethyldodecyl的衍生物。如3-methoxy-benzenamine及8-amino-2-naphthalenol（在2个品系中发现）（图7.16）。

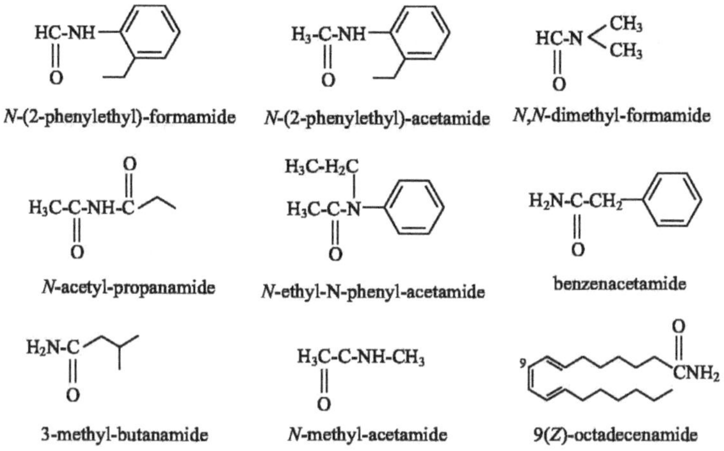


图 7.15　从水华束丝藻分离鉴定的羧酸酰胺类。(仿 Dembitsky et al.，2000)

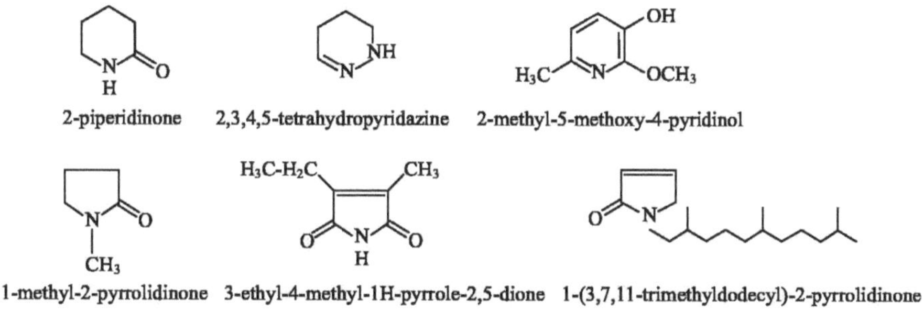


图 7.16　水华束丝藻分离鉴定的异环化合物。(仿 Dembitsky et al.，2000)

第 3 类是芳香族化合物酰胺类，如 3-methoxy-benzenamine 和 8-amino-2-napthalenol（在 2 个品系中发现）(图 7.17)。

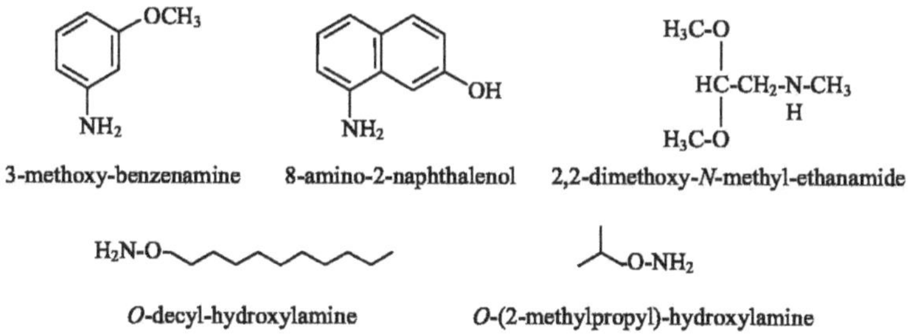


图 7.17　从水华束丝藻分离鉴定的芳香族化合物酰胺类及其他化合物。(仿 Dembitsky et al.，2000)

第 4 类是碱性含氧胺类，以 2，2-二甲氧基-N-甲基-乙胺（在 2 个品系中发现）及其羟胺衍生物为代表。

研究铜绿微囊藻酰胺类，迄今只发现 2-氨基-丙烷（2-amino-propone）。羧基的酰胺类和脂肪酸在自然界广泛分布，在海生蓝藻、真核藻类和某些无脊椎动物中也有存在。脂肪酸的酰胺类常与脂类分子结合，如神经酰胺类、鞘脂、*N*-酰基化脂类及细菌的脂蛋白。它们通过相应胺的酰胺化作用作为脂类生物调节剂，形成长链饱和的和不饱和的脂肪酸。

蓝藻的次生代谢物质十分广泛，还包括环式酯肽和 Cyanopeptolins，这些化合物可作为生物化学和药理学的工具，因为其中的大多数显示具有蛋白酶抑制剂或细胞毒素活性。

研究淡水、海水毒素和非毒性的含 N 成分可以帮助我们理解在极端生态条件下非毒素化合物转化成毒素的过程。

Dembitsky 等首次从不同的淡水湖的束丝藻中发现罕见的二羧基酸和另一些脂肪酸。他们从 4 个束丝藻品系分析总二元酸和脂肪酸的组成，鉴定出 50 种不同的酸，见表 7.7 和表 7.8。

从束丝藻中鉴定出 15 种二元（二羧基）酸，含量为总脂肪酸组成的 4.52%～7.14%（表 7.8）。所有这些二元酸都以二甲基酯来检测。二元酸中鉴定出一些罕见的成分，如 2（E)-butene-1，4-dioic、2-hydroxy-butane-1，4-dioic、2-methyl-butane-1，4-dioic 酸和其他一些二元酸。

大多数脂肪酸为饱和的 $C_{4:0}$～$C_{18:0}$，重量超过 65%，不饱和脂肪酸占重量的26%～39%，支链饱和脂肪酸含量从 7.10%～17.21%。优势不饱和脂肪酸为（Z)-9-18：1（26.7%），占单不饱和脂肪酸总量的 38.9%，其他单不饱和脂肪酸有（Z)-9-16：1 和 11-16：1［（Z)-9-hexadecenoci 酸及 11-hexadecenoic 酸］。羟脂肪酸含量很少（表 7.7)。

一些二羧酸具有潜在的抗肿瘤扩散的作用，并可作为初级入侵的恶性黑素瘤一般的抗肿瘤制剂。脂肪族的二羧基酸有很强的细胞毒性、抗肿瘤性转化活性。同时二羧酸还可作为鉴定人体和动物疾病的 lipidoic 标记。相信某些医学专家和生物化学家对这些酸会有兴趣的。

**表 7.7 羧［基］，*n*-饱和、支链和不饱和的酸**（仿 Dembitsky et al.，2001） （单位：%）

| 脂肪酸 | 1 | 2 | 3 | 4 |
|---|---|---|---|---|
| 总羟酸 | 0.50 | 0.59 | 0.27 | 0.37 |
| 2-hydroxy-propanoic（2-OH-3：0） | 0.12 | 0.15 | n. d. | 0.04 |
| 3-hydroxy-butanoic（3-OH-4：0） | 0.14 | 0.11 | 0.06 | n. d. |
| 2-hydroxy-4-methyl-pentanoic（2-OH-4-Me-5：0） | 0.11 | 0.12 | 0.21 | 0.24 |
| 2-hydroxy-3-methyl-pentanoic（2-OH-3-Me-5：0） | 0.13 | 0.21 | n. d. | 0.09 |
| *n*-饱和的 | 51.54 | 54.58 | 45.85 | 49.67 |
| butanoic（4：0） | 0.19 | 0.15 | 0.11 | 0.05 |
| pentanoic（5：0） | 0.23 | 0.31 | 0.09 | 0.11 |
| hexanoic（6：0） | n. d. | 0.18 | 0.24 | 0.16 |
| heptanoic（7：0） | 0.19 | 0.13 | 0.10 | 0.12 |
| octanoic（8：0） | 0.08 | 0.09 | 0.12 | 0.13 |
| nonanoic（9：0） | 0.18 | 0.23 | 0.22 | 0.19 |
| decanoic（10：0） | 0.19 | 0.11 | 0.21 | 0.29 |
| dodecanoic（12：0） | 0.44 | 0.26 | 0.31 | 0.18 |

续表

| 脂肪酸 | 1 | 2 | 3 | 4 |
| --- | --- | --- | --- | --- |
| tetradecanoic (14: 0) | 13.70 | 12.71 | 2.01 | 3.22 |
| pentadecanoic (15: 0) | 3.15 | 1.51 | 0.95 | 0.84 |
| hexadecanoic (16: 0) | 32.00 | 36.98 | 40.13 | 43.09 |
| heptadecanoic (17: 0) | 0.68 | 0.18 | 0.22 | 0.31 |
| octadecanoic (18: 0) | 0.51 | 1.74 | 1.14 | 0.98 |
| 支链饱和的 | 17.21 | 10.32 | 9.53 | 7.10 |
| 3-methyl-butanoic (3-Me-4: 0) | 0.21 | 0.25 | n. d. | n. d. |
| 2-methyl-butanoic (2-Me-4: 0) | n. d. | 0.08 | n. d. | 0.03 |
| 4-methyl-hexanoic (4-Me-6: 0) | 0.06 | n. d. | 0.09 | 0.12 |
| 8-methyl-decanoic (8-Me-10: 0) | 0.18 | 0.13 | 0.09 | 0.12 |
| 12-methyl-tetradecanoic (12-Me-14: 0) | 0.80 | 0.28 | 0.62 | 0.51 |
| 14-methyl-pentadecanoic (14-Me-15: 0) | 9.67 | 4.37 | 3.33 | 2.78 |
| 2-methyl-hexadecanoic (2-Me-16: 0) | 0.39 | 0.42 | 0.72 | 0.52 |
| 14-methyl-hexadecanoic (14-Me-16: 0) | 0.14 | 0.32 | 0.51 | 0.21 |
| 15-methyl-hexadecanoic (15-Me-16: 0) | 0.25 | 0.31 | 0.64 | 0.41 |
| 10-methyl-heptadecanoic (10-Me-17: 0) | 5.24 | 3.82 | 3.12 | 2.02 |
| 2-hexyl-cyclopropaneoctanoic (Cyc 17: 0) | 0.27 | 0.34 | 0.41 | 0.38 |
| 不饱和的 | 26.23 | 27.37 | 38.91 | 37.89 |
| 3-methyl-(*Z*)-3-pentcnoic (3-Me-3-5: 1) | 0.09 | 0.03 | 0.11 | n. d. |
| (*Z*)-9-hexadecenoic (9-16: 1) | 2.39 | 1.02 | 2.34 | 1.85 |
| 11-hexadecenoic (11-16: 1) | 1.24 | 3.19 | 2.14 | 2.55 |
| (*Z*)-9-octadecenoic (9-18: 1) | 20.94 | 19.95 | 26.71 | 26.07 |
| 9, 12-octadecadienoic (9, 12-18: 2) | 0.28 | 0.41 | 4.14 | 5.21 |
| 10, 13-octadecadienoic (10, 13-18: 2) | 0.19 | 1.68 | 2.05 | 1.19 |
| 12, 15-octadecadienoic (12, 15-18: 2) | 0.16 | 0.34 | 0.61 | 0.43 |
| 9, 12, 15-octadecatrienoic (9, 12, 15-18: 3) | 0.94 | 0.75 | 0.81 | 0.74 |

注：1. *A. flos-aquae*（Klamath 湖，美国）；2. *A. flos-aquae*（Klamath 湖上游）；3. *A. ovalisporum*（Tiberias 湖，以色列）；4. *A. flos-aquae*（伊丽莎白皇后水库，英国）。n. d.，未测出。

**表 7.8　二元酸二甲基酯的含量、结构和主要离子量**（仿 Dembitsky et al.，2001）

| 二元酸 | [M] | $[M-31]^+$ | $[M-32]^+$ | 主要离子 | 含量/% | | | |
| --- | --- | --- | --- | --- | --- | --- | --- | --- |
| | *m*/*z*，括弧内为相对丰度 | | | | 1 | 2 | 3 | 4 |
| ethane-1,2-dioic | 118(1) | 87(1) | | 59(100) | 0.06 | 0.21 | 0.32 | 0.18 |
| propane-1,3-dioic | 132(1) | 101(100) | | 101(100) 59(90) | 0.21 | 0.13 | 0.41 | 0.12 |
| butane-1,4-dioic | 146(0.5) | 115(100) | 114(35) | 115(100) 55(35) | 0.87 | 1.49 | 1.18 | 2.01 |
| 2(*E*)-butene-1,4-dioic | 144(0.3) | 113(100) | 112(0.2) | 113(100) 85(50) | 0.42 | 0.09 | 0.03 | 0.11 |
| 2-hydroxy-butane-1,4-dioic | 162(0.5) | 131(1) | 130(0.8) | 113(100) 71(100) 43(65) | 0.33 | 1.31 | 0.38 | 0.21 |
| 2-methyl-butane-1,4-dioic | 160(0.1) | 129(60) | 128(30) | 59(100) 129(60) 128(30) | 0.48 | 0.56 | 0.13 | 0.19 |
| pentane-1,5-dioic | 160(0.3) | 129(50) | 128(20) | 59(100) 100(62) 129 (60) | 0.12 | 0.09 | 0.14 | 0.35 |
| hexane-1,6-dioic | 174(0.1) | 143(30) | 142(10) | 59(100) 55(70) 114(60) | 0.17 | 0.12 | 0.21 | 0.11 |
| 3-methyl-hexane-1,6-dioic | 188(0.1) | 157(63) | 156(10) | 115(100) 157(63) 73(60) | 0.07 | n. d. | 0.72 | 0.16 |
| heptane-1,7-dioic | 188(0.1) | 157(55) | 156(15) | 115(100) 74(90) 55(80) | 0.24 | 0.61 | 0.38 | 0.12 |

续表

| 二元酸 | [M] | [M-31]$^+$ | [M-32]$^+$ | 主要离子 | 含量/% | | | |
|---|---|---|---|---|---|---|---|---|
| | *m*/*z*,括弧内为相对丰度 | | | | 1 | 2 | 3 | 4 |
| 3-methyl-heptane-1,7-dioic | 202(0.2) | 171(69) | 170(8) | 69(100) 129(95) 97(90) | 0.09 | 0.45 | 0.11 | 0.14 |
| octane-1,8-dioic | 202(0.6) | 171(55) | 170(12) | 55(100) 69(90) 41(85) | 0.11 | 0.26 | 0.17 | 0.31 |
| nonane-1,9-dioic | 216(0.2) | 185(60) | 184(9) | 55(100) 74(80) 152(65) | 1.21 | 1.68 | 0.92 | 0.64 |
| decane-1,10-dioic | 230(0.2) | 199(38) | 198(6) | 55(100) 74(80) 98(60) | 0.14 | 0.06 | 0.21 | 0.05 |
| undecane-1,11-dioic | 244(0.3) | 213(28) | 212(4) | 55(100) 74(75) 139(35) | n. d. | 0.08 | 0.13 | 0.12 |
| 合计 | | | | | 4.52 | 7.14 | 5.44 | 4.82 |

注：n. d. 未测出。

## 第三节　作为保健品的水华蓝藻

近年来，由于某些湖泊频频暴发蓝藻水华，许多地方的行政管理人员和沿湖群众产生提起“蓝藻水华”色变的恐慌心理，其实大可不必，有的蓝藻水华不仅无害，还可作为人的保健品或饲料添加剂，是可被人们利用的宝贵自然资源。

### 一、螺旋藻（节旋藻）

螺旋藻作为保健品已有数百年的历史，人们发现它是因为它们在中非乍得、埃塞俄比亚等国家和地区的许多苏打湖形成大量蓝藻水华，引来成千上万的火烈鸟前来觅食，沿湖的居民虽然生活贫困，但由于长期从湖水中用简陋的方法捞取这些“青苔”（当地称“Dihe”作为辅助食物），居民个个体格健壮。学者发现早在16世纪末，墨西哥城郊的Sosa Texcocco苏打湖就盛产一种当地阿兹台克人称之为“Tecuitlat”（意“石头的分泌物”）的“青苔”。中非、墨西哥生产的和这些从湖水中捞取的“青苔”都是营养价值很高的螺旋藻（*Spirulina*），现在更名为节旋藻（*Arthrospira*）。1973年世界上第一个螺旋藻工厂在墨西哥建成，尔后在美国、日本、泰国、以色列、印度、中国台湾相继建厂进行大规模生产。我国螺旋藻工厂化生产的起步较晚，但发展很快。目前我国云南程海、江西吉安和瑞金、福建、山东、广西北海及内蒙古鄂尔多斯等地都建有相当规模的螺旋藻工厂，其中以程海、吉安、瑞金和鄂尔多斯等地区的养殖规模最大。2008年全国螺旋藻产量达3500t左右，约为国外总产量的2倍。我国已成为全球螺旋藻的生产大国，但我国的生产技术，特别是干燥技术与国外相比有一定的差距。螺旋藻产业兴起迄今已30多年，国内外工厂生产和藻种直接或间接来自乍得湖的钝顶螺旋藻（*S. platensis*）和墨西哥Tescocco湖的极大螺旋藻。2000年，作者从内蒙古鄂尔多斯盐碱湖采集到2株钝顶螺旋藻新品系[武植SP（NS）2001]。经研究，我国内蒙古产的新品系与国外的品系有很明显的差异，首先国外的品系都适于高温生长，最适生长温度为30～35℃，而内蒙古新品系最适生长温度为20℃，是适于中温生长的品系；其次，新品系含有国外品系所没有的二十二碳六烯酸（C：ω6）（DHA），俗称“脑黄金”，含量达7.88～9.50mg·g$^{-1}$，所含γ亚麻酸达8～10mg·g$^{-1}$（干重）也比国外品系高。鄂尔多斯高原地处高纬度，年均气温较低，盐碱湖中的节旋藻数量虽较多但未像乍得湖等非洲盐碱湖那样形成水华，这种差别产生的原因值得进一步深入调查研究。

## 二、水华束丝藻

以往的研究认为水华束丝藻（*Aphanizomenon flos-aquae*）是产毒的，但是在美国俄亥俄州的 Klamath 湖的这个种不仅无毒，还从 20 世纪 80 年代开始开发成保健品在市场上出售，1998 年从该湖采收的产品干重达 100t，产值 1 亿美元。

Klamath 湖是个天然的碱水湖，位于俄亥俄州南部山区，其上游小瀑布将富含矿物质的火山土冲刷到湖区，山区空气清新，阳光充沛，使湖上游成为独特的生态系统，湖水没有任何污染，湖水各种成分完全适合水华束丝藻生长。

美国生产销售水华束丝藻用这个种拉丁文的 3 个开头字母“AFA”作为商品名，他们特别强调产品是纯天然的，不是人工养殖的。据分析，水华束丝藻富含 β-胡萝卜素、β-复合的具生物活性的多种维生素、酶类、脂肪酸、神经肽前体（neuropeptide precursor）、脂类、碳水化合物、矿物质、微量元素、色素和生长因子，还含有所有 8 种必需氨基酸和 2 种半必需氨基酸。水华束丝藻可作为浓缩精氨酸的来源，他们强调 AFA 最大的价值不仅仅是它的高营养，而且对神经系统有良好的保健作用，特别是对脑垂体（pituitary）、松果体和下丘脑的作用更大。据说吃了 AFA 能增强人的灵敏性、毅力、短期和长期记忆力，还能增强对环境变化的适应。AFA 的细胞壁是由糖脂蛋白复合物组成的，很容易被人体消化吸收，消化率达 95%。

我国有些湖泊、水库也出现过束丝藻水华，甚至是水华束丝藻，有学者认为有毒，而有些学者则认为无毒，但我国束丝藻水华占的比重很小，未见大面积纯水华束丝藻水华的报道。

### 参考文献


敖宗华，汤晓智，刘萍，等. 2001. 蓝藻中生物活性物质的研究概况. 药物生物技术，8（5）：296～300.

陈艳，刘秀梅. 2003. 微囊藻毒素与食品安全. 中华流行病学杂志，24（8）：670～673.

程凯，赵以军，尹隽，等. 2001. 武汉市解放公园池塘的微囊藻水华及其毒性变化的生态研究. 自然科学进展，11（9）：921～928.

龚艳，刘剑彤，肖邦定，等. 2006. 淡水水体麻痹性贝毒污染的现状. 环境污染与防治，28（3）：194～197.

何振荣，俞家禄，何家苑，等. 1989. 东湖蓝藻水华毒性的研究Ⅱ. 季节变化及微囊藻的毒性. 水生生物学报，13（3）：201～209.

金传荫，何家宽，朱家明，等. 2000. 水华束丝藻 NH-5 株产生麻痹毒素几个相关问题的研究. 水生生物学报，24（1）：94～96.

金丽娜，张维昊，郑利，等. 2002. 滇池水环境中微囊藻毒素的生物降解. 中国环境科学，22（2）：189～192.

瞿文川，苏晨伟. 1996. 巢湖、太湖蓝藻及其提取物的动物毒性初步研究. 湖泊科学，8（2）：156～160.

雷腊梅，宋立荣，刘永定. 2001. 铜绿微囊藻两种表现型的生长生理特性及毒素组成比较分析. 水生生物学报，25（3）：205～209.

连民，陈传炜，俞顺章，等. 2000. 淀山湖夏季微囊藻毒素分布状况及其影响因素. 中国环境科学，20（4）：323～327.

刘妍娟，储昭升，金相灿，等. 2009. 螺旋鱼腥藻土嗅素的产生和分布规律. 中国环境科学，29（10）：1082～1085.

刘永梅，刘永定，李敦海，等. 2004. 滇池束丝藻水华毒性生物检测. 水生生物学报，28（2）：216～218.

潘晓洁，常锋毅，沈银武等. 2006. 滇池水体中微囊藻毒素含量变化与环境因子的相关性研究. 湖泊科学，18（6）：

572～578.

Apeldoorn M E, Egmond H P, Speijers G J A, et al. 2007. Toxins of cyanobacteria. Mol Nutr Food Res, 51: 7～60.

Bouvy M, Falcaõ D, Marinho M, et al. 2000. Occurrence of cylindrospermopsis (cyano-bacteria) in 39 Brazilian tropica resevoirs during the 1998 drought. Aquat Microb Ecol, 23: 13～27.

Briand J F, Robillot C, Quiblier-Llobéras C, et al. 2002. Environmental context of *Cylindrospermopsis raciborskii* (Cyanobacteria) blooms in a shallow pond in France. Water Res, 36: 3183～3192.

Bumke-Vogt C. 1999. Anatoxin-a and neurotoxic cyanobacteria in German lakes and reservoirs. Environ. Toxicol, 14: 117～125.

Carmichael W W, Azevedo S M F O, An J S, et al. 2001. 2001 Human fatalities from cyanobacteria, chemical and biological evidence for cyanotoxins. Environ Health Perspect, 109: 663～668.

Carmichael W. 1985. Algal toxins and water based disease. CKC Crit Tev Environ Control, 15 (3): 275～313.

Codd G A, Metcalf J S, Beattie K A. 1999. Retention of *Microcystis aeruginosa* and microcystin by salad lettuce (*Lactuca sativa*) after spray irrigation with water containing cyanobacteria. Toxicon, 37: 1181～1185.

Cronberg G, Annadotter H. 2006. Manual on aquatic cyanobacteria, a photo guide and a synopsis of their toxicology. ISSHA, Demark.

Dembitsky V M, Shkrob I, Go J V. 2001. Dicarboxylic and fatty acid compositions of Cyanobacteria of the genus *Aphanizomenon*. Biochemisity (Moscow), 66: 72～76.

Dembitsky V M, Shkrob I, Lev O. 2006. Occurrence of volatile nitrogen-containing compounds in nitrogen-fixing cyanobacterium *Aphanizomenon flos-aquae*. Journal of Chemical Ecology, 26 (6): 1359～1366.

Dittmann E, Erhard M, Kaebernick M, et al. 2001. Altered expression of two light-dependent genes in a microcystin-lacking mutant of *Microcystis aeruginosa* PCC7806. Microbiology, 147: 3113～3119.

Dittmann E, Neilan B A, Erhard M, et al. 1997. Insertional mutgenesis of a peptide synthetase gene that is responsible for hepatotoxin production in the cyanobacterium *Microcystis aeruginosa* PCC7806. Molecular Microbiology, 26 (4): 779～787.

Druart J C, Briand J F. 2002. First record of *Cylindrospermopsis raciborskii* (Woloszynska) Seenayya et Subba Raju (Cyanobacteria) in a lotic system in France. Ann Linnol, 38: 339～342.

Duy T N, Lam P K, Shaw G, et al. 2000. Toxicology and risk assessment of freshwater cyanobacterial (blue-green algal) toxins in water. Rev Environ Contam. Toxicol, 163: 113～186.

Falconer I R, Humpage A R. 2001. Preliminary evidence for *in vivo* tumour initiation by oral administration of extracts of the blue-green alga *Cylindrospermopsis raciborskii* containing the toxin cylindrospermopsin. Environ Toxicol, 16: 192～195.

Falconer I R. 2001. Toxic cyanobacterial bloom problems in Australian waters, risk and impacts on human health. Phycologia, 40: 228～233.

Fastner J, Heinze R, Humpage A R, et al. 2003. Cylindrospermopsin occurrence in two German Lakes and preliminary assessment of toxicity and toxin production of *Cylindrospermopsis raciborskii* (Cyanobacteria) isolates. Toxicon, 42: 313～321.

Grach-Progrebinsky O, Sedmak B, Carmeli S. 2004. Seco [D-Asp] microcystin-RR and [D-Asp$^3$] microcystin-RR and [D-Asp$^3$, D-Glu (OMe)$^6$] microcystin-RR, two new microcystins from a toxic waterbloom of the cyanobacterium *Planktothrix rubescens*. J Nat Prod, 67: 337～342.

Gupta R S, Pereira M, Chandrasekera C, et al. 2003. Molecular signatures in protein sequences that are characteristic of cyanobacteria and plastid homologues. International Journal of Systematic and Evolutionary Microbiology, 53: 1833～1842.

Hart A N, Zaske L A, Patterson K M, et al. 2007. Natural killer cell activation and modulation of chemokine receptor profile in vitro by an extract from the Cyanophyta *Aphanizomenon flos-aquae*. J Med Food, 10 (3): 435～441.

Jensen G S, Ginsberg D L, Drapeau C. 2001. Blue-green algae as an immuno-enhancr and biomodulator. Review Article, 3 (4): 24～30.

Klunderud A T, Rohrlack T, Tabrizi K S, et al. 2009. Structural analysis of a non-ribosomal halogenated cyclic peptide and its putative operon from *Microcystis*: implication for evolution fo cyanopeptolins. Microbiology, 155: 2106～2108.

Lee R E. 2008. Phycology. 4ed. Cambridge: Cambridge University Press. 66.

Li R, Carmichael W W, Brittain S, Eaglesham G K, et al. 2001. First report of the cyanotoxins cylindrospermopsin and deoxycylindrospermopsin from *Raphideopsis curvata* (Cyanobacteria). J Phycol, 37: 1121～1126.

Li R, Carmichael W W, Brittain S, et al. 2001. Isolation and identification of the cyanotoxin cylindrospermopsin and deoxy-cylindrospermopsin from a Thailand strain of *Cylindrospermopsis raciborskii* (Cyanobacteria). Toxicon, 39: 973～980.

MacKintosh C, Beattie K, Klumpp S, et al. 1990. *Cyanobacterial microcystin*-LR is a potent and specific inhibitor of ptotein phosphatases 1 and 2A from both mammals and higher plants. FEBS Lett, 264: 187～192.

Mahmood N A, Carmichael W W. 1986. Paralytic shellfish poisons produced by the freshwater cyanobacerium *Aphanizomenon flos-aquae* NH-5. Toxion, 24 (2): 175～186.

Metcalf J, Bell S, Codd G, 2001. Colorimetric immuno-protein phosphatases inhibition assay for specific detection of microcystins and nodularins of cyanobacteria. Appl Environ Microbiol, 67: 904～909.

Mikalsen B, Boison G, Skulberg O M, et al. 2003. Natural variation in the microcystin synthetase operon *mcyABC* and impact on microcystin production in *Microcystis* strains. Journal of Bacteriology, 185 (9): 2744～2785.

Neilan B A, Dittmann E, Rouhiainen L, et al. 1999. Nonribosomal peptide synthesis and toxigenicity of cyanobacteria. Journal of Bacteriology, 181 (13): 4089～4097.

Ordorika L V, Fastner J, Kurmayer R, et al. 2004. Distribution of microcystin-producing and non-microcystin-producing *Microcystis* sp. in European freshwater bodies: detection of microcystins and microcystin genes in individual colonies. Appl Microbiol, 27: 592～602.

Osborne N J T, Webb P, Shaw G R. 2001. The toxins of *Lyngbya majuscula* and their human and ecological health effects. Environ Int, 27: 381～392.

Park H, Sasaki Y, Maruyama T, et al. 2001. Degradation of the cyanobacterial hepatotoxin microcystin by a new bacterium isolated from a Hypertrophic Lake. Environ Toxicol, 16: 337～343.

Pearson L A, Barrow K D, Neilan B A. 2007. Characterization of the 2-hydroxy-acid dehydrogenase Mcyl, encoded within the microcystin biosynthesis gene cluster of *Microcystis aeruginosa* PCC7806. The Journal of Biological Chemistry, 282 (7): 4681～4692.

Pope P B, Patel B K C. 2008. Metagenomic analysis of a freahwater toxic cyanobacteria bloom. FEMS Microbiol Ecol, 64: 9～27.

Rounge T B, Rohrlack T, Klunderud A T, et al. 2007. Comparison of cyanopeptolin genes in *Planktothrix*, *Microcystis*, and *Anabaena* strains: evidence for independent evolution with each genus. Applied and Environmental Microbiology, 73 (22): 7322～7330.

Rounge T B, Rohrlack T, Kristensen T, et al. 2008. Recombination and selectional forces in cyanopeptolin NRPS operons from highly similar, but geographically remote *Planktothrix* strains. BMC Microbiology, 8 (141): 1～10.

Saito K, Konno A, Ishii H, et al. 2001. Nodularin-Har, a new nodularin from Nodularia. J Nat Prod, 64: 139～141.

Saker M L, Nogueira I C G, Vasconcelos V M, et al. 2003. First report and toxicological assessment of the cyanobacterium *Cylindrospermopsis raciborskii* from Portuguese freshwaters, Ecotoxicol. Environ. Safety, 55: 243～250.

Six S C, Dauga C, Castets A M, et al. 2008. Halogenase genes in nonribosomal pepgide synthetase gene clusters of *Microcystis* (Cyanobacteria): sporadic distribution and evolution. Mol. Biol. Evol., 25 (9): 2031～2041.

Stirling D J, Quilliam M A. 2001. First report of the cyanobacterial toxin cylindrospermopsin in New Zealand. Toxicon, 39: 1219～1222.

Straus N A. 1994. Iron deprivation: physiology and gene regulation. In: Bryant D A. The Molecular Biology of Cyanobacteria, 731～750.

Tannbe Y, Sano T, Kasai F, et al. 2009. Recombination, cryptic clades and neutral molecular divergence of the microcystin synthetase (mcy) genes of toxic cyanobacterium *Microcysits aeruginosa*. BMC Evolutionary Biology, 9 (115):1～14.

Tillett D, Dittmann E, Erhard M. 2000. Structural organization of microcystin biosynthesis in *Microcystis aeruginosa* PCC7806: an integrated peptide-polydetide synthetase system. Chemistry & Biology, 7: 753～764.

Watanabe M F, Tsujimura S, Oishi S, et al. 2003. Isolation and identification of homoanatoxin-a from a toxic strain of the cyanobacterium *Raphidiopsis meditarranea* Skuja isolated from Lake Biwa. Japan, Phycologia, 42: 364～369.

Watanabe, Mariyo F. 1993. Toxic water bloom of blue-green alga: biological and chemical characterization. Japanese Journal of Limjology, 54 (3): 225.

Welker M, Döhren H V. 2006. Cyanobacterial peptides-Nature's own combination biosynthesis. FEMS Miceobiol Rev, 30: 530～563.

WHO. 1998. Guidelines for Drinking-Water Quality 1998. 2nd ed. Addendum to Volume 2 Health criteria and other supporting information, WHO Geneva: 94～100.

WHO. 1999. Toxic Cyanobacteria in Water, A Guide to Their Public Health Consequence, Monitoring and Management. WHO, Geneva: 166, 167.

Yea S S, Kim H M, Oh H M, et al. 2001. Microcystin-induced down-regulation of lymphocyte functions through reduced IL-2 MRNA stability, Toxicology Letters, 122 (1): 21～31.

Yokokawa F, Inaizumi A, Shioiri T. 2005. Synthetic studies of the cyclic depsipeptides bearing the 3-amino-6-hydroxy-2-piperidone (Ahp) unit. Total synthesis of the proposed structure of micropeptin T-20. Tetrahedron, 61: 1459～1480.

Zainuddin E, Mentel R, Wray V, et al. 2007. Two cyclic depsipeptides, ichthyopeptins A and B, from *Microcystis ichthyoblabe*. Journal of Natural Products, 70 (7): 1084～1088.

Ziemert N, Ishida K, Quillardet P, et al. 2008. Microcyclamide biosynthesis in two strains of *Microcystis aeruginosa*: from structure to genes and vice versa. Appl Environ Microbiol, 1～3: 22.

# 第八章 水华蓝藻的分子生物学研究概述

在国内外日益严峻的水体富营养化问题中，蓝藻水华备受不同学科领域学者的广泛关注。近十多年来，分子生物学者在蓝藻分子系统学、藻种的鉴定、产毒藻株的鉴别、有毒蓝藻毒素合成基因调控及水华蓝藻产生的生物活性物质等方面进行了广泛的研究，取得不少有重要意义的进展，特别引人注目的是，当人们为铜绿微囊藻等产生危害各种动植物乃至人类健康的各种毒素而遗憾时，学者却发现，这些有毒的水华蓝藻还产生一些生物活性物质和挥发性物质，其中一些经初步研究表明具有抗肿瘤、抗病毒或作为试剂等应用价值。不少生物活性物质的基因调控也已初步查明对分子生物学基础研究显示越来越重要的意义。我们必须开阔视野，重视其他相关的应用研究。应该指出的是，本章论述的“分子”虽然主要是指 DNA 大分子，但也包括脂肪酸小分子。2007 年和 2008 年，日本学者和法国巴斯德研究所相继发表的铜绿微囊藻两个不同品系的全基因组结构，对深入研究水华蓝藻中最重要的优势物种发生机理有重要的参考价值。近年来这些方面的研究越来越多，越来越深入，本章仅就某些研究成果作简要论述。

## 第一节 水华蓝藻的分子系统学

经典蓝藻演化系统研究是以比较形态学为依据的。Geitler（1930～1932）、Desikachary（1959）等的观点几乎统治蓝藻系统分类学界达半个世纪，直到 1989 年 Komárek 和 Anagnostidis 开始用蓝藻细胞超微结构特征，主要是类囊体的排列方式，分析各种不同形态蓝藻类群间的亲缘关系，随后用分子标记研究蓝藻类群间的亲缘关系学派（以 Wilmotte 等为代表）的兴起，才使蓝藻分子系统研究得到了蓬勃发展。Komárek 等也加入其中，不过他虽参考分子标记研究成果，但坚持蓝藻细胞类囊体的排列方式在研究蓝藻系统发育问题上的重要意义。1999 年 Wilmotte 等提出了蓝藻系统发育图（图 8.1）。

这幅距离图中单细胞和群体类群很少。Komárek 等（2002）从 GenBank 下载 DNA 序列所作的系统发育树表明传统物种区别不大的微囊藻属聚在一起。

同时 Komárek（2003）根据传统分类特征和非极性脂肪酸组成对漂浮的鱼腥藻和 4 种微囊藻的亲缘关系进行了分析，将它们分成两簇 4 类型（图 8.2）。

Komárek 是国际上著名的传统藻类分类学家，早年主要从事绿球藻目形态分类学研究，1983 年与其老师 Fott 出版了绿球藻目（Chlorococcales）专志，此书是迄今收录该“目”藻类最多、最权威的专著。从 20 世纪 80 年代开始他主要致力于蓝藻分类学及系统学研究。最近 20 多年来，Komárek 逐步接受并应用分子系统的观点，但他认为蓝藻的超微结构，特别是类囊体（thylakoid）在细胞内的排列方式在探讨类群间的亲缘关系方面有不可替代的意义。图 8.3 是他根据分子序列和电镜特征所作的球形和丝状蓝藻之间的亲缘关系图。

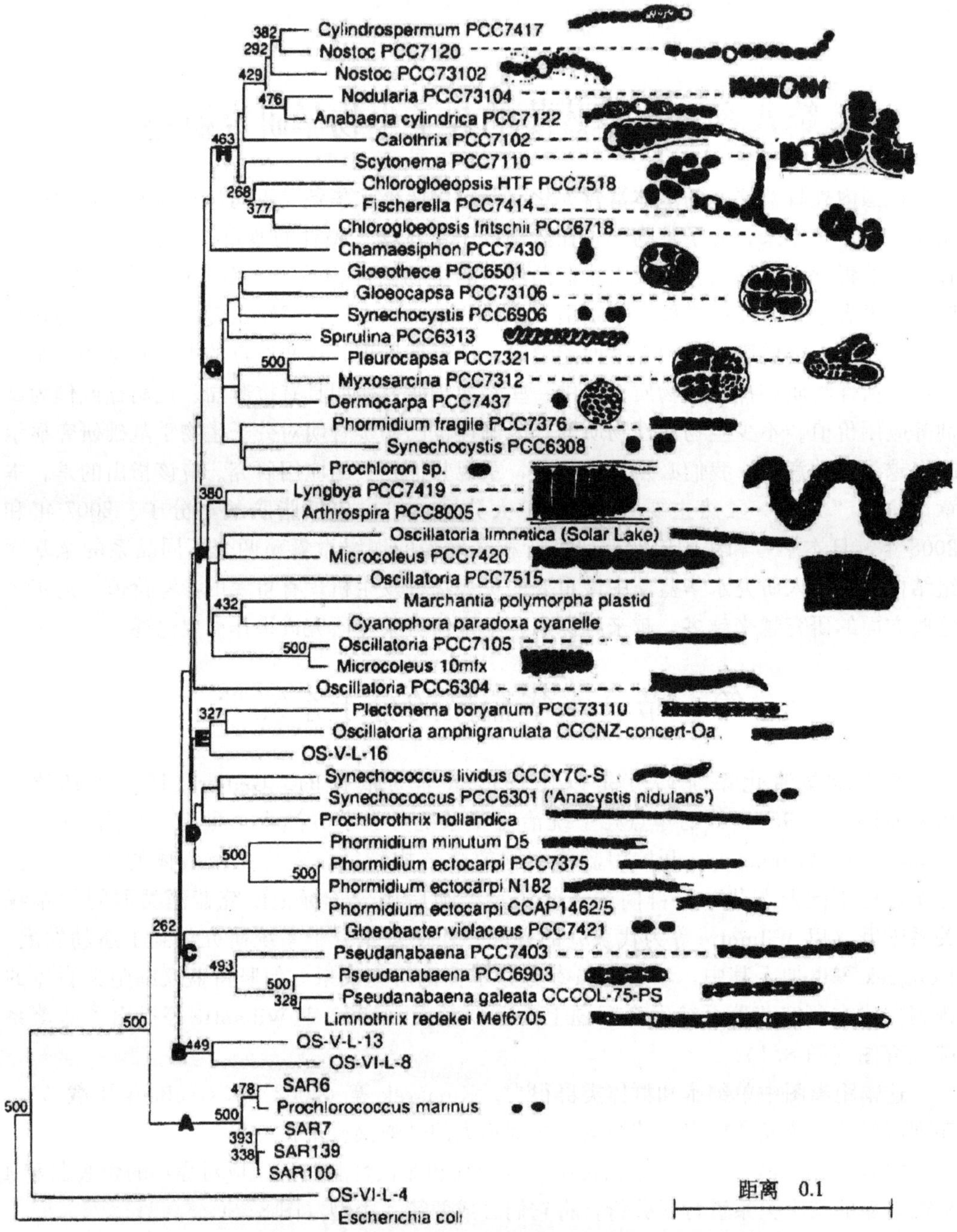


图 8.1　基于部分蓝藻 16S rRNA 部分序列的蓝藻类的距离树。(引自 Wilmotte，1999)

经典分类学中不具异形胞的颤藻属，超过 100 分类单元，其中有些漂浮的种类常形成水华。Anagnostidis 和 Komárek（1988）对这个属从形态、生理生态、生化和遗传等方面进行了综合分析，认为浮丝藻、拟浮丝藻、常丝藻（*Tychonema*）和泽丝藻（*Limnothrix*）都应从颤藻属中分离出来成为独立的"属"。它们是否能得到分子分析的

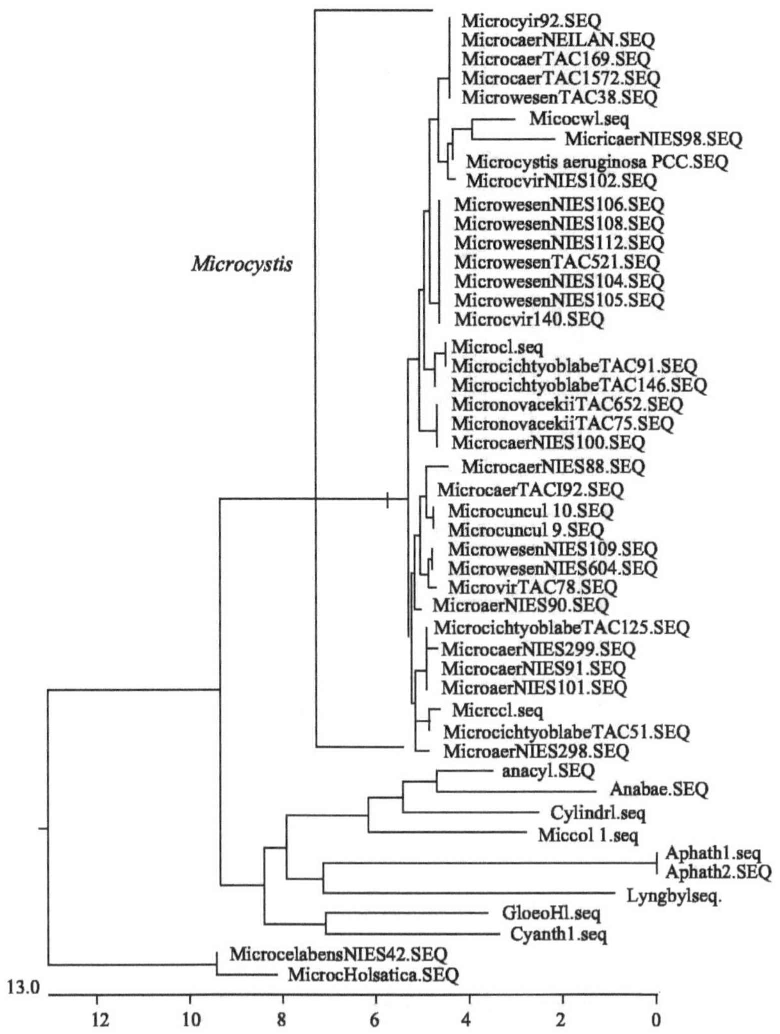


图 8.2　基于传统分类特征和非极性脂肪酸组成对漂浮的鱼腥藻和 4 种微囊藻的亲缘关系分析。
（仿 Komárek，2003）

支持呢？Suda 等（2002）选择了 75 个似颤藻的品系用 16S rDNA 序列、DNA 碱基组成、DNA-DNA 杂交、藻胆蛋白色素组成、补色适应性、形态特征、生长温度和盐度的耐受性等方法进行多特征分析。基于 16S rDNA 序列的系统发育分析表明所研究的所有品系分为 6 个群，颤藻属模式种——巨颤藻（*O. priceps*）明显与 6 个群分离，表明它们都可以从颤藻属分离成独立的属。群Ⅰ～Ⅲ彼此密切相关；群Ⅳ～Ⅵ不仅各群区别明显，而且与群Ⅰ～Ⅲ也有明显不同。群Ⅰ进一步可分为两个亚群（subgroup），群Ⅰ—pc 包括的品系仅含藻蓝素（PC）；群Ⅰ—pe 包括的品系含有大量藻红素（PE），同时还含有 PC。DNA-DNA 杂交研究支持表型的区分。作者根据他们的研究结合传统植物分类学研究资料对浮丝藻 3 个种——拟浮丝藻属、常丝藻属及泽丝藻属做了订正或重新描述，应指出的是，他们的研究首先肯定了这些基于表型的特征从颤藻属分离的“属”是可靠的、可以成立的（图 8.4）。

图 8.3　基于分子序列和电镜特征的球形和丝状蓝藻之间的亲缘关系。（仿 Komárek，2003）

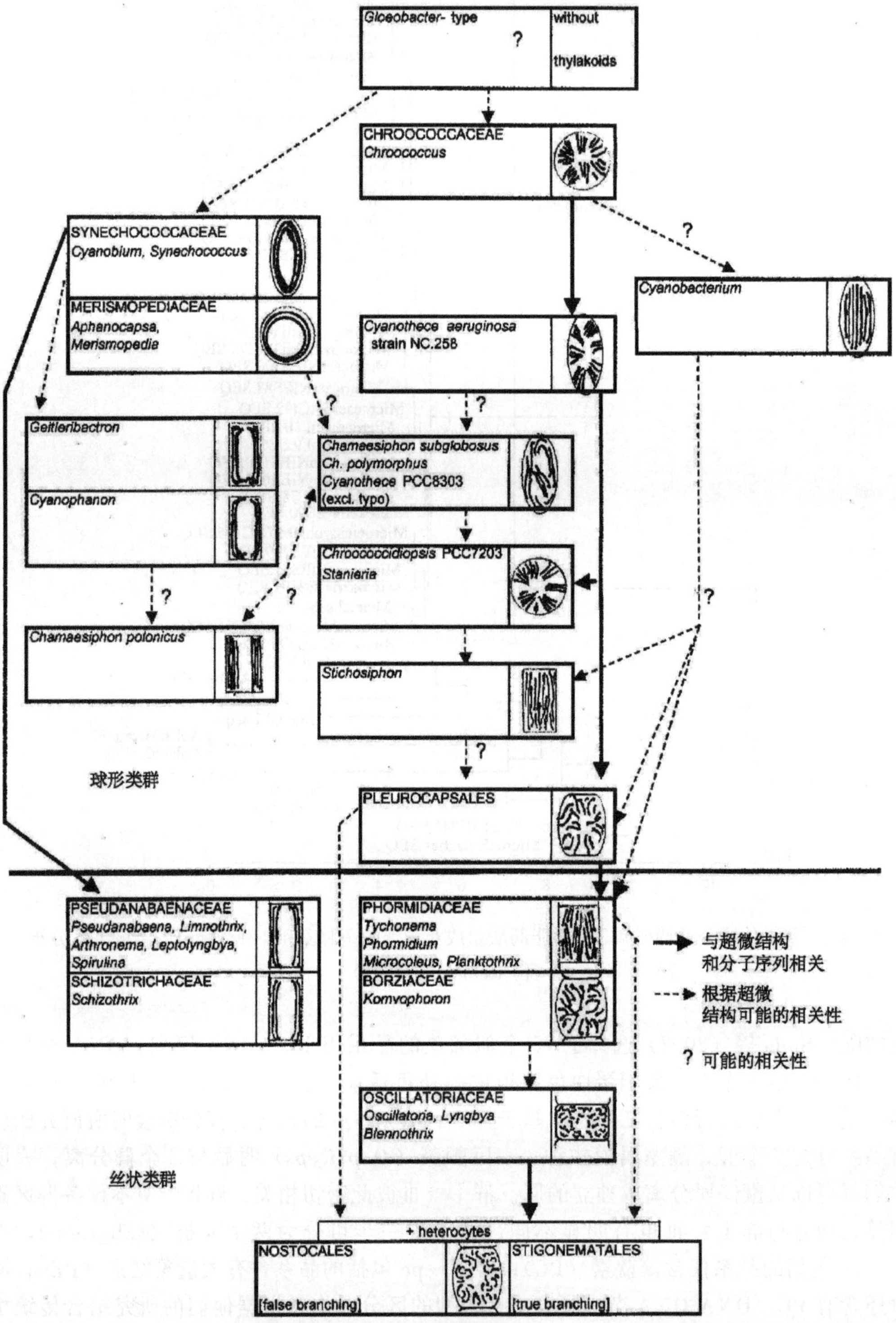


图 8.3　基于分子序列和电镜特征的球形和丝状蓝藻之间的亲缘关系。（仿 Komárek，2003）

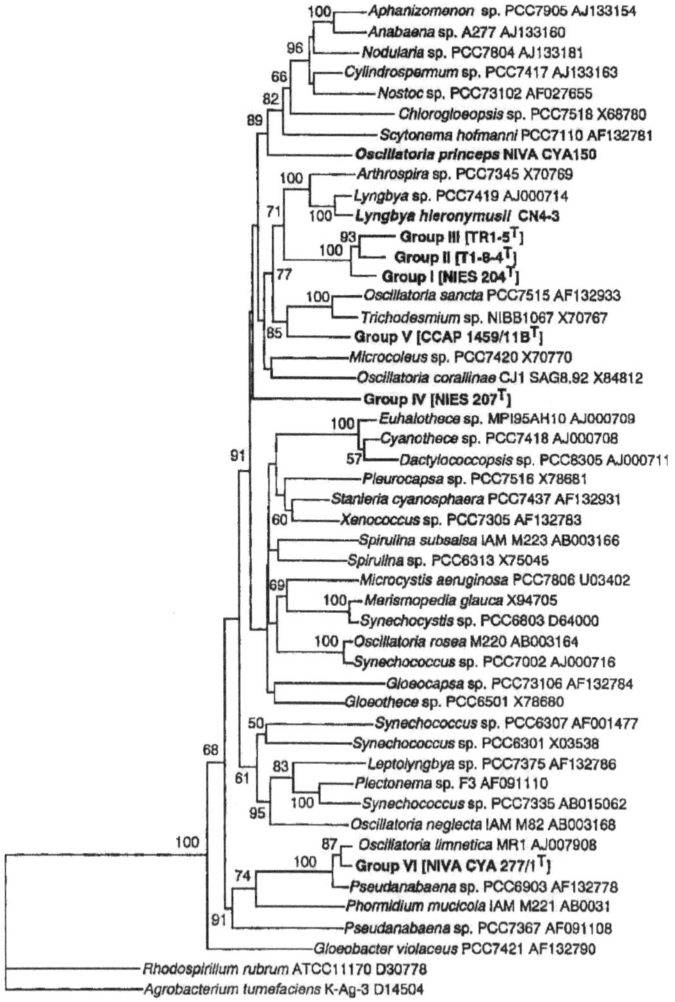


图 8.4 形成水华的似颤藻和相关蓝藻基于 16S rDNA 序列展现群Ⅰ～Ⅳ品系巨颤藻 *O. princeps* NIVA CYA 150 和赫氏鞘丝藻 *L. hieronymusii* CN4-3 与其他蓝藻分类单元位置的系统发育树。基于 1182 核苷酸位置的邻接树不包括超变区，分枝点上的数字是自展率值，表示 1000 次重复的百分数（50%值被省略，黑线品系代表群）。（仿 Suda et al.，2002）

Komárek 还对某些丝状蓝藻类群用 Megalign 构建了部分系统树（NCBI GenBank 序列 2002）（图 8.5）。

从图 8.5 可见，具异形胞类型与不具异形胞类型间界线分明，过去放在席藻属（*Phormidium*）、颤藻属（*Oscillatoria*）或鞘丝藻属（*Lyngbya*）而现在独立成新属的浮丝藻属（*Planktothrix*），也得到了分子分析支持。

螺旋藻和节旋藻的显微形态差别不大，茅云翔等（2001）用 16S rRNA 和 ITS 序列分析表明：16S rRNA 基因序列和 ITS 序列均可用于节旋藻和螺旋藻的属间分类，以这两个序列为基础的系统分析结果一致（图 8.6），ITS 序列适用于节旋藻和螺旋藻属内品系或物种鉴定。

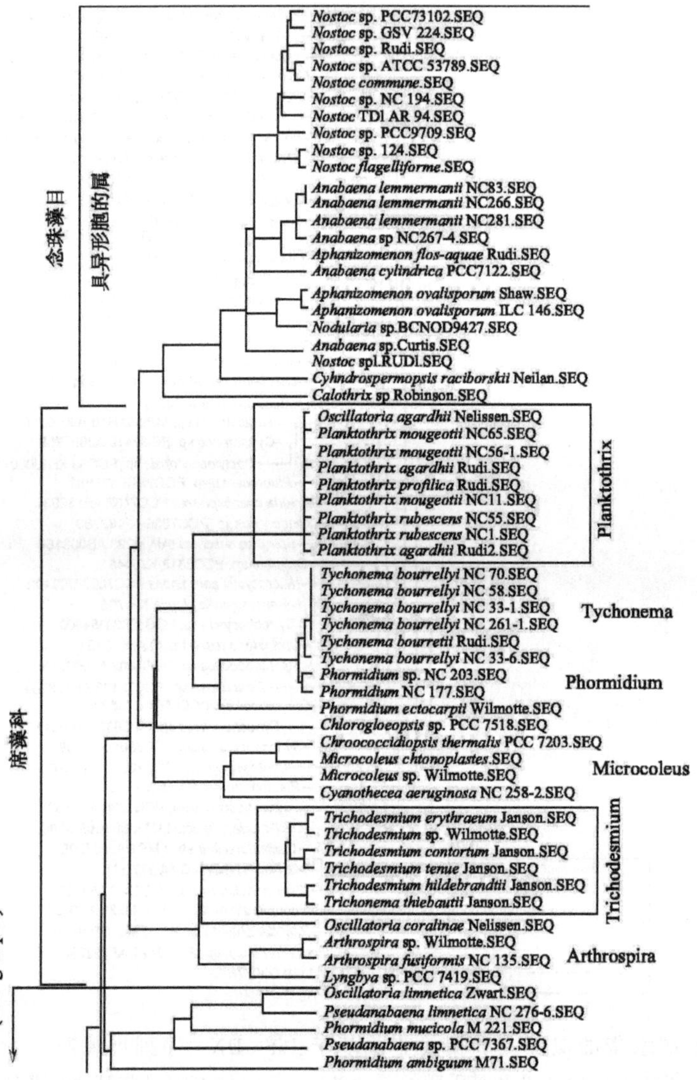


图 8.5　利用 Megalign 构建的部分丝状蓝藻类群系统树。(仿 Komárek，2003)

节旋藻属 16S rRNA 基因序列相似性大于 98%，ITS 序列相似性大于 88%，而螺旋藻属某些品系间 16S rRNA 序列和 ITS 序列相似性较低（图 8.7）。

某些在分类学上亲缘关系容易混淆的、具异形胞的、漂浮的丝状蓝藻用分子标记的分析获得了一些有意义的结果。Iteman 等（2007）研究了 11 种漂浮的、具异形胞的丝状类群 rRNA 操纵子的两个分布区，即 16S rRNA 基因（*rrn*S）和 ITS；测定了水华鱼腥藻、水华束丝藻、节球藻及两种碱性漂浮属——拟鱼腥藻属和蓝螺旋藻属（*Cyanospira*）以前系统发育位置不明的 5 个品系的 *rrn*S 序列，并与以往已发表的单个漂浮品系进行比较，结果表明，除拟筒孢藻外其他所有漂浮品系都在具异形胞单系起源的分枝（monophyletic clade）内形成明显的亚分枝（subclade），在此亚分枝内可区分 5 个不同的系统演化簇。鱼腥藻和束丝藻品系同在一个系统演化类群中，此簇的 3 个品系并不与

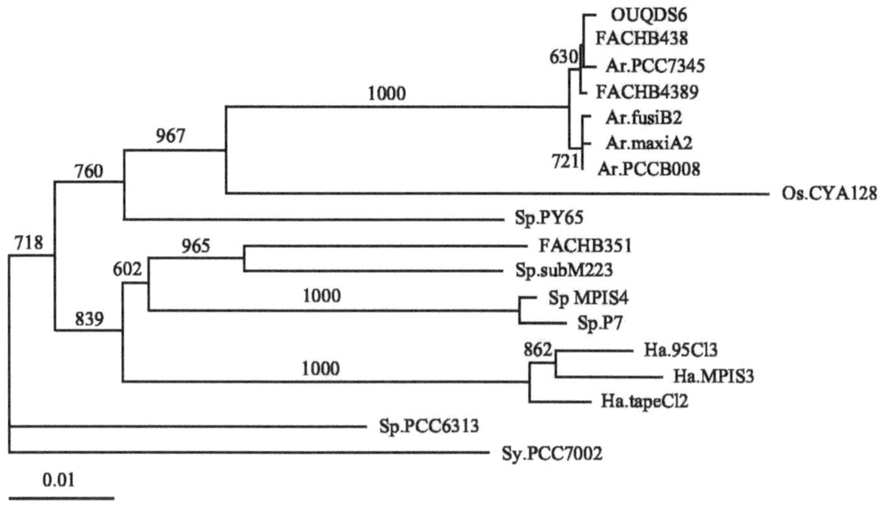


图 8.6　螺旋藻和节旋藻系统发生树。基于 16S rRNA 序列用邻接法完成，*Synechococcus.* sp PCC7002 为外类群，分枝上的数字是 1000 次重复抽样检测的 bootstrap 值。（引自茅云翔等，2001）

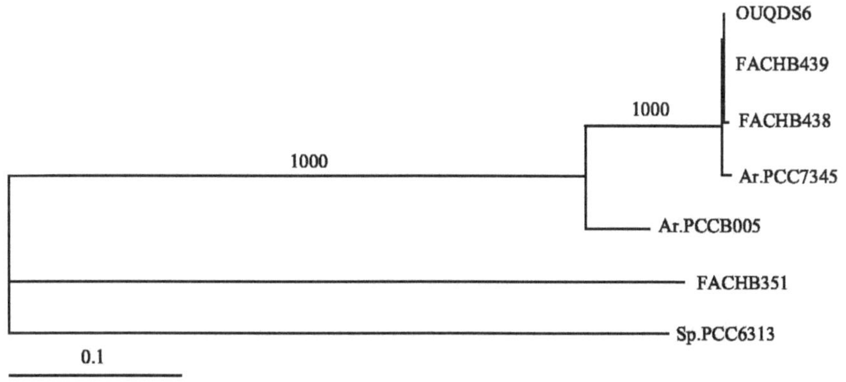


图 8.7　螺旋藻和节旋藻系统发生树。基于 16～23S rDNA ITS 序列用邻接法完成，*Synechococcus.* sp PCC6313 为外类群，分枝上的数字是 1000 次重复抽样检测的 bootstrap 值。（引自茅云翔等，2001）

通常基于经典的形态学定义的属或种一致。拟鱼腥藻属和蓝螺旋藻属之间序列的高度相似性表明它们可能是同一属的类群（图 8.8）。

鱼腥藻和束丝藻在表型上似乎是清晰可辨的，但这两属包含的种类也越来越多，特别是那些藻丝略直的鱼腥藻和藻丝两端略细的束丝藻类群之间的区分使分类学者颇感困惑。几位学者（Gugger et al.，2002）从丹麦、芬兰和法国几个湖泊采到 26 个鱼腥藻品系和 14 个束丝藻品系，从形态学和 16S rRNA 基因、ITS 和 rbcLX（Rubisco）等多角度进行分析研究。基于 16S rDNA、ITS 和 rbcLX 的系统发育树显示漂浮藻的鱼腥藻品系并不能与束丝藻相区别。基于 16S rDNA 序列这两个属聚类的结果显示它们都不是单起源的。漂浮鱼腥藻品系的 16S rDNA、ITS1-S 和 rbcLX 区段的序列分析表明这个属是异质的。上述所有方法分析证明产生有毒化合物（变性毒素-a、微囊藻毒素及未知的神经毒素）的鱼腥藻是彼此分开的丛簇，并不与非产毒的鱼腥藻或束丝藻品系聚集呈簇。作者根据他们的分析研究认为，如果不考虑形态学的区别，他们所分离的漂浮鱼腥藻和束丝藻是同属的（图 8.9）。

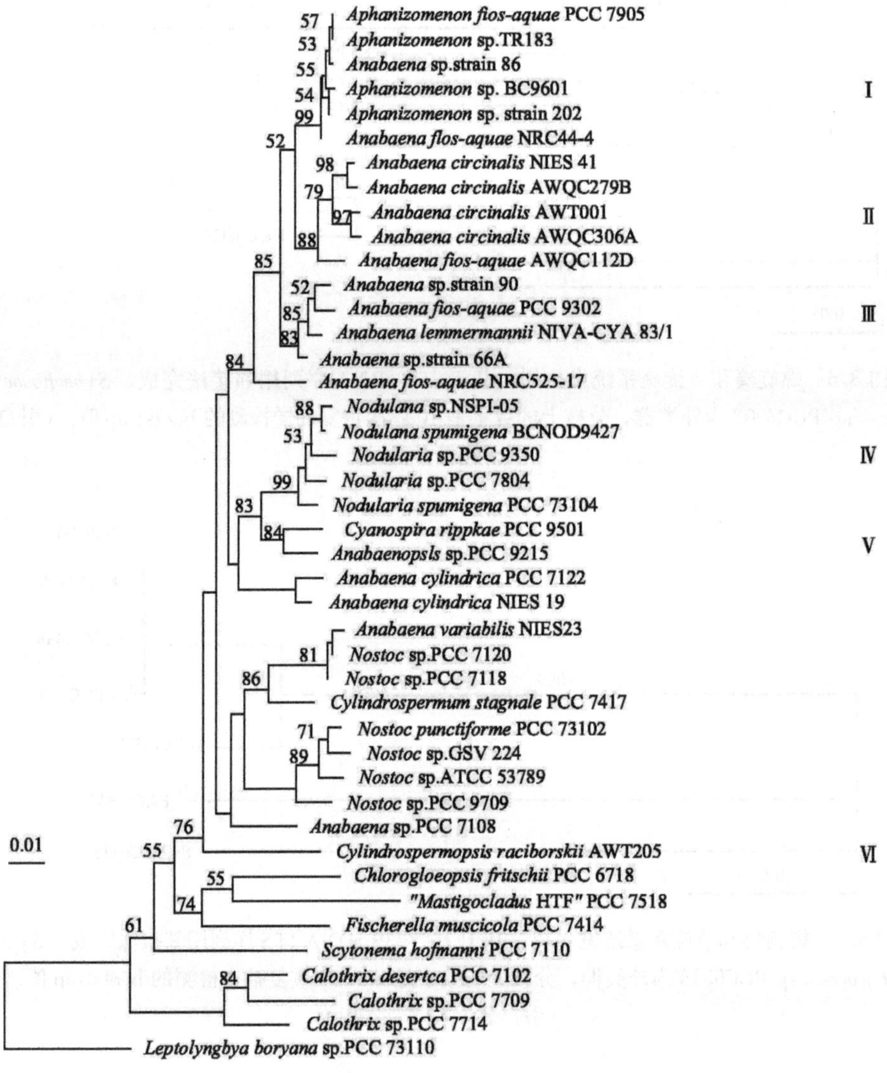


图 8.8　漂浮的、具异形胞蓝藻和非漂浮的类群间基于 16S rDNA 序列的系统发育树。黑体表示该文测定的序列。刻度标记代表每个序列位置 0.01 核苷酸置换。罗马数 Ⅰ～Ⅵ表示漂浮的品系簇。基于 1412 个序列位置（高变异区和序列多于 60%的裂隙位置除外）应用 Jukes 和 Cantor 公式及邻接选择在软件包 ARB 和 1000 自展率用百分数值表示所作的系统发育树，仅显示自展率大于 50%的纳氏筒胞藻（*C. raciborskii* AWT205）不稳定，鉴定树应用 Jin 和 Nei 公式与缺失形态参数（α=1.0）及邻接选择软件包 Treecon（Van de Peer and De Wachter）和与缺失转换/颠换（2.00）给定的缺失转换/颠换在 DNAml 中 1.455 85 参数获得。(Itemen et al.，2002)

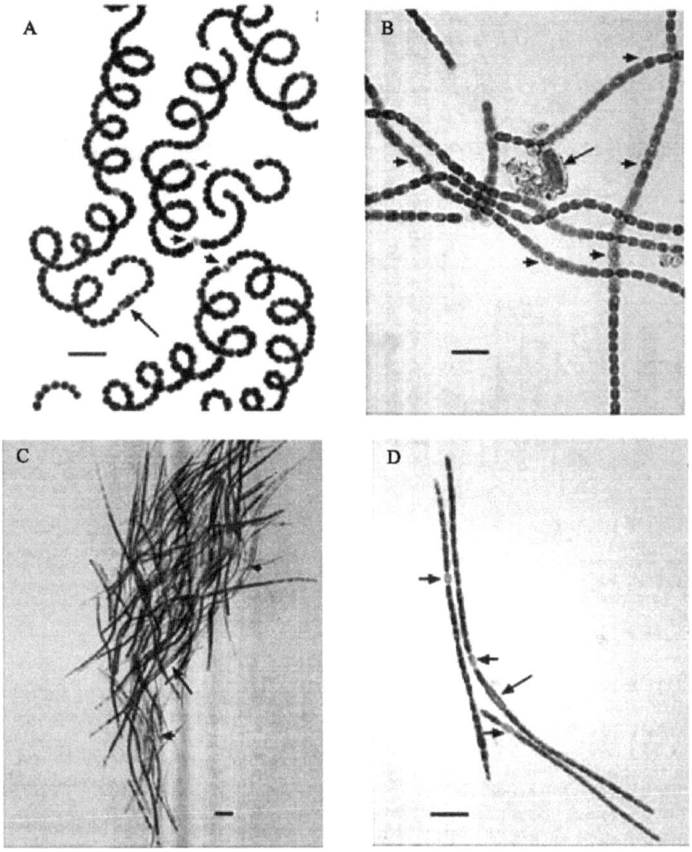


图 8.9　鱼腥藻和束丝藻分离物藻丝形态。A. 螺旋鱼腥藻 PMC9702；B. 李氏鱼腥藻 202A2；C. 水华束丝藻 PMC9707；D. 水华束丝藻 TR183。短箭头指示异形胞，长箭头指示孢子。标尺＝10μm。（Gugger et al.，2002）

## 第二节　水华蓝藻的化学（脂肪酸组成）分类

早在 1992 年 Caduales 等就对鱼腥藻属 10 个品系和念珠藻属 10 个品系细胞脂肪酸组成进行了分析，测出 17 类 53 种脂肪酸，这 17 类脂肪酸占总脂肪酸的至少 0.9%，包括：饱和脂肪酸 16：0 和 18：0；几种不饱和脂肪酸 14：1 顺式-7，14：1 顺式-9，具 15.30 等当量链长的多聚不饱和 16-C（位点未测定）脂肪酸，16：4 顺式-4，16：3 顺式-6，16：1 顺式-7，16：1 顺式-9，16：1 顺式-11，18：2 顺式-9，18：3 顺式-9，18：1 顺式-9 及 18：1 反式-9 和支链脂肪酸异构-16.0，异构-15：1。分析结果表明这两个属在脂肪酸中或脂肪酸类中都有明显的区别，这种区别还有分类学上的价值，如 16：0 含量鱼腥藻为 27.39%～34.72%，念珠藻则为 18.50%～26.10%，总饱和的、直链的均 C 脂肪酸（A 类）这两个属的含量分别为 29.60%～36.61%和 21.06%～28.62%。此外 C 类脂肪酸（不饱和直链脂肪酸）与 A 类脂肪酸的比率也有重大差别，含量分别为 1.52%～2.13%和 2.25%～3.47%。根据这些参数，多变鱼腥藻品系 ATCC29413

脂肪酸的特征与念珠藻的品系相同，因此他们认为这个种应重新划分到念珠藻属，定名为多变念珠藻（*Nostoc variabilis*），同时念珠藻品系 ATCC27895 原种名为环圈拟鱼腥藻（*Anabaenopsis circularis*），应保持在念珠藻属内（表 8.1）。

**表 8.1 选择的脂肪酸及类别比例和百分数用于区分鱼腥藻和念珠分离物**（Caudales and Wells，1992）

| 蓝藻 | 品系 | 占总脂肪酸的百分数 | | | | | C 类脂肪酸占 A 类脂肪酸的比例$^{a}$ |
|---|---|---|---|---|---|---|---|
| | | 14：1 *cis*-7 | iso-15：1 | 16：1 *cis*-9 | 16：0 | A 类脂肪酸 | |
| *A. cylindrica* | PCC 7122 | 4.47 | 0.38 | 3.85 | 32.16 | 33.26 | 1.73 |
| *A. dolium* | UTEX 2094 | 0.28 | 0 | 15.02 | 29.95 | 31.88 | 1.67 |
| *A. aequalis* | UTEX 1609 | 4.56 | 0 | 3.86 | 32.01 | 33.96 | 1.75 |
| *A. subcylindrica* | UTEX 1617 | 5.31 | 0.08 | 3.53 | 27.98 | 29.10 | 2.11 |
| *A. minutissima* | UTEX 1613 | 2.05 | 0.07 | 10.31 | 29.14 | 30.03 | 2.11 |
| *A. vernicosa* | UTEX 1619 | 3.11 | 0.02 | 4.15 | 32.28 | 33.92 | 1.75 |
| *A. sphaerica* | UTEX 1616 | 0 | 2.13 | 4.70 | 27.39 | 29.06 | 2.13 |
| *A. randawae* | UTEX 1823 | 0.01 | 0.23 | 14.00 | 34.72 | 36.61 | 1.52 |
| *A. catenula* | UTEX 375 | 2.48 | 0 | 2.67 | 29.34 | 30.54 | 2.05 |
| *A. inaequalis* | UTEX 380 | 2.77 | 0.20 | 3.22 | 30.50 | 32.76 | 1.75 |
| *Anabaena spp.* mean±SD | | 2.50±1.94 | 0.34±0.64 | 6.53±4.72 | 30.55±2.30 | 32.11±2.45 | 1.84±0.22 |
| *A. variabilis* | ATCC 29413 | 0 | 1.81 | 21.22 | 22.54 | 23.80 | 2.79 |
| *Nostoc* sp. | ATCC 27895 | 0.12 | 0.88 | 27.82 | 22.36 | 23.75 | 3.02 |
| *N. foliaceum* | UTEX 1624 | 0.62 | 2.33 | 13.96 | 23.97 | 25.21 | 2.52 |
| *N. piscinale* | UTEX 1628 | 0 | 1.94 | 19.61 | 23.74 | 25.90 | 2.58 |
| *N. zetterstedtii* | UTEX 1632 | 0 | 4.74 | 14.38 | 25.32 | 27.17 | 2.34 |
| *N. musconrm* | UTEX 2209 | 0.06 | 0.65 | 21.26 | 25.01 | 25.52 | 2.69 |
| *Nostoc* sp. | PCC 6705 | 0 | 4.20 | 21.41 | 21.71 | 23.20 | 2.89 |
| *Nostoc* sp. | PCC 7906 | 0 | 2.52 | 12.77 | 23.07 | 25.97 | 2.26 |
| *Nostoc* sp. | PCC 73102 | 0.33 | 0 | 14.63 | 26.10 | 28.62 | 2.25 |
| *Nostoc* sp. | N7 | 0 | 1.47 | 20.52 | 18.5 | 21.06 | 3.47 |
| *Nostoc* spp. mean±SD | | 0.11±0.21$^{b}$ | 2.05±1.49$^{b}$ | 18.76±4.72$^{b}$ | 23.23±2.17$^{b}$ | 25.02±2.15$^{b}$ | 2.68±0.38 |

注：a. A 类脂肪酸是饱和的，均系直链脂肪酸；C 类是不饱和的直链脂肪酸；b. 平均值与鱼腥藻（*A.* spp.）有明显不同（$P \geqslant 0.05$）。

李仁辉等（2001，2004）分别对藻丝直出和卷曲的鱼腥藻的脂肪酸进行分析，他们对漂浮的、藻丝直的 7 种 24 个品系鱼腥藻进行无菌纯培养，分析其脂肪酸组成、含量与模式，并对它们的脂肪酸组成与其形态学的特征进行比较，发现漂浮鱼腥藻脂肪酸的主要组成根据 Kenyon-Murata 分类系统为类型 2，包括 14：0、16：0、16：1（顺式-)、18：0、18：1、18：2 及 18：3（2)。实验的品系进一步分成 2 个亚类（subtype)；22 个品种中有 18 个属于类型 2A，包括 16：2 和 16：3；其余 6 个品系为类型 2B，此类型缺乏 16：2 和 16：3。单生鱼腥藻（*A. solitaria*)、史氏鱼腥藻（*A. smithii*）和凯氏鱼腥藻（*A. kisseleviana*）品系的脂肪酸组成与其形态学特征密切相关，而且浮游鱼腥藻（*A. plantonica*）的 10 个品系可分为 4 个簇，近缘鱼腥藻（*A. affinis*）的 3 个品系分为 2 个簇（图 8.10)。

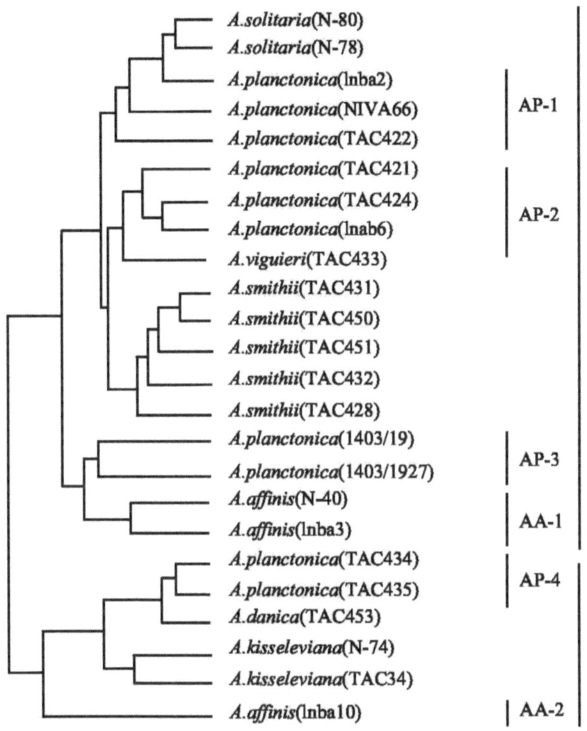


图 8.10 基于脂肪酸组成的漂浮的藻丝直的鱼腥藻的品系的树状图，0.5 表示欧基里德距离，AA-1、AA-2 和 AP-1～4 分别表示近缘鱼腥藻和浮游鱼腥藻的簇。(仿 Li and Watanabe，2001b)

李仁辉等还分析了 3 种 26 个品系的卷曲漂浮的鱼腥藻脂肪酸的组成、含量和模式，并与它们形态学特征进行了比较，结果表明卷曲鱼腥藻通常主要包括：14：0、16：0、16：1（顺式-)、18：0、18：2 及 18：3（2)，根据 Kenyon-Murata 系统的分类为类型 2，此类型近一步分成 2 个亚类：类型 2A 含 16：2 和 16：3；类型 2B 无 16：2 和 16：3。卷曲鱼腥藻品系中奥米鱼腥藻［*A. oumiana*（NIES-73 和 Ana Kasl)］及真致密鱼腥藻（*A. eucompacta*)（Ana chiba）包含类型 2B 脂肪酸组成，其他品系所含脂肪酸为类型 2A，这些品系包括具低水平的 18：3（α）的环圈鱼腥藻（*A. circinalis*)（Ana Da）和弯曲鱼腥藻（*A. curva*)（Ana Ao）的品系。多数藻丝卷曲的鱼腥藻品系显示出形态学特征与脂肪酸组成之间具有强的相关性（图 8.11)。

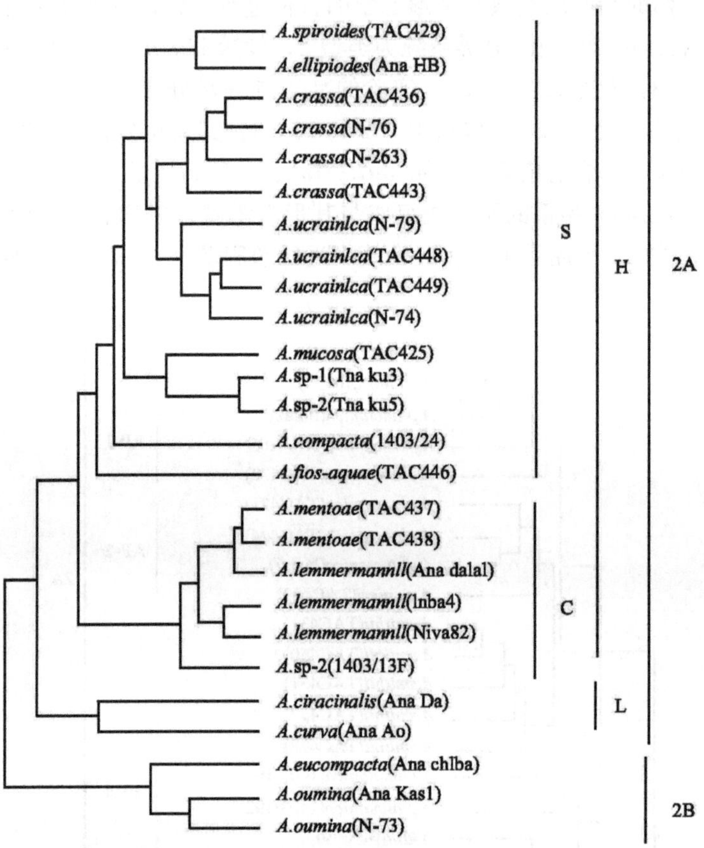


图 8.11 基于脂肪酸组成的卷曲漂浮鱼腥藻的树状图，0.5 表示欧基里德距离，S 和 C 分别表示圆形和圆柱形营养细胞；H 和 L 分别表示 18：3（α）高含量和低含量；2A 和 2B 分别表示脂肪酸组成的类型 2A 和类型 2B。（仿 Li et al.，2004）

除李仁辉（1998）、李仁辉与 Watanaba（1998）对漂浮鱼腥藻和 4 种微囊藻的非极性脂肪酸进行了分析，Komárek（2003）运用这些资料对其亲缘进行分析研究外，芬兰和法国学者 Gugger 等（2002）又对更多的属——鱼腥藻、束丝藻、微囊藻、念珠藻（*Nostoc*）、浮丝藻、柱孢藻、眉藻（*Calothrix*）等 22 个品系细胞的脂肪酸含量进行了分析，结果显示 3 个大峰，即 3 个相区分的类群：微囊藻品系、念珠藻/浮丝藻品系及鱼腥藻/束丝藻/柱孢藻品系。眉藻品系不与其他具异形胞品系聚集呈簇，支持了按形态学分类念珠藻科分为另一独立的科。微囊藻存在大量脂肪酸 18：3ω6，9，12c 和 18：0，与研究的其他蓝藻有明显区别。念珠藻和浮丝藻品系为含有高含量 16：1ω7c 的类群。自由生活的念珠藻品系含有 16：1ω5c 和 16：1ω7c（约 1：1），与共生的念珠藻品系和浮丝藻品系相区别。鱼腥藻、束丝藻和柱孢藻紧密聚集呈群是以存在 16：1ω9c 和 16：0 反异脂肪酸为特征的。鱼腥藻、束丝藻和柱孢藻对应分析表明，所有产肝毒素的鱼腥藻聚在一起，而非产毒的、产神经毒素的品系与非产毒的束丝藻品系聚集成群（表 8.2 至表 8.5）。

## 表 8.2 鱼腥藻品系在不同生长条件下脂肪酸的相对含量（Gugger et al.，2002） （单位：%）

| 脂肪酸* | 无毒的 | | | | | | | 肝毒素的 | | | | | | | | | | | | 无毒的 | |
|---|---|---|---|---|---|---|---|---|---|---|---|---|---|---|---|---|---|---|---|---|---|
| | 37 | | | 123 | | | | 66A | | | | 90 | | | 202At | 202At/35 | 202A2 | Nc83/1 | 277 | |
| | M | L | E | M† | L | E | S | M† | L | E | S | M† | L | E | M | M | M | M | M | — |
| 饱和的 | | | | | | | | | | | | | | | | | | | | |
| 14：0 | TR | TR | TR | TR | TR | TR | TR | 6.6 | 5.4 | 5.9 | 5.1 | 6.1 (0.1) | 6.3 | 6.2 | 5.9 | 6.9 | 6.7 | 4.8 | TR | TR |
| 16：0 | 31.1 | 20.8 | 21.1 | 34.7 (11.3) | 25.8 | 26.9 | 26.4 | 22.4 | 21.6 | 20.2 | 24 | 25.9 (1.6) | 23.1 | 20.8 | 22.2 | 27.2 | 25.2 | 21.5 | 23.5 | 29.2 |
| 18：0 | TR | 3.1 | TR | TR | TR | TR | TR | TR | 1.1 | 1.6 | 2.8 | TR | 2.4 | 1.5 | TR | TR | TR | 1.3 | TR | TR |
| 总量 | 32.5 | 24.5 | 22.2 | 36.3 (11.7) | 27.1 | 28.4 | 27.8 | 29.4 | 28.0 | 27.7 | 31.9 | 32.5 (1.9) | 31.8 | 28.5 | 28.6 | 34.8 | 32.4 | 27.6 | 24.3 | 30.1 |
| 不饱和的 | | | | | | | | | | | | | | | | | | | | |
| 16：1ω7c | 3.3 | — | — | 4.2 (0.0) | — | 3.0 | 2.8 | 3.5 | — | — | — | 2.6 (0.1) | — | — | 2.7 | 3.2 | 3.2 | — | 3.5 | — |
| 16：1ω9c | 7.7 | 11.7 | 12.3 | 7.3 (1.0) | 12.8 | 10.5 | 10 | 6.3 | 10.1 | 10.4 | 7.3 | 9.5 (0.8) | 15.2 | 15.8 | 8.4 | 8.5 | 8.8 | 10.2 | 11.7 | 16.6 |
| 18：2ω6，9c | 6.5 | 6.8 | 8.3 | 5.4 (5.1) | 6.7 | 7.7 | 8.0 | 14.4 | 9.8 | 11.5 | 13.7 | 6.1 (0.3) | 4.1 | 3.8 | 8.5 | 6.8 | 6.8 | 7.9 | 4.1 | 2.9 |
| 18：3ω3，6，9c | 20.2 | 32.5 | 38.1 | 18.7 (10.3) | 34.3 | 31.2 | 32.1 | 23 | 32.1 | 34.6 | 29.9 | 24 (4.1) | 27.1 | 28 | 30.7 | 25.6 | 27.5 | 32.9 | 34.2 | 31.3 |
| 总量 | 37.8 | 51 | 58.7 | 35.8 (16.7) | 53.8 | 52.4 | 52.8 | 47.2 | 51.9 | 56.5 | 50.9 | 42.4 (5.3) | 46.5 | 47.6 | 50.6 | 44 | 46.2 | 51.5 | 53.5 | 50.9 |
| 支链的和羟（基）替代的 | | | | | | | | | | | | | | | | | | | | |
| 14：0 anteiso | 7.6 | 9.3 | 3.8 | 6.6 (3.4) | 3.9 | 3.6 | 4.2 | 3 | 3.5 | 3.1 | 3.6 | 4.1 (0.9) | 7.0 | 4.9 | 2.9 | 3.1 | 3.3 | 5.1 | 4.9 | 6.6 |
| 16：0 anteiso | 3.4 | 3.2 | 3.9 | 3.6 (1.4) | 2.8 | 4.0 | 3.7 | 6.2 | 3.4 | 4.2 | 3.6 | 4.1 (0.6) | 3.2 | 3.3 | 4.2 | 3.5 | 3.8 | 3.4 | 4 | 2.9 |
| 16：0 10-methyl | 5.1 | TR | 3.2 | 3.3 (0.1) | 2.8 | 2.8 | 2.4 | 2.3 | 2.6 | 1.2 | TR | 2.5 (1.2) | 1.1 | 3.4 | 1.8 | 1.2 | 1.4 | 3.7 | 3.6 | 4.5 |
| 16：0 iso 3-OH | 1.5 | 1.2 | TR | 1.9 (1.2) | 1.1 | 1.0 | 1.1 | TR | 1.3 | TR | 1.4 | 1.7 (0.2) | 1.5 | 1.5 | TR | 1.4 | 1.1 | TR | 1.2 | 1.1 |
| 17：0 10-methyl | 5.5 | 2.5 | 3.1 | 6.2 (3.1) | 3.4 | 3.3 | 3.4 | 3.2 | 3.9 | 2.7 | 2.8 | 5.1 (1.1) | — | 4 | 3 | 3.9 | 3.4 | 3.6 | 4.3 | — |
| 总量 | 23.2 | 16.9 | 14.7 | 20.6 (9.2) | 14 | 14.8 | 14.7 | 15.5 | 14.7 | 12.1 | 12.1 | 17.4 (4) | 12.8 | 17.1 | 12.8 | 13.1 | 13.1 | 16.7 | 18 | 15.1 |

注：L. 延滞期；E. 对数期；S. 稳定期（100ml 培养）；TR. 微量（小于 1%）；—未测定。

*黑线脂肪酸已被 GC-MS 证明。†两次重复的平均；括弧内的数字是标准差（SD）。

**表 8.3 非产毒束丝藻在不同生长条件下脂肪酸相对含量（Gugger et al.，2002）** （单位：%）

| 脂肪酸* | 202 | | | PCC 7905 | | | 219 | 217 | TR183 | | | | | |
|---|---|---|---|---|---|---|---|---|---|---|---|---|---|---|
| | M | L | E | M | L | E | M | M† | —† | a‡ | b | c | d | e |
| 饱和的 | | | | | | | | | | | | | | |
| 14：0 | 2 | 2.5 | 2.5 | TR | TR | TR | TR | TR | TR | TR | TR | TR | TR | TR |
| 16：0 | 25.2 | 36.3 | 29.4 | 23.9 | 22.6 | 23.3 | 27.8 | 29.0 (0.6) | 27.9 (0.9) | 28.3 (2.4) | 25.8 | 24.9 | 27.3 | 27.6 |
| 18：0 | TR | TR | 2.7 | TR | 2.1 | 2.5 | TR | TR | TR | TR | 1.0 | TR | 1.8 | TR |
| 总量 | 27.5 | 39.6 | 34.6 | 25 | 25.6 | 25.9 | 28.7 | 30.2 (0.7) | 28.9 (1.0) | 29.6 (2.5) | 27.3 | 25.8 | 29.9 | 28.6 |
| 不饱和的 | | | | | | | | | | | | | | |
| 16：1ω7c | 4.6 | 5.7 | 5.1 | 3 | — | — | 3.2 | 4.7 (0.2) | 3.8 (0.2) | 2.7 (0.1) | — | — | 2.6 | 2.7 |
| 16：1ω9c | 9.5 | 5.7 | 5.8 | 10.5 | 14.8 | 14 | 8.2 | 6.7 (0.0) | 9.1 (0.1) | 9.1 (1.7) | 13 | 13.2 | 8.7 | 9.4 |
| 18：2ω6，9c | 8 | 4.9 | 5.8 | 5.8 | 3.6 | 3.3 | 10.6 | 11.7 (0.1) | 8.1 (0.4) | 4.7 (0.2) | 4.3 | 4.8 | 4.4 | 5.1 |
| 18：3ω3，6，9c | 28.2 | 19 | 24.7 | 32.7 | 38.8 | 36.9 | 30.1 | 28.5 (0.7) | 32.0 (0.3) | 34.5 (2.5) | 38.8 | 37.8 | 33.7 | 35.8 |
| 总量 | 50.3 | 35.3 | 43.4 | 51.9 | 37.2 | 54.2 | 52.1 | 51.6 (1) | 53 (0.9) | 51 (4.4) | 56.0 | 55.7 | 49.4 | 53.1 |
| 支链的和羟（基）替代的 | | | | | | | | | | | | | | |
| 14：0 anteiso | 4.3 | 5.3 | 6.8 | 3.6 | 4.3 | 5.7 | 3 | 3.2 (0.1) | 3.4 (0.5) | 4.5 (0.2) | 5 | 4.6 | 7.3 | 3.9 |
| 16：0 anteiso | 3.2 | 1.2 | 2.4 | 2.6 | 1.8 | 1.8 | 2.7 | 3.0 (0.1) | 2.9 (0.2) | 1.9 (0.4) | 2 | 2.2 | 1.9 | 2.1 |
| 16：0 10-methyl | 4.3 | 3.3 | 1.0 | 3.2 | 1.8 | 1.18 | 2.8 | 1.8 (0.6) | 2.8 (0.1) | 1.1 (0.8) | 1.5 | 2.9 | — | 2 |
| 16：0 iso 3-OH | TR | 2.1 | 1.3 | TR | 1.2 | 1.5 | 1 | 1.2 (0.2) | 1.2 (0.1) | 1.2 (0.2) | TR | TR | 1.3 | 1 |
| 17：0 10-methyl | 3.9 | 5.8 | 1.5 | 3.6 | 3.3 | 3.4 | 3.8 | 3.9 (0.2) | 3.1 (1.2) | 3.4 (1.0) | 2.5 | 2.5 | 2.2 | 2.9 |
| 总量 | 16.5 | 17.7 | 13 | 14 | 12.5 | 13.3 | 13.2 | 13.2 (1.1) | 13.4 (2.2) | 12 (2.6) | 12.1 | 12.8 | 13 | 11.9 |

注：L. 延滞期；E. 对数期；S. 稳定期（100ml 培养）；TR. 微量（小于1%）；—未测定。

* 黑线脂肪酸已被 GC-MS 证明。† 两次重复的平均；括弧内的数字是标准差（SD）。

**表 8.4　念珠藻、柱孢藻和眉藻品系在不同生长条件下脂肪酸的相对含量**（Gugger et al.，2002）　（单位：%）

| 脂肪酸* | 肝毒素的 | | | | 无毒的 | | | | | |
|---|---|---|---|---|---|---|---|---|---|---|
| | *Nostoc* sp. 152 | | | | *Nostoc* sp. PCC 73102 | | | | *Cylindrospermum stagnale* PCC 7417 | *Calothris marchica* PCC 7714 |
| | M† | L | E | S | M | L | E | S | | |
| 饱和的 | | | | | | | | | | |
| 14：0 | 3.4 (0.2) | 3.1 | 4 | 4.2 | TR | — | TR | — | TR | TR |
| 16：0 | 18.4 (4.0) | 18.1 | 14.6 | 12.7 | 16 | 15 | 14.6 | 17.2 | 26.2 | 48.4 |
| 18：0 | TR | TR | TR | TR | TR | 2.8 | 1.6 | 1.9 | TR | TR |
| 总量 | 22.0 (4.2) | 21.8 | 19.1 | 16.9 | 16.9 | 17.8 | 16.5 | 19.1 | 27.7 | 49.2 |
| 不饱和的 | | | | | | | | | | |
| 16：1ω5c | 10.4 (0.1) | 13.1 | 14 | 15.5 | — | — | — | — | TR | — |
| 16：1ω7c | 10.8 (0.1) | 8.9 | 9.5 | 9.2 | 25.7 | 18.8 | 29.3 | 26.8 | 4.1 | — |
| 16：1ω9c | — | — | — | — | — | — | — | — | 14.2 | 9 |
| 16：1ω5c | — | 3.2 | 1.1 | — | — | 9 | 4 | — | — | — |
| 18：2ω6，9c | 20.5 (4.8) | 9.9 | 8.6 | 7.5 | 17.8 | 15.3 | 20.8 | 16.6 | 15.2 | 6.6 |
| 18：3ω3，6，9c | 25.5 (2.2) | 33.8 | 37.8 | 41.4 | 28.9 | 18.2 | 22.6 | 28.9 | 13.4 | 4.9 |
| 18：3ω6，9，12c | — | — | — | — | — | — | — | — | — | 4.3 |
| 总量 | 67.3 (7.5) | 68.7 | 71.0 | 73.5 | 72.5 | 61.3 | 76.6 | 72.2 | 47.3 | 24.8 |
| 支链的 | | | | | | | | | | |
| 12：0 anteiso | — | 1.8 | TR | 1.1 | 1.2 | 4.3 | 1 | 2.4 | — | — |
| 14：0 anteiso | 2.2 (0.0) | 1.5 | 1.1 | TR | 2.6 | 9.6 | 2.4 | 2.8 | 3.1 | 3.6 |
| 16：0 anteiso | — | — | — | — | — | — | — | — | 4 | 5.3 |
| 16：0 10-methyl | 2.3 (0.8) | TR | 1.2 | TR | TR | — | TR | — | 2 | 2.1 |
| 17：0 10-methyl | 1.8 (1.2) | — | 1.6 | 1.4 | 1.7 | — | — | — | 6 | 4.6 |
| 17：1 iso/anteiso | — | 1.7 | TR | TR | TR | 5 | TR | 2.5 | — | — |
| 总量 | 6.2 (2) | 5.5 | 5.5 | 4.8 | 7 | 18.9 | 6.5 | 6 | 15 | 16 |

注：L. 延滞期；E. 对数期；S. 稳定期（100ml 培养）；TR. 微量（小于 1%）；—未测定。

* 黑线脂肪酸已被 GC-MS 证明。† 两次重复的平均；括弧内的数字是标准差（SD）。

**表 8.5　微囊藻和浮丝藻品系在不同生长条件下脂肪酸的相对含量**（Gugger et al.，2002）　　(单位:%)

| 脂肪酸 * | 肝毒素的 | | 无毒的 | | | 无毒的 | | | | 肝毒素的 | | |
|---|---|---|---|---|---|---|---|---|---|---|---|---|
| | *Microcystis* sp. 199 | | *Microcystic* sp. 265 | | | *Planktothrix* sp. 2 | | | | *Planktothrix* sp. NC128/R | | |
| | M | —† | —† | L | E | M† | L | E | S | M | L | E |
| 饱和的 | | | | | | | | | | | | |
| 16：0 | 36.7 | 38.8 (1.8) | 33.5 (3.2) | 31.9 | 34.4 | 22.7 (0.8) | 17 | 17.2 | 18.8 | 22 | 20 | 14.3 |
| 18：0 | TR | 1.2 (0.5) | TR | 1.2 | 3.9 | 1 (0) | — | — | 1.4 | TR | 8.3 | TR |
| 总量 | 37.2 | 39.9 (2.3) | 34.4 (3.4) | 33.1 | 38.3 | 23.7 (0.8) | 17 | 17.2 | 20.2 | 22.6 | 28.3 | 14.8 |
| 不饱和的 | | | | | | | | | | | | |
| 16：1ω7c | 2.7 | 2.5 (0.1) | 2 (0.2) | 2 | 2.4 | 20.3 (1.7) | 21.5 | 25.4 | 22.8 | 19.7 | 15.5 | 23.1 |
| 16：1ω9c | TR | | TR | TR | 1.2 | 1.6 | TR | — | — | — | — | — |
| 18：2ω6，9c | 3.7 | 3.3 (0.8) | 7.4 (0.2) | 3.5 | 3.1 | 13.8 (0.7) | 8.1 | 9.8 | 10.8 | 12.2 | 5.7 | 5.6 |
| 18：3ω3，6，9c | 6.1 | 5.2 (1.2) | 14.5 (1.2) | 18.5 | 15.2 | 27 (2.7) | 32 | 39.9 | 37 | 36 | 32.1 | 48.6 |
| 18：3ω6，9，12c | 21.6 | 19.6 (0.6) | 8.3 (1) | 5.7 | 4.4 | — | 1.4 | — | — | TR | — | — |
| 总量 | 36.6 | 33.2 (3) | 34.3 (3.1) | 32.1 | 27.5 | 61.6 (5.3) | 62.9 | 75.1 | 71.6 | 68.1 | 54 | 78.5 |
| 支链的和醇 | | | | | | | | | | | | |
| 12：0 anteiso | — | — | — | 1.3 | 1.6 | — | 2.1 | 2.2 | 1.1 | — | 2.4 | — |
| 14：0 anteiso | 4.1 | 4.1 (0.1) | 3.6 (0.7) | 1.5 | 7.1 | 6.8 (5.8) | 3.8 | 2.8 | 1.3 | 1.8 | 3.7 | 1.1 |
| 16：0 10-methyl | 3.1 | 1.1 (0.7) | 3.4 (0.4) | 1.1 | TR | TR | — | — | TR | 1.7 | — | 1.2 |
| 16：0 N aleohol | — | — | — | 1.3 | — | — | 5.6 | — | — | TR | 6.4 | — |
| 17：0 10-methyl | 3.2 | 3.4 (1) | 3 (0.8) | — | 1.9 | 3.2 (0.1) | 4 | — | 1.9 | 2 | — | 1.3 |
| 17：1 iso/antciso | — | — | — | TR | 1.4 | — | 3.2 | 1.9 | TR | — | 2.2 | TR |
| 18：0 iso | 9.3 | 10.9 (4.3) | 16.7 (3.8) | 24.7 | 16.9 | — | — | — | — | — | — | — |
| 总量 | 20.1 | 20.2 (6.7) | 26.8 (5.8) | 29.5 | 29.7 | 11.2 (5.7) | 13.1 | 6.9 | 6.1 | 6 | 8.3 | 5.5 |

注：L. 延滞期；E. 对数期；S. 稳定期（100ml 培养）；TR. 微量（小于 1%）；—未测定。

* 黑线脂肪酸已被 GC-MS 证明。† 两次重复的平均；括弧内的数字是标准差（SD）。

## 第三节　有毒品系与无毒品系的分子鉴别

许多水华蓝藻产生毒素，有的种类产生多种毒素，但同种不同品系有的产毒，有的则不产毒，产毒与不产毒品系在形态上是无法区分的。近年来的不少研究证明鉴别产毒或不产毒品系用分子标记技术是有效、准确的。第二节表 8.2 至表 8.5 和图 8.12、图 8.8 中鱼腥藻品系脂肪酸相对含量不仅可以反映产毒与不产毒品系的差异而且可以反映不同的毒素（神经毒素与肝毒素）脂肪酸含量上的区别。念珠藻产肝毒品系（Nostoc sp. 152）与不产肝毒品系（Nostoc sp. PCC73102）在培养的相同时期，脂肪酸相对含量区别明显，与静水柱孢藻（*C. stagnale* PCC7417）和马尔眉藻（*Calothrix marchica* PCC7714）差别更大。16S rRNA 序列分析可以明显地将产毒鱼腥藻品系与不产毒品系分开。Gugger 等用 16S rRNA 序列鱼腥藻品系和束丝藻分离物不仅将有毒品系与无毒品系区分开来，而且还可以区分产不同毒素的品系（图 8.12、图 8.13）。

这方面对微囊藻的研究较多、较深入。Meibner 等（1996）发现有毒和无毒微囊藻藻株中都含有与已知的多肽合成酶同源的 DNA 序列，都是由非核糖体肽合成的。Dittmann 等（1997）从铜绿微囊藻中分离得到 mapepl DNA 片段，并将这一片段的侧翼序列进行测定，证明其是由一个多肽合成酶基因家族组成的。利用插入突变法敲除该基因的突变株失去了产毒特性，从而证明该片段参与了微囊藻毒素的合成。

Furukawa 等（2006）应用针对 *mcy A* 基因的特异性引物用实时（real-time）荧光定量 PCR（qRT-PCR）法分析产毒微囊藻的含量，被证明是快速准确的。

Humber 等（2005）分析了法国 Grangent 水库中的微囊藻种群结构的组成，发现存在不同基因型。Kardinaal 等（2007）研究了荷兰 3 个湖泊夏季微囊藻水华，这几个湖泊中的微囊藻种群存在着几个基因型，在分层的湖泊中深层水体的微囊藻水华开始时由几个产毒的基因型组成，至水华末期优势种群变成非产毒的基因型。他们也观察到两个不分层的湖泊有相同的变化。不过基因型的演替与微囊藻毒素的动态之间的变化不明显，因为产毒品系在整个水华期间都是优势种群。微囊藻不同基因型的季节演替常常是决定微囊藻作为湖泊中优势微囊藻毒素浓度的关键因素。因此，驱动产毒和非产毒基因型演替的因子需进一步研究（图 8.14 至图 8.16）。

施丽梅等（2009）基本上沿用了 Kardinaal 等的方法和技术，研究了太湖梅梁湾微囊藻水华基因型组成和产毒株丰度的变化，得到了相同的结果。他们的研究表明水华发生的不同时期微囊藻基因型的组成不同，8 月末到 9、10 月间基因型最多，而基因型 M5 和 M10 在整个水华发生期间都存在。在已检测出的 12 种主要的基因型中，每种基因型在不同时期所占比例是不同的，实时荧光定量 PCR 结果显示，6～10 月产毒微囊藻丰度呈增大趋势，从 0.75%增加到 32.16%，而 11 月产毒微囊藻丰度显著下降（图 8.17）。

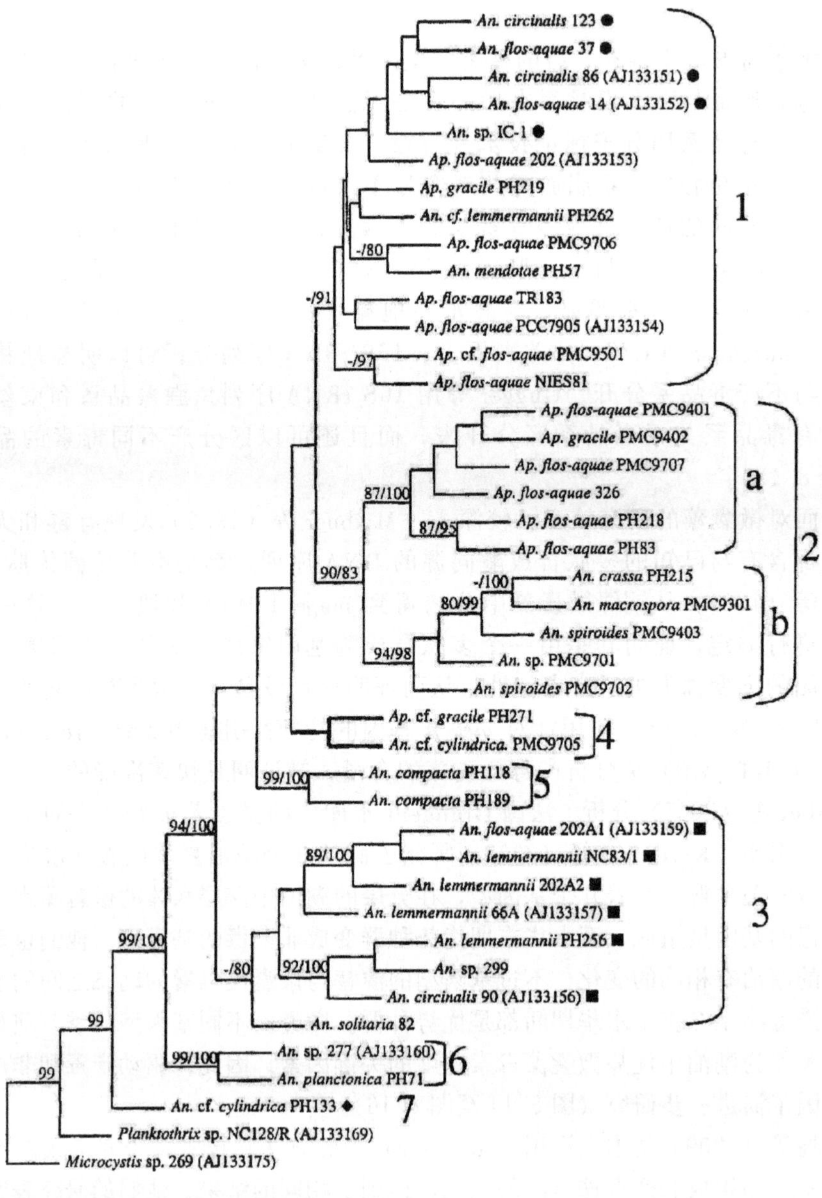


图 8.12 基于鱼腥藻和束丝藻分离物 16S rDNA 序列（1465bp）的共序简约树（consensus parsumony tree）。*An.*，鱼腥藻；*Ap.*，束丝藻。用简约/距离法获得的大于 80%的自展率标明在枝上。从 GenBank 下载的序列用检索号标明。大的分枝用数字表示，简约与距离间的差别用黑线标出。1. 产变性毒素-a 的；2. 产微囊藻毒素的；3. 产神经毒素而不产变性毒素-a 或-a（s）的。（仿 Gugger et al.，2002b）

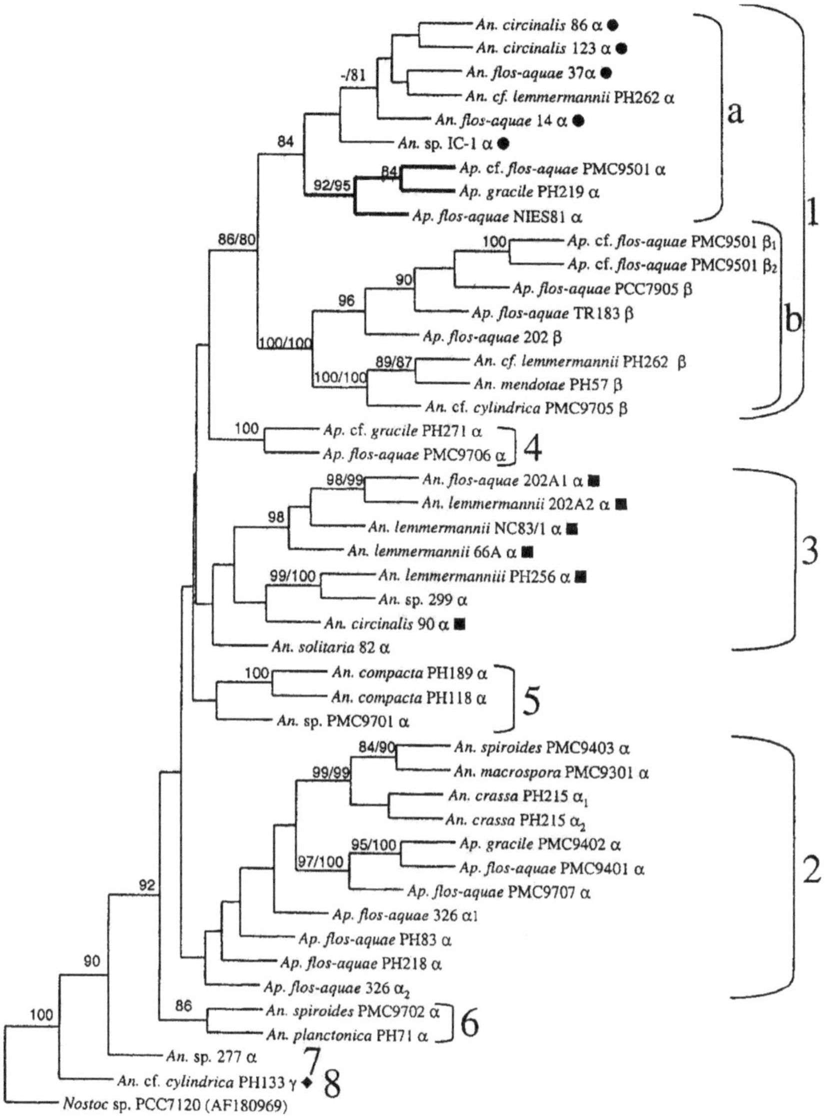


图 8.13　基于鱼腥藻、束丝藻分离物的 ITSI-S 序列（249～300bp）的共序简约树。1. 产变性毒素-a 的；2. 产微囊藻毒素的；3. 产神经毒素而不产变性毒素-a 或-a（s）的。（Gugger et al.，2002b）

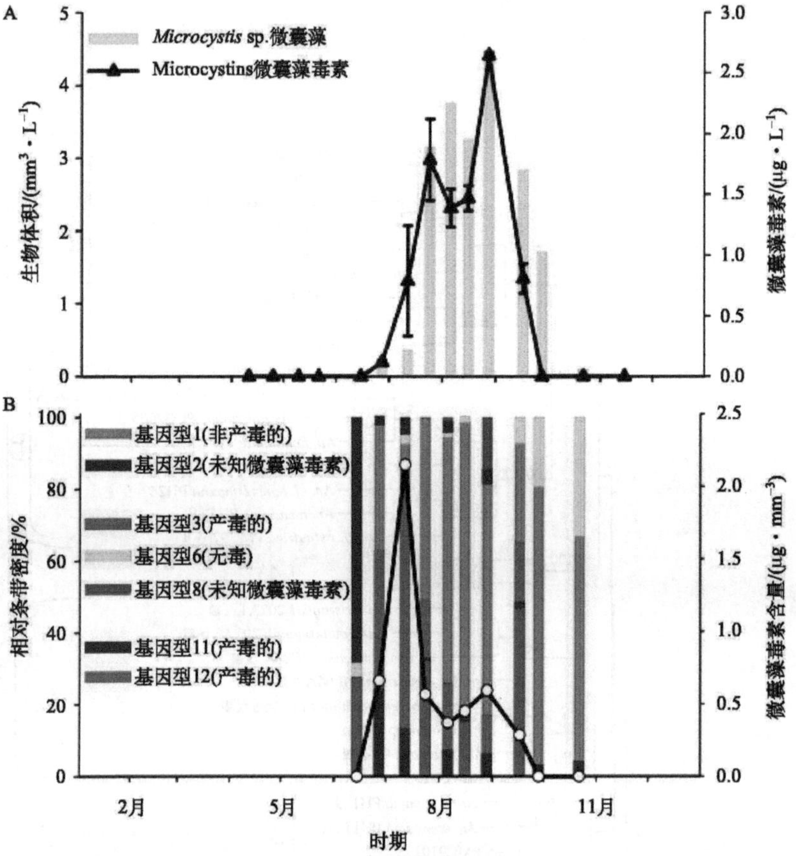


图 8.14 ′t Joppe 湖微囊藻夏季的动态和微囊藻毒素的浓度。A. 微囊藻毒素浓度和微囊藻总的生物体积，误差棒显示微囊藻毒素浓度（$N=3$）的±SD；B. 基于相关基因强度微囊藻毒素浓度（实线）和微囊藻基因型的动态。见图版XV。（仿 Kardinaal et al.，2007）

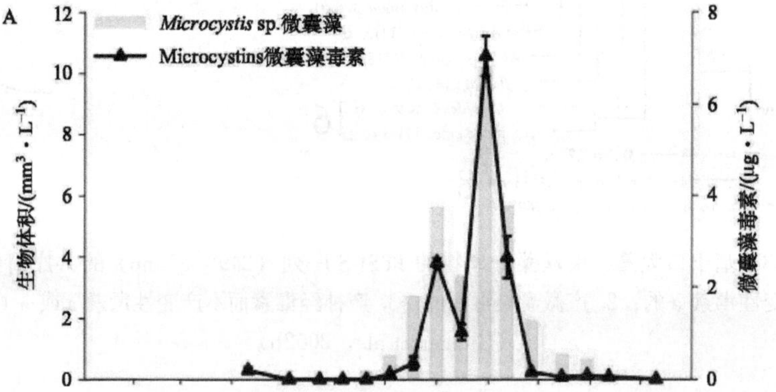


图 8.15 Volkerak 湖微囊藻和微囊藻毒素浓度季节变化动态。A. 微囊藻毒素浓度和微囊藻的总体积，误差显示为微囊藻毒素浓度（$N=3$）的±SD；B. 微囊藻毒素含量（实线）和基于条带相对含量微囊藻基因型的动态。见图版XVI。（仿 Kardinaal et al.，2007）

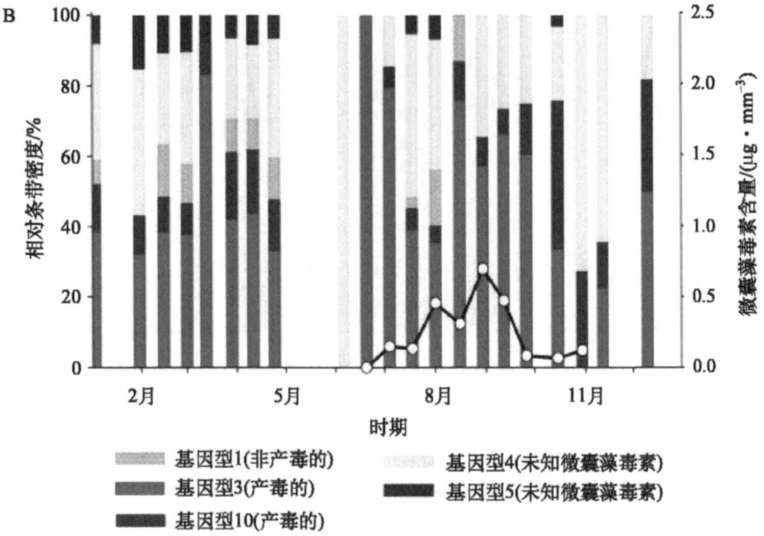


图 8.15（续）

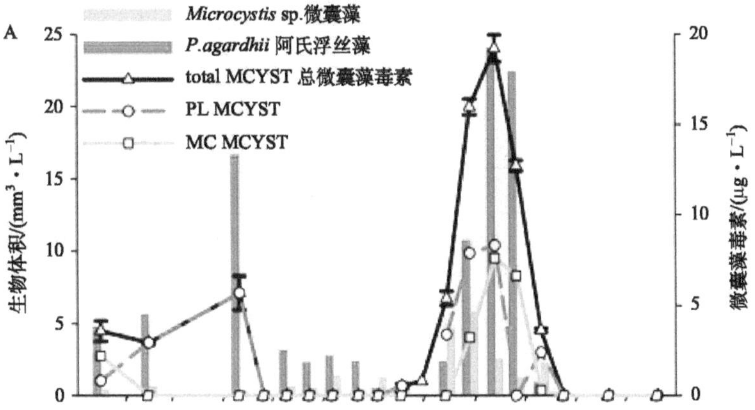


图 8.16　Kinselmeer 湖优势蓝藻属（微囊藻和浮丝藻）的季节动态变化。A. 微囊藻毒素浓度，微囊藻和浮丝藻总体积（容量）。微囊藻毒素总量：微囊藻毒素总浓度；PL 微囊藻毒素：浮丝藻毒素浓度；MC 微囊藻毒素：微囊藻的微囊藻毒素浓度（基于从湖泊中分离的微囊藻及浮丝藻发现的微囊藻毒素的变异），误差棒显示总微囊藻毒素浓度（$N=3$）的±SD。B. 微囊藻的微囊藻毒素含量（实线）及基于条带相对含量的微囊藻的基因型动态。微囊藻毒素浓度以 LR-微囊藻毒素当量表示。见图版 XVII 。（仿 Kardinaal et al.，2007）

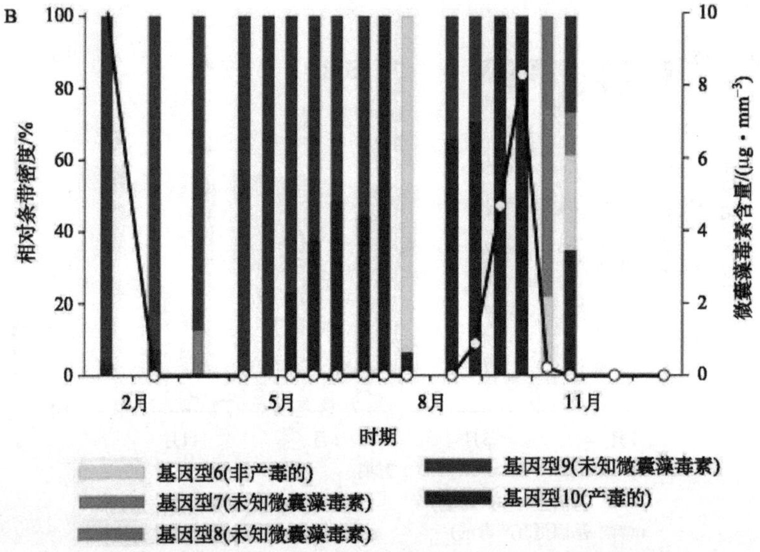


图 8.16（续）

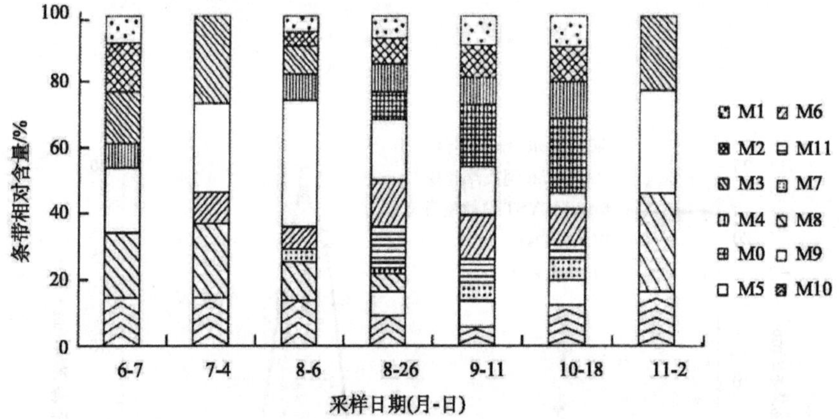


图 8.17　水华不同时期主要微囊藻基因型组成的变化。(仿施丽梅等，2009)

## 第四节　水华蓝藻毒素及其他生物活性物质的基因调控

### 一、微囊藻毒素和结球藻毒素的基因调控

#### (一) 微囊藻毒素

Moore 等（1991）首次报道铜绿微囊藻 PCC7820 的微囊藻毒素-LR 是由 L-蛋氨酸、L-苯丙氨酸、L-谷氨酸、乙氨酸和丙酮合成的。以后的大量研究表明微囊藻毒素是肽家族的成员，这个家族具共同的环式（D-Ala-L-X-D-MeAsp-L-Z-Adda-D-Glu-Mdha）结构。此处的 X 和 Z 是可变的 L-氨基酸，Adda 是 3-氨基-9-甲氨基-2，6，8-三甲基-10-苯

基-4，6-decadienoic 酸，D-MeAsp 是 3-甲基-天冬氨酸，Mdha 是 *N*-甲基脱氢丙氨酸。

微囊藻毒素化学结构已知有 80 个变异，现在研究证明铜绿微囊藻 PCC7806 所有微囊藻毒素是由 1 个基因簇控制的（图 8.18）。

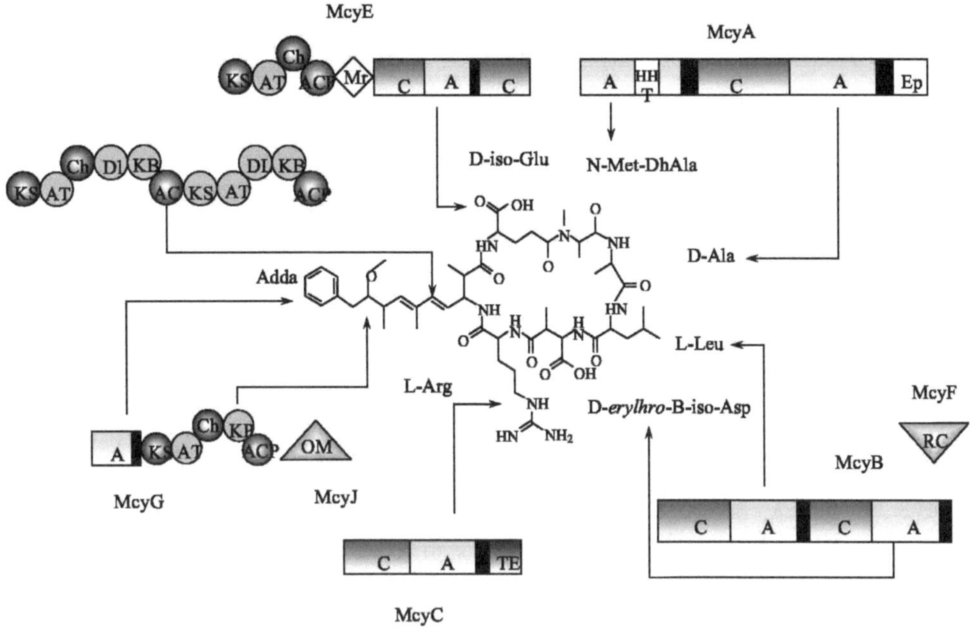


图 8.18　由核苷酸序列和功能分析推导的微囊藻毒素合成酶（Mcy 蛋白质）的组成及作用。PKS 区块；AT，酰基转移酶；ACP，酰基携带者蛋白；KS，β-酮脂酰合成酶；KR，酮脂酰还原酶；DH，脱水酶；CM，C-甲基转移酶；AMT，氨基转移酶。NRPS 区；A，氨酰基腺苷酸化；C：浓缩作用；NMT，*N*-甲基转移酶；EP，差向异构酶；TE，硫酯酶；McyF，消旋酶；OM（Mcy），*O*-甲基转移酶。黑棒线代表 NRPS 模数的硫化基序，箭头示单个蛋白质在微囊藻毒素生物合成步骤的配位。见图版 XVIII。(Börner and Dittmann，2005)

研究还表明，节球藻毒素与微囊藻毒素一样都是由非核糖体肽合成酶（nonribosomal peptide synthetase，NRPS）和聚酮化合物合成酶（polyketide synthetase）(PKS) 共同作用形成的产物。微囊藻、浮丝藻、鱼腥藻、节球藻和念珠藻产毒合成基因簇的全序列已测定完成（图 8.19）。

微囊藻毒素生物合成的肽合成基因（*mcyA*、*mcyB*、*mcyC*）密码五肽部分的合成 [（Me）Dha-Arg-X-（Me）Asp-Z]。基因 *mcyD*、*mcyG* 和 *mcyE* 密码合成 Add。谷氨酸与 Adda 结合被 *mcyE* 激活，基因 *mcyF*、*mcyI* 和 *mcyJ* 具有剪切作用。*mcyF* 基因编码天冬氨消旋酶在阿氏浮丝藻（*P. agardhii*）*mcyJ* 的靶突变显示出它是 Adda 甲基化-*O*-甲基转移酶的密码。*mcyH* 可能涉及微囊藻毒素的运输。不同的微囊藻毒素产生者的基因簇是有区别的。操纵子和基因的顺序在属间也有变化。已分析的所有具异形胞的蓝藻基因顺序由于肽合成酶和它产物的原因是同线性的。

微囊藻毒素与节球藻毒素结构是相似的，如图 8.20 所示。

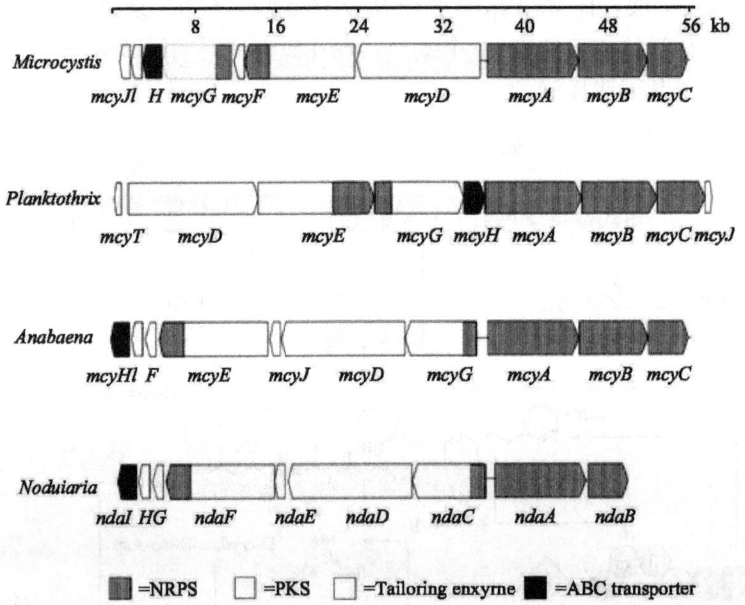


图 8.19 鱼腥藻、微囊藻及浮丝藻 *mcy* 基因簇密码微囊藻毒素生物合成以及泡沫节球藻的 *nda* 基因簇密码节球藻毒素生物合成图解。箭头表示从推定的启动子区开始位点。（仿 Herrero and Flores，2008）

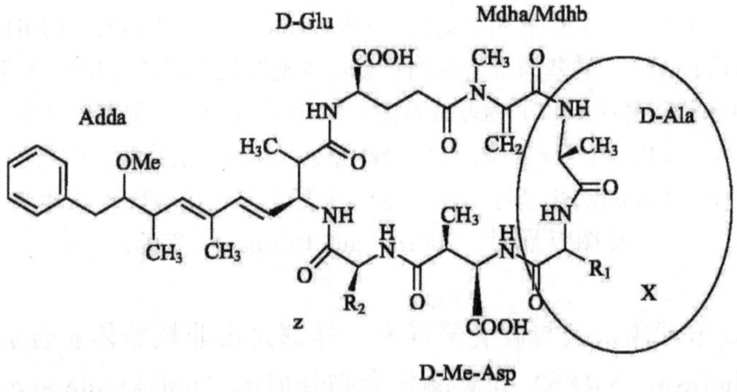


图 8.20 微囊藻毒素与节球藻毒素结构相似，节球藻毒素缺乏椭圆形线圈内的两个氨基酸，同时 Mdha 替代 Mdhb。（仿 Börner and Dittmann，2005）

## （二）拟筒孢藻毒素

拟筒孢藻毒素结构起源于聚酮化合物。这种毒素的聚酮化合物链起始单位是由甘氨酸的酰胺化作用（amidination）形成的胍基乙酸。在拟筒孢藻毒素产生的过程中可能包括候选的 *PKS* 和 *NRPS* 基因，在纳氏拟筒孢藻和卵形束丝藻这两个候选基因已部分被测定。

## (三) 神经毒素

产生最普通的蓝藻神经毒素的蓝藻品系所涉及的基因迄今尚不清楚。Gallon 等(1990) 提出类毒素-a (anatoxin-a) 的生物合成与托(品) 烷相似; Moore 等 (1991 1993) 认为类毒素的 C 都是从氨基酸来的。

# 二、其他生物活性物质的基因调控①

这里主要介绍非核糖体肽合成酶 (NRPS) 和聚酮化合物合成酶 (PKS) 合成的其他生物活性物质——蓝藻肽素 (cyanopeptolins)、铜绿素 (aeruginosin)、微环酰胺 (microcyclamide) 和两种未知产物的化学结构的基因调控。

蓝藻常由非核糖体肽合成酶 (nonribosomal peptide synthetasis, NRPS) 产生多种生物活性不明的寡肽类 (oligopeptides), 虽已对某些蓝藻的 NRPS 基因簇类型作了描述, 但一些蓝藻品系的 NRPS 全基因组却未被研究, 为了鉴定寡肽类被假定的全部基因, Rounge 等 (2009) 以红色浮丝藻一品系 (*Planktothrix rubescens* NIVA CYA 98) 为材料用 massive parallel pyrosequencing("454") 结合质谱仪 (MS) 筛选寡肽产物进行全基因组分析, 发现了 MS 材料中未检出的 13 类寡肽类。高度相似的, 已鉴定的 NRPS microcystin、cyanopeptolin 和 aeruginosa 合成酶在基因组中存在。同时 Trine 等还发现了分别产生鱼腥藻肽素 (anabaenopeptins) 和 microginin 相关的两个新 NRPS 基因簇。因为未发现微绿素 (microviridin) 和颤素 (oscillatorin) 合成的候选基因簇, 推测 (基因密码的) 这两种肽的前体肽序列分别在基因 *mdnA* 和 *oscA* 中找到 (图 8.22, 图 8.23)。基因组序列深度 (sequence-depth) 和实时 PCR 数据显示出 microginin 基因簇有 3 个拷贝。基因侧翼 microginin 和 oscillatorin 前体基因密码推测的寡肽的修饰酶类。因此作者提出了包括修饰和环化上述两种肽的核糖体途径。

microviridin、anabaenopeptin 和 cyanopeptolin 基因簇处于彼此很接近的位置, 组成一个寡肽岛 (oligopeptide island)。全基因组鸟枪法测序与 MS-方向测定结合寡肽能成功地检定 NRPS 基因簇及其对应的寡肽, 分析研究表明所有 NRPS 基因簇作为功能单位是独立演化的, 研究还表明浮丝藻基因组为了最大化相似的寡肽而隐秘的生物活性的多样性表现出二重途径 (NRPS 和核糖体的) 演化 (图 8.21)。

从富营养化水体中常见的微囊藻属中已鉴定出许多生物活性肽类。其中的大多数可分为铜绿素类 (aeruginosins)、微素类 (microginins)、微囊藻毒素类 (microcystins)、蓝藻肽素类 (cyanopeptolins)、鱼腥藻肽类 (anabaenopeptins)。这些肽类引人注目的性质是其结构的多样性, 由于氨基酸部分特别在位置上的变异性或由于像糖基化、硫酸脂化、甲基化或卤化的修饰作用最终使每种肽形成数百种同类物 (congener) (图 8.22 至图 8.24)。

微囊藻在自然界群体中具有潜在产生含氨肽类的能力。含氯的同类化合物迄今主要发现在 aeruginosin-, cyanopeptolin-及 microginin-型肽类。前二者具有独特的性质。

---

① 此节所有肽类均无中文译名, 现在的译名只是暂名, 仅供参考。

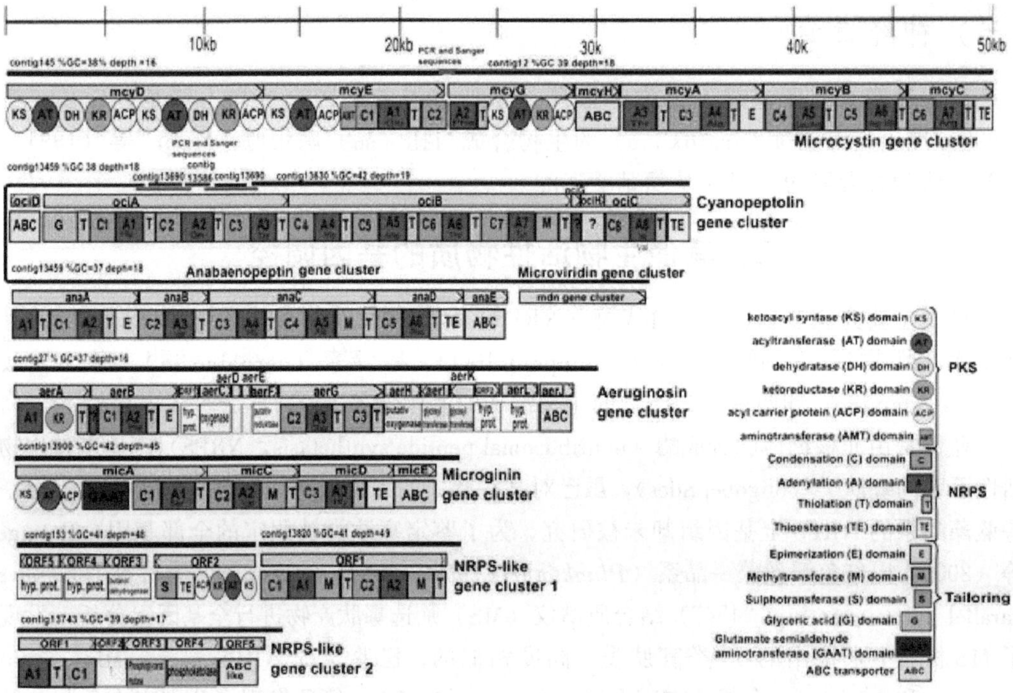


图 8.21　在 *Planktothrix* NIVA CYA98 基因组中发现的 NRPS 基因簇结构。基因簇表示：microcystin、cyanopeptolin、anabaenoptin 和 microviridin 位于一个叠连群（contig）上，aeruginosin，microginin 合成酶基因簇和未定寡肽的两个基因簇。由 454 可读框组装的叠连群用黑线图解说明，与 Sangen 序列密闭的缺口用红线图解说明。基因名描述方向和近似的大小用具箭头的黄框图解说明。腺苷酰化作用-（红色）表示 insilico 断定的活化的氨基酸，缩合-（绿色）、巯化-（黄色）、甲基转移酶-（蓝色）、差向异构酶（epimerase）-（青绿色）、甘油酸-（淡紫色）、卤化-（紫色）、末端域（termination domain）以其第一个字母缩写表示。聚酮化合物域以圆圈表示。ABC 转运蛋白基因（亮绿色）与 7 个基因簇中的 6 个相连。见图版 XIX。（仿 Rounge et al.，2009）

cyanopeptolin-型肽类在不同“目”的蓝藻（色球藻目、颤藻目和念珠藻目）的蓝藻中都有报道。多数结构变异体抑制丝氨酸蛋白酶（胰蛋白酶、胰凝乳蛋白酶或弹性蛋白酶）。微囊藻和浮丝藻报道了 aeruginosins 许多结构变异体。aeruginosins 也抑制丝氨酸蛋白酶，特别是凝血酶（thrombin）（图 8.25，图 8.26，图 8.27）。

一些研究报道了某些卤化次生代谢产物具有药用价值，如①pentachloropsendilin。变构肌球蛋白（阻凝蛋白）ATP 酶抑制剂；②chorobiocin 氯新生霉素，抑制 DNA 促进酶及 DNA 聚合酶，麻痹细菌细胞膜的神经介质；pyrrolintrin 硝吡咯菌素，细胞、线粒体抑制剂等 3 种都属于抗生素类；pyoluteorin（Plt）藤黄绿脓菌素，又称吡鲁特林，是一种新型生物农药，等等。研究表明特殊的卤化酶基因与特殊的 NRPS 基因簇紧密相连接，卤化酶基因在一些品系可以缺乏或去功能化产生不含氯的肽同类物，它们与含氯的肽类很相似（表 8.6、图 8.26 和图 8.27）。

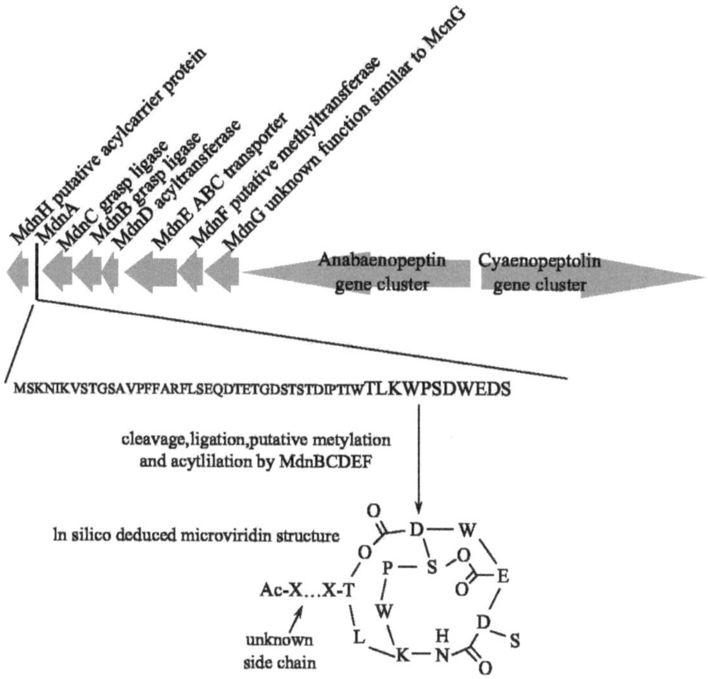


图 8.22　Microviridin 的生物合成。(仿 Rounge et al., 2009)

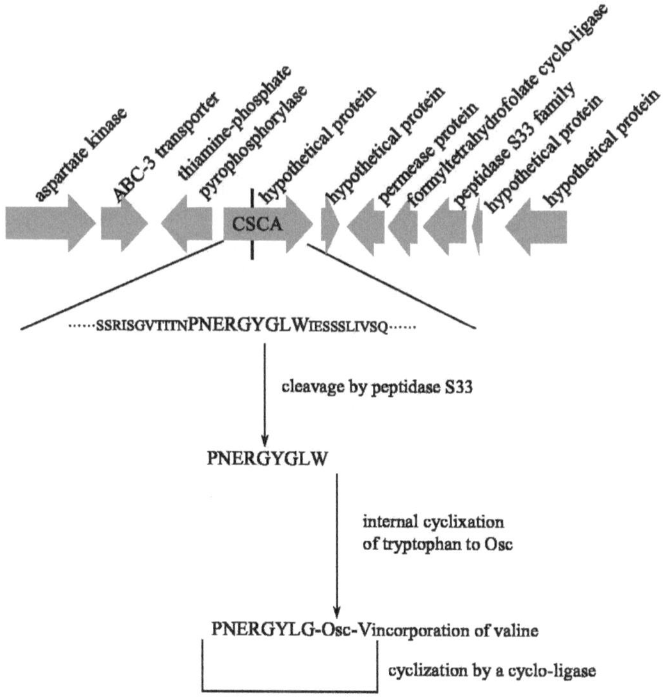


图 8.23　Oscillatorin 的生物合成。(仿 Rounge et al., 2009)

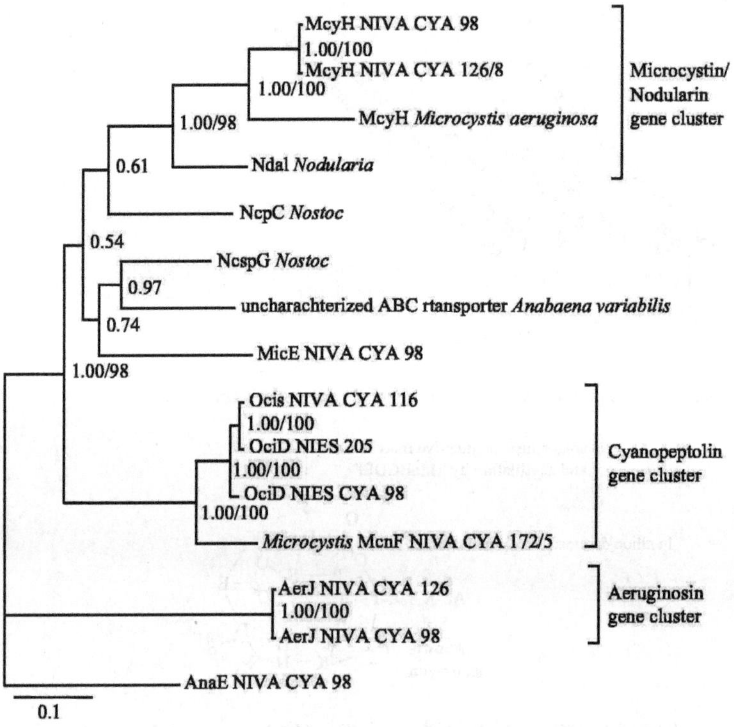


图 8.24　用 Baye 的定理热传导构建的 ABC 转运蛋白树节的支持值是 Bayesian 计算后用最大似然法和邻接（NJ）法构建，自展率重复在 50%以上。浮丝藻以外的属名用分类名称表示。(仿 Rounge et al.，2009)

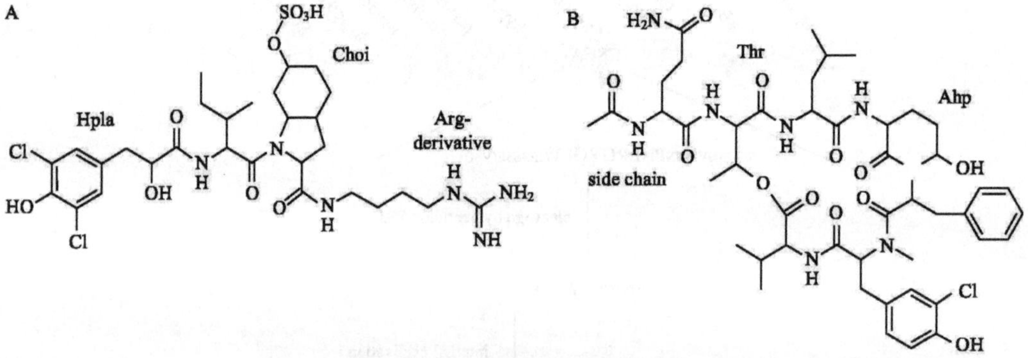


图 8.25　agruginosin 101 和 cyanopeptolin 954 扁平结构。这两种肽类结构的保守部分分别以粗线表示。在其他同类物中氯原子被氢原子代替。Hpla，4-羟基苯基乳酸；Choi，2-羧基-6-羟基八氢吲哚；精氨酸衍生物：精胺，argininal 或 arginol；Ahp，3-氨基-6-羟基-2-piperidone 和侧链；氨基酸脂肪酸或（含硫的）甘油酸组成是极可变的。(Cadel-six et al.，2008)

**表 8.6　微囊藻品系中鉴定的对应的寡肽类 aerA-aerB 和 mcnC-mcnE 扩增子（amplicon）存在和长度（碱基对 bp）比较**（仿 Cadel-six et al.，2008）

| Strain | PCR，Basc Pair aerA-aerB | Peptide Aeruginosin | PCR，Base Pair mcnC-mcnE | Peptide Cyanopeptolins |
|---|---|---|---|---|
| PCC 7005 | 991[a] | Aeruginosin 688[b] | **2298[a]** | **Cyanopeptolin 954** |
| PCC 7806 | **2855[a]** | **Acruginosin 686** | 585[a] | Cyanopeptolin A |
| PCC 7813 | **2855[a]** | **Acruginosin 636[c]** | 585[a] | Aeruginopeption 228 |
| PCC 7820 | **2855** | **Acruginosin 636[c]** | 585 | Aeruginopeption 228 |
| PCC 7941 | 991 | n. d. | **2298[a]** | **Cyanopeptolin 1040A** |
| PCC 9354 | 991 | Aeruginosin[d] | **2298** | **Cyanopeptolin 1040A** |
| PCC 9355 | 991 | n. d. | **2298** | **Cyanopeptolin 1040A** |
| PCC 9432 | 991 | Aeruginosin 574 | 585 | Cyanopeptolin S[d] |
| PCC 9443 | 991 | Aeruginosin 652 | n. p. | n. d. |
| PCC 9603 | n. p. | n. d. | **2829[a]** | Cyanopeptolin 989[b] |
| PCC 9622 | n. p. | n. d. | 585[a] | Cyanopeptolin S[b] |
| PCC 9624 | 991 | Aeruginosin 652 | n. p. | n. d. |
| PCC 9701 | **2855** | **Aeruginosin 642** | 585 | Microcystilide A |
| PCC 9804 | **2855[a]** | **Aeruginosin 642** | n. p. | n. d. |
| PCC 9805 | **2855** | **Aeruginosin 642** | n. p. | n. d. |
| PCC 9807 | 991[a] | Aeruginosin[d] | 681[a] | Cyanopeptolin 1020 |
| PCC 9808 | 991[a] | n. d. | **2298[a]** | **Cyanopeptolin1040C** |
| PCC 9809 | 991[a] | Aeruginosin[d] | 585[a] | Cyanopeptolin 228 |
| PCC 9810 | 991 | Aeruginosin 652 | n. p. | n. d. |
| PCC 9811 | 991 | Aeruginosin[d] | n. p. | n. d. |
| PCC 9812 | **2855[a]** | **Aeruginosin 608** | **2298[a]** | **Cyanopeptolin 1020** |
| PCC 9905 | 991 | Aeruginosin 688[b] | **2298[a]** | **Cyanopeptolin 954** |
| PCC 10025 | 991 | n. d. | 585[a] | Cyanopeptolin[d] |
| NIES-89 | **2855** | **Aeruginosin 89[b]** | 585[a] | Cyanopeptolin[d] |
| NIES-98 | **2855[a]** | **Aeruginosin 98-A[b]** | n. p. | n. d. |
| NIES-101 | **2855** | **Aeruginosin 101[b]** | n. p. | n. d. |
| NIES-102 | 991[a] | Aeruginosin 102[b] | 585[a] | Cyanopeptolin[d] |
| NIES-298 | **2855[a]** | **Aeruginosin 298-A** | 585[a] | n. d. |

注：aerA-aerB 的存在系表示一种 aeruginosin NRPS 基因簇，而扩增子 mcnC-mcnE 则表示 cyanopeptolinNRPS 基因簇。序列显示包含卤化酶基因或推得包含基于扩增子和寡肽类的长度，其中含氯的以黑体字表示。若一种肽型测出多个同类物，表中一般仅记最丰富的一种。n. d 表示未被测出；n. p. 表示无 PCR 产物。a. 测定的核苷酸序列；b. 测定的含硫同类物，如 $M\text{-}SO_3+H^+$；c. 与不含氯同类物比较少的化合物；d. 仅 PSD 光谱鉴定的片段的部分解释。

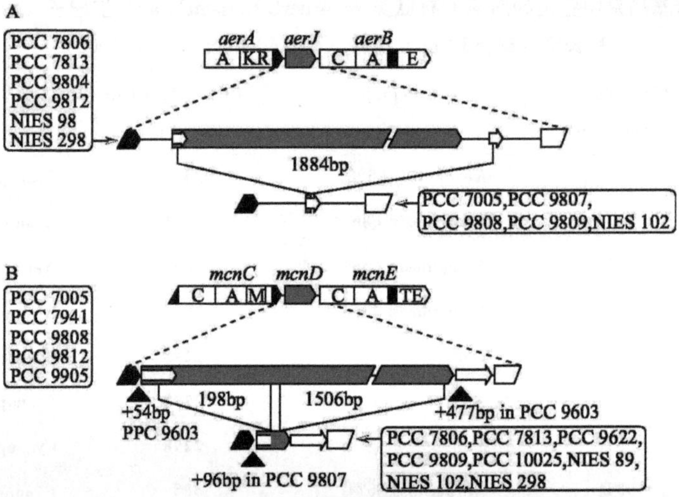


图 8.26　微囊藻品系 aeruginosin（aerA-aerB）和 cyanopeptolin（mcnC-mcnE，B）*NRPS* 基因簇卤化酶基因（*aerJ* 及 *mcnD*）区段图示。实线表示消除，三角形表示插入，箭头表示 DRs。（仿 Cadel-six et al.，2008）

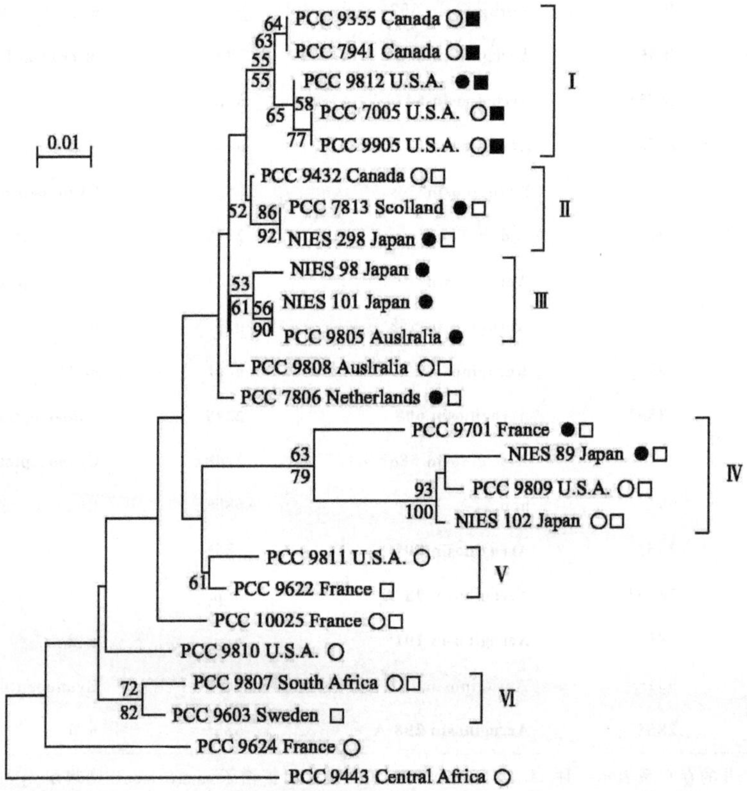


图 8.27　微囊藻品系、aeruginosin（aer，○）和 cyanopeptolin（mcn，□）合成酶基因簇与其对应的卤化基因（*aerJ* 和 *mcnD*）ITS 核苷酸序列距离图。●，完全的 *aerJ*；○：失去的 *aerJ*；■，完全的 *mcnD*；□，圆锥形的 *mcnD*. ML（在上方），距离（在下方）自展率值在节处超过 50% 品系的地理来源表上已注明。（仿 Cadel-six et al.，2008）

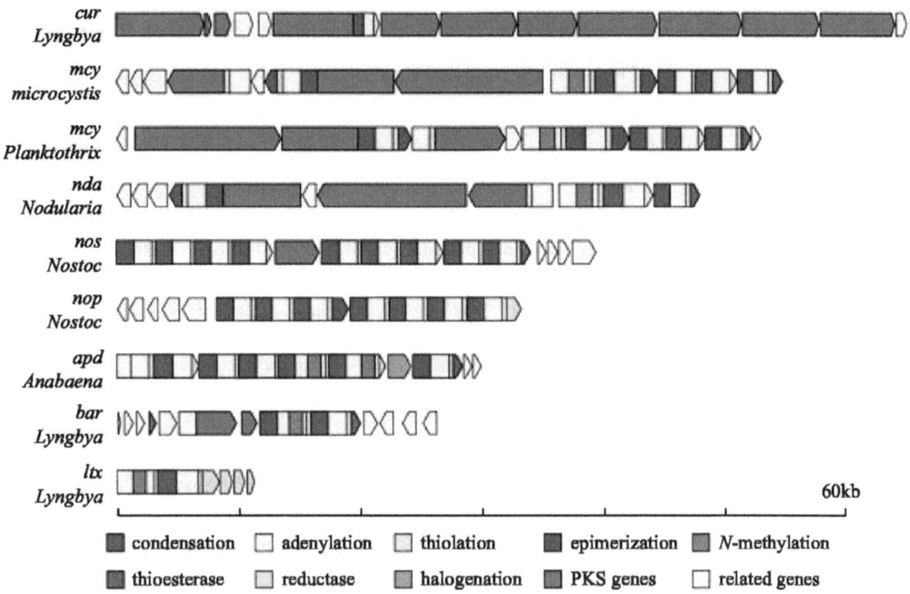


图 8.28　蓝藻的 NRPS 和 NRPS/PKS 基因簇。见图版 XX 。(Welker et al.，2006)

**表 8.7　蓝藻基因组中的 *NRPS* 基因。包含至少 1 个浓缩化区块（CDG1020 或 pfam00668），基因数目以 Mb 表示基因组大小。未完成测序的基因组其数目是估计的**（Welker et al.，2006）

| Taxon | Strain | Status* | NRPS related gene | Genome size/Mbp |
|---|---|---|---|---|
| *Anabaena variabilis* | ATCC 29413 | U | 10 | 7.06 |
| *Crocosphaera watsonii* | WH 8501 | U | 12 | 6.17 |
| *Gloeobacter violaceus* | PCC 7421 | C | — | 4.66 |
| *Nostoc punctiforme* | ATCC 29133 | U | 20 | 9.02 |
| *Nostoc* (Anabaena) | PCC 7120 | C | 6 | 7.21 |
| *Prochlorococcus marinus* | MIT 9313 | C | — | 2.41 |
| *Prochlorococcus marinus* | CCMP 1375 | C | — | 1.75 |
| *Prochlorococcus marinus* | CCMP 1986 | C | — | 1.66 |
| *Synechococcus elongatus* | PCC 6301 | C | — | 2.7 |
| *Synechococcus* sp. | PCC 7002 | U | — | 3.33 |
| *Synechococcus* sp. | WH 8102 | C | — | 2.43 |
| *Synechocystis* sp. | BP-1 | C | — | 2.59 |
| *Elongatus* | | | | |
| *Trichodesmium erythraeum* | IMS 101 | U | 1 | 7.79 |

* 状态；C，完成；U，未完成。

Welker 等（2006）对蓝藻肽类大的类别在蓝藻的分布及其基因作了较全面的综述(表 8.7、表 8.8、图 8.28 和图 8.29)。

**表 8.8　已描述的蓝藻肽的大类别同物异名参阅原始出版物。原始分离的各种肽及其产生的生物分类单元列入表中。在其他分类单元发现的同源肽、变异体数目反映的结构在 2005 年早期已知同类物的变异性均列入表中**（Welker et al.，2006）

| 肽类 | 同物异名 | 原始分离类群 | 变异数 |
|---|---|---|---|
| aeruginosins | microcin，spumigin | Microcystis，Planktothrix，Nodularia | 27 |
| microginins | cyanostatin，oscillaginin，nostoginin | Microcystis，Planktothrix，Nostoc | 38 |
| anabaenopeptins | oscillarnide，ferintoic acid，keramamide*，konbamide*，mozamide*，nodulapeptin，plectamide，schizopeptin | Anabaena，Aphanizomenon，Microcystis，Planktothrix，Plectonema，Nodularia，Schizothrix，Theonella* | 32 |
| cyanopeptolins | aeruginopeptin，anabaenopeptilide，dolostatin*，hofmannolin，microcystilide，micropeptin，nostocyclin，nostopeptin，oscillapeptilide，oscillapeptin，planktopeptin，scyptolin，somamide，symplostatin，tasipeptin | Anabaena，Dolabella*，Lyngbya，Microcystis，Planktothrix，Scytonema，Symploca | 82 |
| microcystins | motuporin*，nodularin | Anabaena，Hapalosiphon，Microcystis，Nodularia，Nostoc，Planktothrix，Theonella* | 89 |
| microviridins | | Microcystis，Planktothrix，Nostoc | 10 |
| cyclamides | aanyascyclamide，bistratamide*，dendrozmide，microcyclamide，nostocyclamide，obyanamide*，raocyclamide，tenuecyclamide，ulongamide，westiellamide | Lyngbya，Microcystis，Nostoc，Oscillatoria，Stigonema，Westelliopsis | 21 |

* 蓝藻以外的生物中分离的同源肽。

† 海洋无脊椎动物。

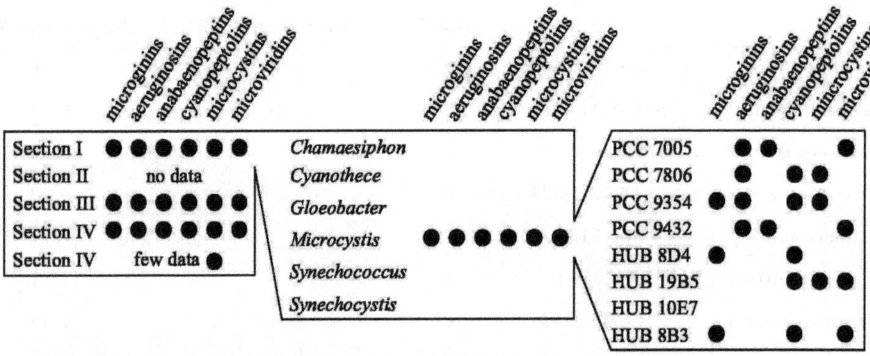


图 8.29　蓝藻各种分类单元中肽类的分布。从左到右：域Ⅰ的组、属、微囊藻品系。域Ⅱ和Ⅴ仅提供很少的资料。（Welker et al.，2006）

# 第五节　气囊（GV）的结构和基因调控

气囊并非漂浮蓝藻所独有，某些嗜盐古菌和革兰氏阴性菌细胞内也存在。这也表明蓝藻与菌类演化上有着千丝万缕的联系。它们不仅在气囊形态与结构上相似，而且在蛋白质组成和基因结构与调控方面也很相似。因此本节在论述中有时会引用某些菌类气囊的研究成果。

蓝藻的气囊主要由两类蛋白质构成，一类为高度保守的、小的、疏水的蛋白质（Gvp A）构成的圆柱状气囊的“肋”结构；另一类为很少保守的、大的、亲水蛋白质

（Gvp C）附着在气囊的外表面的结构，它们起稳定柱状结构的作用，同时增强 GV 对压力的抗性。眉藻密码肋蛋白基因 *gvpA* 有 2 个拷贝，位于密码外层蛋白质基因 *gvpC* 的上游，而 *gvpC* 基因只有 1 个拷贝，伪鱼腥藻也只有 1 个拷贝。*gvp*C 含有 4 个部分保守的、重复的 99nt，密码蛋白质序列有 4 个 33 个重复的残基（33RRs）。在水华鱼腥藻至少有 5 个串联重复的 *gvpA* 拷贝和 1 个 *gvp*C 的拷贝，*gvp*C 包含 5 个 99nt 元件，它表明 *gvp*C 的长度在组装时可以影响气囊（GV）的宽度。嗜盐细菌（halobacteria）的气囊形态受 *gvp*C 突变的影响。气囊宽度的变化会影响坍塌的临界压（Pc），从而使藻或菌的气囊（GV）在湖泊水柱中处于不同的深度。

除 *gvp*A 和 *gvp*C 基因密码结构蛋白外，在不同的蓝藻和菌中还有与气囊（GV）形成有关的另一些基因。嗜盐古菌在已鉴定的 14 个 *gvp* 基因中有 8～10 个就足够合成气囊（GV）了。一种土壤细菌（*B. megaterium*）形成 GV 至少需要 11 个基因。已被测定的 *gvp* 基因组序列的蓝藻现在已达 10 个，但这个数字不是最后的，随着研究的深入还可能会增加。铜绿微囊藻已检出的 GV 合成基因簇长 8.7kb，由 12 个基因组成，其中的 10 个基因构成 2 个操纵子，由 *gvp*$A_{I}A_{II}A_{III}$CNJX 和 *gvp*KFG 以及 2 个 *gvpV* 和 *gvpW* 分别表达。

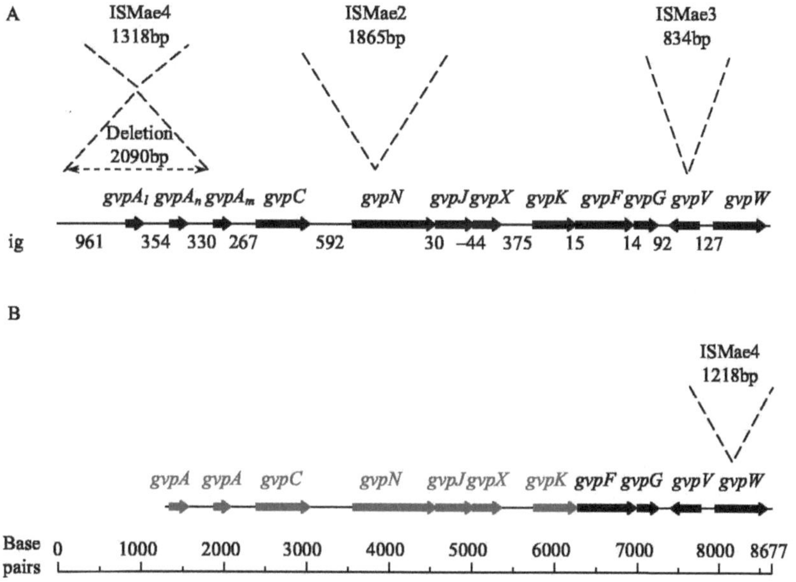


图 8.30 铜绿微囊藻 *gvp* 基因簇区和 GV-缺陷变体中发现的插入序列（IS）。A. 品系 PCC9806；B. 品系 PCC9354。从顶端到底部 IS 的名称和大小，插入定位，推定基因的名称，ORF 的图和它们的方向以及基因间区（ig）碱基对（bp）都已显示，箭头，ORF；黑箭头和线条，序列区；灰箭头及线条，未测序区。插入元件的准确位置如下：核苷酸 115 和 2206 之间为 15Mae1，核苷酸 4033 和 434 之间为 15Mae2，核苷酸 7633 和 7634 之间为 15Mae3，以及核苷酸 8301 和 8302 之间为 15Mae4。（仿 Mlouka et al.，2004）

在实验室培养铜绿微囊藻常会自然发生 GV-缺陷突变体，Mlouka 等（2004）研究了这种变体，鉴定了该种全基因组的 8703 长区段包括密码 GV（*gvp* 基因）和非漂浮变体的分子特征，表明该突变体是由于内源可动遗传因子插入基因簇 12 个基因中的 4 个，使 DNA 重排所致。GV 缺陷型的品系 PCC7806 和 PCC9354 是由于 4 个插入元件间断了

*gvpN*、*gvpV* 或 *gvpW*，导致 *gvp*$A_I A_{III}$ 区缺失而引发的突变。而 *gvpA* 密码的 GV 的主要结构蛋白是被 *gvpN*、*gvpV* 和 *gvpW* 突变体表达，免疫测试未显示相应的 GvpA 蛋白（图 8.30 和图 8.31）。

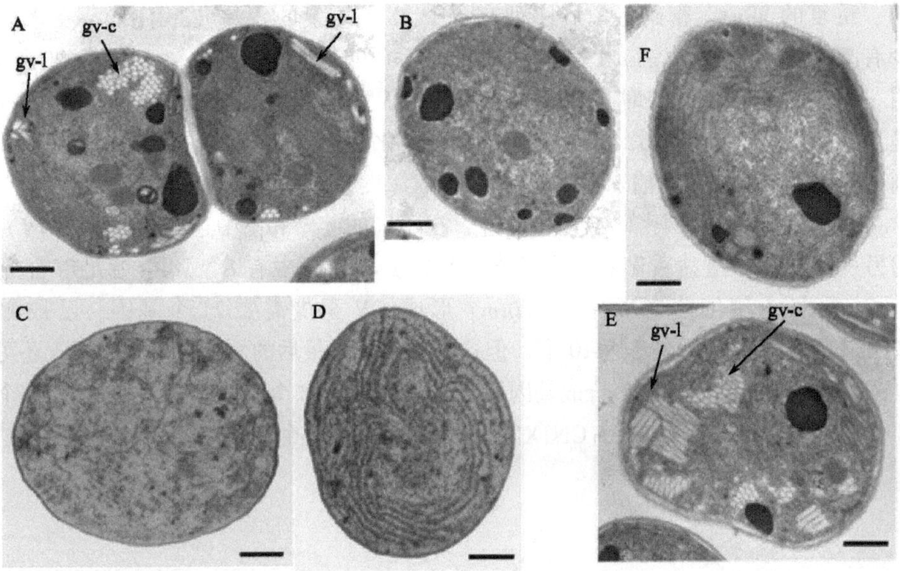


图 8.31 铜绿微囊藻野生型品系（A 和 E）和 GV-缺陷型品系（B、C、D 和 F）电镜照片。A. PCC7806 野生型；B. PCC7806M1；C. PCC7806M2；D. PCC7807M3；E. PCC9354 野生型；F. PCC9354M4，gv-1，GV 纵切面；gv-c，GV 横切面。标尺＝500nm。（仿 Mlouka et al.，2004）

*GV* 基因调控研究较多，其中研究较深入的是一种浮丝藻和红色浮丝藻，主要因它们在夏季常在欧洲一些国家和地区的湖泊形成有毒水华、许多欧洲地区的湖泊大多数是深水湖，GV 可调节藻丝在水柱的适宜位置或由于风浪搅动藻丝在水体中浮动承受不同的水压等使浮丝藻的 *GV* 基因表现出多样性。

Beard 等（1999）研究了温带地区瑞士的一个深水湖泊——苏尼士湖的红色浮丝藻（*P. rubescens*），他们从该湖分离出这个种的 3 个品系，用 PCR 扩增了这 3 个品系的 GV 基因簇，发现每个品系包含 *gvpA* 和 *gvpC* 多重交替的拷贝。不同品系的 *gvpA* 序列有 *gvpC*、$gvpC^{20}$ 两种类型，长度 516bp，编码由 172 个氨基酸残基组成的 20kDa 蛋白质（其 N 端氨基酸序列与 *P. agardhii* 的 GvpC 序列同源）。$gvpC^{16}$ 长 417bp，编码由 139 个氨基酸残基组成的 16kDa 蛋白质，与上述两种类型不同的是失去了内部 33 残基部分。*gvpC* 3′端不能翻译的 72bp 片段称之为 ΩC，在一些品系中存在。将 3 个基因型加以区分可以发现：GV1 包括 $gvpC^{20}$；GV2 包括 $gvpC^{20}$ 和 ΩC；GV3 包括 $gvpC^{16}$、$gvpC^{20}$ 和 ΩC。GV2 和 GV3 再分或可包括 1 或 2 个拷贝。Bright 和 Walsby（1999）研究表明，GV3 基因型品系形成的 GV 承受比 GV1 和 GV2 更高的临界压。16S rDNA 的序列分析表明操纵子内区密码藻红素、藻蓝素。Rubisco 序列分析证明浮丝藻的这些品系形成紧密的系统发育群（图 8.32）。

浮丝藻 3 个品系中 Gvp 基因簇与其他蓝藻 *gvpA* 出现的多重拷贝相似，但 *gvpC* 具有多重拷贝，并且 *gvpA* 和 *gvpC* 交互排列是有区别的。蓝藻中 *gvp*Cs 序列的相似性程度比 *gvp*A 低许多。

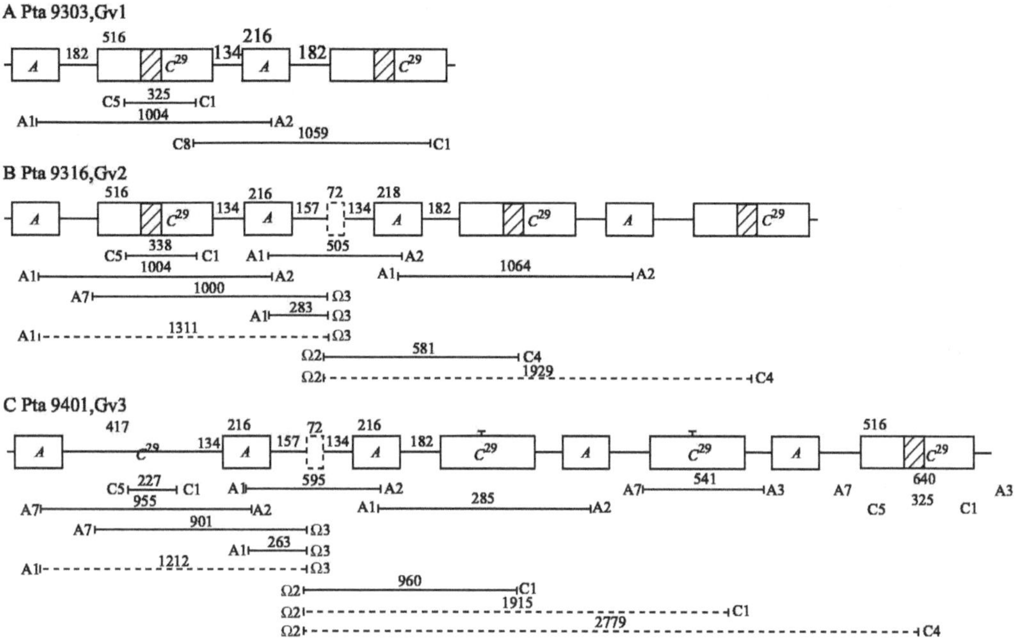


图 8.32 红色浮丝藻品系 GV 基因 *gvpA* 和 *gvpC* 排列图解。A. Pla 9303；B. Pla 9316；C. Pla 9401。方框表示可读框；黑线的方框表示 *gvpC*（ΩC）的 3′端非翻译的位置，斜影线区代表 $gvpC^{20}$ 区段存在的 99bp，而在 $gvpC^{16}$ 缺乏（位置已指示）。粗线代表测序区，细线代表由琼脂糖凝胶估算的 PCR 产物大小的基因排列部分（原文献如此）。下面的线条代表由 PCR 获得的产物以每条线末端表示（略去 GVP 前缀）。虚线表示 PCR 产物，这些产物的序列未测定。长度是从相应的序列区推测的。ORF 的基因间区和 PCR 产物的长度用 bp 表示。（仿 Beard et al.，1999）

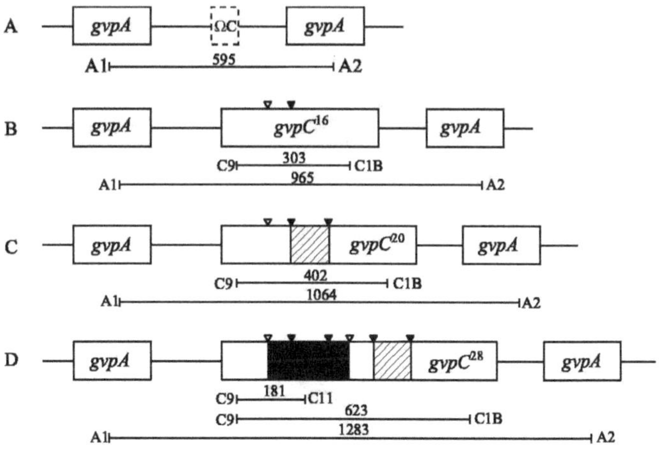


图 8.33 用鉴别的 PCR 扩增区分浮丝藻（*P.* spp.）GV 基因型。4 种不同的 *gvpA*-*gvpC*-*gvpA* 基因簇（A～D）及用浮丝藻特异的 *gvpA* 和 *gvpC* 引物扩增的 PCR 产物。方框区表示 *gvpA* 和 *gvp*-CORFs；虚线方框代表 72bp 区（ΩC）与 *gvpC* 的 3′端相同。斜线方框是 99nt 区（在 $gvpC^{20}$ 和 $gvpC^{28}$ 中间），黑色框是 219nt 区（在 $gvpC^{28}$ 中）。99nt 和 219nt 区的位置分别用黑的和空的三角表示。每个基因簇下的线条表示使用特异的 *gvpA* 引物 *GVPA1* 和 *GVPA2* 以及特异的 *gvpC* 引物 *GVPC1B*、*GVPC9* 及 *GVPC11*（省略前缀 GVP）PCR 获得的产物（bp）。（仿 Beard et al.，2000）

Beard 等（2000）又研究了从芬兰半碱水 Nordic 湖中分离培养的浮丝藻，发现编码 GV 上层蛋白质的 *gvpC* 基因有 3 种长度不同的变体，序列分析表明，*gvpC* 3 个等位的变体主要区别在于 99nt 和 213nt 部分的存在或缺乏，具有新变体的 *gvpC28* 编码 28kDa 的 GvpC 形成的 GV 在 0.61～0.75MPa 相当低的临界压（Pc）下就会坍塌。他们鉴定了 12 类 *gvp* 基因型，这些基因型的区别在于 *gvp*A-*gvp*C 基因的数目交互排列和 ΩC 的存在、*gvp*C 的断片，等等。他们发现从 Nordic 湖分离的浮丝藻 71 个品系中，*gvp*C 变体最常见的是 *gvp*C$^{28}$ 基因。34 个变体仅包括 *gvp*C$^{28}$；22 个变体仅具短的 *gvp*C$^{20}$ 基因，由它所形成的 GV 具有较高的临界压——0.76～0.91MPa。15 个品系具有 *gvp*C$^{20}$ 和 *gvp*C$^{28}$ 两个基因，形成较强的 GV。仅具有 *gvp*C$^{28}$ 基因的基因型在绿色浮丝藻品系（38 个中的 33 个）比在红色品系（33 个中的 1 个）更普遍。这表明品系产生的两类气囊之间存在着竞争，更强的 GV 在湖泊深入 60m 以下更有利，那些较弱的 GV 在细胞膨压和流体静力共同作用下易坍塌。Nordic 湖水深不到 67m，因而没有出现包含 *gvpC*$^{16}$ 的变体，而这种突变体在更深的苏尼士（Zürich）湖更常见，含有 *gvp*C$^{16}$ 的变体产生的能抗 1.0～1.2MPa 压力的狭的 GV（图 8.33 和图 8.34）。

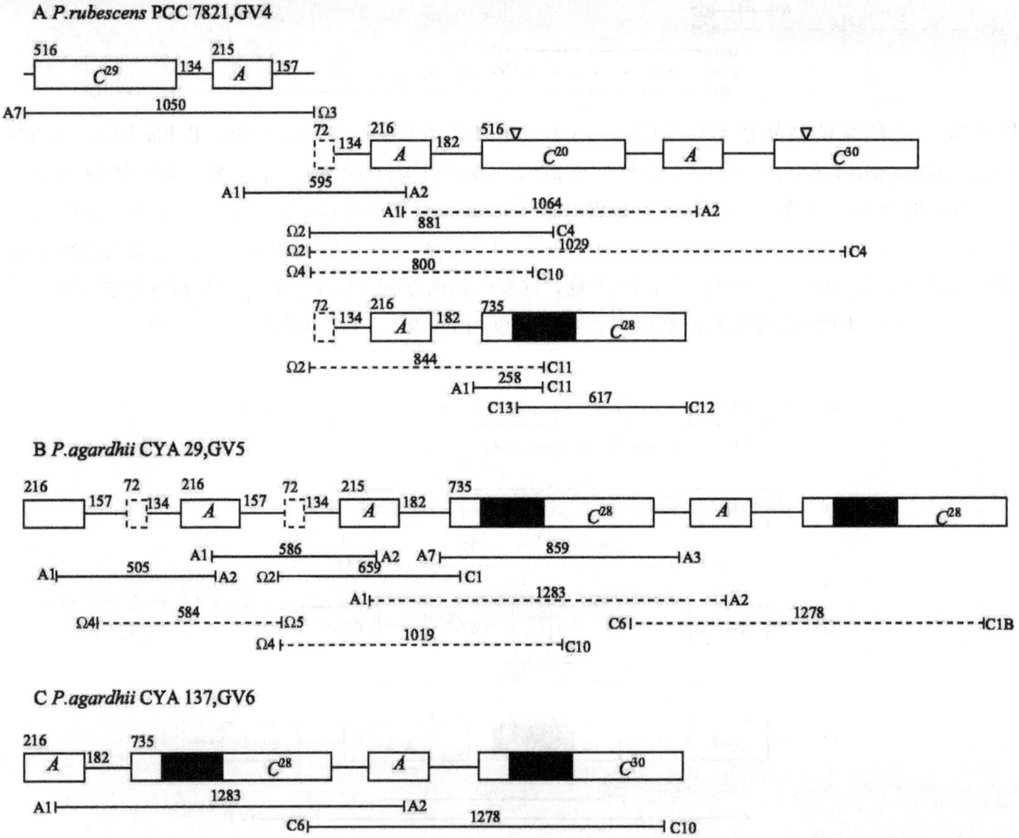


图 8.34　浮丝藻品系中 *gvp*A 和 *gvp*C 气囊基因的排列。A. *P. rubescens* PCC7821，GV4；B. *P. gardhii* CYA 29，GV5；C. *P. agardhii* CYA137，GV6。方框区表示 ORF；虚线表示 Ω 区。黑色区代表 *gvp*C$^{28}$ 存在的 219bp 区，但 *gvp*C$^{20}$ 缺乏（用空三角标明位置）。每个基因排列下的线条代表用 PCR 获得的产物，使用的引物在每条线末端标出（略去 GVP 前缀）。PCR 产物序列用虚线表示（数据从 GenBank 检索号 AJ253125-253133 取得），黑线表示 PCR 未测定序列的产物。长度是从相应的序列区长度推导的。ORF 基因区内及 PCR 产物长度为 bp。（仿 Beard et al.，2000）

迄今已分析的所有蓝藻的气囊 GvpA 约 7.4kDa，构成了气囊的主要结构主体及其相应的特性。铜绿微囊藻气囊第一个氨基酸组成序列显示出第一个残基为 Ala-Val-Glu-Lys 和几个其他非重叠肽的短的序列。Walsby 等（1983）测定水华鱼腥藻气囊的 3 个重叠肽第一个 64-残基。水华鱼腥藻气囊蛋白质的分子质量为 7397Da，第一个编码气囊蛋白质的基因 *gvpA* 是从眉藻（*Calothrix* sp. str. PCC7601）获得的。*gvpA* 编码 70-残基蛋白质，与鱼腥藻气囊蛋白质有很高的同源性。眉藻还有两个基因 *gvpA1* 和 *gvpA2* 编码 GvpB 蛋白产物（图 8.35）。

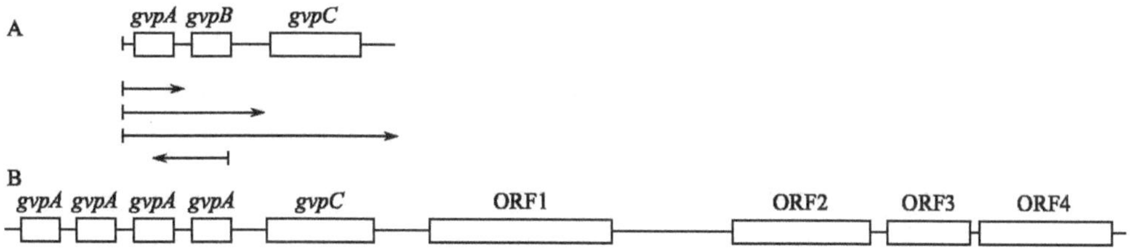


图 8.35 蓝藻中 *gvp* 基因的排列。A. 眉藻（*Calothrix* sp.）gvpABC 操纵子，表示翻译（箭头所示）从编码链和从编码链 gvpB 反义翻译；B. 水华鱼腥藻 gvp 基因簇，包括至少 5 个 *gvpA* 基因操纵子（显示 4 个）和单个 *gvpC* 基因。随后 4 个 ORFs 簇显示在 *Halobacterium halobium* 中 *gvp* 基因具同源性：ORF1（*gvpN*），ORF2（*gvpJ* 和 *gvpA*），ORF3（*gvpK* 和 *gvpJ*），ORF4（*gvpF* 和 *gvpL*）。长度为 6.25kb。（仿 Walsby，1994）

眉藻从 gvpA1 及 gvpA2 序列下游第三开放阅读框（ORF）推导的氨基酸序列表明大的气囊外表面蛋白质 GvpC 是一个由 162 个氨基酸残基组成的蛋白质，但其功能不明。编码的基因是同源的，但比从水华鱼腥藻 *gvpA* 下游发现的由 193 个残基组成的蛋白质大些。GvpC 蛋白质与 GvpA 完全不同，含有丰富的谷氨酰胺、丙氨酸和谷氨酸，三者合起来超过了残基总量的 40%，同时还包含超过 6%的苯丙氨酸，而它在 GvpA 中是没有的。全部包括的优势残基为亲水性的。大多数 GvpC 最显著的特征是高度保守的，具有 33 个氨基酸残基的基序（motif），它在眉藻 GvpC 重复 4 次串联，而在鱼腥藻蛋白质中重复 5 次。GvpC 的功能是增强气囊的张力，当 GvpC 被去除只剩下由 GvpA 构成的“脊”时，形成的壳时，气囊很脆弱，在较低的临界压力下会坍塌。没有 GvpC 的鱼腥藻在 0.4MPa 压力下 GV 就会坍塌，但它很窄因而对漂浮力的影响很小。伪鱼腥藻没有检出 GvpC，也未发现同源的 *gvpC* 基因。

另外的 *gvp* 基因，水华鱼腥藻测序 *gvpC* 的下游 6.5kb 区包含 8 个 ORF（ORF1 到 ORF8），其中最先的 4 个显示出与一种嗜盐菌 *Halobacterium halobium gvp* 基因具有同源性，ORF1 产物表明 40%与 *Halobacterium* GvpN 具有同一性，ORF2 产物与 GvpJ 和 GvpA 有同源性，ORF3 产物与 GvpK 和 GvpJ 有同源性，ORF4 产物与 GvpF 和 GvpL 有同源性，因此这些产物都涉及气囊的形成。

在一种嗜盐菌 *H. halobium* 品系中发现 *gvpA* 有两种形式，一种称之为 *p-gvpA*，在 180kb 的质粒 pFP1 上，编码蛋白质 p-GvpA，具 75 个氨基酸；第二个基因 *c-gvpA* 在染色体上，为编码蛋白质 c-GvpA，具 78 个氨基酸。Northern（RNA）杂交表明 *H. halobium p-gvpA* 基因在培养的对数生长期间表达最强烈。质粒基因因缺失和插入因子整合的共同作用很容易受到影响甚至丢失。这样的突变体在对数生长期形成很少的气囊，但它们可以在稳定期逐步积累。

# 第六节　铜绿微囊藻昼夜生物钟的发现及生理生态学意义

生物钟是原核生物和真核生物细胞中广泛存在的内源计时系统，它对各种代谢活动进行适时调控使机体能更好地适应环境昼夜变化（如光照、温度、湿度等）。李夜光和胡鸿钧（1994）发现并报道了卡氏膜球藻（*Hymenomonas carterae*）鞭毛昼夜伸缩节律现象。虽早在 1996 年 Sato 等就首次报道了铜绿微囊藻 K-81psbA2 与昼夜节律相关的基因，但 10 多年来原核蓝藻昼夜节律的研究主要以模式生物聚球藻（*Synechococcus* sp. Strain PCC7942）为实验材料，以铜绿微囊藻为材料进行的研究很少。现代大量研究表明蓝藻生物钟基因和相关蛋白质与真核生物的没有同源性，但生物钟的基本结构却是相似的，主要包括三部分：输入途径（imput）、中央振荡器（central oscillator）和信息输出途径（output）。环境信号（如光、温度、营养物质等）经输入途径传给中央振荡器，中央振荡器是生物钟的核心，是一种产生自我持续的反馈机制。输出途径将节律信息放大并传递给下游钟控基因（图 8.36）。

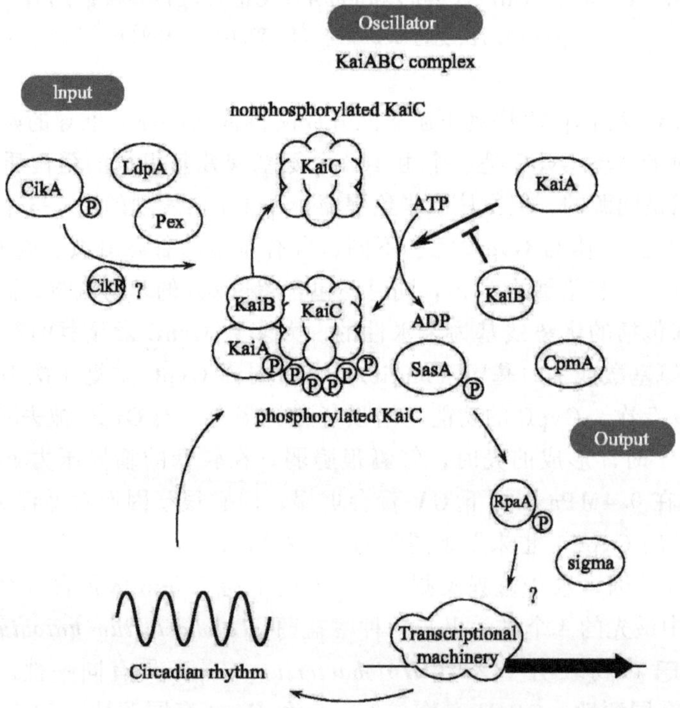


图 8.36　蓝藻生物钟各成分相关图解。（仿 Herrero and Flores，2008）

KaiC 磷酸化循环是蓝藻昼夜节律的起搏器，KaiA 增强 KaiC 自发激酶活性，而 KaiB 的功能是作为 KaiA 增强磷酸化的衰减器。环境信号传递到中央震荡器经 CikA 组氨酸激酶和未检测的相关的应答调节器，CikR 在输入途径中设定每天当地钟的时间。

LdpA 和 Pex 被认为在输入信号途径中起作用。SasA 是组氨酸激酶可自发地与 Kai 蛋白相互作用，磷酸化的 KaiC 刺激 SasA 自发磷酸化。RpaA 是相关的应答调节器，磷酸化 RpaA 的活化靶子尚未检出。群 2α 因子和 CpmA 也协助将暂时信息传递给下游基因。

Tomita 等提出了 KaiC 磷酸化昼夜节律中无转录-翻译反馈的蓝藻生物钟振荡模型（图 8.37）。中央振荡器由一组呈近日节律表达的基因及其编码的蛋白质组成。蓝藻振荡器的核心基因 *kai* 与真核生物的相似。*kaiA*、*kaiB*、*kaiC* 以单一拷贝成簇排列，*kaiA* 单独转录。*kaiB* 和 *kaiC* 在同一启动子（$P_{kaiBC}$）的控制下共转录。*kaiA*、*kaiB*、*kaiC* 分别编码三种蛋白质 KaiA、KaiB、KaiC，其中 KaiC 是核心。在连续光照下 KaiA、KaiB、KaiC 呈节律性变化。

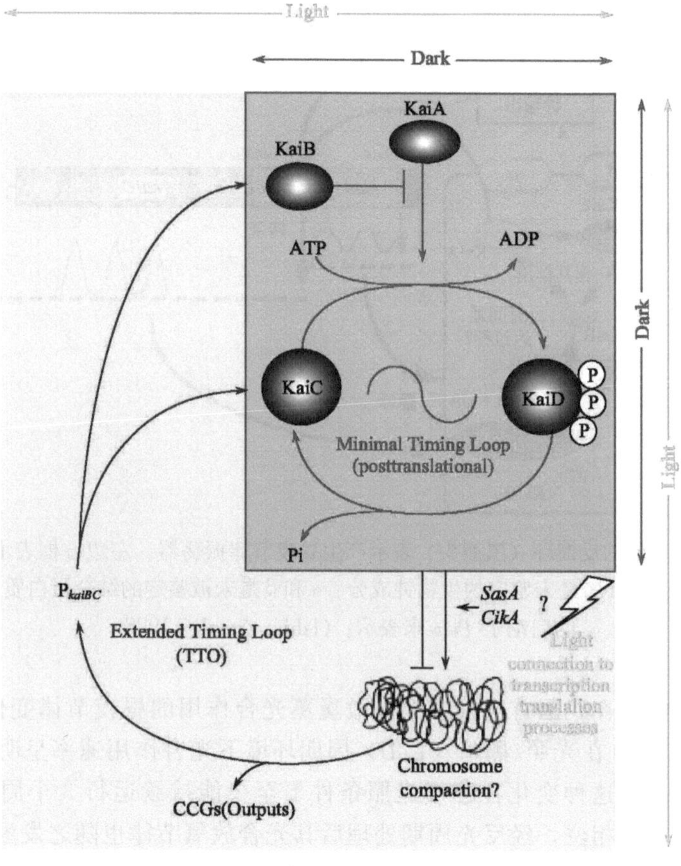


图 8.37　KaiC 磷酸化昼夜节律中无转录-翻译反馈的蓝藻生物钟振荡模型。见图版 XXI 。(引自 Tomita et al.，2005)

Nakajima 等（2005）在研究长聚球藻（*S. elongatus* PCC7942）的昼夜节律时认为，蓝藻 Kai 蛋白全面、整体地调节昼夜节律基因的表达。这种中央振荡器的特征提示蓝藻的昼夜节律系统起搏器不是转录-翻译反馈圈而是 KaiC 磷酸化循环本身。KaiC 具有自动磷酸化和自动去磷酸化活性的作用，同时 KaiA 增强 KaiC 的自动磷酸化，而 KaiB 减弱 KaiA 的影响。其结果意味着没有增加激酶或磷酸酶 KaiC 磷酸化的自发振荡也可以由于 KaiA 和 KaiB 之间的掺入而发生。Ishiura 等（1998）以聚球藻（*Synechococcus*）为材料，诱变获得 *19* 个分子钟突变体作出了 *3* 个 *kai* 基因图谱。*kaiA* 和 *kaiB* 基因的上游启动子活性表现出昼夜节律，*kaiA* 和 *kaiBC* 两者的 mRNA 也展现出昼夜节律循环。任何单一 *kai* 基因的失活都会使节律丧失，并减弱 *kaiBC* 启动子的活性。*kaiC* 连续过度表达会抑制 *kaiBC* 启动子，而 *kaiA* 的过度表达则会使 *kaiBC* 启动子增强。短暂的 *kaiC* 过度表达可重新启动节律时相。这样蓝藻由 *kaiC* 产生的昼夜节律振荡是被 *kaiC* 表达的负反馈控制的，同时 *kaiA* 承受由增强的 *kaiC* 表达的振荡。作者们提出图 8.38 所示的蓝藻昼夜节律中央振荡器的模型。

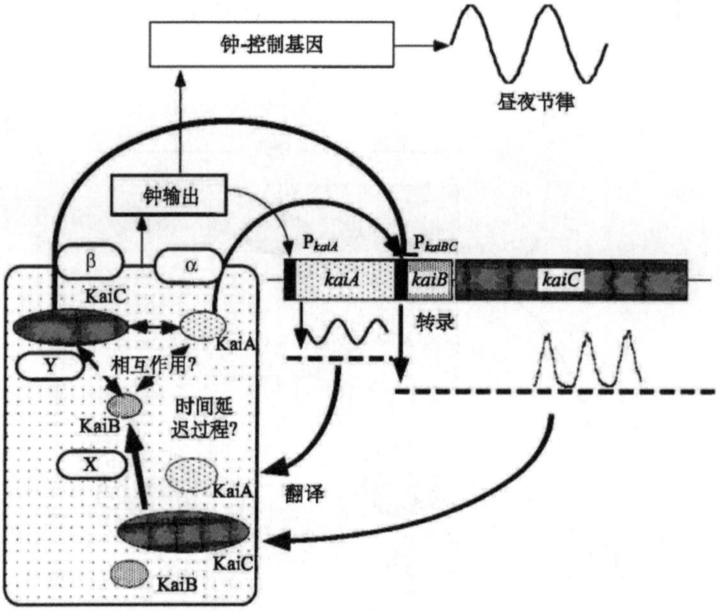


图 8.38　可能的反馈环（黑箭头）表示产生昼夜节律振荡器。左边方框表示反馈环未知部分。X 和 Y 是未鉴定的生物钟成分。α 和 β 是未被鉴定的结合蛋白质。KaiC 的启动子 $P_{kaiBc}$ 未表示。（Ishiura et al.，1998）

徐虹等（2007）在我国首次报道铜绿微囊藻光合作用的昼夜节律变化，研究表明，铜绿微囊藻 PCC7820 在光照/黑暗（L/D）周期环境下光合作用速率呈明显的昼高夜低近似 24h 周期变化，这种变化在连续光照条件下至少能持续运行 3 个周期。L/D 周期变化能影响光合节律相位，经反光周期处理后其光合放氧节律也随之发生相反变化。他们的研究还证明，光合节律相位还受温度的影响，但节律周期在 20～28℃并不发生显著改变，说明具有温度补偿效应。因此，铜绿微囊藻的光合作用受生物钟的调控，而温度和光照的改变能重置生物钟时相（图 8.39）。Beard 等（2000）研究 *Cyanothece* sp. str CGD 在黑暗条件氮固定，发现碳水化合物及呼吸作用也出现节律变化（图 8.40）。

徐虹等（2005）还研究了铜绿微囊藻生物钟蛋白 KaiA 的自身相互作用。几种酶活性检测表明，KaiA 蛋白不具有自激活性，不会激活报告基因的表达，但能作为诱饵从文库中“钓取”与之相互作用的蛋白质，这与 Iwasaki 等报道的聚球藻（*Synchococcus* sp. PCC7942）的 KaiA 蛋白具有自激活性不能用作酵母双杂交系统的钓饵蛋白的结果

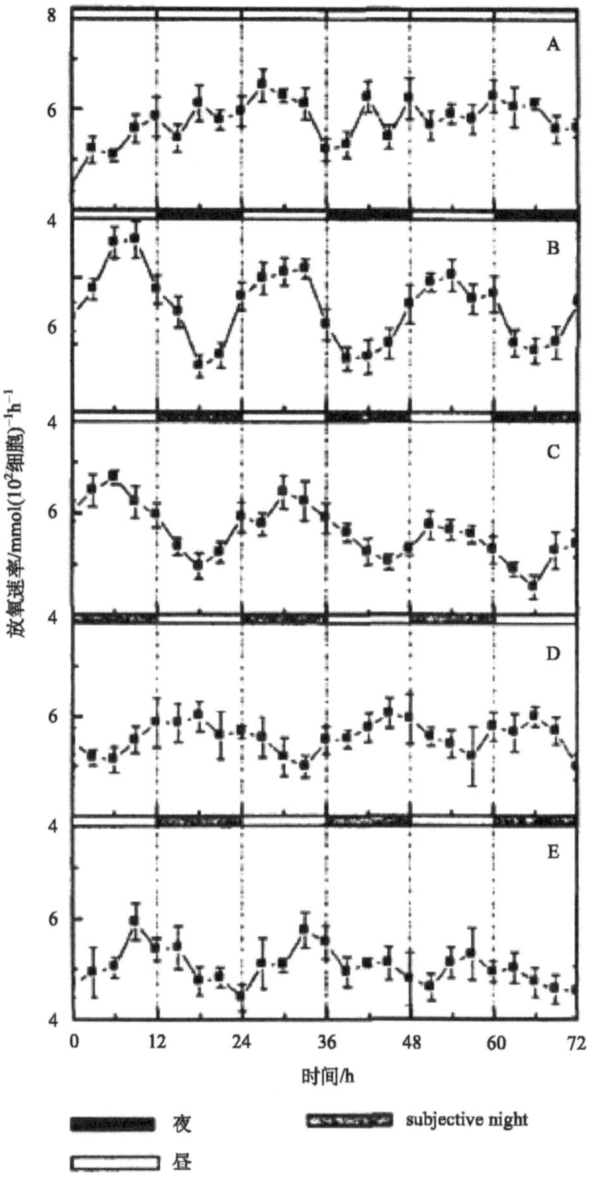


图 8.39 *M. aeruginosa* PCC7820 光合作用放氧速率的昼夜节律变化（$n=3$）。A. 28℃连续光照培养（未经驯化）；B. 28℃ 12L/12D 培养；C. 28℃经过 3 个周期的 12L/12D 驯化培养后改置于连续光照环境下；D. 28℃经过 3 个周期的 12D/12L 驯化培养后改置于连续关照环境下；E. 28℃经过 3 个周期的 12L/12D 驯化培养后改置于 20℃连续关照环境下。(仿徐虹等，2007)

相反。

蓝藻生物钟的研究还较薄弱，而微囊藻生物钟的研究更是屈指可数，亟待进一步深入探索，相信深入研究其生物钟的分子基础将有助于人们认识、了解微囊藻水华的发生机理。

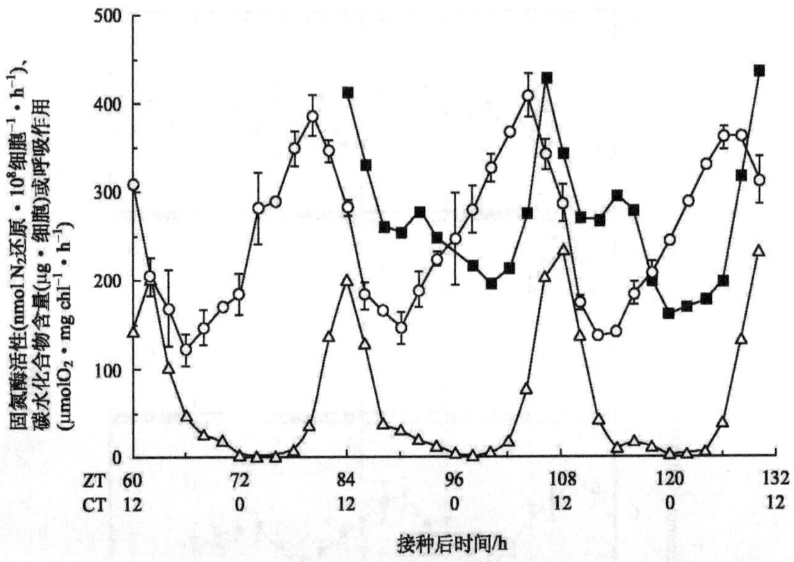


图 8.40 *Cyanothece* sp. str CGD 在连续黑暗缺乏固 N 异养生长条件下固氮酶活性（△）、碳水化合物含量（○）和呼吸作用（■）的动态变化。(仿 Beard et al.，2000)

# 第七节 铜绿微囊藻两个品系全基因组序列对若干生理生态学意义的解读

2007 年和 2008 年日本学者和法国学者分别公布了铜绿微囊藻（Mic-）NIES-843 和铜绿微囊藻（Mic-）PCC7806 两个品系的全基因组序列，这是水华蓝藻分子生物学有重大意义的研究成果。铜绿微囊藻是水华蓝藻中在全球，尤其在我国危害最大的物种，这个种全基因组测序的完成及公布可作为深入了解铜绿微囊藻的生理生态特性的分子生物学基础。2007 年 Kaneko 等公布了产毒品系铜绿微囊藻 NIES-843 的全基因结构。该品系基因组为单条环形 DNA，长 5 842 795bp，平均 GC 含量 42.3%。推测密码蛋白质为 6321 个基因，平均一个基因的密码为 925bp。其中两组 rRNA 基因 42 tRNA 基因代表 41 类 tRNA 和密码 tmRNA 基因，以及 RNase *P.* 的 B 亚单位，SRP RNA 和 6Sa RNA。推测的蛋白质编码序列的 45%与已知功能序列相似，32%与假定的基因相似，其余的 23%与已报道的基因无明显相似性。基因组的 688kb 相当于全基因组的 11.8%，系由插入的序列和缩小的反向重复（inverted repeat）转座因子（transposable element）组成。这表明 *M. aeruginosa* 基因组具有较高的可塑性（plasticity）。此外，还包括已知与微囊藻毒素和 cyanopeptolin 合成有关的基因簇，同时还检出新的基因簇，其中包括合成和修饰毒物的小的多肽，与其他蓝藻相比，基因组中相对小量的基因作为两个成分系统，而大量基因作为限制性和修饰性系统是铜绿微囊藻-NIES-843 基因组最显著的特征（图 8.41）。

这里特别引用该文有关磷酸盐吸收的基因调控。根据他们的分析有两个基因，即

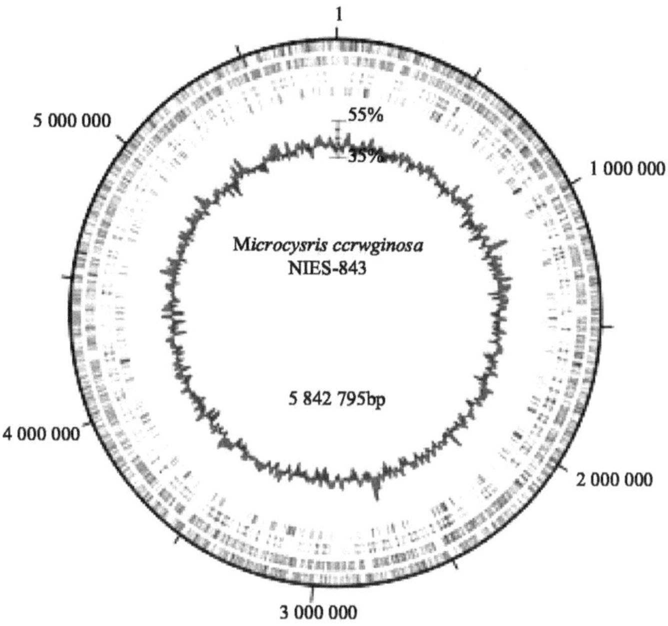


图 8.41 铜绿微囊藻环形染色体图解示意。标尺表示 bp 位点，起始密码子（ATG）MAE00010，与 *Synechocystis* sp. PCC6803 slr 0611 同源，最外侧线条和第二圆圈分别表示推测的编码蛋白质基因顺时针方向和反时针方向的位置。推测的基因是基于 COG 比对（assignment），由 20 个彩色编码代表。第三和第四圈的线条表示 MITEs（红色）和 ISs（蓝色）的位置。最内圈标尺表示用 10kb 的视窗大小（windows sige）计算的 GC 含量的百分数。序列及基因信息见本文提供的 CyanoBase。该研究序列数据分析已注册：DDBJ/GenBank，检索号：AP009552。见图版 XXII。（仿 Kaneko et al.，2008）

Hik7（sphs）和 Rre29，调节表达获得磷酸盐蛋白的基因，即 ABC-型磷酸盐运输者（子）（transporter），周质的碱性磷酸酶及胞外核酸酶（nuclease）。Sph 显示与 pho box 结合，PyTTAAPyPy（T/A）位于调节基因的上游，铜绿微囊藻含有几个基因，推测它的密码包括获取磷酸盐的蛋白质：3 个操纵子编码 ABC-型磷酸盐运输子（MAE18310-MAE18280、MAE18380-MAE18340 和 MAE09280-MAE09250）亚单位及调控碱性磷酸盐酶的两个基因（*MAE*50240 和 *MAE*16640）。pho box 基序的核心序列在 MAE18310 和 MAE18380 操纵子的上游，这点提示 *M. aeruginosa* 在饥饿条件下这些操纵子是被同源 Hik7 和 Rre29 调节的。与 sphU 同源的 MAE52630 编码 SphS-SphR 两成分系统的调节者，位于 *SphS-SphR* 基因下游。

Frangeul 等（2008）公布有毒的铜绿微囊藻 PCC7806 是高度可塑性的基因组。基因组全序列为 5 172 804bp，呈现出高度的可塑性。11.7%的 DNA 重复序列包括多于 1000 碱基对、6.8%排列的转座子酶类和 21 个推测的限制性酶类，与其他蓝藻谱系的基因组比较，品系 PCC7806 包含大量的非典型基因，它们都是通过侧面基因转移（lateral gene transfer）获得的。代谢的途径如发酵作用和甲硫酸补救途径均已被鉴定，如自然界中微囊藻水华迅速消失相关的程序性死亡基因。PCC7806 基因组的分析显示出新的生物合成特性有助于解释次生代谢物对生态学的影响，同时可引导发现为生物技术应用的新的代谢物（图 8.42）。铜绿微囊藻和另外的大型蓝藻基因组与其他微生物基因组比较显示出迅速失去共线性（synteny）。

铜绿微囊藻 PCC7806 表现出采取一种演化策略，依靠独特的基因可塑性（plasticity）去适应富营养化的淡水生态系统，这种特征在另外一个品系——铜绿微囊藻 NIES843 中也存在。PCC7806 基因组与其他的蓝藻品系相比表明，相似的策略被海洋品系 *Crocosphaera* Watsonii WH8501 应用去适应其他生态位，如寡营养的外海。

铜绿微囊藻群体生活周期中底栖越冬时期长期处于黑暗状态，研究表明在这种环境条件下，微囊藻从进行光合作用转变为通过发酵获得能量，发酵作用所需各种酶的所有基因在基因组中都已检出。在底栖时期微囊藻群体暴露在低温和高压下，基因（*mic* 5251）编码与 Hik33 相似的蛋白质在 Syn-PCC6803 可承受渗透压和冷压。另一个基因 *mic*5237 与 *Ana-PCC*7120 *orrA* 基因具有调节渗透压的作用。在铜绿微囊藻 PCC7806 基因组中发现基因组岛（genomic island）上载有 *act M* 和 *pfn M* 两个基因，编码分别类似真核生物的肌动蛋白和（肌动蛋白）抑制蛋白，肌动蛋白形成似壳状结构以增强细胞对水压和渗透压的抵抗力。耐人寻味的是，这些基因仅仅在荷兰的 Braakman 水库的微囊藻细胞中存在。

铜绿微囊藻有几种不同的形态型（morphotype），但很少了解这些群体是如何形成的。Mic-7806 品系基因组序列显示一个编码凝集素（lectin）基因——*mvn*；mic-3128。它特异性将糖的部分束缚在 Mic-PCC7806 细胞表面，同时被束缚的已鉴定的还有脂多糖部分。强毒性的微囊藻毒素与这种凝集素之间的功能相关性已经得到证明，这点可解释群体何以聚合形成不同微囊藻的形态型。另外的蛋白质 MrpC（微囊藻毒素有关的蛋白质 C）表明是 SP1NDLY 家族的 *O*-糖基转移酶的潜在靶子。这种蛋白质在细胞表面积累，同时引起细胞的相互作用。因此，微囊藻毒素在微囊藻细胞聚合方面具有非常重要的作用，尤其重要的是在与其他浮游物种的竞争中处于有利的一方。Mvn 和 MrpC 是最主要的编码产毒的品系，但在 Mic-NIES843 基因组中却不存在，后一品系代表了与 Mic-PCC7806 在细胞表面特征上不同的生态型（ecotype）。

群体迁移不仅依赖于由光合作用产物积累造成的细胞载重和群体的大小，还依赖于气囊（GV）的合成。Mic-PCC7806 基因组携带 12 个合成 GV 的基因簇，其中 2 个（*gvp V* 和 *gvp W*）是新发现的。在 Syn-PCC6803 中 Mic1271 和 Mic1270 是密码光调节的两个组成系统高度相似的两个基因，此系统由蓝藻的光敏色素（phytochrome）（Cph1）及相应的调节基因（Rcp1）组成，在控制从光照到黑暗条件的适应过程中起着重要作用，而且所有这些涉及昼夜节律的基因在 Mic-PCC7806 中都存在。微囊藻的昼夜周期和群体在水柱中的垂直迁移都是被光敏色素所控制的，因此昼夜生物钟机理（circadian clock mechanism）值得进一步验证。

自然界中微囊藻群体受氧压诱导而程序性死亡（programmed cell death，PCD）。5 个推测的真核类胱天蛋白酶（caspase-like）基因在 Mic-PCC7806 基因组中已被检出，其中的 3 个（*Mic0980*、*Mic3930* 及 *Mic4051*）与 Mic-NIES843 蛋白质最相似，此蛋白质缺乏类胱天蛋白酶的基序（motif），而且这 3 个蛋白质似乎除 PCD 外还有其他功能；相反，Mic1068 蛋白显示出在胱天蛋白酶区域中与 Mic-NIES843 的一个蛋白质最相似。

同时 Mic-PCC7806（Mic5406）的胱天蛋白酶的蛋白是此品系特有的（strain-specific）。当微囊藻细胞暴露在严酷的环境压力条件下，PCD 被诱导（图 8.42）。

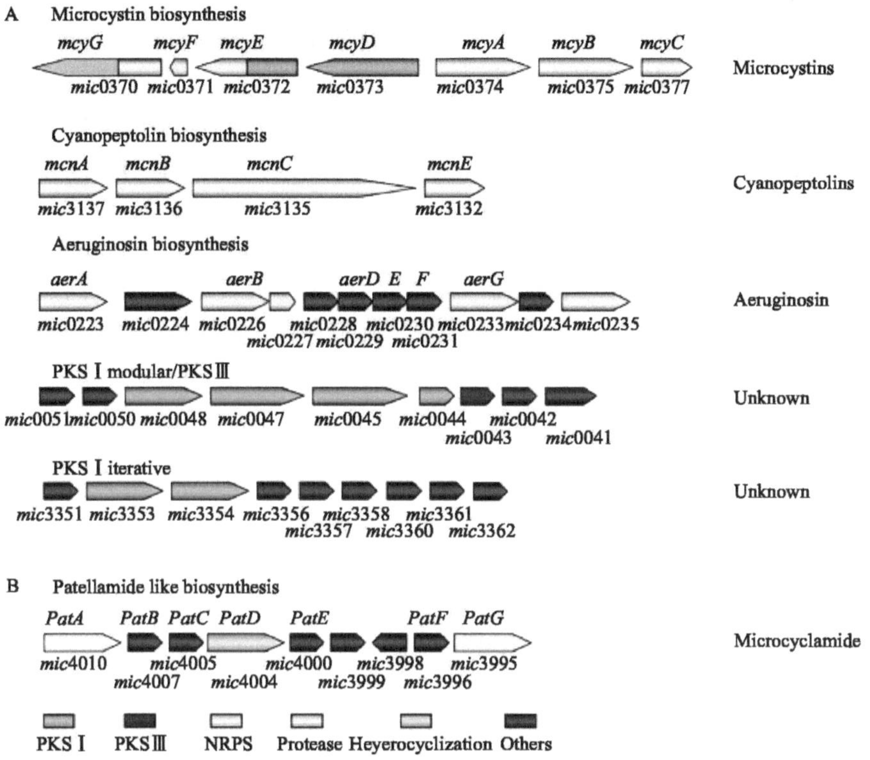


图 8.42　Mic-PCC7806 次生代谢产物基因簇的图解示意。A. 基因簇编码非核糖体的肽合成酶（NRPS）及聚酮化合物合成酶（PKS）。给定的 Mic-PCC7806 基因名或其他蓝藻品系的基因名在箭头上方表示。各个途径的产物名在右侧表示。B. 基因簇编码酶是潜在的，包括在像 patellamide 途径中 patellamide 合成酶基因名在箭头上方表示。在 Mic-PCC7806 基因组中相同的基因在箭头的下方。见图版 XXⅢ。（仿 Frangeul et al.，2008）

上述铜绿微囊藻两个品系的全基因组分别对其生态生理特性有关的基因簇作了简要的解读。两篇论文基本相同，但论述的重点有所不同，Frangeul 等将两个全基因组结构的异同作了比较（表 8.9）。综合起来，这两个品系的全基因组结构的发表有利于我们较深入理解铜绿微囊藻许多重要的生理生态特性。现就几个重要的相关问题做进一步说明。

（1）基因组高度可塑性（high plasticity）。这是微囊藻基因组共同的、最显著的特点。这一点如何理解？

首先，全基因组中存在着大量的、长的重复序列，占总 DNA 长度的 11.7%。其次，这两个基因组序列的共线性极低，基因组中含有大量的重排序列，表明保守的稳定序列（基因）少。造成上述两点的原因是存在非典型基因（atypical gene），而这些非典型基因和大量重排序列是侧面转移（lateral transfer）的结果。也就是说铜绿微囊藻细胞通过从其他生物（可能主要是菌类）获得的外源 DNA 小片段，其末端的重叠序列相互连接成连续的 DNA 长片段。一组带外源 DNA 的克隆称之为一个叠连群（contigs）。获得外源 DNA 不是一蹴而就的，而是一个不间断的过程，这就是 Frangeul 等将 PCC7806 称为高度可塑性基因组的原因。

（2）两个品系基因组为解释这个物种许多独特的生理生态学特性提供分子生物学基础（详见上述两品系基因组的简单解说）。

（3）发现若干新的基因，如在 Mic-PCC7806 基因组中检出 *Mic*0980、*Mic*3930 及 *Mic*4051 3 个基因调控微囊藻程序性死亡（PCD）。过去国内外学者对铜绿微囊藻水华在晚秋时突然消失归因于藻体下沉或非程序性死亡的结果，这种观点是不全面的。

（4）关于非核糖体肽合成酶和聚乙酰及其衍生物合成酶（polyketide synthases, PKS），它们是 1997 年在细菌中发现的一种不以 DNA 为模板形成的特殊长链的酶类，这种酶可作为模板合成氨基酸及肽类。微囊藻细胞里存在这种酶类，合成许多有生物活性功能的肽，如蓝藻肽素、铜绿素和微环酰胺（microclamide）等。

**表 8.9　铜绿微囊藻两个品系基因组的比较**（Frangeul et al.，2008）

| 品系 | Mic-PCC7806 | Mic-NIE5843 |
|---|---|---|
| 基因组长 | 5.17Mb（116 叠连群 contigs） | 5.84 |
| rRNA 基因座 | 2 | 2 |
| tRNA 基因座 | 41 | 42 |
| 编码序列数 | 5292 | 6312 |
| 推测的转座酶类（transposases）同源族相似性 | 362（6.8%） | 469（7.4%） |
| 被 BOBH 连锁的蛋白 | 3322（63%） | 3322（53%） |
| 在其他微囊藻基因组[a]中缺乏的蛋白质 | 838（16%） | 1760（28%） |
| 品系特殊的蛋白质[b] | 644/838（76%） | 1484/1760（84%） |
| 大的重复[c] | 11.7% | 11.7% |

a. 与其他微囊藻基因组无相似性的（>40%）任何蛋白质部分；b. 在 44 个其他蓝藻基因组中没有相似性的（>40%）任何蛋白质；c. 基因组中大的重复比例（>1000 碱基；>90%同一性）。

Mb，百万碱基；CDS，编码序列；COG，同源族；BOBH，双向最好的击中；Contigs，叠连群，外源 DNA 片段通过末端重叠序列相互连接成连续的 DNA 长片段，这一组带外源 DNA 的克隆称为一个叠连群。

# 第八节　环境变化与基因表达

所有生物（包括蓝藻）几乎所有生理生化过程都是由基因调控的，但基因的转录水平也受环境压力的影响。当环境变化超过机体的承受水平时，某些酶的活性被抑制或消失而另一些酶的活性增强或被诱导，在代谢活动中蛋白质重新被合成，为机体通过驯化而适应环境压力的应答或对细胞适应新环境起重要的作用（图 8.43）。

环境变化对蓝藻的压力包括温度（高温、低温）、光、渗透压、盐、$H_2O_2$ 等，这些方面国外用模式生物——聚胞藻（*Synechocystis* sp. PCC 6803）研究较多。表 8.10 仅以光为例说明光对某些蓝藻基因表达的影响。

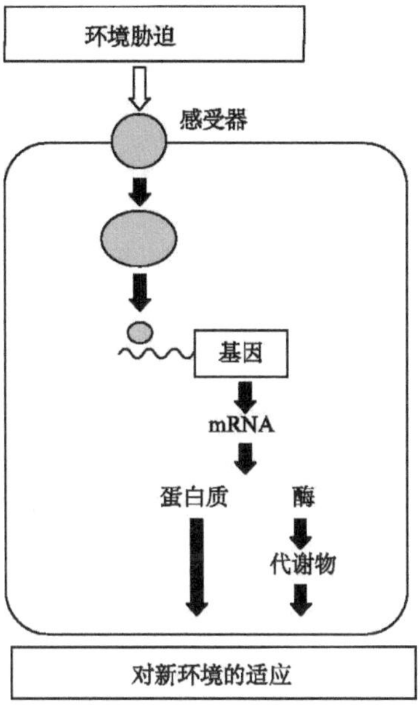


图 8.43　蓝藻细胞对环境压力应答的一般图解。(仿 Murata et al.，2006)

**表 8.10　蓝藻对光应答基因表达的举例**（仿 Sigee，2005）

| 生物 | 基因 | 基因产物 | 诱导 |
|---|---|---|---|
| 光接受和信号传递 | | | |
| 聚胞藻 | *slr2008* | 包括光敏的蛋白质 | 蓝光受体活性 |
| | *slr2104* | | |
| | *slr1624* | cGMP 磷酸二酯酶 | cGMP 和 cAMP 水平的调节 |
| 光系统蛋白和色素合成 | | | |
| 集球藻 | *psbA* | 光系统 II 中的蛋白 | 光强或光谱质量（蓝光/红光比） |
| | *psbB* | | |
| | *hliA* | Chl. a 结合蛋白 | 白光或蓝光 |
| 眉藻 | *cpc* 基因 | 藻蓝素 | |
| | *cpcB1A1* 操纵子 | 藻蓝素 | 红光 |
| | *cpcB2A2* | 藻蓝素 | |
| | *cpe* 基因 | 藻红素 | |
| | *cpeBA* 操纵子 | 藻红素脱辅基蛋白 | 绿光 |
| 微囊藻毒素相关的蛋白 | | | |
| 微囊藻 | *mrpA* | MrpA 的蛋白质 | 由蓝光 MrpA 诱导 |
| | *mrp3* | MrpB 蛋白质 | 被强白光抑制 |
| 气囊蛋白质表达 | | | |
| 伪鱼腥藻 | *gvpA* | GvpA 蛋白质 | 基因活性和蛋白质转录在低的、不变的辐射条件下进行 |

# 参考文献


李夜光，胡鸿钧. 1994. 卡氏膜球藻（*Hymenomonas carterae*）鞭毛伸缩节律的研究. 武汉植物学研究，12（4）：354～359.

茅云翔，杨官品，张宝红，等. 2001. 16S rRNA 基因与 16S-23S rRNA 转录单元内间隔区序列分析及其在节旋藻和螺旋藻分类鉴定中的应用. 高技术通讯，6：12～18.

潘晓洁，常锋毅，康丽娟，等. 2008. 洱海鱼腥藻优势种的形态鉴定与 16S rRNA 基因序列分析. 武汉植物学研究，26（3）：229～234.

施丽梅，蔡元锋，杨华林，等. 2009. 太湖梅梁湾水华微囊藻基因型组成和产毒微囊藻丰度的变化. 湖泊科学，21（6）：801～805

王高鸿，黄家权，李敦海，等. 2004. 水华藻类的分子鉴定研究进展. 水生生物学报，28（2）：207～212.

徐虹，王靖，赵振坤，等. 2007. 铜绿微囊藻光合作用的昼夜节律变化. 高技术通讯，17（2）：201～204.

徐虹，郑锦乾，章军，等. 2005. 铜绿微囊藻生物钟蛋白 KaiA 的自身相互作用研究. 水生生物学报，29（5）：591～594.

Anagnostidis K，Komarek J. 1988. Modern approach to the classification system of Cyanophytes 3-Oscillatoriales. Arch Hydrobiol Suppl，80，1～4（Algological studies 50-53）. Stuttgart：327～472.

Barker G L A，Hayes P K，O'Mahony S L. 1999. A molecular and phenotypic analysis of *Nodularia*（Cyanobacteria）from the batic sea. J Phycol，35：931～937.

Beard S J，Davis P A，Rodf guez D L，et al. 2000. Gas vesicle genes in *Planktothrix* spp. from Nordic lakes：strains with gas vesicles possess a longer variant of *gvpC*. Microbiology，146：2009～2018.

Beard S J，Handley B A，Hayes P K，et al. 1999. The diversity of gas vesicle genes in *Planktothrix rubescen* from Lake Zürich. Microbiology，145：2757～2768.

Bright D I，Walsby A E. 1999. The relationship between critical pressure and width of gas vesicles in isolates of *Planktothrix rubescens* from Lake Zürich. Microbiology，145：2469～2775.

Buchholz B E E，Hayes P K，Walsby A E. 1993. The distribution of the outer gas vesicle protein，GvpC，on the *Anabaena* gas vesicle，and its ratio to GvpA. Jounal of Microbiology，139：2353～2363.

Börner T，Dittmann E. 2005. In：Huisman J et al. Harmful Cyanobacteria. Netherland：Springer. 25～40.

Cadel-Six S，et al. 2008. Halogenase genes in nonribosomal peptide synthetase gene clusters of *Microcystis*（cyanobacteria）：sporadic distribution and evolution. Mol Biol Evol，25：2031-2041.

Caduales R，Wells J M. 1992. Differentiation of free-living *Anabaena* and *Nostoc* Cyanobacteria on the basis of fatty acid composition. Internaional Journal of Systematic Bacteriology，42（2）：246～251.

Damerval T，Castets A M，Guglielmi G，et al. 1989. Occurrence and distribution of gas vesicle genes among Cyanobacteria. Jounal of Bacteriology，171（3）：1445～1452.

Desikachary T V. 1959. Cyanophyta. -C. A. R. Monographs on Algae. New Delhi. 686.

Dittmann E，Neilan B A，Erhard M，et al. 1997. Insertional mutagensis of a peptide synthetase gene that is responsible for hepatotoxin production in the cyanobacterium *Microcystis aeruginosa* PCC 7806. Molecular Microbiology，26（4）：779～787.

Frangeul L，et al. 2008. Highly plastic genome of *Microcystis aeruginosa* PCC 7806，a ubiquitous toxic freshwater cyanobacterium. BMC Genomics，9（274）：1～20.

Furrkawa N，Noda S，Tsuneda T，et al. 2006. Highly sensitive real-time PCR assay for quantification of toxic cyanobacteria based on microcysin synthetase A gene. Journal of Bioscience and Bioengineering，102：90～96.

Geitler L. 1932. Cyanophyceae. In：Rabenhorst's Krytp. Akad Verlagsges Leipzig，14：1～1196.

Gugger M，Lyra C，Suominen I，et al. 2002a. Celluar fatty acide as chemotaxonomic marders of the genera *Anabaena*，*Aphanizomenon*，*Microcystis*，*Nostoc* and *Planktothrix*（Cyanobacteria）. International Journal of Systematic and Evolutionary Microbiology，52：1007～1015.

Gugger M，Lyra C，Henriksen P，et al. 2002b. Phylogenetic comparison of the cyanobacterial genera *Anabaena* and

*Aphanizomenon*. Interational Journal of Systemmtic and Evolutionary Microbiology, 52: 1867～1880.

Herrero A, Flores E. 2008. The Cyanobacteria, Molecular Biology, Genomics and Evolution. Norflkl: Caister academic Press.

Holland D P, Walsby A E. 2009. Digital recording of gas-vesicle collapse used to measure turgor pressure and cell-water relation of cyanobacterial cells. Journal of Microbiological Methods, 77: 214～224.

Humbert J F, Duris-Latour D. 2005. Genetic diversity in *Microcystis* populations of a French storage reservoir assessed by sequencing of the 16S-23S rRNA intergenic spacer. Microbiol Ecology, 49: 308～314.

Ishiura M, et al. 1998. Expression of a gene cluster *kai*ABC as a circadian feedback process in cyanobacteria. Science, 281: 1519～1523.

Iteman I, Rippka R, Marsac N T D, et al. 2002. rDNA analyses of planktonic heterocystous cyanobacteria, including members of the genera *Anabaenopsis* and *Cyanospira*. Microbiology, 148: 481～496.

Kaneko T, et al. 2008. Complete genomic structure of the bloom-forming toxic cyanobacterium *Microcystis aeruginosa* NIES-843. DNA Research, 14: 1～10.

Kardinaal W, Janse I. 2007. *Microcystis* genotype succession in relation to microcysin concentration in freshwater lakes. Aquatic Microbiology Ecology, 48: 1～12.

Komarek J, Komarkova J. 2002. Review of the European Microcystis-morphospecies (Cyanoprokaryotes) from nature. Phycology, Olomouc, 2: 1～24.

Komárek J. 2003. Planktic oscillatorialean cyanoprokaryotes (short review according to combined phenotype and molecular aspects). Hydrobiology, 502: 367～382.

Li R, Yokota A, Sugiyama J, et al.. 1998. Chemotaxonomy of planktonic cyanobacteria based on nonpolar and 3-hydroxy fatty acid composition. Phycol Res, 46: 21～28.

Li R H, Carmichael W W. 2003. Morphological and 16S rRNA gene evidence for reclassification of the paralytic shellfish toxin producng *Aphanizomenon flos-aquae* lmecya 31 as *Aphanizomenon issatschenkoi* (Cyanophyceae). J Phycol,39: 814～818.

Li R H, Watanabe M M. 2002. DNA base composition fo planktonic apecies of *Anabaena* (Cyanobacteria) and its taxonomic value. J Gen Appl Microbiol, 48: 77～82.

Li R H, Watanabe M M. 2001a. Physiological properties of planktic species of *Anabaena* (Cyanobacteria) and their taxonomic value at apecies level. Algological Studies 103 (Cyanobacterial Research 2), Stuttgart. 31～45.

Li R H, Watanabe M M. 2001b. Fatty acid profiles and their chemotaxonomy in planktomin species of *Aanbaena* (Cyanobacteria) with straight trichomes. Phytochemistry, 57: 727～731.

Li R H, Watanabe M. 2004. Fatty acid composition of planktonic species of *Anabaena* (Cyanobacteria) with coiled trichomes exhibited a significant taxonomic value. Current Miocrobiology, 49: 367～380.

Li R H, Carmichael W W, Liu Y D, et al. 2000. Tsxonomic re-evaluation of *Aphanizomenon flos-aquae* NH-5 based on morphology and 16S rRNA gene sequences. Hydrobiologia, 438: 99～105.

Li R H, Debella H J, Carmichael W W. 2001. Isolates identifiable as *Arhrospira maxima* and *Arthrospira fusiformis* (Oscillatoriales, Cyanobacteria) appear identical on the basis of a morphological study in culture and 16S rRNA gene sequences. Phycologia, 40 (4): 367～371.

Meibner K, Dittmann E, Bomer T. 1996. Toxic and non-toxic strains of the cyanobacterium *Microcystis aeruginosa* contain sequences homologous to peptide synthetase genes. FEMS Microbiology Letters, 135: 295～303.

Mlouka A, Comte K, Castets A E, et al. 2004. The gas vesicles gene cluster from *Microcystis aeruginosa* and DNA rearrangements that lead to loss of cell buoyancy. Journal of Bacteriology, 186 (8): 2355～2365.

Moore R E, et al. 1991. Biosynthesis of microcysin-LR: origin of carbons in the Adda and Map units. Journal of the American Chemical Society, 113: 5083～5084.

Murata N, Los D A. 2006. Histidine kinase Hik33 is an important participant in cold signal transduction in cyanobacteria. Physio Plant, 126: 17～27.

Mühling M, Somerfield P J, Harris N, et al. 2006. Phenotypic analysis of *Arhtospira* (Spirulina) strains (cyanobacteria), Phycologia, 45 (2): 148~157.

Nakajima M, et al. 2005. Reconstitution of circadian oscillation of cyanobacterial KaiC phosphorylation *in vitro*. Science, 308: 414~415.

Rounge T B, et al. 2008. Recombination and selectional forces in cyanopeptolin NRPS operons from highly similar, but geographically remote *Planktothrix strains*. BMC Microbiology, 8: 140~149.

Rounge T B, Rohrlack T, Nederbragt A, et al. 2009. A genome-wide analysis of nonribosoma peptides in a *Planktothrix rubescens* strain. BMC Genomics, 10: 396.

Scheuch S, Marschaus L, Neef S, et al. 2008. Regulation of gvp genes encoding gas vesicle proteins in halophilic Archaea. Arch Microbiol, 190: 333~339.

Sigee D C, et al. 2005. Freshwater Microbiology. UK: John Wiley Son, Ltd.

Suda S, Watanabe M, Otsuka S, et al. 2002. Taxonomic revision of water-bloom-forming species of oscillatorioid cyanobacteria. International Journal of Systematic and Evolutionary Microbiology, 52: 1577~1595.

Tomita J, Nakajima M, Kondo T, et al. 2005. No transcription-translation feedback in circadian rhythm of KaiC phosphorylation. Science, 307: 251~254.

Walsby A E, van Rijn J, Cohen Y. 1983. The biology of a new gas-vecuolate cyanobacterium, *Dactylococcopsis salina* sp. nov., in Solar Lake. Proc R Soc London Ser B, 217: 417~477.

Walsby A E. 1994. Gas vesicles. Microbiological Reviews, 58 (1): 94~144.

Watanabe M F. 1998. Studies on planktonic blue-green algae 8. *Anabaena* species with twisted trichomes in Japan. Bull Natu Sci Mus, Tokyo ser B, 18: 123~137.

Watanabe M. 1987. Studies on the planktonic blue-green Algae 2. *Umezakia natans* gen. et sp. nov. (Stigonemataceae) from the Mikata Lakes, Fukui Prefecture. Bull Natn Sci Mus Tokyo Ser B, 13 (3): 81~88.

Welker M, et al. 2006. Cyanobacterial peptides-Natrue′s own combinatorial biosynthesis. FEMS Microbiol Rev, 30: 530~563.

Wilmotte A. 1995. Molecular evolution and taxonomy of the Cyanobacteria. In: Bryant D A. The molecular biology of Cynaobacteria. London: KAP. 1~25.

# 第九章　蓝藻水华发生机理

蓝藻水华是如何发生的？这个国内外学者十分关注的问题一直是浮游植物生态学领域的热点课题，几十年来的不断探索虽没有一种理论或假说被大多数学者认同，但每一种理论对蓝藻水华的发生原因都从某一（些）方面作了阐述，有一定的参考价值。就国外而言，从 20 世纪 70 年代后期开始先后提出了大约 8 种有影响的理论。

## 第一节　国外学者关于蓝藻水华发生机理的理论

### 一、总氮（TN）总磷（TP）比假说

早在 1958 年 Redfield 就指出 N∶P 为 15 时对海洋和淡水浮游藻的生长是适宜的。Schindler（1977）用实验也证明淡水水体中 TN∶TP 为 15 时出现束丝藻水华，Rhee 和 Gotham（1980）、Smith（1983，1986）、Pettersson 等（1993）等从各自的实验研究中支持并补充这一假说，Smith（1983）认为 TN∶TP 重量比不能超过 29∶1。根据他们的理论，虽然不同的物种适宜生长的 TN∶TP 不完全一致，但适宜蓝藻生长的 TN∶TP 低，为 10～16，而适宜真核藻类生长的比率为 16～23。这一理论在国内外支持的学者较多（图 9.1）。

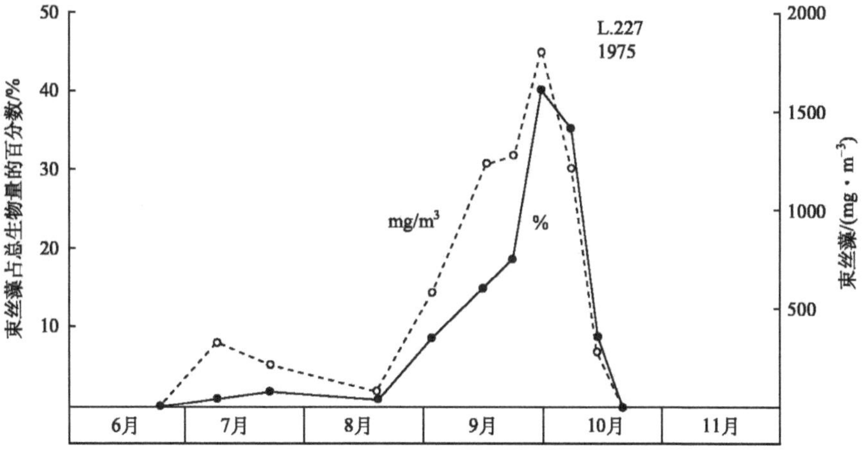


图 9.1　“227” 湖 1975 年施肥后 5d N/P 比的束丝藻夏季种群。该湖以前 6 年这个属无任何定量观察，当施肥后 N/P 为 15 时，这个种（属）伴随着水华的形成从空气中固 N 量增加。（仿 Schindle，1977）

### 二、低光强假说

Mur 等（1978）、Zevenboon 和 Mur（1980）、Mur 等（1999）认为蓝藻细胞不仅含有叶绿素 a、β-胡萝卜素，还含有多种辅助捕光色素，如藻蓝素（C-phycocyanin）、

藻红素（C-phycoerythrin）和别藻蓝素（allophycocyanin）等，能有效地捕获光能，在不同深度的水柱中都可以生存，在光密度较低的条件下能利用一些特殊波长的光能，因而比其他藻类有较高的生长速率，从而形成水华。

## 三、浮力假说

Walsby 和 Reynolds（1981，2005，2006）是这一假说的创始人，而且几十年来坚持不懈地力主这一理论。他们认为水华蓝藻细胞都具有气囊或气囊群，调节气囊的浮力可使蓝藻在水柱中占有有利于吸收光能的位置，特别在以那些无异形胞的单细胞、群体或丝状蓝藻的年生活周期中起着重要的、决定性的作用（图 9.2）。

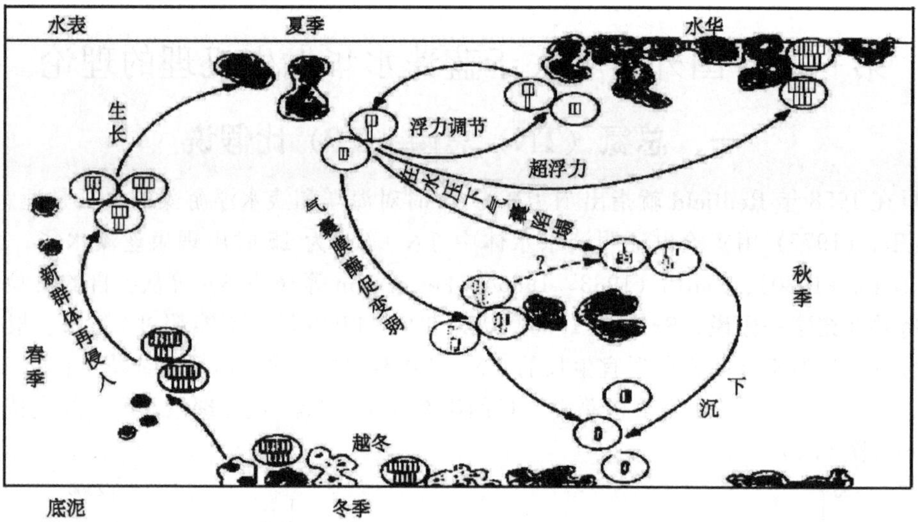


图 9.2　铜绿微囊藻的年生活周期。(仿 Reynolds et al. 1981)

Reynolds 等根据气囊浮力理论绘制的铜绿微囊藻年生活周期图多年来广为流传。他们认为这种藻之所以在春季末到晚秋季节在富营养化水体漂浮聚集水面形成水华是因为细胞内气囊浮力的作用；在冬季消失沉入湖底越冬则是气囊坍塌失去浮力的结果；到第二年越冬的藻细胞重新形成气囊再上浮到水体表层，这样年复一年，周而复始，构成铜绿微囊藻的年生活周期。

近年来，他们的理论受到野外观察和实验的质疑，但这一理论还是有其合理的部分，不能全盘否定，我们将在下面进一步论述。

## 四、无机氮假说

这一假说主张那些非固氮的水华蓝藻对硝态 N 只有较低的竞争力，而对氨态 N 的竞争力则较高。真核微藻主要利用硝态 N，固 N 蓝藻可利用空气中的 $N_2$（Blomqvist et al.，1994）。

## 五、水温升高假说

持这种观点的学者（Robarts et al.，1987）认为蓝藻水华的发生主要是由于水温升高引发的（表 9.1）。

**表 9.1 蓝藻生长的最适温度**（Robarts and Zohary，1987）

| 物种 | $T_{min}$/℃ | $T_{opt}$/℃ | $\mu_{max}$/$d^{-1}$ | PAR | 注解和文献 |
|---|---|---|---|---|---|
| *Microcystis* sp. | 10.5～13.5 | 28.8～30.5 | 0.25～0.30 | <35 | Krüger and Eloff (1978) |
| *M. aeruginosa* | 10 | 27.5 | — | 102 | Nicklisch and Kohl (1983) |
| *Microcystis* sp. | 13 | — | 0.8 | — | Kappers (1984) |
| *M. aeruginosa* | — | 32 | 0.59 | 75 | Watanabe and Oishi (1985) |
| *M. aeruginosa* | — | 32 | 0.81 | 200 | Van der Westhuizen and Eloff (1985) |
| *Anabaena oscillarioides* | — | 28 | 0.8 | 105 | Vincent and Silvester (1979) |
| *A. spiroides* | — | 24 | 0.9 | 48 | Seki et al. (1981) |
| *A. variabilis* | <10 | 35 | 1.1 | 500 | Collins and Boylen (1982) |
| *Anabaena* spp. | 16～17 | — | — | — | Stulp et al. (1984) |
| *Aphanizomenon flos-aquae* | <13 | 28 | 1.2 | 220 | Uehinger (1981) |
| *O. agardhii* | <12 | 23～25 | 0.59 | 37 | Ahlgren (1978) |
| *O. agardhii* | — | >19 | — | — | natural population，Persson (1981) |
| *O. agardhii* | 5 | ≥30 | — | — | Plst et al. (1985) |
| *Anabaena flos-aquae* | — | 18 | — | — | natural population |
| *Aphanizomenon flos-aquae* | — | 15 | — | — | Foy et al. (1976) |
| *O. agardhii* | — | 10 | — | — | natural population |
| *O. redekei* | — | 6 | — | — | Foy et al. (1976) |
| *Microcystis* | 15 | 25 | 0.50 | 120 | isolates from |
| *Anabaena* | <10 | 25 | 0.40 | 120 | Lake Mendota |
| *Aphanizomenon* | <10 | 25 | 0.18 | 120 | Konopka and Brock (1978) |
| *Microcystis* | 10 | 30～35 | — | 36 | Imamura (1981) |
| *Anabaena* | 10 | 25 | — | 36 | Imanura (1981) |
| *Aphanizomenon* | <10 | 25 | — | 36 | Imamura (1981) |
| *Anabaena* | 15 | 30 | — | — | Novak and Brune (1985) |
| *Oscillatoria* | <15 | 27 | — | — | Novak and Brune (1985) |

注：$T_{min}$，生长停止时的温度；$T_{opt}$，观察到最大生长速率（$\mu_{max}$）时的温度；PAR，光合作用辐射（$\mu Em^{-1} \cdot s^{-1}$）。

## 六、微量元素假说

Rueter 等（1987）根据他们的实验证明蓝藻比真核微藻需要更多的微量元素（图 9.3）。

## 七、贮藏对策假说

这个假说的提出者 Pettersson 等（1993）是根据他们对 Erken 湖刺孢胶刺藻的观察分析而提出的。胶刺藻形成水华时漂浮于湖面，水华消失时沉入湖底，这种沉积的、休眠状态的胶刺藻群体含有的 P 占沉积物 P 总量的 45%，最大值达 8.5μmP $(mg \cdot dw)^{-1}$ 或 81ngP 群体$^{-1}$。湖水中初期群体的 C∶P 比率（重量）为 50∶1，而在群体的主要迁移期，比率稳定在 150。这就意味着当胶刺藻下沉在沉积物表面时吸收了大量 P，贮藏在细胞内，到藻群体萌发向水面迁移时为细胞分裂（生长）提供 P 源。实际上这

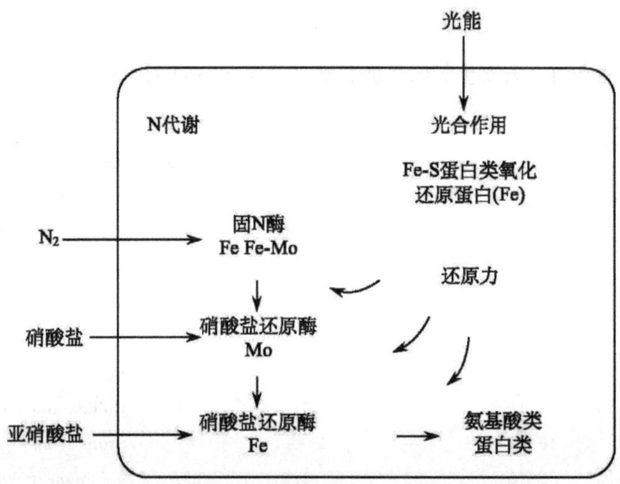


图 9.3 铁（Fe）和钼（Mo）在光合作用和 N 代谢中的作用。(仿 Rueter et al.，1987)

是一种过量摄取 P 的奢侈消费（luxury consumption）。

### 八、浮游动物牧食假说

Haney（1987）野外观察浮游动物与蓝藻相互关系时提出，只有当水华蓝藻能抵抗浮游动物的牧食后才能形成优势种群。

以上 8 种假说中以①总氮（TN）总磷（TP）比和低光强假说在国外讨论最多，影响最大。贮藏对策假说本质上与①总氮（TN）总磷（TP）比相似。

上述各种假说主要是依据欧洲温带湖泊、水库的实验研究而提出的解释。欧洲的湖泊纬度高，多为深水湖泊，湖水的性质与我国的多数湖泊有较大的差别。虽然国外学者也研究过一些浅水湖泊，但与我国同类型湖泊也不完全相同。不过水体富营养化过程和特征是基本相似的，因此上述各种理论对探索我国水华蓝藻发生机理无疑是有重要参考价值的。

## 第二节　我国学者对蓝藻水华发生机理的观点

近年来我国学者对我国浅水湖泊蓝藻水华发生机理进行了探讨，相继提出一些看法或假设，总体来说这些观点与国外学者的理论在许多方面是相同或近似的，归纳起来可分成单因子假说和多因子或综合因子假说两种理论。

### 一、单因子假说

第一节所列举的国外学者提出的 8 种假说可以说都是单因子假说，我国学者提出的某种因子决定蓝藻水华发生的假说有以下几种。

1）秦伯强等（2004）和张敏等（2005）主张湖水中溶解性反应 P 是蓝藻水华发生的关键因子，认为我国多数湖泊水体中溶解性有机 P（DOP）浓度比溶解性反应 P

(SRP）高1倍以上，其中大约60%左右的DOP可被碱性磷酸酶水解后供藻类生长。他们对太湖水华中碱性磷酸酶作的浓度阈值实验显示：当水体中 $PO_4^{3-}$ <0.010mg·$L^{-1}$ 时，总碱性磷酸酶的活性极显著增加（$P$<0.05）；当 $PO_4^{3-}$ <0.020mg·$L^{-1}$ 时，浮游植物体内的碱性磷酸酶活性显著增加（$P$<0.05）；而当 $PO_4^{3-}$ >0.20mg·$L^{-1}$ 时，碱性磷酸酶活性极显著减少（$P$<0.001）。作者认为0.020mg·$L^{-1}$ 的 $PO_4^{3-}$ 浓度可能是激发太湖浮游植物体内碱性磷酸酶活性的阈值浓度。当水华暴发时，水体中的磷酸盐浓度远低于激发阈值，藻体内的酶被诱导大量产生，从而使水中碱性磷酸酶的数量、活性急剧增加，水体中其他形态P不断分解、释放出可溶性无机P（DIP），使得水体中由于水华暴发所消耗的 $PO_4^{3-}$ 得到补偿。

2）蓝藻水华诱发因子铵N说。程凯等（2001）研究武汉市一公园池塘的微囊藻水华及其毒性变化，发现该池塘中的铵N含量非常高，在整个水华发生期内铵N的波动范围为0.25～22.22mg·$L^{-1}$，平均值高达5.96mg·$L^{-1}$。他们认为微囊藻水华消长受N的限制，铵N是藻类所能优先利用的N源，统计分析表明叶绿素a和铵N呈正相关（显著水平为82%），因此认为铵N是这个池塘中微囊藻水华的主要影响因子，并认为高浓度的铵N启动了池塘中铜绿微囊藻水华的暴发，启动浓度约为9.5mg·$L^{-1}$左右（表9.2）。

**表9.2 三个水华上升阶段起始铵N的含量与藻类生物量**（仿程凯等，2001）

| 时期 | 水华上升阶段 | 维持天数/d | 生物量差值* 叶绿素a/（mg·$L^{-1}$） | 平均上升速率（生物量差值/维持天数） | 上升阶段起始铵N浓度/（mg·$L^{-1}$） |
|---|---|---|---|---|---|
| 1 | 05-23～06-13 | 21 | 0.66 | 0.03 | 10.80 |
| 2 | 06-27～07-08 | 12 | 1.32 | 0.11 | 9.51 |
| 3 | 08-09～08-16 | 8 | 0.98 | 0.11 | 10.00 |

* 水华上升阶段内终点与起点叶绿素a的差值。

他们推测铵N在0.89mg·$L^{-1}$左右对铜绿微囊藻产生限制作用，富营养化水体中P与水华的发生没有相关性，而过高浓度的铵N也会对藻的生长产生抑制作用，但高浓度的铵N是否也能抑制微囊藻生长、抑制浓度下限又是多少有待进一步研究。

3）成慧敏和邱保胜（2006）较详细地介绍了水华蓝藻的气囊（该文译为“假空泡”）形态、结构、物理化学特性及编码基因、蓝藻浮力调节机制及研究方法，本意主要是以期促进我国这方面研究工作的开展，不过作者们还是强调具有气囊的蓝藻可通过浮力调节改变其在水柱中的位置，以适应水体中呈垂直方向分布的光照与营养源，从而有利于从水体中获取有限的资源并最终成为优势种群。

## 二、多因子假说

我国学者主张此说的为多数，只是决定水华蓝藻发生由哪些因子决定的有所不同，其中最主要的有如下几种观点。

1）孔繁翔和高光（2005）根据生态学的基本理论和野外对水华形成过程的原位观测，提出了蓝藻水华成因的4阶段理论假设，即在四季分明，扰动剧烈的长江中下游大型浅水湖泊中，蓝藻的生长与水华的形成可以分为休眠、复苏、生物量增加（生长）、上浮及聚集4个阶段，每个阶段中蓝藻的生理特性及主导环境影响因子有所不同。而研究蓝藻水华的形成机理必须寻找导致水华形成的各主要生理阶段的触发因子或特异性因子，针对不同阶段蓝藻的生理特性进行深入研究，才有可能逐步弄清蓝藻水华的形成机制。

2）秦伯强等（2006）指出，湖泊富营养化实际上是N、P等生源要素增加、积累的过程，而湖泊沉积物实际上就是营养盐的蓄存库。沉积物内源释放的外部因素有温度、pH、氧化还原电位、铁和锰含量等。对于浅水湖泊沉积物中P的释放，风浪的动力作用将大幅度增加总P浓度。因此他们认为蓝藻水华暴发的原因与湖泊物理环境如光照（或透明度）、温度和适宜的水动力条件有关，也与湖泊化学环境，如N、P浓度及N/P等有关，还与形成水华的蓝藻本身的某些生理特性有关，如气囊（作者们译为“伪空泡”）及抗拒紫外线伤害的能力，从而在对光照和营养盐的竞争中处于优势地位等。

3）谢平（2007）水华蓝藻的可能发生的机制如下。N、P的大量输入导致水体营养盐浓度的增加（生活污水的N/P一般较低）。春末夏初，蓝藻，特别是能形成群体的蓝藻（如微囊藻）开始增加，一旦超过牧食者（如 *Daphnia*）所能控制的密度，便会快速增加。随着夏季的到来，由于最适温度较高，明显具有竞争优势。随着蓝藻生物量的攀升，蓝藻开始大量聚集在表层，水体浑浊度增高，光照强度下降，蓝藻较强的低光利用效率使它们具有竞争优势。同时，随着蓝藻光合作用的大幅增加，水体pH上升，$CO_2$ 浓度大幅下降，蓝藻对 $CO_2$ 的低半饱和常数 $K_s$ 使它们具有竞争优势。蓝藻在表面堆积还使其能直接利用空气中的 $CO_2$ 而更具竞争优势。pH的增加促使富含Fe-P的沉积物（TP越高，Fe/P越大）大量释放P（可能还有 $Fe^{2+}$），从而导致水华N/P的降低（这常被误认为是蓝藻水华发生的重要机制），这样形成水华的蓝藻又可增加它们自身的P（可能还有 $Fe^{2+}$）供给用于生物量的增长。因此，形成水华的蓝藻还特别具有这种利用P（可能还有 $Fe^{2+}$）的正反馈优势。

作者还指出，上述条件没有一个可称得上是充分必要条件。因此，依据单因子是无法准确预测蓝藻水华发生的。

我国学者持多因子假说的较多，其中不少还认为N/P在蓝藻水华发生中起到重要作用。无论国外还是国内，学者们对水华发生机理的探索都从不同角度根据自己的观察和实验作出理性推理，客观地讲这些理论或假设都是水华发生的某个或某些原因，但是将这些假设加起来也不足以证明就是蓝藻水华发生的机理。笔者认为蓝藻水华发生的根本原因还没有找到。

## 第三节 铜绿微囊藻水华发生机理的新假说——信号说

铜绿微囊藻是我国水华蓝藻最主要的物种，而且国内外对这个物种从分类、生态、生理和分子生物学等方面进行了长期、深入、系统的研究，积累了十分丰富的资料，为探讨其发生机理奠定了坚实的基础。

### 一、信号说的前提

发生水华的水体已富营养化或超富营养化，也就是说水体中有丰富的、为微囊藻生长繁殖所需的生源物质，因为水华的发生是以极大的生物量为表征的，没有丰富的生源物质就不可能形成大量的生物量。丰富的生源物质是水华形成的物质基础。

探索微囊藻水华发生机理要科学分析、深刻认识水华消长的全过程，才有可能找到水华发生的真正原因。水华消长的全过程是怎么样的呢？无论在什么地区，淡水水体出现的蓝藻水华都可以概括为：水体表层藻体大量聚集（水华期）、藻体大量死亡和下沉期（水华消失期）、底栖越冬期及复苏、生长、上浮期这 4 个时期。水体富营养化状况没有根本改变，微囊藻在水体中就以这 4 个时期周而复始，年复一年地循环发生。有学者提倡深入研究复苏这一时期的环境条件和细胞的生理变化，这固然重要，但是上述所有假说中还没有任何人重视研究水华衰退死亡、下沉时期，其实这一时期对水华的发生是十分关键的，人们不难理解如若形成水华的藻体不衰败死亡，下沉到水底越冬，第二年、第三年……年年都以几何级数增长，不要说小水体，即使像太湖那样的大水体，几年后都会成为“蓝藻汤”甚至“蓝藻粥”了！实践证明那种情况是不可能出现的，因为地球上任何物种的种群都必须保持内环境稳定（homeostasis），因此大量个体必须作为“祭品”（sacrifice）而死亡，以保证物种的延续。所以“死”对维持种群的稳定是非常重要的。尽管上述绝大多数的理论都是在讨论水华蓝藻如何超速生长繁殖，但这些理论其实都讲的是微囊藻生长繁殖的环境因素，说到底都是外因，外因是形成水华的重要原因，但外因必须通过内因才能起作用，外因是条件，内因才是根据。在水华发生的 4 个时期中最重要的是藻体衰败死亡和下沉及复苏、生长及上浮两个时期，前一时期导致水华消失，其决定性的环境条件就是温度（气温、水温）降低。在长江中下游水体中的水华通常在秋末冬初气温＞10℃时变黄（藻体衰败死亡），每年 11 月底至 12 月水华消退，少量藻体下沉水底，越冬。低温是藻细胞死亡的“杀手”。第二年的春末（大约 4 月）水温升高至＞14℃时，底栖藻体开始复苏，在有光的条件下（哪怕很微弱！）生长、上浮。藻体大量聚集子水体表面的水华时期不能忽视，也不应忽视，因为这个时期生物量大，破坏了水体的生物多样性，产生大量有毒物质危害各种水生动植物，破坏水质，影响人体健康。盛夏时节水华暴发不仅有碍观瞻，而且还散发令人窒息的难闻气味，旅游者不敢光顾。正因为如此，它引起有关管理部门的高度重视，立专项、拨专款。现在的问题是这种大面积水华人们仍面临欲除无能的尴尬窘境！但作为探讨水华发生机理而言，水华死亡和下沉及复苏、生长、上浮这两个时期最为关键。

自微囊藻水华形成（甚至在形成过程中），藻细胞就处在生生死死不断交替的过程中，只是在形成的早期，初夏至晚夏，新生的细胞多，死亡的少，直到秋末这一过程才颠倒过来，死多生少，促使水华的大量细胞死亡或下沉。这个现象早在 20 多年前就被 Reynolds 等（1982）研究报道了，他们在围隔实验中表明，无论在什么时期都会失去一定比例的藻细胞，其中有的是被牧食者吞噬，有的则是由于藻细胞的自溶作用（lysis）而消失。

长期以来水华在冬季消失被认为是一种单纯的生理生态过程。2007 年和 2008 年日本和法国学者相继公布的铜绿微囊藻 NIES843 和 PCC7806 两个品系的全基因组序列中包含有程序性死亡（PCD）序列，从而为水华大量突然消失提供了理论依据。但是，两个全基因组序列并没有说明这个基因是如何启动的。根据国内外大量有关观察和研究，笔者认为虽然诱导 PCD 的因素有多种（详见下述），但在微囊藻年生活周期中，水华消失期主要是低温（TL）所致。低温只是一种信号，启动了 PCD 程序。大多数细胞迅速死亡，只有少数细胞没有死亡，低温信号改变了没有死亡细胞的代谢途径，即合成蛋白质的活力弱化，而合成碳水化合物的能力加强，糖原之类的碳水化合物快速积累，其占细胞干重的比例逐渐增加，由 30%增至 60%，细胞密度大于水使细胞下沉，而不是 Walsby 和 Reynolds 所主张的由于气囊坍塌的结果。藻细胞沉入水底后进入无光的黑暗环境，光合作用停止，靠贮藏的糖原进行发酵作用获得的能源维持生命，越过无光的寒冬，还要抵抗高水压、高渗透压和大量细菌的侵害等不良环境，到第二年 4 月水温升高 >14℃时，细胞开始复苏，在光（微弱光照）的刺激下进行光合作用，在这种条件下，代谢途径恢复到以合成蛋白质为主，因为细胞分裂需要增加气囊数量及构建细胞其他内含物，同时微囊藻细胞不断增多，群体逐渐增大。

群体胶质增多，也加大了浮力，藻体上浮能捕获更多光能，促进细胞更快生长，最后上浮水体表层，形成水华。

根据陶益等（2005）对太湖底泥水华蓝藻复苏的模拟实验和李阔宇等（2004）的研究，微囊藻在低温下死亡、下沉可用微囊藻低温指数表示（microcystis coldness index）（MCI）：

$$\mathrm{MCI} = -\sum^{12-n}(10-t)$$

式中，$12-n$ 为 1 年中平均气温 $t<10$℃的月数；MCI 为负数。

微囊藻复苏可用复苏指数表示（M. recricitment index）：

$$\mathrm{MRI} = \sum^{n}(t-14)$$

式中，$t$ 为各月平均温度；14℃为根据经验所定的微囊藻水华发生的阈值。因此，MRI 是正数。

概括起来，信号说的要点为低温是水华微囊藻细胞死亡、下沉期的决定因素，藻体复苏、生长上浮则是由升温和光两个因子决定的。藻细胞下沉水体底层，处于黑暗环境，黑暗是另一种信号。微囊藻年生活周期就是在这 4 种信号（低温、黑暗、升温、光照）的驱动下使细胞内某些基因体系被打开或被关闭，这种“开-关”（on-off）活性通过有条不紊的、节律性的调节转录来建立。某些基因活动的产物反过来改变环境的条件，使它们能更好地适应环境，并在富营养化水体中使水华形成和消失，年复一年的循环往复。

## 二、信号说的科学依据

首先，微囊藻细胞衰败死亡或下沉和复苏、生长的温度阈值是可变的，不仅国内外有区别，国内不同地区也有差异。以太湖为例，1994～2002 年太湖站水温年变化，11～12 月 14～9℃，3～4 月13～16℃（图 9.4）。

观察沉积铜绿微囊藻细胞的显微和超微结构证明气囊形态保持完整，并未坍塌。Keršner 等（2000）调查研究了捷克 Moravia 南部一个作为休闲和饮用水源的伯鲁（Brno）水库，该水库 20 世纪 90 年代初水体已富营养化，夏季形成水华，铜绿微囊藻为优势种群。9 月底至 10 月微囊藻群体大量、迅速地减少，沉于水底越冬。在当地和

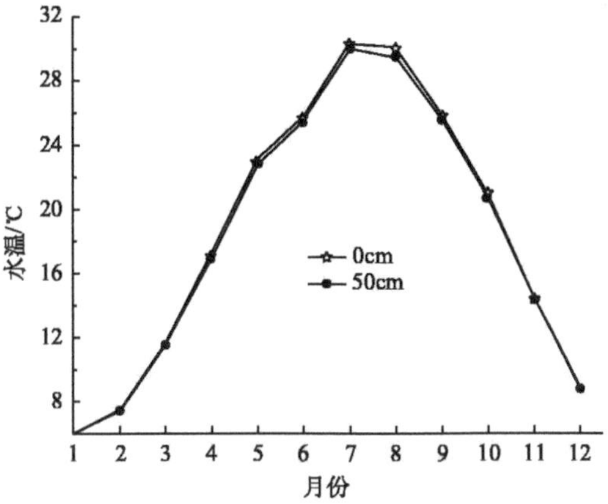


图 9.4　1994～2002 年太湖站水温年变化过程。(秦伯强等，2004)

许多欧洲国家，水华蓝藻在秋季下沉是常见的现象，经过多次讨论，Reynolds 等（1981）认为微囊藻下沉是由于秋季在深的分层湖泊中较高的流体静压力下柔弱的气囊坍塌的结果，但该文作者们认为微囊藻气囊有相当强的抗压能力，不会坍塌。

Latour 等（2007）近年来较深入地调查分析了法国 Loire 地区 Grangent 水库铜绿微囊藻水华沉积物的状况，他们用钻孔取库底沉积物作为样品，并用同位素测定不同深度（cm）的沉积时间，用显微镜、扫描电镜、DAPI 荧光染色共聚焦显微镜观察以及流式细胞术、CDFA 羧基荧光素-diacetate 对漂浮期和沉积的微囊藻显微形态、超微细胞结构进行比较，并测定了不同深度的微囊藻酶活性、微囊藻毒素，具体结果表明如下。

1）扫描电镜清晰显示出微囊藻细胞随着沉积深度的加深细胞减少，深度达 70cm（1.5 年前即 2003 年的沉积）时只有群体中央保存极少数细胞（图 9.5）。

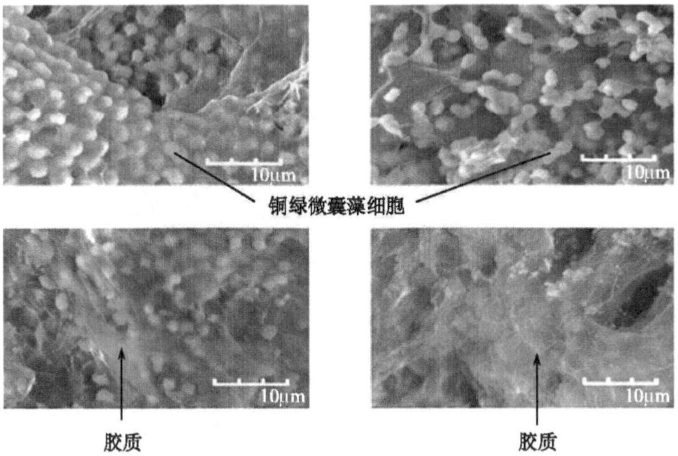


图 9.5　沉积的不同深度漂浮的和底栖的铜绿微囊藻扫描电镜（ESEM）形态学比较。左上图为浮游群体；右上图为 0～2cm 底栖群体；左下图为位于 25～35cm 底栖群体；右下图为位于 70cm 底栖铜绿微囊藻细胞，箭头示腔被。(Latour et al.，2007)

2）底层0～2cm和25～35cm的铜绿微囊藻细胞与漂浮群体细胞之间超微结构的比较（图9.6）。

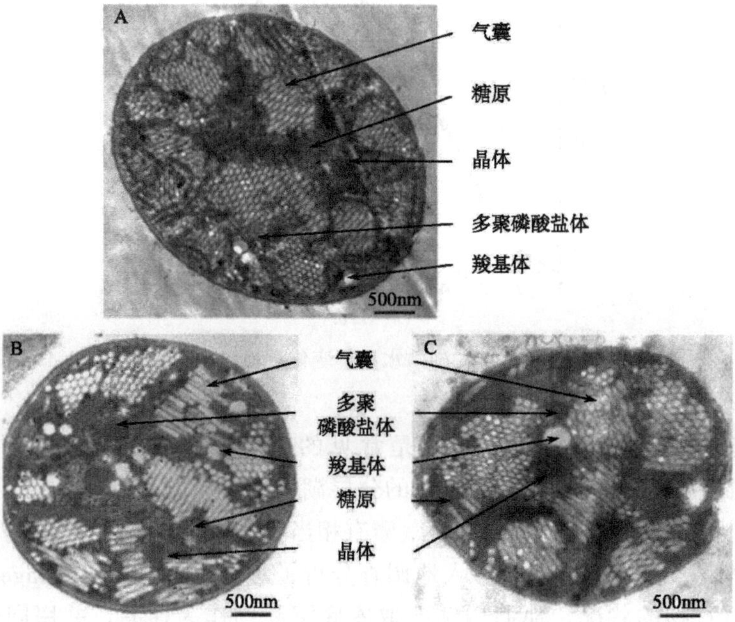


图9.6　底层0～2cm和25～35cm的铜绿微囊藻细胞与漂浮群体细胞之间超微结构的比较。
A. 漂浮的铜绿微囊藻细胞；B. 0～2cm底栖铜绿微囊藻细胞；C. 25～35cm底栖铜绿微囊藻细胞位于0～35cm深处细胞内气囊明显可见。（Latour et al.，2007）

3）DAPI荧光素染的底栖铜绿微囊藻共聚焦荧光显微镜观察。底栖铜绿微囊藻通过发酵获得能量维持生命，少数细胞还是进行细胞分裂（图9.7）。

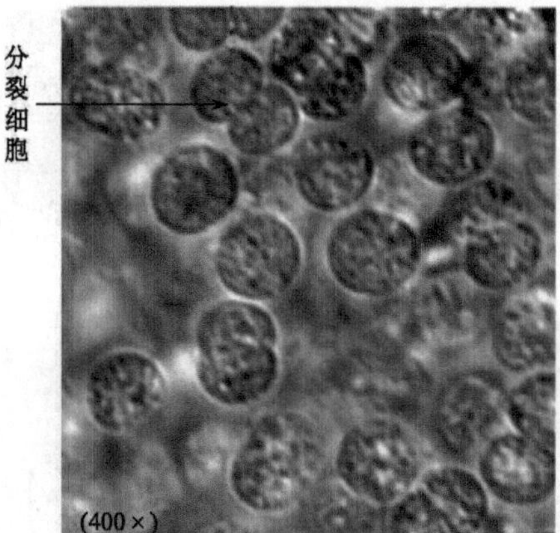


图9.7　DAPI荧光素染的底栖铜绿微囊藻共聚焦荧光显微镜观察。（Latour et al.，2007）

4）漂浮和底栖的铜绿微囊藻细胞，微囊藻毒素浓度。图9.8表明处于25～35cm深的微囊藻仍含有一定量的微囊藻毒素以防止其他生物攻击，使自己安全越冬。

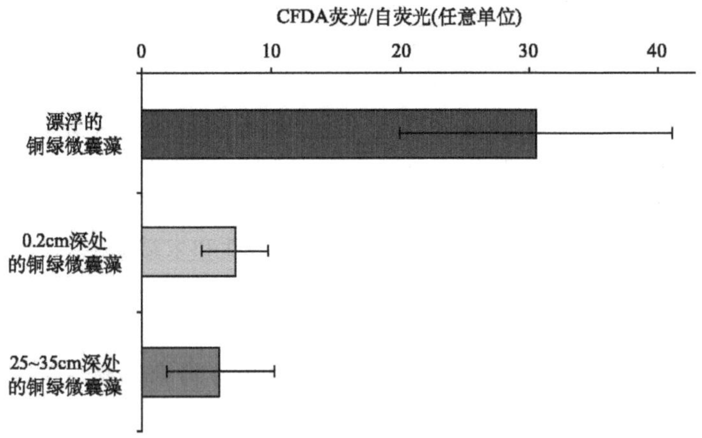


图 9.8　漂浮和底栖的铜绿微囊藻细胞、微囊藻毒素浓度。(Latour et al.，2007)

## 三、微囊藻、束丝藻细胞的程序性死亡

Ross 等（2006）实验证明在氧化作用的压力下可诱导铜绿微囊藻细胞的程序性死亡（PCD），他们在培养液中增加不同浓度（10$\mu$mol·L$^{-1}$，100$\mu$mol·L$^{-1}$）的 $H_2O_2$ 培养 6h、18h、24h 后，用碱性蕊香红（rhodamine）——一种荧光染料测定半胱氨酸蛋白酶（Caspase）的活性。当培养 18h 后，Caspase 活性达到每 110mg 蛋白质 9$\mu$mol 碱性蕊香红，若加入 100$\mu$mol·L$^{-1}$ $H_2O_2$，Caspase 活性更迅速显示。当用 100$\mu$mol·L$^{-1}$ $H_2O_2$ 再加 50U 的过氧化酶，则 Caspase 活性在 10h 就被抑制（图 9.9）。

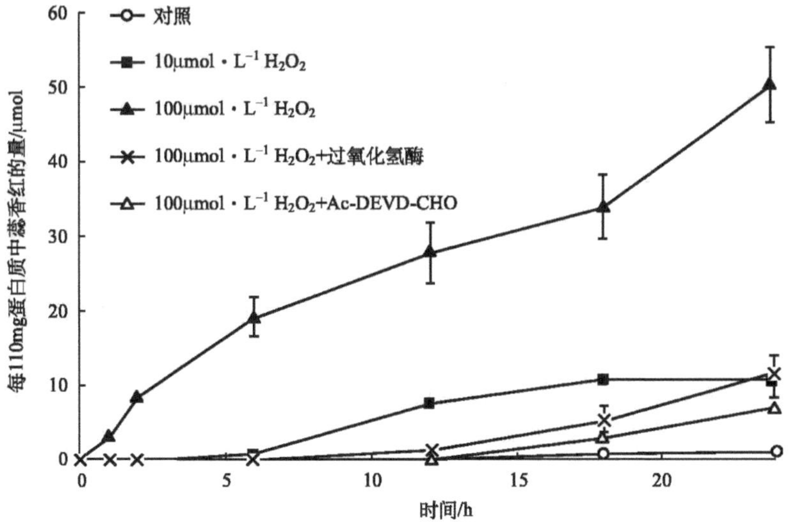


图 9.9　测定铜绿微囊藻 Caspase 活性（DEVD 分解）作为 PCD 的时间进程，培养细胞选择 $H_2O_2$ 的浓度（$n$=3 每组实验），Caspase 活性的分解、Z-DEVD-R110 碱性蕊香红荧光 110（Ex/Em：496nm/520nm）产生的结果、定量过氧化酶（1U·ml$^{-1}$）和可逆的醛 Caspase 抑制剂 AC-DEVD-CHO（100$\mu$mol·L$^{-1}$）作为负对照。单位用碱性蕊香红蛋白质 $\mu$mol 表示。(Ross et al.，2006)

这是铜绿微囊藻在氧压下诱导 PCD 的第一次直接实验证明。

早在 2004 年 Berman-Frank 等就报道了在室内实验和野外观察几种束毛藻（*Trichodesmium* spp.）通过自动催化作用（autocatalyzed）使细胞死亡的现象。作者们明确指出，这种现象实际上是这种固 N 的、在亚热带和热带海形成水华的蓝藻——束毛藻的程序性细胞死亡途径。这种 PCD 途径是在 P、Fe 饥饿以及强辐射和氧化的压力下诱导的。透射电镜显示细胞内组成包括类囊体、羧基体和气囊形态学的降解，而质膜保持完整。生理学的胁迫使细胞显著提升内切核酸酶活性和末端的 d-UTP（尿苷三磷酸）切口标记。核酸的降解与免疫反应性对人体胱天蛋白酶-3 多克隆的抗血清和增强胱天蛋白酶特异基质——DEVD 的切割是一致的。胱天蛋白酶活性与死亡率及被不可逆的胱天蛋白酶抑制剂-Z-VAD-FMK 抑制呈正相关。搜索红海束毛藻（*T. erythraeum*）基因组检出几种蛋白质序列含在保守的胱天蛋白域结构，包括在真正胱天蛋白酶类、副胱天蛋白酶类（paracaspases）及偏胱天蛋白酶类（metacaspases）中发现的、含组氨酸和半胱氨酸的催化的二分体。在细菌光自养与古代演化史中有关细胞死亡级联的起源与作用使类似胱天蛋白酶的蛋白酶 PCD 的诱导作用需要重新评价。死亡率机理导致天然束毛藻水华终止在以前受到重视，同时束毛藻水华死亡影响海洋中有机物的通量（图 9.10，图 9.12）。

P 和 Fe 限制导致光合作用速率、DEVD 清除活性和核酸酶活性的减小，如图 9.11 所示。

## 四、低温下微囊藻糖原的积累

Visser 等（1995）观察荷兰阿姆斯特丹近郊的 Nieuwe Meer 湖野外微囊藻群体数量与温度变化的关系，并从该湖分离藻种在室内培养，研究降低温度与微囊藻光合作用、呼吸作用及蛋白质合成与糖原（glycogen）积累的关系。野外观察表明夏季水柱中微囊藻在漂浮植物总数中占高的百分数，而在沉积物收集器中所占百分数低；相反 9、10 月间微囊藻在沉积物收集器中占有高的百分数，而在水柱中的百分数却较低（图 9.13）。

野外观察证明水柱中微囊藻群体数量的减少与水温降低是一致的。室内培养实验证明群体下沉百分数的增加随温度从 20℃降至 15.3℃、13.0℃或 10.5℃，而且在几天内达到 100%（图 9.14）。

在培养条件下细胞内气囊的容积保持不变。他们的研究还证明微囊藻群体的下沉是由于细胞内糖原含量增加所致。通过降温培养，最初两天碳通量（carbon flow）的计算表明，糖原的积累是由于低温、光照期间蛋白质合成速率更低的结果。虽降温使光合作用速率减少，但固定的 $CO_2$ 更多，并以葡萄糖的形式蓄存。由于呼吸作用速率也随之降低，其降低量几乎与光合作用的降低值相同，因而在低温时糖原被积累。降温培养 1 周后每降低 1℃，光合作用速率减少为 20℃时值的 10.1%，而呼吸作用速率减少仅 1.8%（表 9.3）。据此作者们提出，微囊藻细胞存在增加糖原浓度、抑制光合作用的同时刺激呼吸作用的反馈机制。

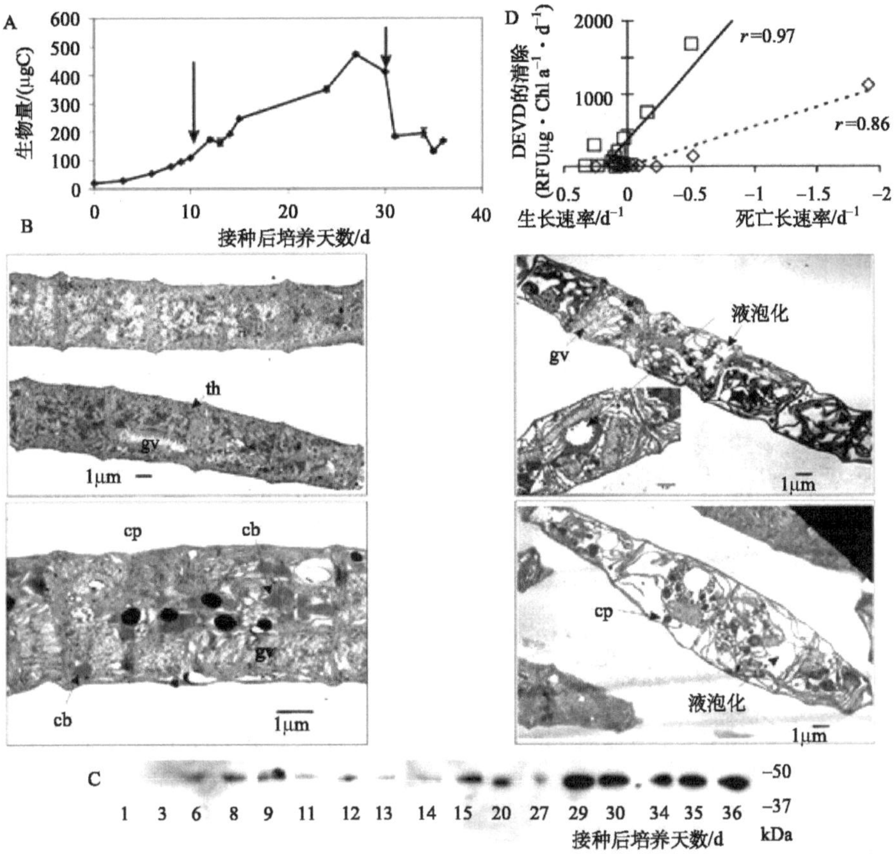


图 9.10 模拟水华期间束毛藻 IMS101 的生长和崩溃。A. 箭头表示从样品培养在透视电镜（TEM）下的时期。B. 左图为水华早期生长速率上升时的细胞（对应 A 中第一个箭头），右图为当水华衰退时的细胞（对应 A 中第二个箭头）。TEM 照片显示老化培养的细胞形态学变化。缩写字母：th，类囊体；gv，气囊；cp，藻蓝素颗粒；cb，羧基体，多角体。（C、D）. 束毛藻的胱天蛋白酶类；C. 蛋白质印迹说明在束毛藻 IMS101 水华发展时胱天蛋白酶-3 免疫反应活性增加。D. DEVD 的切割依赖于束毛藻 IMS101 的生理学的状态（死亡速率以颗粒的有机碳表示）。不同的符号代表两同时但分别的水华。钻石形代表西部分析的样品。相关系数用线形回归表示。（仿 Berman-Frank et al.，2004）

**表 9.3 微囊藻在光/暗周期中相对于每毫克蛋白质的 C 同化/消耗量**（单位：mg）

| | | At 20℃ | At 15.3℃ | At 13.0℃ |
|---|---|---|---|---|
| 每 8h 光周期 | $\Delta C_{葡萄糖}$ | +0.47 | +0.56 | +0.48 |
| | $\Delta C_{蛋白质}$ | +0.20 | +0.08 | +0.06 |
| | $\Delta C_{光合作用}$ | +0.80 | +0.51 | +0.46 |
| 每 16h 暗周期 | $\Delta C_{葡萄糖}$ | −0.38 | −0.37 | −0.18 |
| | $\Delta C_{蛋白质}$ | +0.06 | +0.10 | +0.07 |
| | $\Delta C_{呼吸作用}$ | −0.28 | −0.24 | −0.14 |

注：光合作用和呼吸作用在低温下培养 15min 两个样品测定的平均值。每个值是光周期开始和结束时测定的平均值。$\Delta C_{蛋白质}$和 $\Delta C_{葡萄糖}$是低温培养从 20℃变化最初 2 天的平均值。$\Delta C_{蛋白质}$和 $\Delta C_{葡萄糖}$在 20℃培养稳定期 4 个值的平均值。

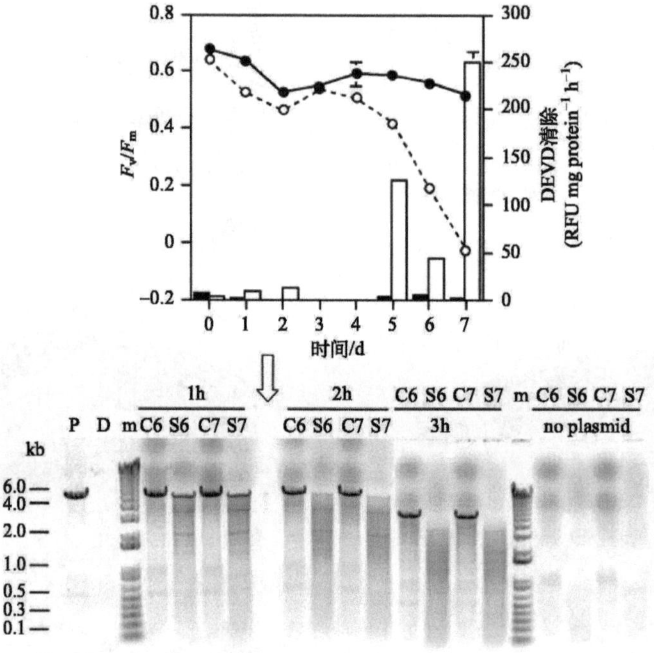


图 9.11　束毛藻 IMS101 在完全的 YBCⅡ培养基中（实心）或缺 P 和 Fe（空心）时光合作用的最大量子产量（$F_v/F_m$，圆圈）及 DEVD 清除（柱）。（仿 Berman-Frank et al.，2004）

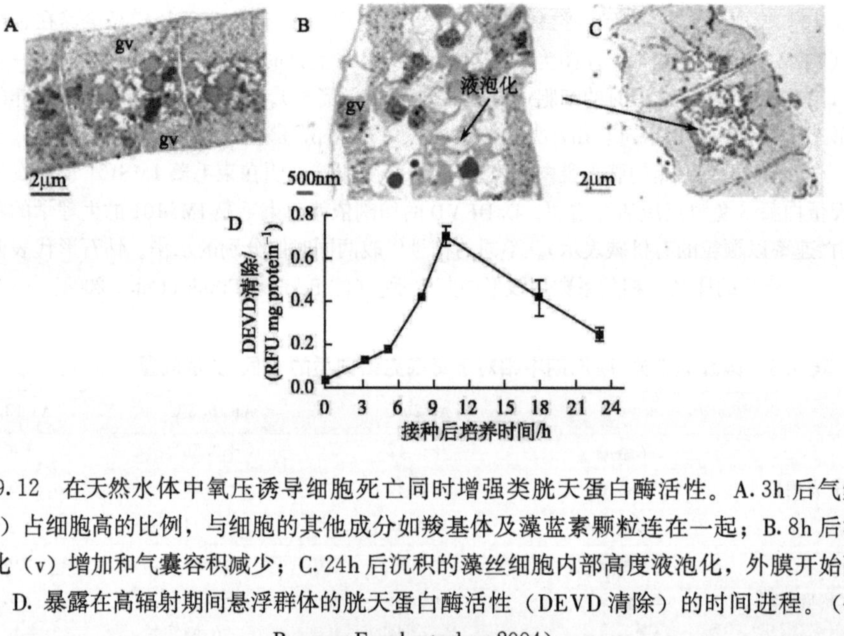


图 9.12　在天然水体中氧压诱导细胞死亡同时增强类胱天蛋白酶活性。A. 3h 后气囊（gv）占细胞高的比例，与细胞的其他成分如羧基体及藻蓝素颗粒连在一起；B. 8h 后液泡化（v）增加和气囊容积减少；C. 24h 后沉积的藻丝细胞内部高度液泡化，外膜开始融解；D. 暴露在高辐射期间悬浮群体的胱天蛋白酶活性（DEVD 清除）的时间进程。（仿 Berman-Frank et al.，2004）

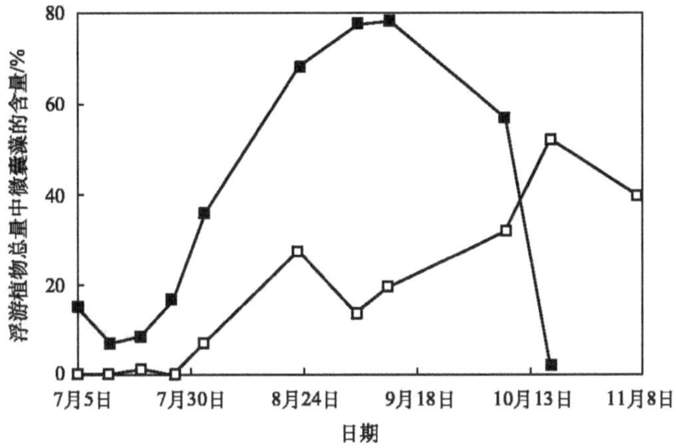


图 9.13　Nieuwe Meer 湖微囊藻群体在水柱（□）和收集器（■）中浮游植物总量百分数中微囊藻群体丰度。（Visser et al.，1995）

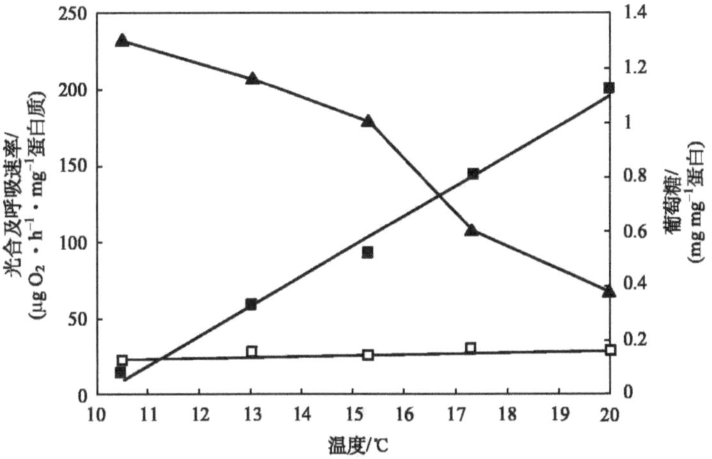


图 9.14　培养样品从 20℃转到低温，光合作用（P. ▲）、呼吸作用（R. ■）（$\mu gO_2 \cdot h^{-1} \cdot mg^{-1}$蛋白质）及葡萄糖/蛋白质速率。在 10.5℃、15.3℃培养 6d 和 7d 后及在 13℃、17.3℃培养 8d 和 9d 后测定，在光周期开始进行测定，两组测定的平均值。（Visser et al.，1995）

## 五、铜绿微囊藻在黑暗、无氧条件下的发酵作用

Moezelaar 等研究微囊藻 PCC7806 在黑暗无氧条件下的发酵作用证明，其内源贮藏的糖原产生等摩尔量的乙酸和乙醇，同时还产生 $H_2$、$CO_2$ 和一些 L-乳酸。这样的发酵方式不同于生长在光/暗周期（16/8h）条件下的发酵方式。这种光/暗周期的培养方式，细胞会产生更多的乙醇，也没有乳酸形成。这种区别与发酵的关键酶无关。当培养物生长在连续光照、含有比在光/暗培养时多两倍的糖原时，前者的代谢速率几乎比后者快了 3 倍。在连续光照条件下，发酵作用显示出低碳回收（59%～80%），同时具有高的氧化/还原平衡（近 1.5）。通过 ATP 产量的计算可以得出结论：这样的培养生长

的驱动力是由于发酵作用。构成细胞物质的增加由损失的碳和还原当量来计算（图 9.15，图 9.16，图 9.18）。

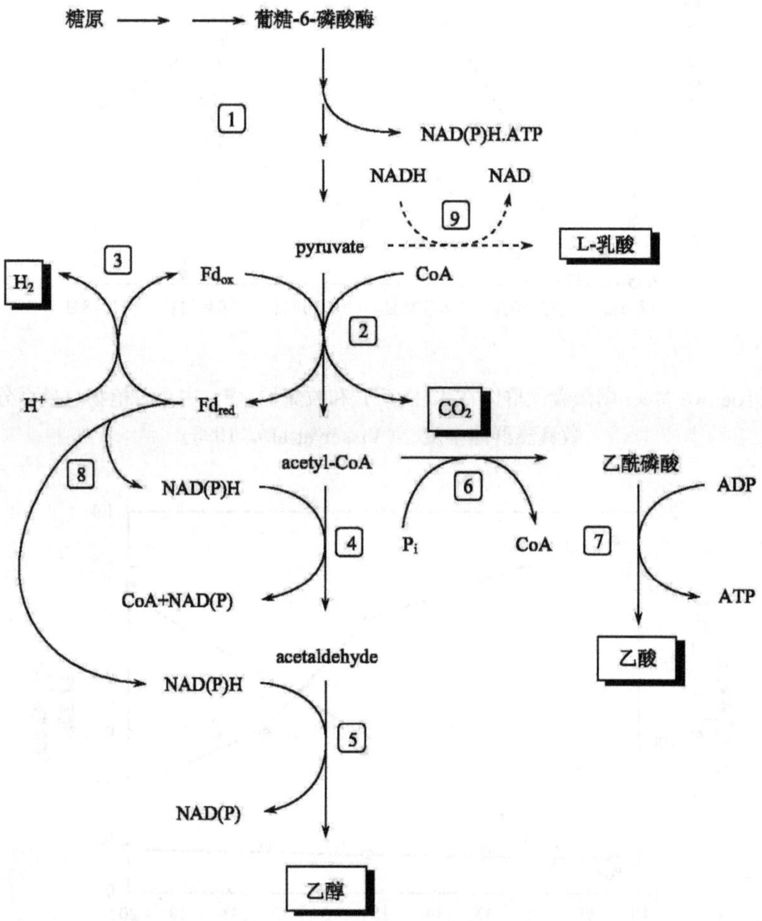


图 9.15 微囊藻 PCC7806 糖原发酵途径。方框内化合物可能是发酵产物。黑线表明反应仅在代谢例外情况下发生，而不是规则发酵产物。数字涉及所包括的酶类：1. Embden-Meyerhof-Parnas 途径的酶类；2. CoA 连接的丙酮酸：铁氧还蛋白氧化还原酶；3. 氢酶；4. CoA 连接的乙醛脱氢酶；5. 乙醇脱氢酶；6. 磷酸转乙酰酶；7. 乙酸激酶；8. 铁氧还蛋白；9. 依赖 NAD 的乳酸脱氢酶。（Moezelaar et al.，1997）

## 六、铜绿微囊藻两个品系的全基因组包含控制其细胞结构、代谢等生命活动的所有遗传信息

铜绿微囊藻品系 Mic-PCC7806 全基因组序列分析表明，当细胞暴露在严酷的环境压力下诱发细胞程序性死亡（PCD）时，水华迅速衰退。基因组存在 1 种与 Hik33 相似的基因（*mic*5251），这个基因在 Syn-PCC6803（聚胞藻的一种模式品系）也存在，它的编码蛋白质有抗寒、抗压和抗渗透压的作用。基因（*mic*5237）与 Ana-PCC7120

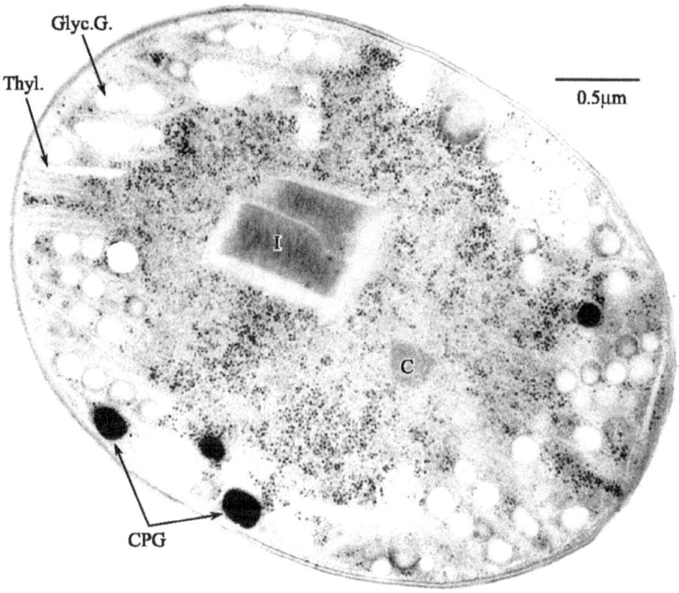


图 9.16 蓝杆藻 *Cyanotheze* sp，str，CGD 在连续黑暗，分子 N 固定时异养生长细胞的电镜照片（冷冻制片）。细胞约 3μm×4μm。类囊体膜（Thy1），糖原颗粒（Glyc G），蓝藻素颗粒（CPG），多角体（梭化体）（C）以及未知内含物成分（I）。（仿 Schneegurt et al.，2000）

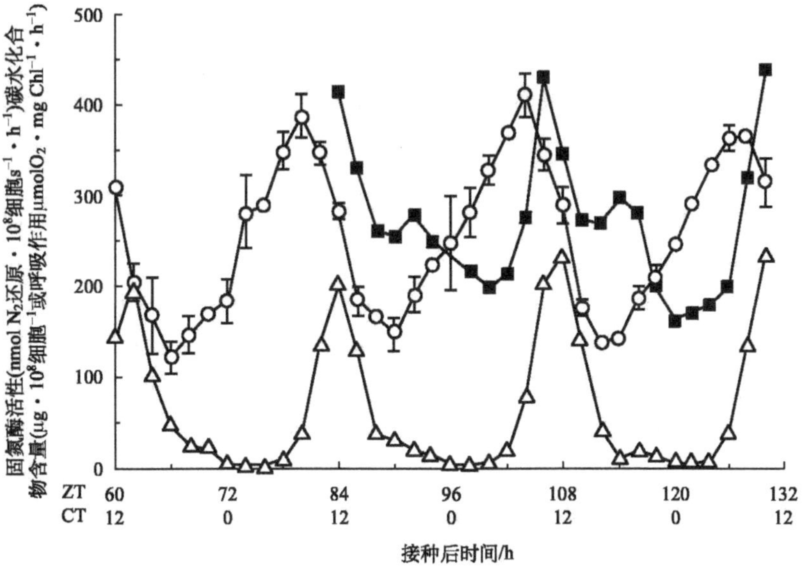


图 9.17 蓝杆藻 *Cyanotheze* sp，str，CGD 在连续黑暗，无固 N 的异养生长条件下双 N 固定作用（△），碳水化合物含量（○）及呼吸作用（■）的节律颤动（oscillatior）。（仿 Schneegurt et al.，2000）

（鱼腥藻一种模式品系）*orr*A 基因相似，其产物与渗透压调节有关。基因组岛上携带的 *actM* 和 *pfmM* 分别编码的类似真核的蛋白质凝集素和肌动蛋白（profilin）在 Mic-PCC7806 基因组中被发现，凝集素可能形成似壳状结构，增强细胞对水压和渗透压的

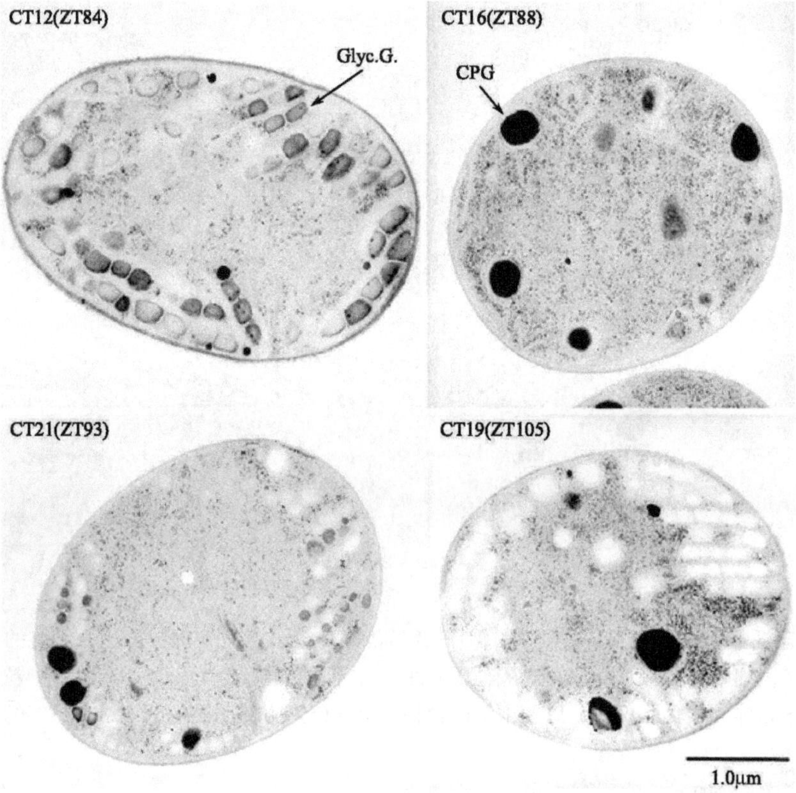


图 9.18 蓝杆藻 *Cyanotheze* sp，str，CGD 在连续黑暗缺乏 N 固定时异养生长细胞的电镜照片。在昼夜周期不同时间收获的细胞冷冻制片。CPG，蓝藻素颗粒；Gly G，糖原颗粒。放大倍数：400×。(仿 Schneegurt et al.，2000)

抵抗力。Mic-PCC7806 有 2 个基因（mic2086 及 mic1089）编码类似 Wzc 蛋白酪氨酸（Tyr）激酶（mic2086 及 mic1089）和 3 个基因（mic3515，mic3588 及 mic6566）编码类似 Wzb 蛋白酪氨酸磷酸酶。在大肠杆菌中这些酶系统的功能与细胞壁和多糖的合成有关。Mic-PCC7806 基因组携带的 12 个基因的基因簇编码的蛋白质构成了气囊（GV），其中还发现了 2 个新基因（*gvpV* 和 *gvpW*）。*Mic1271* 和 *mic1270* 两个基因是很相似的，在 Syn-PCC6803 中编码光调节组成系统，此系统由蓝藻的光敏色素（Cph1）及其应答调节物（Rcp1）组成，被认为在控制蓝藻适应从光照到黑暗条件或者相反过程中起重要的作用。涉及昼夜节律的所有基因在 Mic-PCC7806 中都存在，而且昼夜循环及微囊藻群体在水柱中垂直迁移的计时器是由光敏色素和节律钟机制控制的。最引人注目的是 Mic-PCC7806 和 Mic-NISE843，与其他蓝藻不同的是它们包含大量的编码非核糖体肽合成酶（NRPS）和聚酮化合物合成酶（PKS）的基因。有意思的是，在 Mic-PCC7806 存在的这些基因数量远比 Mic-NIES843 和 Cwa-WH8501 要多。基因组中次生代谢产物的基因所占百分数最大达 3.5%左右，所有已知的和未知的次生代谢产物基因簇及其生物合成均已检出。

此外，Frangeul 等（2008）论文后面还有 13 个附录文件。

铜绿微囊藻作为一种原核生物，其基因组的可塑性（plasticity）常被认为是一种促使微生物适应性的策略与真核生物有性生殖促进分化方式有些类似。

有一种固N的蓝杆藻（*Cyanothece*），Schneegur等（2000）研究其中的一个品系ATCC51142在连续黑暗条件下异养生长的特性，发现一种很有意思、很值得深思的现象，即N的固定、呼吸作用、碳水化合物贮存和N的贮存等所有代谢过程虽无光信号，仍维持高度的同步化（图9.17）。他们的研究结果强有力地显示昼夜节律机制操纵着这些代谢过程，他们还强调指出昼夜节律在单胞蓝藻（不少学者将微囊藻也认为是单细胞类型）所有代谢调节作用中的重要性。因此，笔者认为 *kai* C基因在微囊藻年周期循环中可能起很重要的作用。因为上述微囊藻的4个“时期”，本质上可分为“暗周期”和“光周期”两个时期，当然这需要实验证明。

“信号说”从字面上看也似外因说，但实质上是不同的，我们强调“信号”只有通过内因才能起作用，同时水体如果没有富营养化，也就是说水体中没有丰富的N和P等营养源，微囊藻水华也不可能发生。根据我们的假说，微囊藻水华的治理不必依赖弄清水华发生的机理后才能找到有效治理办法，因为人们无法干预地球上的气候变化，在相当长的时期内也无法改变微囊藻的生理生态特性，唯一的办法是寻找更有效、更经济的技术去除水体中过量的营养源。多长时间（年）能去除超额的N和P等营养物质以达到贫营养型水体标准，取决于经济、高效技术措施的实施。这决不是消极悲观的论调，而是理性科学的判断。

“信号说”还需要实验的检验、补充、完善和修正，聊备一说仅供探讨蓝藻水华发生机理的学者参考。

## 参考文献


曹焕生，孔繁翔，谭啸，等．2006．太湖水华蓝藻底泥中复苏和水柱中生长的比较．湖泊科学，18（6）：585～589．

成慧敏，邱保胜．2006．蓝藻的伪空泡及其对蓝藻在水体垂直分布的调节．植物生理学通讯，42（5）：974～980．

季健，孔繁翔，于洋，等．2009．太湖越冬蓝藻空间分布的初步研究，湖泊科学，21（4）：490～494．

孔繁翔，高光．2005．大型浅水富营养化湖泊中蓝藻水华形成机理的思考．生态学报，25（3）：589～595．

李阔宇，宋立荣，万能．2004．底泥中微囊藻复苏和生长特性的研究．水生生物学报，（3）：113～118．

秦伯强，胡维平，陈伟民．2004．太湖水环境演化过程与机理．北京：科学出版社．200～201，209～225．

秦伯强，杨柳燕，陈非洲，等．2006．湖泊富营养化发生机理与控制技术及其应用．科学通报，51（16）：1857～1866．

秦伯强，朱广伟．2005．长江中下游地区湖泊水和沉积物中营养盐的赋存、循环及其交换特征．中国科学（D辑地球科学），35（增刊II）：1～10．

陶益，孔繁翔，曹焕生，等．2005．太湖底泥水华蓝藻复苏的模拟．湖泊科学，17（3）：231～236．

万能，汤俊，李林，等．2009．滇池北部湖湾不同底泥性状对微囊藻复苏影响的模拟．湖泊科学，21（6）：806～812．

谢平，2007．论蓝藻水华的发生机理—从生物进化、生物地球化学和生态学观点．北京：科学出版社．1～195．

徐虹，王靖，赵振坤，等．2007．铜绿微囊藻光合作用的昼夜节律变化、高技术通讯，17（2）：201～204．

徐虹，章军．2004．蓝藻生物钟分子机制研究进展．海洋科学，28（7）：61～66．

徐虹，郑锦乾，章军，等．2005．铜绿微囊藻生物钟蛋白KaiA的自身相互作用研究．水生生物学报，29（5）：591～594．

张敏，谢平，徐军，等．2005．大型浅水湖泊——巢湖内源磷负荷的时空变化特征及形成机制．中国科学（D辑地球科学），35（增刊II）：63～72．

张晓锋，孔繁翔，曹焕生，等. 2005. 太湖梅梁湾水华蓝藻复苏过程的研究. 应用生态学报，16 (7)：1346～1350.
朱广伟，秦伯强，张路. 2005. 长江中下游湖泊沉积物中磷的形态及藻类可利用量. 中国科学（D 辑地球科学），35 (增刊 II)：2.
Blomqvist P, et al. 1994. Ammonium-nitrogen: A key regulatory factor causing dominance of non-nitrogen-fixing cyanobacteria in aquatic systems. Arch Hydrobiol, 132: 141～164.
Frangeul L, Quillardet P, Castets A M, et al. 2008. Highly plastic genome of *Microcystis aeruginosa* PCC7806, a ubiquitous toxic freshwater cyanobacterium. BMC Genomics, 9: 274.
Frank I B, Bidle K D, Haramaty L, et al. 2004. The demise of the marine cyanobacterium, *Trichodesmium* spp., via an autocatalyzed cell death pathwaw. Limnol Oceanogr, 49 (4): 997～1005.
Haney J F. 1987. Field studies on zooplankton-cyanobacteria interactions. N. Z. J. Mar Freshwater Res, 21: 467～475.
Ishiura M, Kutsuna S, Aoki S, et al. 1998. Expression of a gene cluster *kaiABC* as a circadian feedback process in Cyanobacteria. Science, 281: 1519～1523.
Kanenko T, Naksjima N, Okamoto S, et al. 2007. Complete genomic structure of the bloom-forming toxic cyanobacterium *Microcystis aeruginosa* NIES-843. DNA Research, 14: 1～10.
Keršner V, Komárek O. 2000. On the dominance of the planktic cyanobacterium *Microcystis wesenbergii*-ecological and statistical analysis of the population. Archiv für Hydrobiologie. Supplementband, Algological studies, 132: 29～42.
Latour D, Salencon M J, Reyss J L, et al. 2007. Sedimentary imprint of *Microcystis aeruginosa* (Cyanobacteria) bloom in grangent reservoir (Loire, France). J Phycol, 43: 417～425.
Moezelaar R, Stal L J. 1997. A comparison of fermentation in the cyanobacterium *Microcystis* PCC7806 grown under a light/dark cycle and continuous light. Eur J Phycol, 32: 373～378.
Mur L R, et al. 1978. Competition of the green alga *Scenedesmus* and the blue-green *Oscillatoria*. Mitt. Internal. Verein. Limnol. 21: 473～479.
Mur L R, et al. 1999. Cyanobacteria in the environment. *In*: I Chorus and J. Bartram (eds) Toxic Cyanobacteria in water. A guide to their public health consequences, monitoring and management. E & FN Spon, London and New York: 15～34.
Oliver R L. 1994. Floating and sinking in gas-vecuolate cyanobacteria. J Phycol, 30: 161～173.
Pettersson K, et al. 1993. The role of *Gloeotrichia echinulata* in the transfer of phosphorus from sediments to water in Lake Erken. Hydrobiologia, 253: 123～129.
Reuter J G, Petersen R R. 1987. Micronutrient effects on cyanobacterial growth and physiology. N. Z. J. Mar Freshwater Res, 21: 434～445.
Reynolds C S, Jaworski G H M, Cmiech H A, et al. 1981. On the annual cycle of the blue-green algae *Microcystis aeruginosa* Kütz, emend Elenkin. Philosophical Transactions of the Royal Sociey of London. B293: 419～477.
Rhee G Y, Gotham I J. 1980. Optimum N : P ratios and coexistence of planktonic algae. J Phycol, 16: 486～489.
Robarts R D, Zohary T. 1987. Temperature effects on photosynthetic capacity, respiration, and growth rates of bloom-forming cyanobacteria. New Zealand Journal of Marine and Freshwater Research, 21: 391～399.
Ross C, Vázquae L S, Paul V. 2006. Toxin relase in response to oxidative stress and programmed cell death in the cyanobacterium *Microcystis aeruginosa*. Aquatic Toxicology, 78: 66～73.
Rust M J, Markson J S, Lane W S, et al. 2007. Ordered phosphorylation governs Oscillation of a three-protein circadian clock. Science, 318: 809～812.
Schindler D W. 1977. Evolution of phosphorus limitation in lakes (Natrual mechnisms compensate for deficiencies of nitrogen and carbon in eutrophied lakes). Science, 195: 260～262.
Schneegurt M A, Tucker D L, Ondr J K, et al. 2000. Metabolic rhythms of a diazotrophic cyanobacterium, *Cyanothece* sp. Strain ATCC51142, heterotrophically grown in continuous dark. J. Phycol, 36: 107～117.
Smith V H. 1983. Low nitrogen to phosphorus tatios favor dominaance by blue-green algae in Lake Phytoplankton.

Science, 221 (4611): 669～671.

Smith V H. 1986. Light and nutrient effects on the relative biomass of blue-green algae in lake phytoplankton. Can J Fish Aquat Sci, 43: 148～153.

Takamura N, Yasuno M, Sugahara K. 1984. Overwintering of *Microcystis aeruginosa* Kütz. in a shallow lake oxford:. IRL Press Limited: 1019～1029.

Tomitta J, Nakajima M, Kondo T, et al. 2005. No transcription-translation feedback in circadian rhythm of KaiC phosphorylation. Science, 307: 251～254.

Visser P M, Ibelings B W, Mur L R. 1995. Autumnal sedimentation of *Microcystis* spp. sa result of an increase in carbohydrate ballast at reduced temperature. Journal of Plankton Research, 17 (5): 919～933.

Zevenboom W, Mur L R. 1980. $N_2$-fixing cyanobacteria: Why the do not become dominant in Dutch, hypertrophic lakes. In: Barica J, Mur L R, Hypertrophic ecosystems, Junk. 123～130.

# 学名、拉丁名索引

# 名词索引

# 图　　版

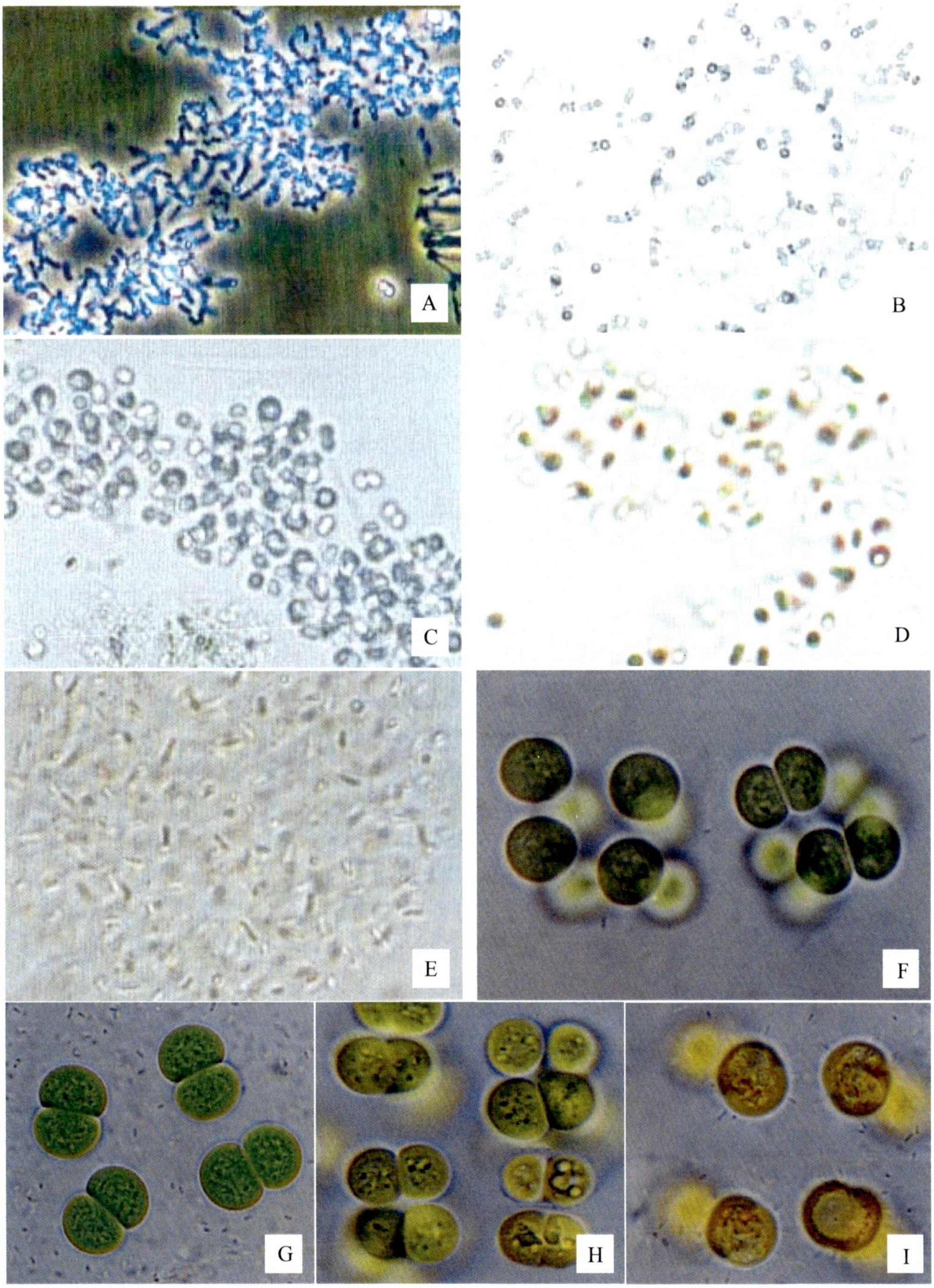


图版Ⅰ：A、B. 不完全蓝网藻*C.imperfectum*；C. 双生辐囊藻*R.geminata*；D. 极小隐杆藻*A.minutissima*；E. 窗格隐杆藻*A.chathrata*；F~I. 湖生色球藻*C. limneticus*。(A~E. 仿Cronberg et al., 2006；F~I. 仿Hindák，2008)

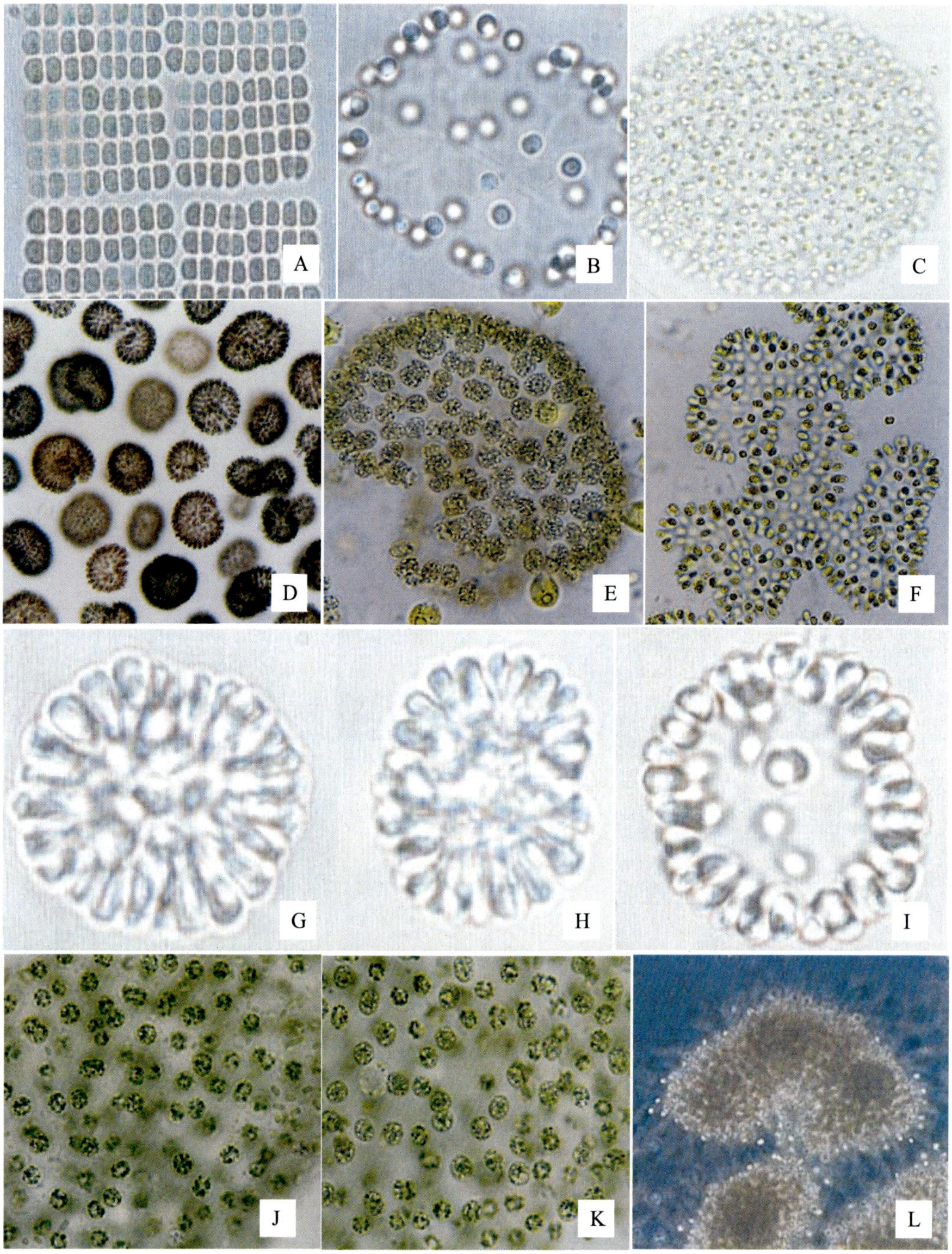


图版Ⅱ：A. 马氏平裂藻*M.marssonii*；B. 海滨小雪藻*S.litoralis*；C. 微小隐球藻*A.delicatissima*；D~F. 纳格欧氏藻*W.naegeliana*；G. 卵形欧氏藻*W.elorantae*；H、I. 卡里欧氏藻*W.karelica*；J、K. 布纹微囊藻*M.natans*；L. 放射微囊藻*M.bortys*。(A~C、G~I、L. 仿Cronberg et al.，2006； D~F、J、K. 仿Hindák，2008)

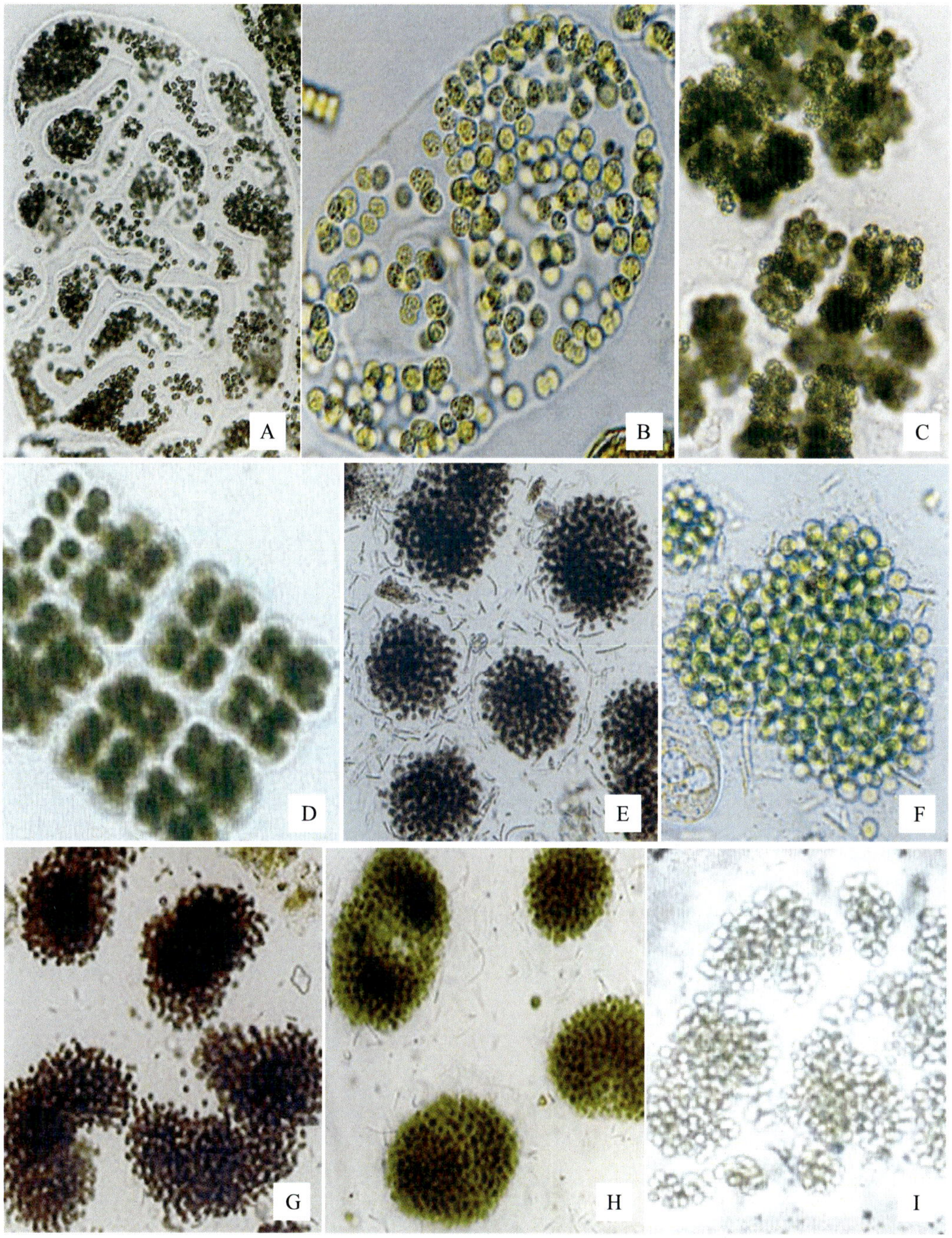


图版Ⅲ：A、B. 惠氏微囊藻*M.wesenbergii*； C、D. 绿色微囊藻*M.viridis*；E~I. 挪氏微囊藻*M.novacekii*。(A~C、E~H. 仿Hindák，2008； D、I. 仿Cronberg et al.，2006)

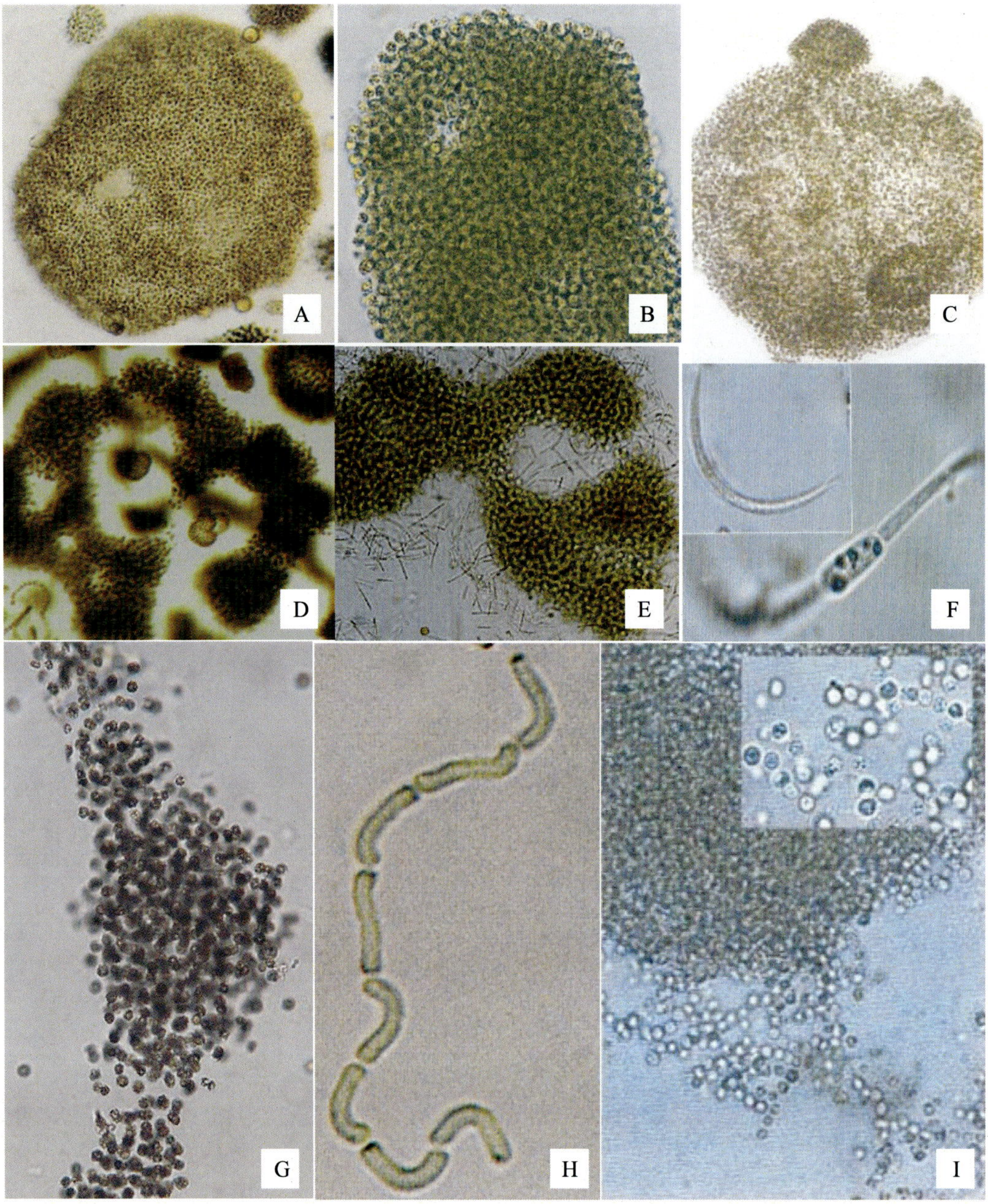


图版Ⅳ：A~C. 水华微囊藻*M.flos-aquae*；D、E、G. 铜绿微囊藻*M.aeruginosa*；F. 弯曲尖头藻*R. curvata*；H. 简单罗马藻*R.simplet*；I. 块状微囊藻*M.panniformis*。(A、B、D、E、G. 仿Hindák，2008；C、F、H、I. 仿Cronberg et al.，2006)

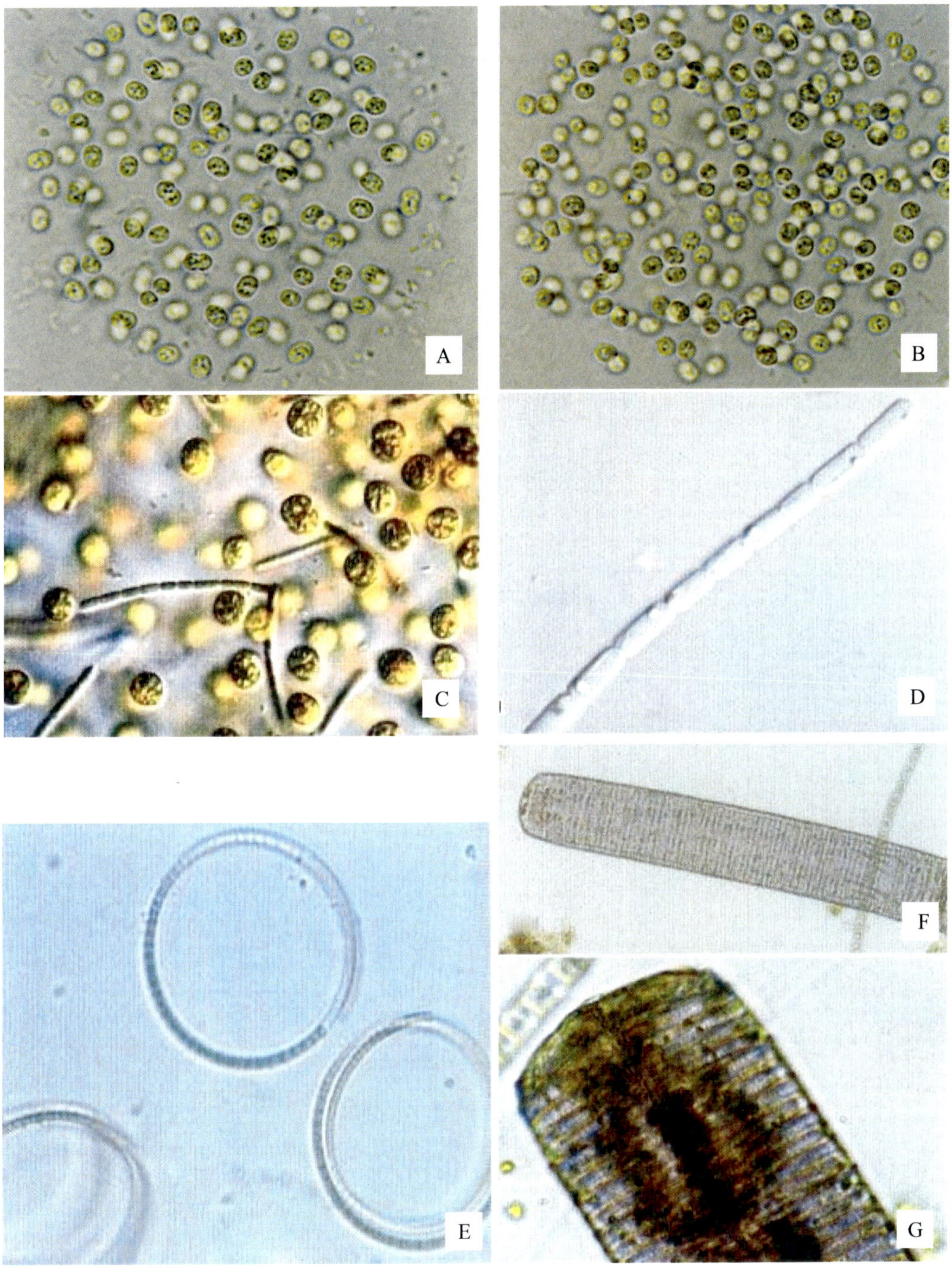


图版Ⅴ：A、B. 布纹微囊藻*M.natans*； C. 沃龙伪鱼腥藻*P.voronichinii*；D. 项圈形伪鱼腥藻*P.moniliformis*；E. 环离浮鞘丝藻*P.circumcreta*；F，G .卡瓦颤藻*O.kawamurae*。(A、B. 仿Hindák，2008； C~G. 仿Cronberg et al，2006)

图版Ⅵ：A、B. 赖氏泽丝藻*L.redekei*；C. 博里常丝藻*Ty. bornetii*；D~G. 湖泊束毛藻*T.lacustre*；H. 湖泊浮鞘丝藻*P.limnetica*；I，J. 阿氏浮丝藻*Pla.agardhii*；K、L. 红色浮丝藻*Pla.rubescens*。(A~G、I~L. 仿Hindák，2008； H. 仿Cronberg et al.，2006)

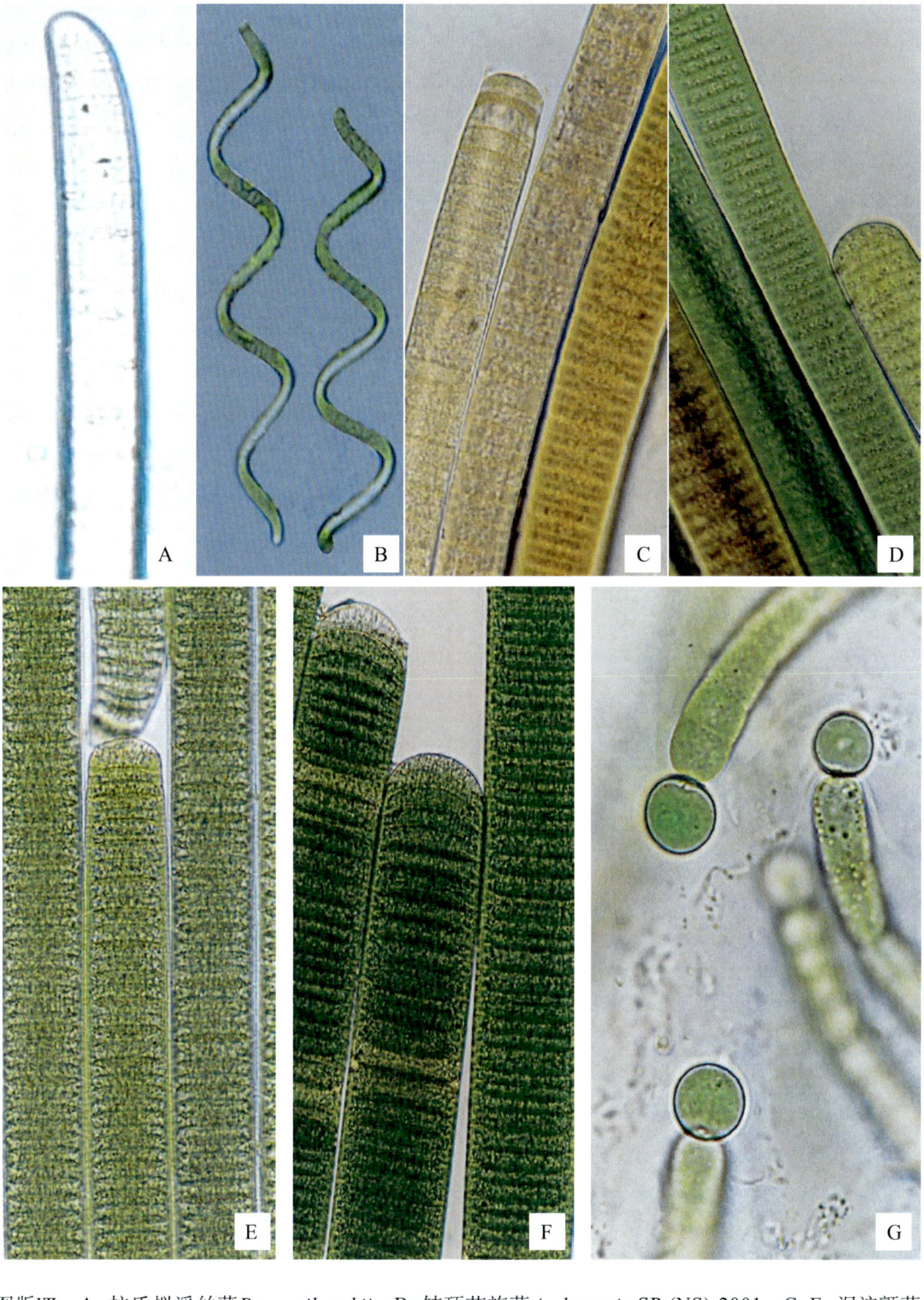


图版Ⅶ：A. 拉氏拟浮丝藻*Ps. raciborskii*；B. 钝顶节旋藻*A.platensis* SP (NS) 2001；C~E. 泥泞颤藻*O.limosa*；F. 巨颤藻*O.princeps*；G. 刺孢胶刺藻*Gl. echinulata*。(A. 仿Cronberg et al.，2006； B. 仿胡鸿钧，2003； C~G. 仿Hindák，2008）

图版Ⅷ：A~C. 刺孢胶刺藻*Gl. echinulata*；D~G. 赖默长孢藻*Do.lemmermanii*。(仿Hindák，2008)

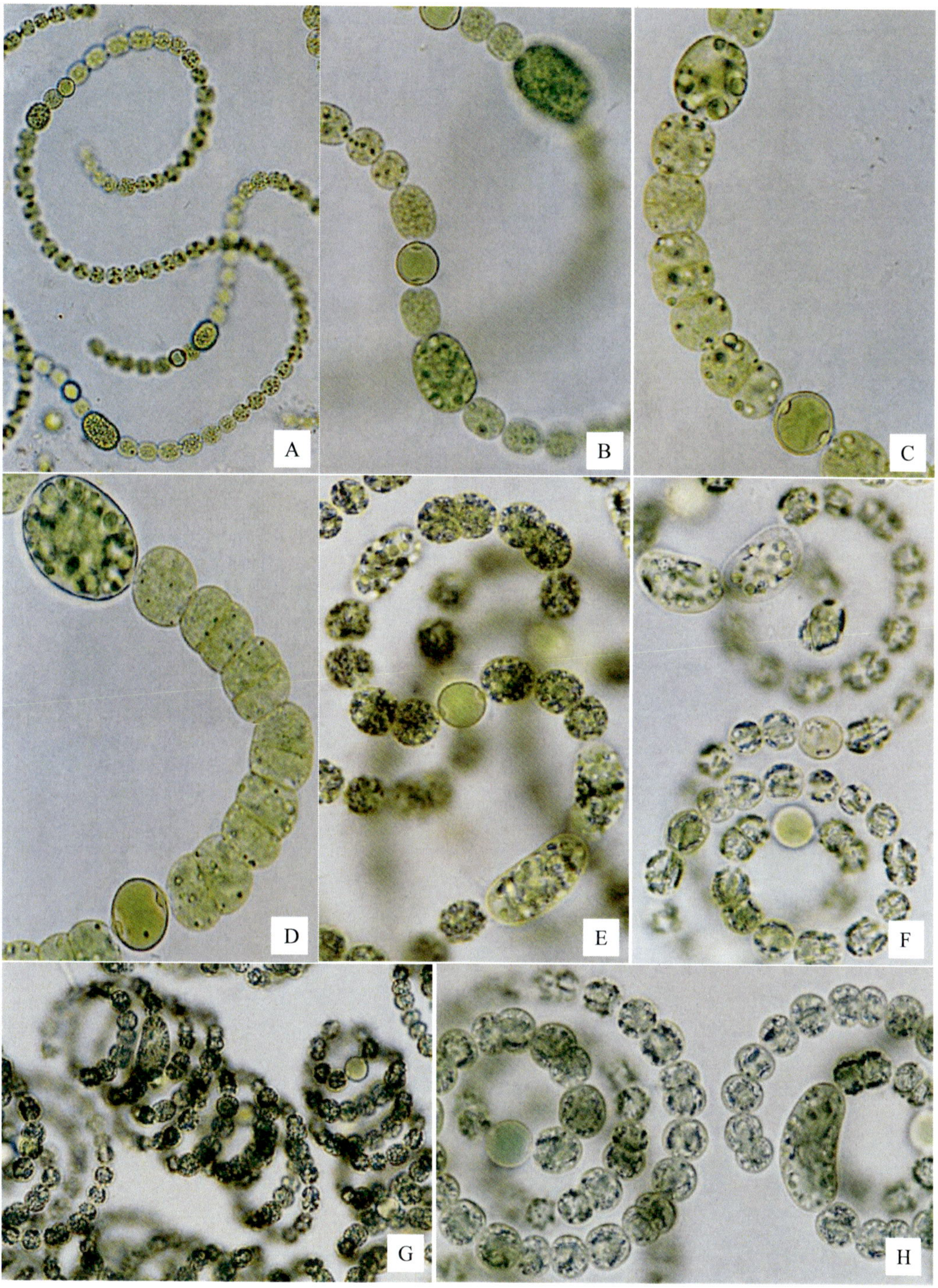


图版Ⅸ：A~D. 卷曲长孢藻*Do.circinalis*；E~H. 水华长孢藻*Do.flos-aquae*。(仿Hindák，2008)

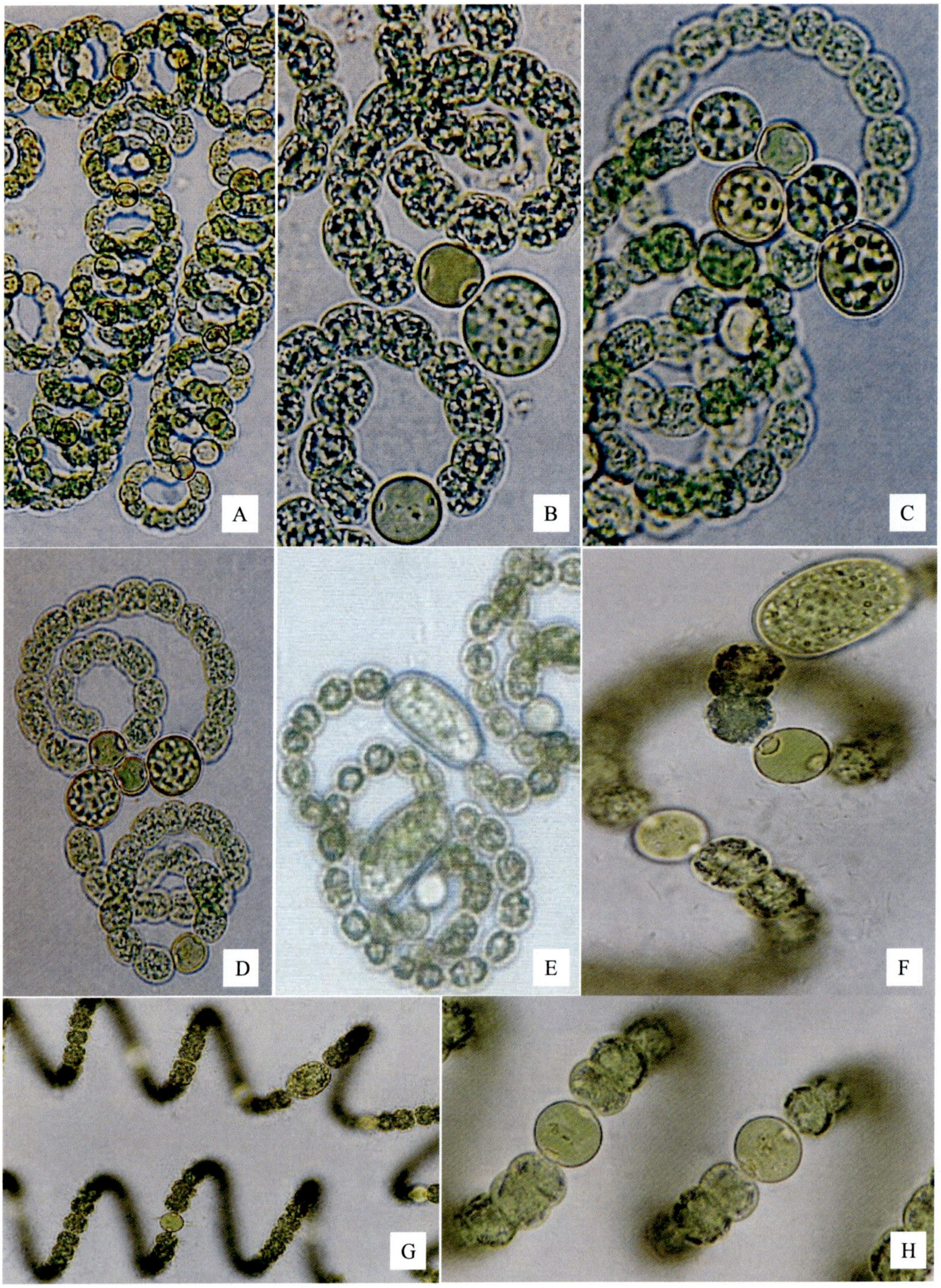


图版X：A~D. 肾形长孢藻*Do. reniformis*；E. 螺旋长孢藻*Do.spiroides*；F~H. 粗长孢藻*Do. crassum*。(A~D、F~H. 仿Hindák，2008； E. 仿Cronberg et al.，2006)

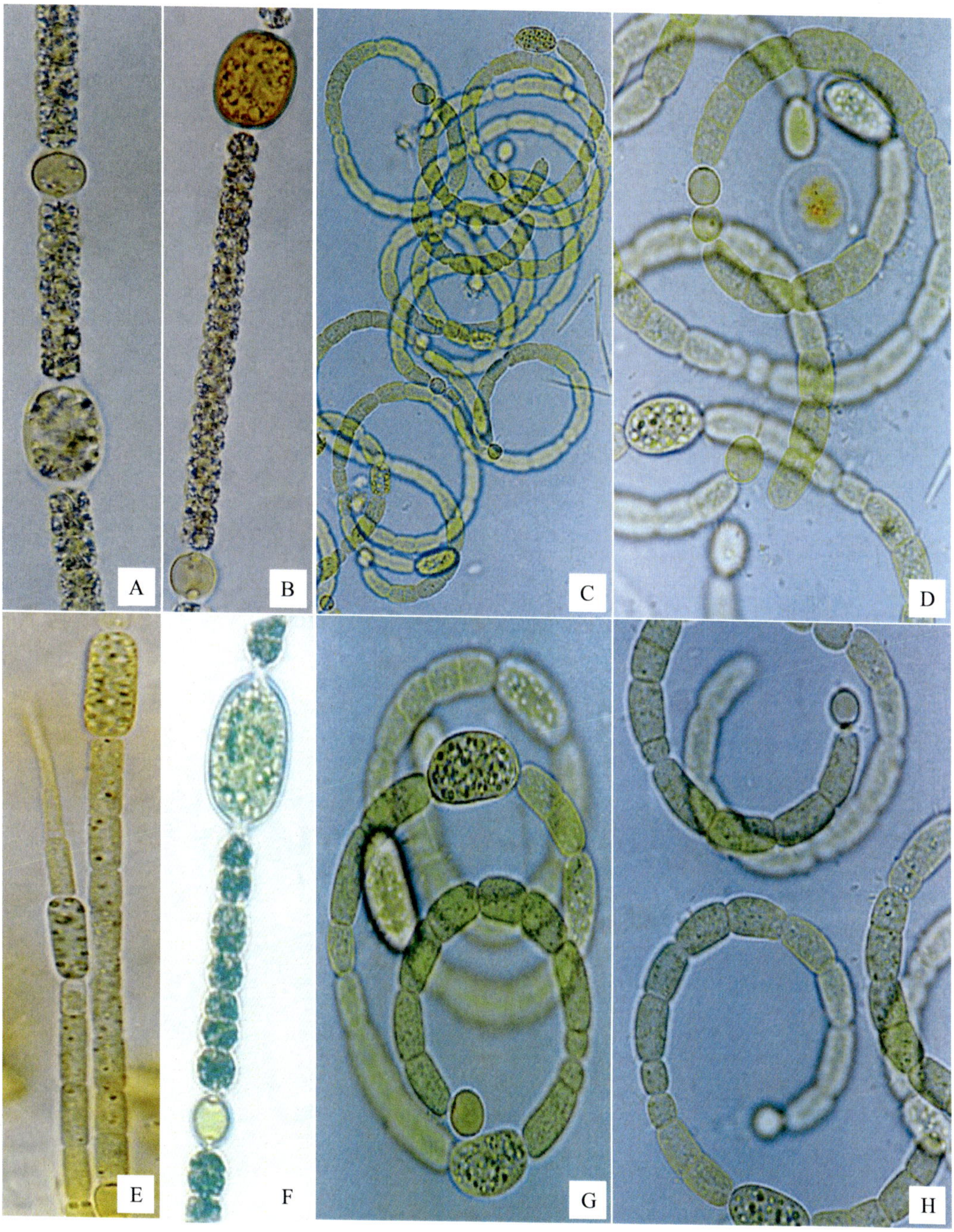


图版XI：A、B. 伯氏长孢藻*Do.bergii*；C、D. 环圈拟鱼腥藻*An.circularia*；E. 伊沙矛丝藻*C.issatschenkoi*；F. 浮游长孢藻*Do.planctonica*；G、H. 环圈拟鱼腥藻*An.circularia*。(A~E、G、H. 仿Hindák，2008； F. 仿Cronberg et al.，2006)

图版Ⅻ：A~D. 水华束丝藻*A.flos-aquae*；E、F. 卵孢束丝藻*A.ovalisporum.*；G、H. 耶卓束丝藻*A.yezoense*。(A~F. 仿Hindák，2008；H. 仿Cronberg et al.，2006)

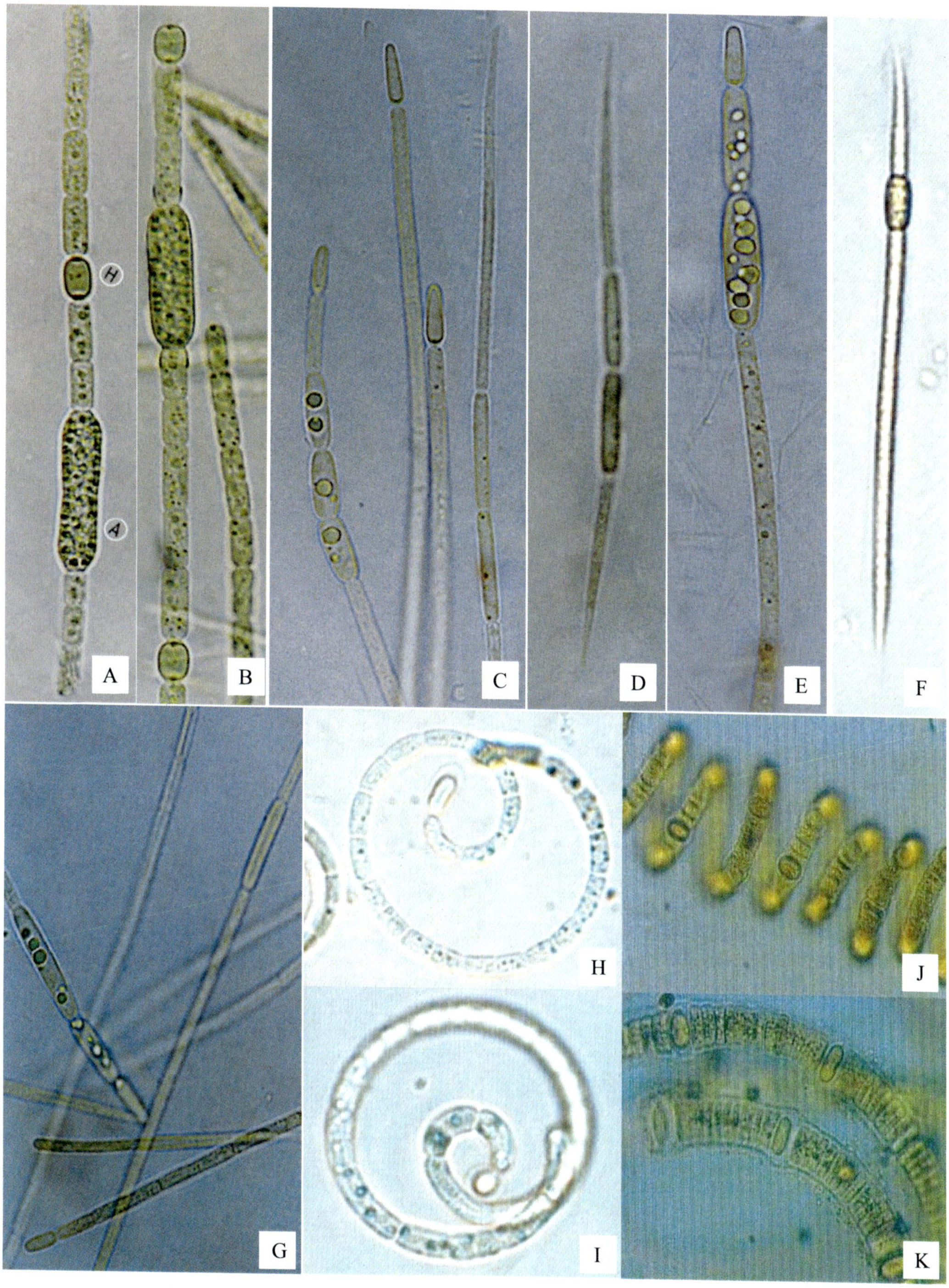


图版XIII：A、B. 伊沙矛丝*Cu.issatschenkoi*；C、D、E、G. 纳氏拟筒孢藻*Cyl.raciborskii*；F. 地中海尖头藻*R.mediterrance*；H，I. 弯孢拟筒孢藻*Cyl.curvispora*；J，K. 泡沫节球藻*No. spumigena*。(A~E、G. 仿Hindák，2008； F，H~K. 仿Cronberg et al.，2006)

程海湖
拟鱼腥藻水华

巢湖
长孢藻水华

红枫湖
束丝藻水华

滇池　微囊藻水华

图版XIV

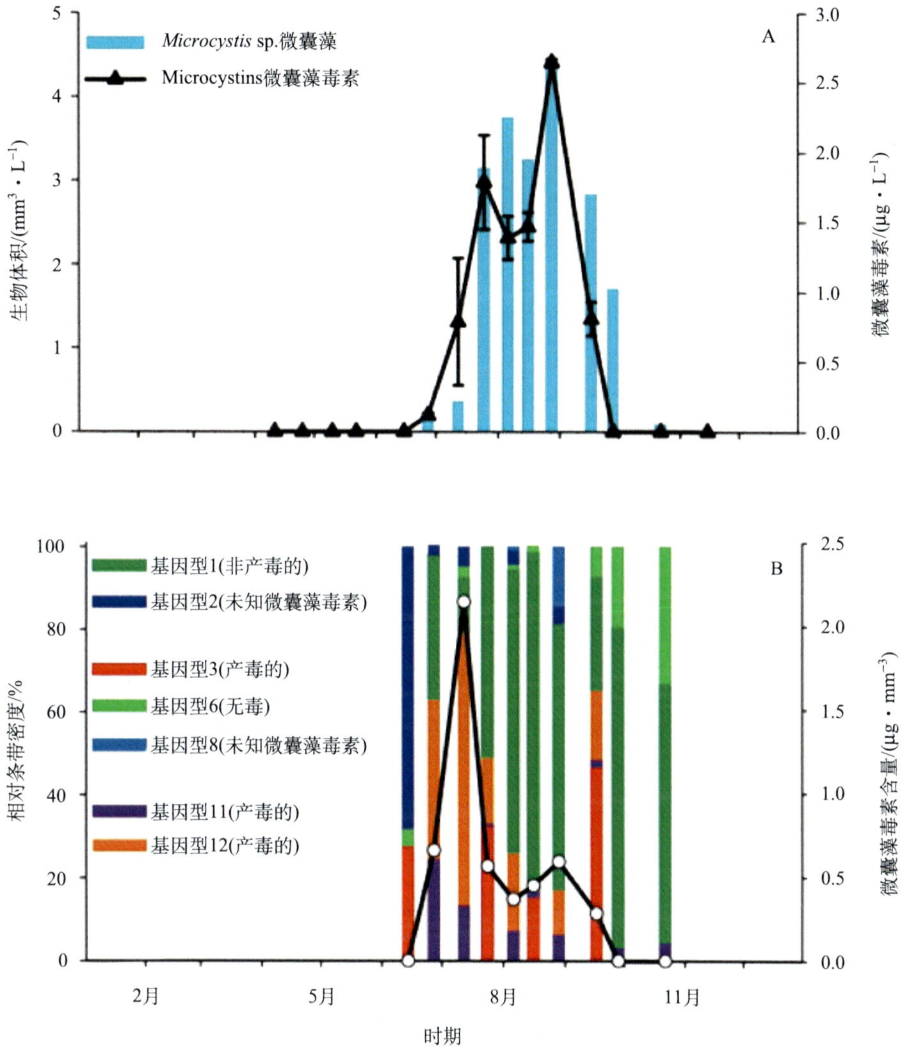


图8.14，图版XV： 't Joppe湖微囊藻夏季的动态和微囊藻毒素的浓度。(仿Kardinaal et al.，2007)

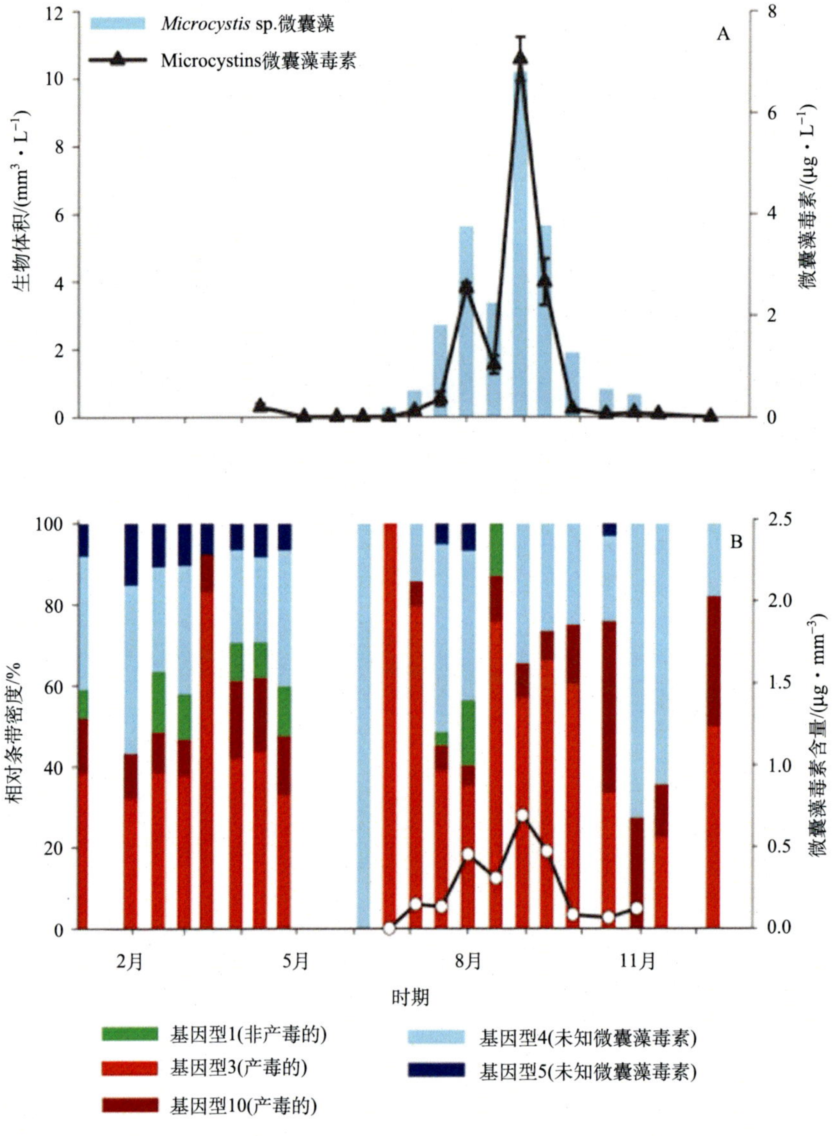


图8.15，图版XVI： Volkerak湖微囊藻和微囊藻毒素浓度季节变化动态。(仿Kardinaal et al.，2007)

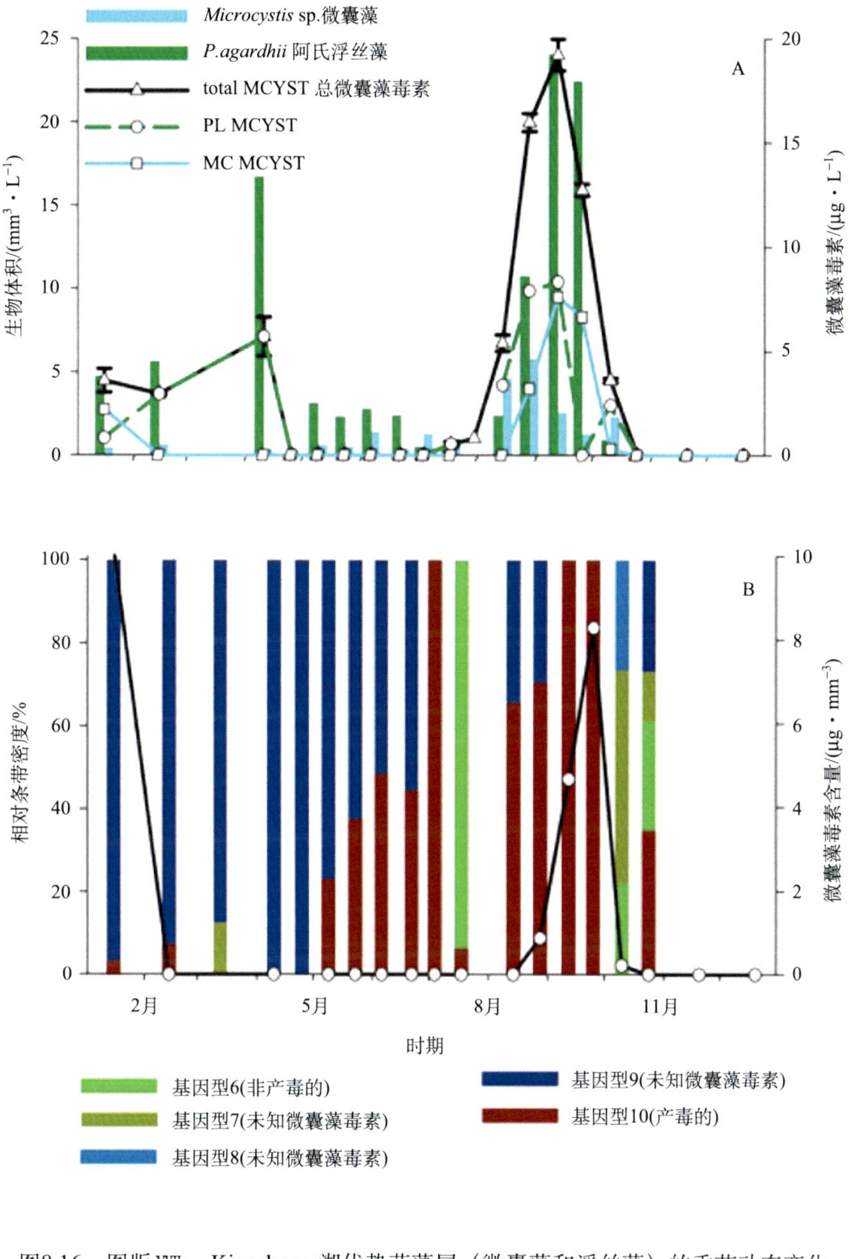


图8.16，图版XVII：Kinselmeer湖优势蓝藻属（微囊藻和浮丝藻）的季节动态变化。(仿Kardinaal et al.，2007)

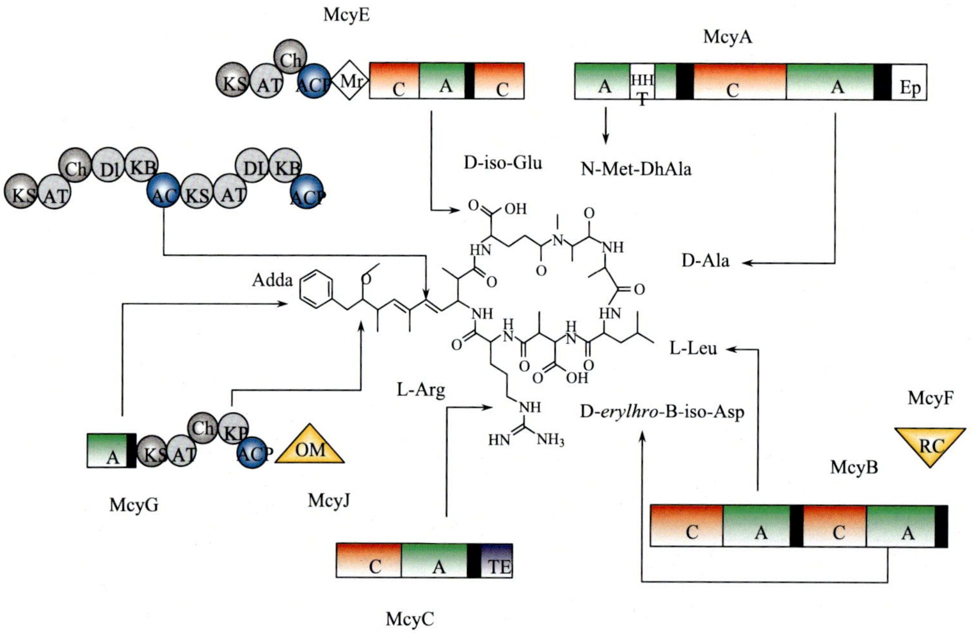


图8.18，图版XVIII：由核苷酸序列和功能分析推导的微囊藻毒素合成酶（Mcy 蛋白质）的组成及作用。
(Börner and Dittmann，et al.，2005)

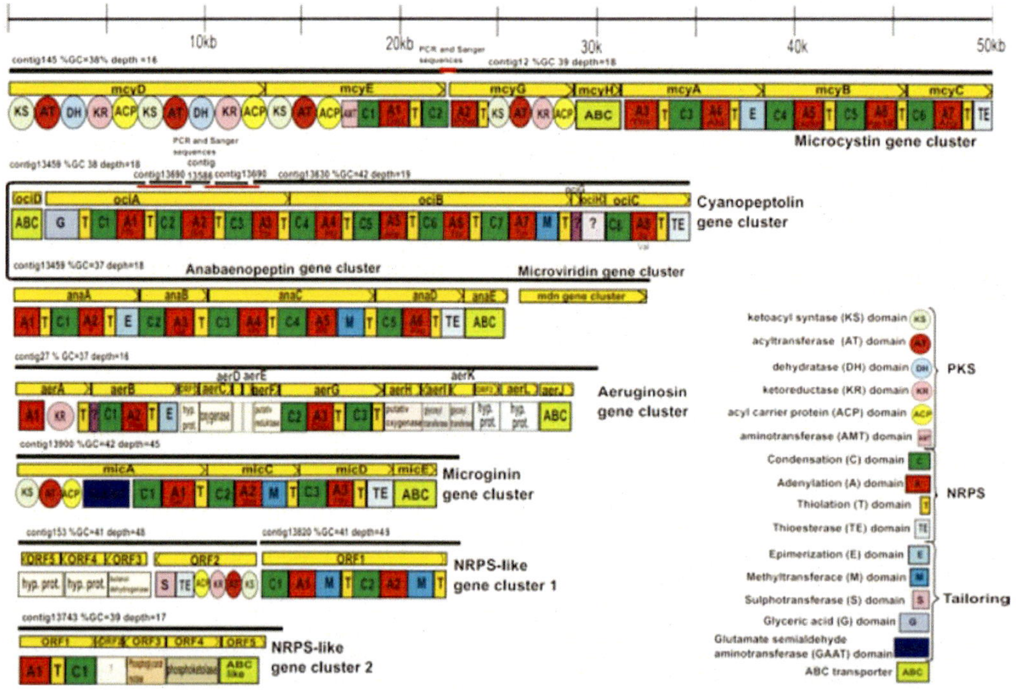


图8. 21，图版XIX：在*Planktothrix* NIVA CYA98基因组中发现的NRPS基因簇结构。
(仿Rounge et al., 2009)

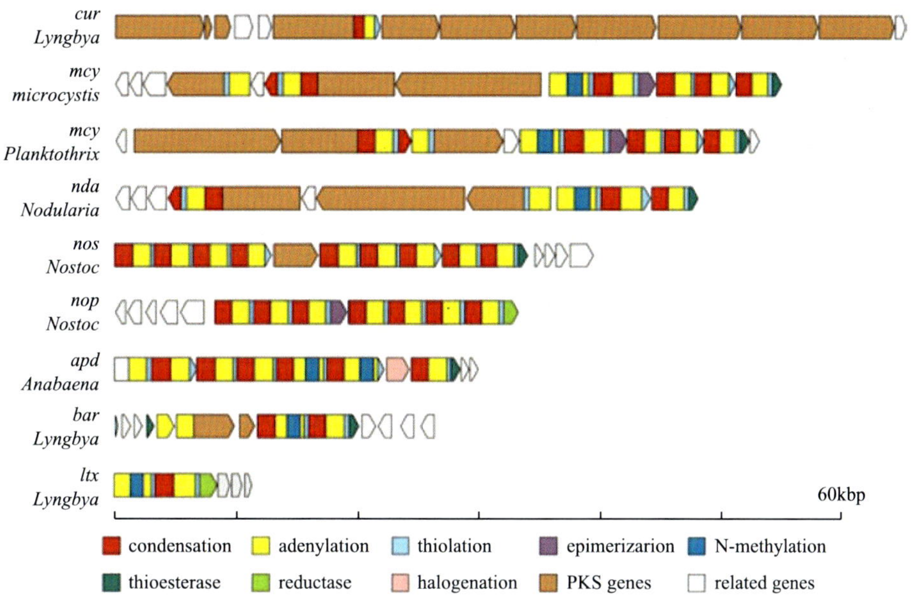


图8. 28，图版XX： 蓝藻的NRPS和NRPS/PKS基因簇。(Welker et al., 2006)

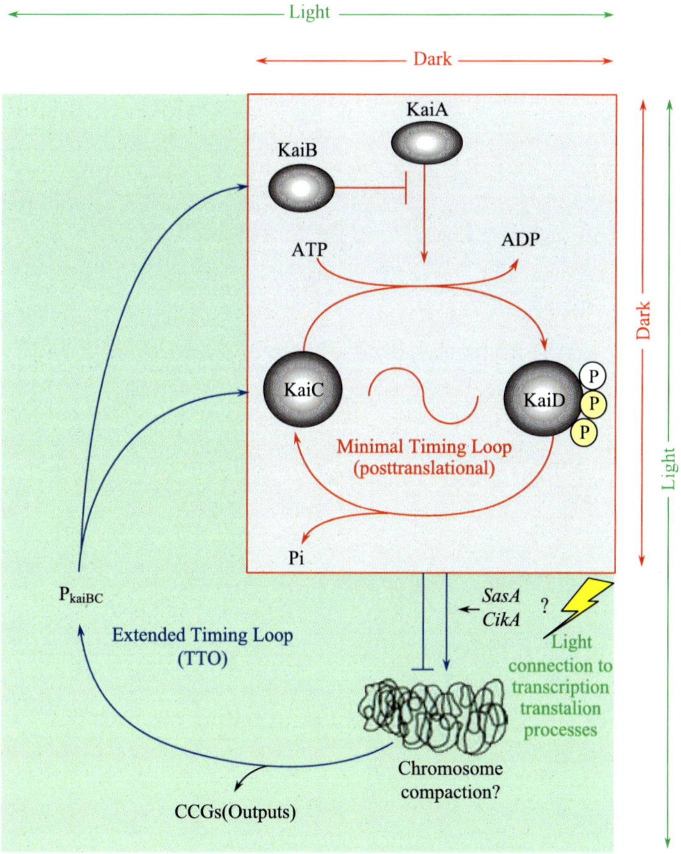


图8. 37，图版XXI： KaiC磷酸化昼夜节律中无转录-翻译反馈的蓝藻生物钟振荡模型。
(引自Tomita et al., 2005)

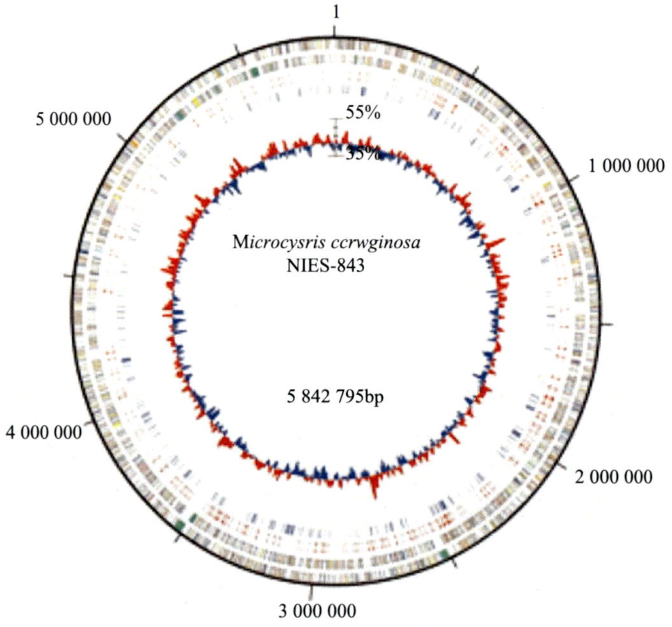


图8.41，图版XXII：铜绿微囊藻环形染色体图解示意。(仿Kaneko et al., 2008)

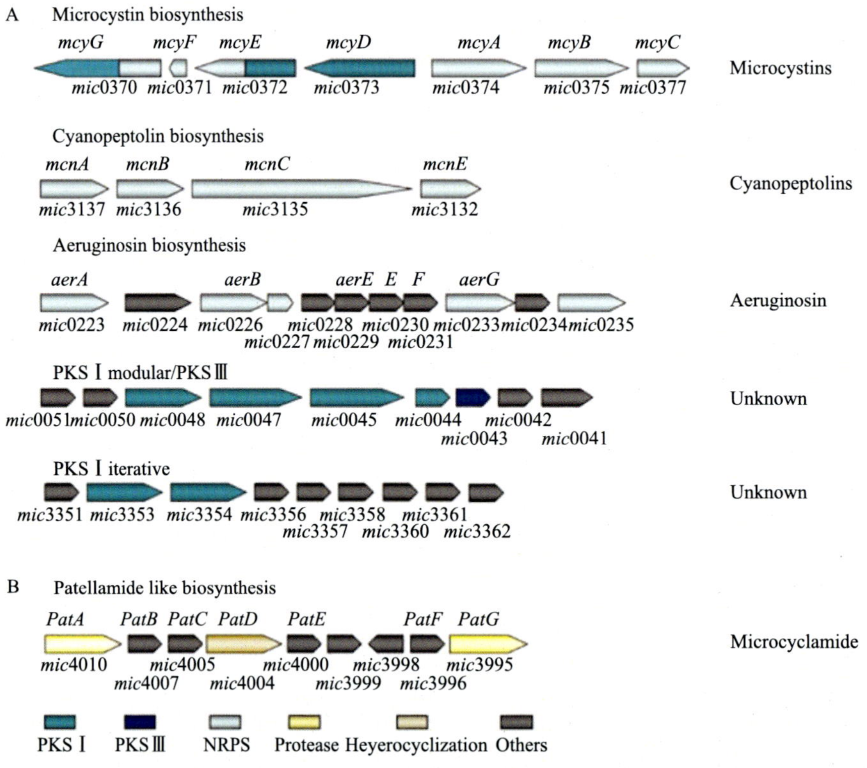


图8.42，图版XXIII：Mic-PCC7806次生代谢产物基因簇的图解示意。(仿Frangeul et al., 2008)